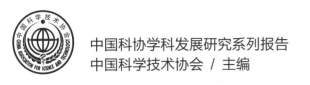

中国科协学科发展研究系列报告

中国科学技术协会 / 主编

U0192790

REPORT ON ADVANCES IN BIOCHEMISTRY AND
MOLECULAR BIOLOGY

2020—2021
生物化学与分子生物学
学科发展报告

中国生物化学与分子生物学会　编著

中国科学技术出版社
·北　京·

图书在版编目（CIP）数据

2020—2021生物化学与分子生物学学科发展报告 / 中国
科学技术协会主编；中国生物化学与分子生物学会编著 .
-- 北京：中国科学技术出版社，2022.7
（中国科协学科发展研究系列报告）
ISBN 978-7-5046-9553-6

Ⅰ. ① 2… Ⅱ. ①中… ②中… Ⅲ. ①生物化学—学科
发展—研究报告—中国— 2020-2021 ②分子生物学—学科
发展—研究报告—中国— 2020-2021 Ⅳ. ① Q5-12
② Q7-12

中国版本图书馆 CIP 数据核字（2022）第 065372 号

策　　划	秦德继	
责任编辑	高立波	
封面设计	中科星河	
正文设计	中文天地	
责任校对	焦　宁	
责任印制	李晓霖	

出　　版	中国科学技术出版社	
发　　行	中国科学技术出版社有限公司发行部	
地　　址	北京市海淀区中关村南大街16号	
邮　　编	100081	
发行电话	010-62173865	
传　　真	010-62173081	
网　　址	http://www.cspbooks.com.cn	

开　　本	787mm×1092mm　1/16	
字　　数	464千字	
印　　张	18	
版　　次	2022年7月第1版	
印　　次	2022年7月第1次印刷	
印　　刷	河北鑫兆源印刷有限公司	
书　　号	ISBN 978-7-5046-9553-6 / Q · 232	
定　　价	98.00元	

（凡购买本社图书，如有缺页、倒页、脱页者，本社发行部负责调换）

2020—2021

生物化学与分子生物学学科发展报告

首席科学家　李　林

专家组组长　刘小龙　熊　燕

专家组成员　（按姓氏笔画排序）

丁　侃	王　跃	万蕊雪	王文涛	王方军
王司清	王新泉	毛开云	尹　恒	邓海腾
卢培龙	田瑞军	冯　帆	朱永庆	朱成姝
任士芳	刘　文	刘　晓	刘　超	刘宇博
刘志杰	刘德培	齐建勋	江建海	江洪波
许国旺	阮梅花	阮雄中	孙　珊	杜　苗
李　荣	李　婧	李　斌	李　赛	李丹丹
李伯良	李国平	李国红	李海涛	李雪明
杨茂君	杨建华	吴家睿	邱　宏	汪淑晶
宋永砚	宋国平	张　凯	张　莹	张玉婵

张世华　张红雨　张学博　张博文　张森燕

陆豪杰　陈　兴　陈　勇　陈大明　陈月琴

陈宇凌　陈春来　陈玲玲　陈厚早　陈洛南

邵　峰　范月蕾　林承棋　易　文　罗卓娟

郑　芳　郑　凌　郑　斌　郑凌伶　房文霞

屈良鹄　孟飞龙　赵若春　胡　杰　柳振峰

娄智勇　袁天蔚　高　宁　陶　鹏　陶生策

曹鸿志　龚海鹏　董　娜　董宇辉　韩志富

韩泽广　覃　丽　蓝　斐　蔡　超　熊　燕

熊德彩　潘孝敬

学 术 秘 书　孙晓丽　王一倩　王　燊

序

　　学科是科研机构开展研究活动、教育机构传承知识培养人才、科技工作者开展学术交流等活动的重要基础。学科的创立、成长和发展,是科学知识体系化的象征,是创新型国家建设的重要内容。当前,新一轮科技革命和产业变革突飞猛进,全球科技创新进入密集活跃期,物理、信息、生命、能源、空间等领域原始创新和引领性技术不断突破,科学研究范式发生深刻变革,学科深度交叉融合势不可挡,新的学科分支和学科方向持续涌现。

　　党的十八大以来,党中央作出建设世界一流大学和一流学科的战略部署,推动中国特色、世界一流的大学和优势学科创新发展,全面提高人才自主培养质量。习近平总书记强调,要努力构建中国特色、中国风格、中国气派的学科体系、学术体系、话语体系,为培养更多杰出人才作出贡献。加强学科建设,促进学科创新和可持续发展,是科技社团的基本职责。深入开展学科研究,总结学科发展规律,明晰学科发展方向,对促进学科交叉融合和新兴学科成长,进而提升原始创新能力、推进创新驱动发展具有重要意义。

　　中国科协章程明确把"促进学科发展"作为中国科协的重要任务之一。2006 年以来,充分发挥全国学会、学会联合体学术权威性和组织优势,持续开展学科发展研究,聚集高质量学术资源和高水平学科领域专家,编制学科发展报告,总结学科发展成果,研究学科发展规律,预测学科发展趋势,着力促进学科创新发展与交叉融合。截至 2019 年,累计出版 283 卷学科发展报告(含综合卷),构建了学科发展研究成果矩阵和具有重要学术价值、史料价值的科技创新成果资料库。这些报告全面系统地反映了近 20 年来中国的学科建设发展、科技创新重要成果、科研体制机制改革、人才队伍建设等方面的巨大变化和显著成效,成为中国科技创新发展趋势的观察站和风向标。经过 16 年的持续打造,学科发展研究已经成为中国科协及所属全国学会具有广泛社会影响的学术引领品牌,受到国内外科技界的普遍关注,也受到政府决策部门的高度重视,为社会各界准确了解学科发展态势提供了重要窗口,为科研管理、教学科研、企业研发提供了重要参考,为建设高质量教育体系、培养高层次科技人才、推动高水平科技创新提供了决策依据，为科教兴国、人才强国战略实施做出了积极贡献。

2020年，中国科协组织中国生物化学与分子生物学学会、中国岩石力学与工程学会、中国工程热物理学会、中国电子学会、中国人工智能学会、中国航空学会、中国兵工学会、中国土木工程学会、中国风景园林学会、中华中医药学会、中国生物医学工程学会、中国城市科学研究会等12个全国学会，围绕相关学科领域的学科建设等进行了深入研究分析，编纂了12部学科发展报告和1卷综合报告。这些报告紧盯学科发展国际前沿，发挥首席科学家的战略指导作用和教育、科研、产业各领域专家力量，突出系统性、权威性和引领性，总结和科学评价了相关学科的最新进展、重要成果、创新方法、技术进步等，研究分析了学科的发展现状、动态趋势，并进行国际比较，展望学科发展前景。

在这些报告付梓之际，衷心感谢参与学科发展研究和编纂学科发展报告的所有全国学会以及有关科研、教学单位，感谢所有参与项目研究与编写出版的专家学者。同时，也真诚地希望有更多的科技工作者关注学科发展研究，为中国科协优化学科发展研究方式、不断提升研究质量和推动成果充分利用建言献策。

中国科协党组书记、分管日常工作副主席、书记处第一书记

中国科协学科发展引领工程学术指导委员会主任委员

张玉卓

　　生物化学与分子生物学是生命科学的基础学科，在分子水平探讨生命的本质；它不仅涉及物理、化学、数学等学科的交叉知识，又渗透于生物学的其他专业之中。生物化学与分子生物学的发展，为人类破译生命的奥秘、认识生命现象带来前所未有的机会，也为人类利用生物技术，促进现代医学、农业和工业的发展创造了极为广阔的前景。近年来，生物化学与分子生物学研究发展迅速，新成果、新技术不断涌现。中国生物化学与分子生物学会承担了《2020—2021生物化学与分子生物学学科发展报告》的编写工作。借编写本报告之际，举全学会之力，凝聚各方资源，梳理学科知识体系，总结近年来学科进展，展望学科发展趋势。学会始于2021年4月的常务理事会上确定编写框架，后续又多次召开讨论会，对编写内容进行讨论与修订。

　　本报告包括综合报告和专题报告两部分。综合报告分析总结了近年来生物化学与分子生物学的研究热点和前沿进展，重点聚焦表观遗传与基因表达调控、核糖核酸、蛋白质科学、糖缀合物、脂质与脂蛋白、系统生物学等的国内外研究进展和发展趋势，以及我国在学术建制、人才培养、研究平台和重要研究团队等方面的建设情况，力求多方位反映生物化学与分子生物学领域近年来的重大进展。专题报告主要回顾和评述了近五年来国内在该学科（或领域）中的研究进展，涵盖该学科（或领域）的主要研究方向，并进行国内外比较分析，解析了战略需求、发展趋势及发展策略等。本报告文献来源于实施年度范围内公开发表的国内外该学科（或领域）重点学术期刊的论义，重要国际、国内学术会议的摘要以及国内外专利，引用基本遵循了"严格引证"的原则。

　　为保证本报告的宏观性和非同行的可读性，学会邀请了中国科学院上海生命科学信息中心情报部研究人员负责综合报告部分的撰写，以求宏观、客观、全局把握。专题报告则依托于学会相对应的分支机构，采用专题分支机构主任委员责任制相结合的责任制度。共计有98位专家、学者组成的专家组参与了综合报告和专题报告的研究、撰写和讨论。学会秘书处在整个编制过程中发挥了组织协调作用。在此，我学会诚挚地向参与本报告研究工作的专家、学者表示深深的谢意！同时，也向为本书出版付出辛勤劳动的工作人员表示感谢！

由于时间与篇幅有限，疏漏与不妥之处在所难免，恳请广大读者批评指正。

中国生物化学与分子生物学会

2021 年 10 月

序 / 张玉卓

前言 / 中国生物化学与分子生物学会

综合报告

专题报告

ABSTRACTS

Comprehensive Report

Report on Special Topics

综合报告

生物化学与分子生物学学科发展报告

一、引言

生物化学与分子生物学是一门在分子水平探讨生命本质的生命科学分支学科，重点是研究核酸、蛋白质等重要生物大分子的形态、结构特征及其重要性、规律性和相互关系。生物化学与分子生物学是当前生命科学中发展最快最具活力的前沿领域，它不仅与物理、化学、数学等学科交叉，又渗透于生物学的其他分支领域。生物化学与分子生物学的发展，为人类认识生命现象、破译生命的奥秘带来前所未有的机会，也为人类利用和改造生物，促进现代医学、农业和工业的发展创造了极为广阔的前景。

近年来，生物化学与分子生物学学科及其相关领域发展迅速，新成果、新技术不断涌现。同时，新方法和新技术的应用，使得"从分子水平上揭开生物世界的奥秘""主动地改造和重组自然界"等潜力充分实现的前景正日益清晰。然而，蛋白质和核酸等生物大分子具有复杂的空间结构以形成精确的相互作用系统，由此构成生物个体精确的生长发育、代谢调节控制等系统和生物的多样化，要真正阐明这些复杂系统的结构及其与功能的关系，还要经历漫长的研究道路。

国际上在生物化学和分子生物学的多个领域都相继开展了国际性的大科学计划，例如，人类蛋白质组计划（HPP），旨在系统地绘制全人类蛋白质组，加深对人类蛋白质组的理解。此外，美国、英国、日本等多个国家都布局和开展了相关的研究计划和平台设施。我国也非常重视生物化学与分子生物学学科及其相关领域的研发能力和平台设施建设，国家重点研发计划、国家自然科学基金委员会的重大研究计划都布局了相关研究项目，同时建立起了相关的平台设施和研究中心。在这些研究计划的支持下，我国在生物化学与分子生物学研究领域也取得了一系列具有国际影响力的重要研究成果。例如，30nm纤维染色质结构的解析，为理解染色质如何装配问题上迈出了重要的一步；包含TFIID的完整 PIC 以及 PIC-Mediator 复合物结构的揭示，较为全面地回答了转录起始过程的重要科学问题；构建人工脂滴新方法的建立，为纳米药物载体等研究提供了新的思路和技术；等等。

本报告分为两个部分，综合报告分析总结了近年来生物化学与分子生物学学科的热点和前沿领域，包括表观遗传学、核糖核酸、蛋白质研究、代谢、分子系统生物学以及与之相关的转化研究等方面，从国际国内的规划布局、重要研究进展、平台设施建设等几个方面介绍近 5 年该领域的主要进展和成果。专题报告则重点聚焦表观遗传与基因表达调控、核糖核酸、蛋白质科学、糖缀合物、脂质和脂蛋白、系统生物学等近 5 年的国内重要研究进展、国内外研究进展比较、学科未来发展趋势。本报告邀请了生物化学与分子生物学领域的专家以及情报研究人员，开展了充分的国内外生物化学与分子生物学领域的重要战略布局与重大科技进展的调研，力求多方位反映生物化学与分子生物学学科及其领域研究近年来的重大进展和发展趋势。

二、本学科近年的最新研究进展

（一）概述

根据 Web of Science 数据库（国际公认的反映科学研究水准的数据库）统计，近十年来，生物化学和分子生物学研究论文的总量每年维持在 55000 篇左右，2019—2020 年有较大幅度的增加，整个领域呈现总体平稳发展、逐渐上升的态势（图 1）。

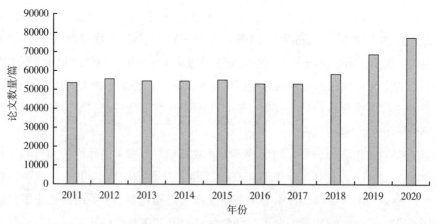

图 1 2011—2020 年 Web of Science 数据库收录的生物化学和
分子生物学研究论文的年度分布情况

各国非常重视生物化学和分子生物学领域的战略布局和科技支撑，多个领域都相继开展了国际性的大科学计划，例如，美国、加拿大、欧盟等国家和地区的科学研究机构成立

"国际人类表观遗传学合作组织（IHEC）"，计划从表观基因组层面了解环境因素下的人类演化迭代历程；国际人类蛋白质组研究组织（HUPO）发起人类蛋白质组计划（HPP），旨在系统地绘制全人类蛋白质组，加深对人类蛋白质组的理解；国际系统生物学学会（ISSB）针对系统生物学在软件兼容、算法交流、数据存储格式及数据交换方面存在的问题推出了一系列的规划和长期项目，目标是保证系统生物学的标准制定与最前沿学术进展可以平行更新。本章将重点聚焦生物化学与分子生物学的几个主要研究领域，包括表观遗传学、核糖核酸、蛋白质研究、代谢、分子系统生物学，以及与之相关的转化研究等方面，从规划布局、重要研究进展、平台设施建设等几个方面介绍近 5 年该领域的主要进展和成果。

（二）重点领域

生物化学与分子生物学是高度交叉的学科，它不仅与细胞生物学、遗传学、发育生物学等学科融合，同时与化学、物理、计算科学等交叉是必然的趋势。下文主要就表观遗传学、核糖核酸、蛋白质、代谢、分子系统生物学领域近 5 年来的国际研究进展和发展趋势等方面进行总结和评述。

1. 表观遗传学

表观遗传（epigenetic）的定义是"在不改变 DNA 序列的情况下改变基因活性的任何过程"[1]。表观遗传调控是生命过程中普遍存在的基因调控方式，影响着机体的生长发育、疾病发生、环境应激、退化衰老等过程。分子层面的表观遗传变化能够调控细胞干性维持、自我更新与分化过程；介导生命个体对饮食营养、物理化学物质、心理和社交状态等环境因素的有序应答；解释肿瘤、糖尿病、精神疾病等复杂疾病的发生发展原因，并为疾病的防、诊、治提供更精确的生物标志物和干预靶点。此外，表观遗传学机制在农业领域也有广泛应用，对植物发育、作物抗性、杂交优势的形成产生重大影响。

人类基因组计划（Human Genome Project，HGP）完成后，以"组学"（-omics）命名的学科先后涌现，DNA 相关的表观基因组学、转录组学获得越来越多的关注。国际人类表观遗传学合作组织（International Human Epigenome Consortium，IHEC）启动了人类表观基因组计划（Human Epigenome Project，HEP），旨在鉴定所有化学改变、染色质各项要素之间的关系，以及它们如何与 DNA 相互作用。DNA 元件百科全书计划（Encyclopedia of DNA Elements，ENCODE）等大型科学研究计划也纷纷将研究范围扩大至表观遗传学领域，增设"功能元件表征中心"（Functional Element Characterization Centers）等版块，以研究特定环境中候选功能元件的生物学作用。随着生命科学的深入研究和大数据科学的快速发展，人们将更关注表观遗传学的应用潜力，针对个性化医疗等应用方向开发新型产品，最终提高人类健康状况、改善人类生活质量。

（1）规划布局与资助项目

国际组织支持表观遗传学工具开发和数据集建设。2010 年，美国、加拿大、欧盟成员国、德国、日本、新加坡、澳大利亚等国的科学研究机构成立了"国际人类表观遗传学合作组织"（IHEC），计划从表观基因组层面了解环境因素下的人类演化迭代历程。IHEC的重点在于关注并开展表观遗传学图谱和数据分析工具两个领域的研究工作。关于表观遗传学的科学问题，IHEC强调开展细胞发育、增殖、分化、衰老、压力应激等基础生物学研究，用以刺激健康研究和再生医学的进步。关于表观遗传学的研究方法，IHEC呼吁借助生物信息学的知识与方法，开发用于表观基因组测绘、汇总、整合的标准化数据模型和分析工具。此外，IHEC还将支持并协调不同地区表观遗传学研究工作，IHEC成员已启动了若干融合分子生物学、生物信息学、临床医学的多学科研究和平台项目，例如加拿大"表观基因组、环境和健康研究联盟网络"（CEEHRC Network）、美国DNA元件百科全书计划、中国香港表观基因组项目EpiHK、美国表观遗传数据平台EpiShare、欧盟治疗多发性硬化症项目、欧洲慢性传染病系统医药联盟（SYSCID）、美国四维核体（4D Nucleome）计划等。

美国将表观基因组研究纳入基因组学研究范畴。作为全球生命科学及生命健康研究的集聚地和领导者，美国领导了一系列大型国际生命科学研究计划。美国国立卫生研究院（NIH）已经设立了疾病表观基因组学、功能表观基因组学等分支学科。NIH国家人类基因组研究所（NHGRI）在2020年战略计划中提到"将基因组、转录组和表观基因组数据集的生成加入常规化研究计划；建立基因组、转录组、表观转录组和表观基因组数据分析的有效方法；推动进化基因组和比较基因组数据研究，以促进对基因组功能的理解"。美国国家科学基金会（NSF）在2018财年和2019财年分别将"染色质和表观遗传工程"定为研究与创新新兴前沿项目，并为当年度的两个新兴前沿领域提供了2600万美元的经费资助。美国国防高等研究计划局（DARPA）2018年启动表观遗传表征和观察（ECHO）项目，目标是在人体组织或接触物（血液、毛发，甚至衣物等）中寻找和鉴定表观遗传特征，识别特定人群的暴露历史，最终跟踪大规模杀伤性武器的使用情况及其对人类的长期影响。

欧盟及成员国关注表观基因组与数字化技术的融合交叉。2011年，欧盟委员会卫生研究部门就投资3000万欧元（约合当时2.6亿元人民币）启动蓝图（BLUEPRINT）项目，目标是找出所有影响基因表达的DNA修饰位点，从而了解影响健康及疾病的表观遗传机制。"地平线2020"（Horizon 2020）计划中，欧盟委员会共资助表观遗传学研究项目124项，其中一些研究项目呈现多学科交叉的特点。例如，德国柏林洪堡大学2018年启动的预测表观遗传学研究项目PEP-NET，提出借助数学模型来捕捉和理解复杂的表观遗传动态变化过程，并且在深入理解表观遗传机制的基础上预测药物反应、患者特异性、新疗法效果等关键信息。以色列魏茨曼科学研究所的SM-Epigen项目旨在建立一项可直接在染色质上标识表观遗传标记、并分析表观遗传标记与转录因子相互作用的单分子分辨率的高分子测绘系统。

英国聚焦发育过程的表观遗传学研究。2015 年至今，英国医学研究理事会（MRC）与生物技术和生物科学研究理事会（BBSRC）共资助表观遗传学研究项目 81 个，其中 13 个项目的资助金额超过 100 万英镑。英国在研的大型表观遗传研究项目聚焦生长发育和细胞分化，例如，巴布拉汉姆研究所关注卵母细胞及成熟胚胎中的表观遗传机制变化；伦敦卫生与热带医学学院研究胎儿发育早期的营养暴露对基因转录和表达的影响；剑桥大学研究特定基因组印记与生长发育（尤其是神经细胞发育）的关系。此外，伦敦卫生与热带医学学院在总经费超过 1800 万英镑的儿童发育迟缓预防项目中，将表观遗传特征作为衔接外界环境因素和人体分子机制的生物标记，开展健康干预和疗法研究。

中国重视表观遗传学的生物学功能与医学应用。中国国务院《国家中长期科学和技术发展规划纲要（2006—2020 年）》中提及 "对基础科学发展具有带动作用，具有良好基础，能充分体现我国优势与特色，有利于大幅度提升我国基础科学的国际地位" 的科学前沿问题，表观遗传学正是 "生命过程的定量研究和系统整合" 的主要研究方向之一。国家自然科学基金医学科学部提出开展 "基因多态、表观遗传与疾病的精准化研究"，利用中国病例资源，通过全基因组关联研究、外显子组深度测序和表观遗传分析，精确鉴定各种疾病的易感位点。重大研究计划也将表观遗传特征纳入其研究范围，例如 "器官衰老与器官退行性变化的机制重大研究计划" 关注 "重要人体组织器官和生理功能系统衰老和退行性变化过程中的遗传、表观遗传及分子网络机制" 的内容，主要研究核酸修饰、组蛋白修饰、端粒维持、端粒 DNA 损伤修复及染色质稳定性、非编码 RNA 及 RNA 结合蛋白等在不同阶段对脏器退化的调控作用。2020 年，国家自然科学基金项目资助甲基化、组蛋白修饰、染色质重组等主题的项目共 5709 个，资助金额高达 32.36 亿元人民币，较 2019 年增长了 13.42%。此外，2018 年国家重点研发计划 "干细胞及转化研究" 中近 1/4 的立项项目与表观遗传机制有关，经费达 1.12 亿元人民币。从研究内容看，我国表观遗传学研究主要关注微观分子层面，其研究思路和重点包括：表观遗传功能的建立、维持、调控机制；信号传导与表观修饰、基因表达的整合研究；从表观遗传调控到个体发育再到环境适应机理。

（2）重要研究进展

核酸修饰与基因调控研究方面，研究人员发现了若干新型 DNA 甲基化调控模式和基因表达机制。例如美国贝勒医学院和耶鲁大学提出了表观遗传调控开关的特征：在序列依赖性等位基因中，甲基化调节机制具有 "数字化" 和 "随机化" 两种特征[2]，其中 "数字化" 表明调控仅存在 "激活" 和 "不激活" 两个状态，并无中间的活动状态；随机化则显示表观遗传调控因父本和母本基因的遗传变体的差异而有所不同。美国埃默里大学首次报道了 CTCF（染色质的组成部分之一，是参与 DNA 成环的主要蛋白质）结合位点 DNA 的 "半甲基化" 结构[3]，即 DNA 双链中一条链中添加甲基，而另一条不添加，若是人为去掉 CTCF 的半甲基化修饰则会抑制 DNA 的折叠、压缩和成环过程。甲基化修饰能够影响核酸和染色质的结构，进而改变基因组的转录翻译过程。美国哥伦比亚大学发现 Pcdhα（哺乳动物的原钙黏附蛋白）编码基因可变外显子的反义链存在保守的反义 lncRNA，反义 lncRNA 的转录能够造成编码基因的去甲基化，而使远端增强子靠近该外显子的启动子，促进其表达[4]。美国芝加哥大学和中国科学院北京基因组研究所、清华大学发现，YTHDF1 能够识别多个树突细胞溶酶体组织蛋白酶转录本的 m^6A 修饰[5]，在小鼠体内敲除 YTHDF1，能够提高其特异性 $CD8^+T$ 细胞应答，上调肿瘤中的 PD-L1 表达量，同时提升 PD-L1 阻断疗法的效果。

组蛋白是存在于染色体内的与 DNA 结合的碱性蛋白质，主要发挥蛋白质填充和染色质调控等功能。英国剑桥巴布拉汉研究所（Babraham Institute）发现 MLL2 蛋白能够调控卵细胞基因组中的 H3K4me3 标记，帮助后者定位于基因间区域、增强子区域、沉默启动子区域，进而介导卵细胞停滞和卵子发生的生理过程[6]。西班牙国家癌症研究中心发现 lncRNA TERRA 与多梳蛋白复合体（polycomb complex，PRC）的相互作用催化 H3K27me3 标记的添加，促进了端粒异染色质的装配[7]。美国梅奥诊所提出了额颞叶痴呆和肌萎缩性侧索硬化症的潜在发生机制，发现 poly（PR）蛋白（G4C2 重复序列扩增的产物，G4C2 重复序列扩增与额颞叶痴呆和肌萎缩性侧索硬化症相关）能够与异染色质的 DNA 结合并改变 H3K27me3 和 H3K4me3 修饰，引起核纤层蛋白内陷，破坏并降低 HP1α 表达[8]。

表观遗传修饰和 DNA 包装在受精卵发育和细胞分化中发挥关键作用。德国马克斯普朗克分子遗传学研究所敲除 10 种表观遗传调控因子调控的基因，发现 DNA 的表观遗传修饰可能发生于异常特征出现之前，小鼠胚胎发育的前 9 天，单个调节因子可能对基因网络产生涟漪效应[9]。德国马克斯普朗克免疫生物学和表观遗传学研究所则认为 H4K16ac 修饰能够通过母源生殖细胞进行跨代传递，在胚胎早期通过调节核小体的可及性，为未来的基因激活做好准备[10]，其中 H4K16ac 对生殖细胞中 MOF 和 MSL3 的缺失非常敏感，MOF 缺失的胚胎中 H4K16ac 水平极低，且 80% 胚胎无法发育，在合子基因组激活（Zygotic Genome Activation，ZGA）之后利用转基因再表达 MOF，仍无法恢复胚胎缺陷。

RNA 与 DNA 同样具有遗传能力，能够决定多种表观遗传性状。以色列特拉维夫大学对线虫的代际遗传差异进行研究，揭示了跨代小 RNA 遗传的三个原理[11]：①性状可以由亲代（P0）个体平均传递至所有后代；②亲代（P0）个体可随机获得针对小 RNA 活性的遗传状态，导致谱系差异；③随着遗传代数的增加，RNAi 应答继续被继承的可能性越大。基于 mRNA 测序结果，研究人员识别了 349 个与遗传状态相关联的差异基因，发现转录因子 Heat Shock Factor-1（HSF-1）在决定基因静默遗传状态的过程中发挥重要作用。RNA 的结构可能在基因稳定性保护和表观遗传调控中发挥重要作用。哈佛医学院发现含有聚尿苷（U）和鸟苷（G）尾巴的 RNA［即"poly（UG）-tailed RNA"］能够诱导可遗传的 RNA 干扰[12]。在自然状态下，秀丽隐杆线虫的核糖核酸转移酶 RDE-3 可将 poly（UG）

尾巴添加到靶标基因和转座子 RNA 上。poly（UG）通过招募 RNA 聚合酶来合成小干扰 RNA 并促进基因沉默。这类基因沉默机制可由父母传至子代，防止有害或寄生遗传元件的表达。

细胞外囊泡（Extracellular vesicles，EV）是指在生理和病理状态下，机体内细胞通过胞吞作用形成多泡小体后，通过细胞膜融合分泌道细胞外环境中的微小囊泡，除了用于清除不必要的大分子外，EV 也是细胞间信号通信的载体[13]。研究发现，肿瘤细胞与周围微环境（包括各种信号分子和细胞外基质）密切相关，例如，美国加州大学圣地亚哥分校发现一种染色体上脱落的小型 DNA——染色体外 DNA（ecDNA），能够驱动大量癌基因（EGFR、MYC、CDK4 和 MDM2 等）表达，甚至促进超远距离的染色质相互作用[14]。美国宾夕法尼亚大学发现黑色素瘤来源的细胞外囊泡（TEV）可能下调 I 型干扰素（IFN）受体和 IFN 诱导胆固醇 25- 羟化酶（CH25H）的表达，而 CH25H 产生的 25- 羟基胆固醇则能够抑制健康细胞对 TEV 的摄取，诱发肿瘤组织发展[15]。外泌体等细胞外囊泡研究也为疗法和药物开发提供了新思路。美国阿拉巴马大学伯明翰分校、中国同济大学、法国巴黎大学等研究人员使用心肌细胞、内皮细胞和平滑肌细胞混合物产生的外泌体来促进心脏恢复，有效避免干细胞疗法可能产生的心律失常和致瘤风险[16]，人诱导多能干细胞心脏细胞（hiPSC-CC）、hiPSC-CC 片段、hiPSC-CC 外泌体均能通过减少细胞凋亡并维持细胞内钙稳态，还能够保护心肌细胞免受细胞毒性的影响。美国加州大学旧金山分校的研究人员认为肿瘤细胞外泌体中的 PD-L1 可能抑制淋巴 T 细胞活性[17]，反而促进肿瘤细胞的生长，研究人员因此通过基因编辑技术构建一种无法产生外泌体的肿瘤细胞疫苗，注入小鼠体内并诱导小鼠形成对肿瘤细胞的免疫记忆，使小鼠生命延长 90 天。

表观遗传修饰与生命体的整个生命周期和健康状态密切相关。近几年，大量研究围绕生长发育、疾病进展、衰老退化、应激刺激等表观遗传标记展开。研究人员通过模式生物、人类样本挖掘和筛选了一批基于表观遗传学的生物标志物，为相关疾病的预测、诊断、治疗、康复提供了新的干预方案。例如，表观遗传学调控通路有助于阐明肿瘤发生发展机制，筛选潜在的药物靶点。剑桥大学发现甲基化酶 METTL1 介导了 miRNA 的 m7G 修饰，影响 miRNA 基因座茎环结构的稳定性，促进 pri-miRNA 向 pre-miRNA 的剪切，最终导致 miRNA 成熟，受 METTL1 影响的 let-7 通过调节其下游 HMGA2 靶基因表达，发挥抑制肺癌细胞迁移的作用[18]。美国斯坦福大学发现组蛋白（H3K36）甲基转移酶 NSD3 是肺鳞状细胞癌的致癌基因之一，抑制 NSD3 可能为癌症的靶向治疗提供思路[19]。德国海德堡大学医院、德国癌症研究中心等 100 多个研究机构创建用于甲基化数据分类的机器学习程序（Molecular Neuropathology 2.0：http://www.kitz-heidelberg.de/molecular-diagnostics），鉴定 82 种中枢神经系统（CNS）肿瘤，86% 的甲基化评判与组织学诊断一致，并发现了 12% 的组织学误诊。其研究还发现，食物、睡眠、运动、工作、生活环境、身体和心理压力等非遗传因素可能导致表观遗传修饰的差异。美国斯坦福大学利用质谱细胞计数（cytometry）进行单细胞水平的蛋白检测，对不同人群来源免疫细胞的组蛋白修饰类型（乙酰化、磷酸化、泛素化、巴豆酰化）进行定量检测，构建免疫细胞组蛋白修饰图谱，得出过量组蛋白修饰可能引起免疫细胞的衰老[20]。美国天普大学医学院发现热量摄入限制（即节食）能够减缓伴随衰老而产生的甲基化增加和甲基化漂变[21]。根据疾病细胞的表观遗传特征，研究人员针对性地合成并筛选了一批候选或新型药物。美国霍普金斯大学、哈佛医学院、帕维亚大学和波士顿大学医学院共同研发了一种名为柯林（corin）的新化合物，可抑制去甲基化酶和去乙酰化酶活性，在避免有害副作用的前提下成功地抑制了黑色素瘤细胞的生长、分化和迁移[22]。2020 年 6 月，美国生物制药公司 Epizyme 的 EZH2 抑制剂 Tazverik（tazemetostat）获得 FDA 批准上市，用于治疗复杂或难治性滤泡性淋巴瘤，Ⅱ期临床试验显示 Tazverik 的治疗效果优于已上市的 PI3K 激酶抑制剂，且毒性较低[23]。美国 Omega Therapeutics 公司于 2021 年初公布了全球首个可编程的（programmable）表观遗传药物 OTX-2002，特异性地在肝癌模型中下调 c-myc 表达，Omega Therapeutics 公司也因此获得了 1.26 亿美元的 C 轮融资。

表观遗传学的研究规模快速发展，而传统的通过生物学实验来确认表观遗传位点和验证功能的研究方式却已难以满足当前信息获取和分析的需求。ZFN、CRISPR/Cas9 系统等新兴技术已经推广并应用于表观遗传学领域。美国北卡罗来纳大学通过 CRISPR-Cas9 系统，构建包括带有 FK506 结合蛋白（FKBP）的 Cas9，招募内源转录调控因子的化学修饰，使细胞内源位点的基因表达水平上调 20 多倍[24]。美国麻省理工学院首次使用 CRISPR-dCas9 移除 FMR1 重复序列的甲基化标签，治疗由 FMR1 基因异常引起的脆性 X 染色体综合征[25]，重新激活 FMR1 的诱导性多能干细胞分化成神经元后移植到小鼠大脑中，并可保证 FMR1 至少 3 个月的活性。基因检测技术正在向高通量、高稳定性、高分辨率、低样本等方向发展。美国芝加哥大学报道了一种检测 mRNA 中单碱基上 m^7G 的测序方法 MeRIP-seq，并通过该技术发现：甲基化转移酶 METTL1 缺失可能导致 75% 的 m^7G 富集程度显著下降[26]。美国加州理工学院开发了映射细胞核 DNA 空间三维组织构型和染色体-核小体相互作用的方法——"利用标签对相互作用进行隔离池识别（SPRITE）"[27]，为细胞核内的不同复合物打上不同分子条形码，同一复合物内的分子使用同一个条形码，进而根据分子条形码判断不同分子间是否存在相互作用。此外，新兴技术能够大幅提高表观遗传检测精度，并降低实验研究成本和样品消耗量。美国俄勒冈健康与科学大学开发了高度可扩展的单细胞全基因组甲基化分析方法——sci-MET（单细胞组合索引的甲基化分析）[28]，其效率是传统单细胞测序方法的 40 倍，并可将制备单细胞 DNA 甲基化文库的成本从每个细胞 20～50 美元降低到 50 美分以下。英国牛津大学 Ludwig 肿瘤研究所改良了 DNA 化学修饰的检测方法，提出比亚硫酸氢盐测序损耗更小、效率更高的 TET 辅助吡啶硼烷测序（TET-assisted pyridine borane sequencing, TAPS）[29]，使用 TET 酶将 5mC 和 5hmC 转化为 5-羧基胞嘧啶（5caC），再将 5caC 转化为胸腺嘧啶，TAPS 方法损耗小、速度快，能够应用于血液无细胞 DNA 分析等领域。

（3）平台设施和研究中心

两个典型的表观遗传学国际研究计划——DNA 元件百科全书（ENCODE）计划和美国国立卫生研究院（NIH）的表观遗传学路线图项目支持着参考表观基因组图谱中心和表观基因组数据分析与协调中心的建设。随着表观遗传数据和成果的不断累积，以及全球各地开始搭建更多样化的数据平台、工具平台、研究平台，表观遗传学与数学、生物信息学等领域不断交叉融合。此外，同基因组学一样，表观遗传学研究也存在潜在的社会应用和伦理风险，因此部分机构开始考虑搭建监测平台，实时跟踪并及时发现表观遗传学研究和医学应用可能导致的公共卫生问题。

数据共享平台方面，随着高质量表观基因组数据的迅速增长，表观组学的数据的访问和共享成为全球关注的重点。ENCODE Encyclopedia 已更新至第 5 版，包含人类参考表观基因组、小鼠参考表观基因组、RNA 与蛋白质互作等数据集，并提供顺式调控元件、组蛋白标记、转录因子结合等注释信息。NIH 的表观遗传路线图的门户网站已更新至第 9 版，包含 183 个生物样本的表观基因组数据集。加拿大表观基因组、环境、健康研究委员会（Canadian Epigenetics, Environment and Health Research Consortium, CEEHRC）计划开发 thisisepigenetics.ca 网站，提供在线的可视化分析工具、软件和协议。德国马克斯普朗克研究所于 2015 年开始运营 DeepBlue 门户网站（https://deepblue.mpi-inf.mpg.de/），汇集了表观遗传 ENCODE、Roadmap Epigenomic 和 BLUEPRINT Epigenome 等项目所产生的数据集，并提供 EpiExplorer 和 EpiGraph 分析软件。美国麻省理工学院使用 ENCODE 等项目产生在线资源，构建 EpiMap 资料库，进一步推动高质量非编码数据集在科研实践中的应用[30]。美国健康计量和评估研究所（Institute for Health Metrics and Evaluation, IHME）于 2019 年 2 月发起 EpiShare 项目，将参考全球基因组学与健康联盟（Global Alliance for Genomics and Health, GA4GH）的数据协议，开发包括表观基因组数据集和元数据的应用程序。我国研究机构也在进行相关平台的研发工作。中科普瑞公司于 2018 年 3 月发布国内首个十万人甲基化组计划——表观星图计划（Epigenetics Atlas Project），联合中国医学科学院肿瘤医院、中国科学院计算所、中国科学院上海生命科学研究院等研究机构，整合肿瘤、糖尿病、精神类疾病、法医学相关的甲基化数据，旨在为表观或甲基化数据质量制定标准。中国科学院北京基因组研究所发布生命与健康大数据中心表观基因组数据库——Methbank 3.0 版，收录了 4577 个健康人外周血样本的 450K 芯片数据，编审成 34 个不同年龄组的参比甲基化组（consensus reference methylomes, CRMs）。

伦理监测平台方面，美国、加拿大、法国、爱尔兰、英国、丹麦、日本、中国等国所组成的国际联合研究小组提出了国际遗传歧视监测站（Genetic Discrimination Observatory, GDO）计划，旨在研究遗传歧视问题并寻找解决办法[31]。文献记载的遗传歧视通常局限于基因检测结果，而覆盖范围更广的 DNA 表型和 DNA 甲基化标记则尚未获得足够关注。GDO 将通过在线平台生成信息、工具和政策模型，从而帮助不同国家和地区评估和预防基因歧视，例如绘制一个实时基因歧视地图，展示应对全球基因歧视的现有政策方法。GDO 成员建议从国家和地区层面开始致力于构建解决基因歧视的法律法规，以及制定并推广具有前瞻性、灵活性的信息访问策略。国际社会也开始考虑制定专家共识和指导意见，来帮助研究人员处理潜在的伦理、法律和社会问题。例如，IHME 针对"是否向受试者提供表观遗传检测结果"提出了若干考虑要点，包括表观遗传结果的临床有效性、互操作性，以及是否向除受试者以外的人员（亲属或第三方群体）告知表观遗传结果[32]。

2. 核糖核酸

核糖核酸（RNA）是存在于生物细胞以及部分病毒、类病毒中的遗传信息载体。它与 DNA 和蛋白质一同被视为维持生命必需的三大分子，在人体内发挥着催化与启动生物反应、调控基因表达、细胞通信及蛋白质合成等重要作用。

（1）规划布局和项目资助

重点调研 2016—2020 年核糖核酸（RNA）领域国际及美国、欧盟、日本、中国的相关计划与项目，分析该领域近年来的布局重点。

国际计划支持非编码 RNA 功能解析。由美国国立卫生研究院（NIH）下属的国家人类基因组研究所（NHGRI）领导的 DNA 元件百科全书（ENCODE）大型国际计划其目标是建立一个完整的人类基因组功能元件列表，包括在蛋白质和 RNA 水平上发挥作用的元件，以及控制细胞和基因活跃环境的调节元件；其中重要元件是各种类型的 RNA[33]。ENCODE 计划第三阶段的重要成果以专刊的形式刊登于 2020 年 7 月 30 日的《自然》（Nature）等杂志[34]。目前该计划已经进入第四阶段——ENCODE 4。

美国资助 RNA 基础与临床应用研究。美国国立卫生研究院（NIH）通过其内部研究计划资助 RNA 生物学研究，研究方向涉及阐明 RNA 生物合成通路、确定 RNA 结构、识别各类 RNA 的功能、阐释 RNA 在疾病中的作用，探索 RNA 新疗法[35]。NIH 还资助了"胞外 RNA（exRNA）通信"等重大项目。"胞外 RNA（exRNA）通信"重大研究计划有 8 个主题，涉及从基础的分类、分离研究到临床的新疗法效用评估、生物标志物开发，到数据资源管理等各个方面[36]。NIH 共同基金资助的"表观基因组学项目（Epigenomics Program）"也资助了"RNA 剪接中的表观基因组学控制""以位点特异性方式治疗 X 连锁疾病的 RNA 激活平台""非编码 RNA 在人类着丝粒形成中的表观遗传学作用""利用高通量 siRNA 筛选人类细胞表观遗传标记"4 项 RNA 研究项目。NIH 下属国家药物滥用研究所（NIDA）资助了"探寻 HIV/AIDS 与药物滥用中的表观基因组学或非编码 RNA 调控"[37]"探索慢性疼痛发展、维持与治疗中的表观遗传学或非编码 RNA 调控"等项目[38]，旨在研究 HIV/AIDS 与药物滥用、慢性疼痛中的表观遗传学或非编码 RNA 调控通路的作用机制。此外，NIH 还通过院长新创新者奖（NIH Director's New Innovator Award）[39]、NIH 院长先锋奖资助十多位 RNA 领域的青年研究人员开展 RNA 领域的前沿研究。

　　欧盟通过多个框架计划持续资助 RNA 基础与应用研究和技术开发。欧盟 Horizon2020 计划资助了 280 多个项目，内容涉及 RNA 基础研究、应用研究以及新技术开发。资助的基础研究主要有：① mRNA 甲基化及其功能；② mRNA 剪接组研究；③ miRNA 的调控功能研究；④长链非编码 RNA 的结构解析与功能鉴定；⑤环状 RNA 生物合成及其相关功能鉴定；⑥ tRNA 加工与修饰，如蛋白质量控制中 tRNA 加工与修饰的作用；⑦ RNA 结合蛋白的功能，如组蛋白密码样开关控制 RNA 结合蛋白的多样化功能。资助的应用研究主要是医学应用和农业应用。在医学应用研究方面，包括：① mRNA 修饰在疾病中的作用。② miRNA 应用于各类疾病干预与治疗，包括：A. miRNA 的疾病作用机制；B. 作为疾病治疗靶标；C. 作为治疗制剂；D. 作为疾病检测与诊断生物标志物。③长非编码 RNA 在疾病发生发展中的作用。④利用 RNA 干扰技术开发新药。在农业应用方面，主要有：利用 RNA 干扰技术开发新的作物，改进农作物产量，提高作物抗病能力，如拟南芥中的 miRNA 鉴定、植物 - 致病菌相互作用中的小 RNA 功能、RNA 喷雾剂改良与保护作物、作物中的 RNA 干扰保护。资助的新技术开发项目涉及的研究内容有改进 RNA 研究新技术和产业应用新技术，如单细胞基因组学方法、规律间隔成簇短回文重复序列（CRISPR）技术、适配体技术、输送 RNA 药物的新型纳米颗粒开发技术等。新的欧盟框架计划"地平线欧洲（Horizon Europe）"已经于 2021 年初启动，但目前未看到具体的项目公布情况[40]。

　　日本 FANTOM 计划持续支持非编码 RNA 鉴定与功能分析。2016—2020 年，日本理化研究所主导的哺乳动物基因组功能注释（Functional Annotation of the Mammalian Genome，FANTOM）计划处于第 5 期，即 FANTOM5。FANTOM5 的重点是绘制哺乳动物启动子、增强子、lncRNA 和 miRNA 图谱，旨在系统地研究人体中所有细胞类型的基因，确定基因从基因组区域何处被读取，并用这些信息建立人体各类原代细胞的转录调控模型。FANTOM 5 分为 2 期：第 1 期绘制大部分哺乳动物原代细胞类型、一系列癌细胞系和组织中的转录本、转录因子、启动子和增强子图谱；第 2 期利用各种 RNA 表达分析来理解生命奥秘。FANTOM 5 于 2017 年绘制出人与鼠的 miRNA 及其启动子表达图谱[41]，并鉴定指出，人体中约有 20000 个功能性 lncRNAs[42]。目前，该计划处于第 6 期，即 FANTOM6，其研究重点是非编码 RNA 的功能分析，目标是系统地阐明人类基因组中 lncRNA 的功能[43]。其试验性分析结果已经发布。

　　中国主要通过国家自然科学基金委（NSFC）和科技部资助 RNA 领域的研究，重点资助了 RNA 基础与应用基础研究。科技部通过"生物大分子与微生物组"[44]、"蛋白质机器与生命过程调控"等重点专项[45, 46]资助 RNA 领域，例如，"生物大分子与微生物组"重点专项 2021 年项目申报指南中布局多个 RNA 相关研究等。NSFC 生命科学部通过"基因信息传递过程中非编码 RNA 的调控作用机制重大研究计划"，有力地支持了我国 RNA 领域的发展，培养了一大批人才。该计划的科学目标是以重要模式生物为对象，整合多种技术和方法，发现基因信息传递过程中新的非编码 RNA，并研究非编码 RNA 的生成和代谢，及其参与重要生命活动的生物学功能，为发现新的功能分子元件及由其引发的新的生命活动规律提供关键信息。该重大研究计划资助项目涉及的领域主要是基础研究和一部分应用基础研究。NSFC 还资助了重大、重点项目，例如 2017 年资助"核酸小分子和花生四烯酸代谢活性小分子调节网络在病理性心肌重构中的作用"项目；2019 年资助了系列重点项目，如"基于新型拟荧光蛋白 RNA 的活细胞 RNA 原位实时多色成像技术""RNA 甲基化修饰调控减数分裂"等。检索 NSFC 网站，2016—2020 年 NSFC 通过国家杰出青年科学基金资助 RNA 领域的青年人才 11 位。此外，NSFC 医学部还资助了"长非编码 RNA 调控网络在恶性肿瘤转移中的功能和机制研究"重大项目，项目负责人为中山大学宋尔卫教授[47]，项目组基于肿瘤的十大特征，发现了一批调控肿瘤侵袭转移、增殖、凋亡、代谢、调节肿瘤免疫和炎症等方面的 lncRNA，包括肿瘤细胞以及肿瘤间质细胞中的 lncRNA，以及巨噬细胞外泌体包裹的 lncRNA；并对新发现的多个 lncRNA 进行了功能研究和机制探索。

（2）重要研究进展

1）RNA 修饰与功能鉴定

近年来，核糖核酸基础研究领域主要在 RNA 修饰，尤其是甲基化修饰、环状 RNA 发现与功能鉴定、长链非编码 RNA 的大规模鉴定等方面取得重要进展。

① RNA 修饰。RNA 存在 100 多种修饰，真核生物信使 RNA（mRNA）的内部修饰则主要是为了维持 mRNA 的稳定性。mRNA 最常见的内部修饰包括 N6- 腺苷酸甲基化（m6A）、N1- 腺苷酸甲基化（m1A）、胞嘧啶羟基化（m5C）等。科学家们已经鉴定出参与 m6A 的许多酶，包括去甲基化酶、甲基化酶和甲基化识别酶等。

N6- 甲基腺苷甲基化（m6A）是 mRNA 中最丰富的内部化学修饰。近年来，对 m6A 修饰的研究，重点在其写入、擦除和读取蛋白在转录后基因调控中的功能，并探讨了 m6A 标记对人类健康的影响[48]。m6A 修饰被证明能以动态和可逆的方式在转录后调控哺乳动物细胞中数千种 mRNA 转录本的表达。m6A 修饰已被证明在许多主要的正常生物过程中发挥关键作用，包括胚胎干细胞和造血干细胞的自我更新和分化、组织发育、昼夜节律、热休克或 DNA 损伤反应和性别决定。因此，m6A 机制的失调也与实体瘤和恶性血液肿瘤的发生发展及对药物的反应密切相关[49]。参与 m6A 修饰的酶出现异常将会引起一系列疾病，包括肿瘤、神经疾病、胚胎发育迟缓等。此外，研究人员还对 m5C 修饰、m1A 修饰和 m7G 修饰机制开展了研究。

② 环状 RNA 发生与功能鉴定。环状 RNA（circular RNA，circRNA）是长链非编码 RNA（lncRNA）的一种，它是由 5′ 和 3′ 端共价连接、通过特定的反拼接机制形成的。越来越多的研究表明，环状 RNA 具有种类丰富、结构稳定、序列保守以及细胞或组织特异性表达等特点。近年来，随着 RNA 研究技术的进步，研究者们在多种生物中发现了数量

众多的环状 RNA，且发现它们具有重要的生物学功能，例如作为天然小 RNA（miRNA）海绵体吸附并调控 miRNA 的活性，与转录调控元件结合或与蛋白互作调控基因的转录等。

目前发现环状 RNA 的形成是受多个因素调控的，包括异质性核糖核酸蛋白（hnRNP）和 SR 蛋白（即含有长重复丝氨酸和精氨酸氨基酸残基的蛋白）在内的顺式作用元件和反式剪接因子的联合作用。还有一些蛋白或分子会参与环状 RNA 的形成与调控。此外，组蛋白等的表观遗传变化会影响选择性剪接，也可能会对环状 RNA 的生物发生造成直接的影响。

在功能方面，研究表明，单个环状 RNA 作为蛋白海绵体调控 RNA 与蛋白的结合，并可与特定蛋白质结合形成蛋白质分子库，对细胞外刺激做出快速反应，可用于在病毒感染时迅速产生免疫反应。许多内源性的环状 RNA 在抗病毒反应中发挥作用。有些外源性的环状 RNA 可以通过激活模式识别受体 RIG-I 刺激哺乳动物细胞的免疫信号。近年来，研究发现环状 RNA 具有编码蛋白的功能。由于 circRNA 不含 5' 帽子，它的翻译是不依赖于帽子。某些 circRNA 具有内部核糖体进入位点（IRES）或者在 5 个未翻译区域（UTR）加入 m6A RNA 修饰后的方式翻译。尽管目前研究预测有成千上万的环状 RNA 包含一个假定的开放阅读框（ORF）和一个上游 IRES，但是真正能够作为蛋白编码模板的，只有 circ-ZNF609、circMbl、circFBXW7、circPINTexon2 和 circ-SHPRH，对它们所产生的肽段的功能也尚不清晰。另外一些环状 RNA 编码的产物还可能作为防止蛋白降解的保护剂。环状 RNA 的成熟受顺式和反式元素的调控。这些 RNA 的生物学功能的完整列表还没有编纂出来，大量研究探索了它们与特定的 microRNA 相互作用的能力和发挥仓库的作用。环状 RNA 的表达是组织特异性的[50, 51]。

在生理功能方面，近年来研究得最多的是环状 RNA 在大脑中的作用。circRNA 还与先天免疫应答相关，在血液、心脏组织中也高表达。circRNA 除了作为基因表达的主调节器外，还有望作为癌症和其他疾病的新型生物标志物。circRNA 与糖尿病、神经系统疾病、心血管疾病和癌症等疾病有关，其广泛表达能力和疾病调控机制使其成为多种疾病的功能型生物标志物和治疗靶点。

③长链非编码 RNA 的大规模鉴定与功能分析。长链非编码 RNA（lncRNA）的表达较低，组织特异性强，个体间的表达差异较大，因此，其表观遗传标记、剪接和转录结构各不相同。研究人员通过分析来自正常组织和肿瘤组织的 14166 个样本的最大汇编，以高质量的图谱显著扩大了人类长非编码 RNA 全景图，并构建了 LncRNA 参考目录（RefLnc）[52]。美国斯坦福大学研究团队利用基因型组织表达项目（The Genotype Tissue Expression Project，GTEx）的 v8 数据和多组织转录组学数据，对来自 49 个不同组织中 14100 个 lncRNA 基因的表达、遗传调控、细胞环境和性状关联进行了分析，确定了 1432 个 lncRNA 基因特有的性状和疾病关联，其中 800 个不能通过邻近蛋白质编码基因的强效应来解释，揭示了 lncRNA 与人类疾病发生之间的联系[53]。

近年来研究发现，lncRNA 具有编码蛋白的能力。lncRNA 转录本中的小开放阅读框

（small open reading frame，smORFs）可以编码多肽（smORF encoded polypeptides，SEPs），后者可广泛参与肌肉形成、黏膜免疫、RNA 脱帽及肿瘤增殖等生物学过程。考虑到 lncRNA 转录本及其 smORF 数量庞大，SEP 或就一个被忽视且待开发的富含蛋白质活性调节因子的宝库。因此，大规模地发现和鉴定 SEP 并系统探索它的功能及其在生物进化中的作用，可为揭示由非编码 RNA 介导的遗传信息传递方式和表达调控网络的研究，以及从一个不同于蛋白质编码基因的角度为基因组的结构与功能注释提供新的突破口[54]。

2）RNA 参与疾病发生发展的机制

大量研究表明，各类 RNA，尤其是非编码 RNA 在疾病发生发展中发挥重要作用，它们可以用作疾病的治疗靶标或作为疾病诊断和预后的标志物。

lncRNA 在基因调控中发挥着重要作用，在医学中具有重要的应用价值。研究表明，任何转录本，无论其是否有编码潜力，都具有 RNA 固有的功能[55]。HNTRAIR、MALAT1、ANRIL、LNCRA1–P21、ZEB1–AS1、Xist、Wisper 等长链非编码 RNA 广泛参与肿瘤、心血管疾病等各类疾病发生的机制。在癌症方面，lncRNA 与癌细胞的每一个特征的获得有关，从增殖和存活的内在能力，到新陈代谢的增加，再到与肿瘤微环境的关系。在心血管疾病方面，lncRNA 可能通过调节内皮细胞增殖（如 MALAT1、H19）或血管生成（如 MEG3、MANTIS）来调节内皮功能障碍。LncRNA 参与调控血管平滑肌细胞（VSMC）表型或血管重塑（如 ANRIL、SMILR、SENCR、MYOSLID），已有研究将 lncRNA 与白细胞活化（如 lincRNA–Cox2、linc00305、THRIL）、巨噬细胞极化（如 GAS5）和胆固醇代谢（如 LeXis）相关联[56]。

lncRNA 在神经分化、神经系统疾病发生发展和代谢性疾病中也发挥重要作用。将受 lncRNA 影响的细胞过程与疾病特征联系起来，有望将 lncRNA 作为新的预后标志物和治疗靶标，将刺激新的研究方向和新疗法开发。

miRNA 基因表达改变会促进大多数人类恶性肿瘤发生。这些改变是由多种机制导致的，包括 miRNA 位点缺失、扩增或突变、表观遗传学沉默，或者靶向特定 miRNA 基因的转录因子失调等。由于恶性肿瘤依赖于 miRNA 基因的失调表达，而 miRNA 失调表达反过来被多个蛋白编码的癌基因或肿瘤抑制基因失调所控制，这些 miRNA 在未来基于 miRNA 疗法开发中发挥着重要作用[57]。近年来研究人员还通过深度学习和建模分析，大规模研究 miRNA 参与的疾病机制，以及 miRNA 与 lncRNA、mRNA 的相互作用。例如，通过构建一个融合了集合学习和降维的计算框架开发了 EDTMDA 算法全面分析 miRNA– 疾病的关联性[58]；研究人员选 5 种重要的 miRNA 相关人类疾病和 5 种关键的疾病相关 miRNA，开展了 miRNA– 靶标相互作用研究，分析了 20 种 miRNA– 疾病关联的计算模型，构建强大的计算模型预测潜在 miRNA– 疾病关联性[59]。

近年来，研究人员重点对 circRNA 在心脏病理中的相关性开展了研究，包括在缺血再灌注损伤、心肌梗死、心脏衰老、心脏纤维化、心脏肥大和心力衰竭、动脉粥样硬化、冠状动脉疾病和动脉瘤等疾病中的作用[60]。

3）RNA 参与植物生长发育的机制

RNA（尤其是非编码 RNA）在作物种植、家畜和水产养殖中发挥重要应用。主要是用于育种以提升动植物的产量、抗病能力，或应用于生物农药开发。

在 miRNA 方面，研究人员通过大规模鉴定获得了许多 miRNA 注释信息，更新了植物 miRNA 注释的标准，从进化和功能角度区分了 miRNA 与复杂的 siRNA 注释[61]，并对芸香草[62]、番茄[63]等植物进行了全基因组 miRNA 鉴定。

用 RNA 干扰技术提高植物抗病能力。研究人员通过正向遗传筛选发现了抗病毒 RNAi 的两个新元件，为抗病毒 RNAi 机制提供了重要启示。同时，发现 microRNA 对宿主抗病毒 RNAi 做出了重要贡献。另一方面，为了对抗宿主抗病毒 RNAi，大多数病毒都会编码 RNA 沉默的病毒抑制因子（VSR）。研究揭示了 VSR 的多种功能以及植物宿主和病毒之间错综复杂的相互作用。这些发现对植物中复杂的宿主抗病毒防御机制有进一步的认识，从而为植物抗病毒策略的发展提供关键信息[64]。例如，深度测序发现水稻长丝酵母菌及其对根瘤菌的免疫作用[65]等。

鉴定重要养殖鱼类中的 lncRNA。例如全面分析罗非鱼（oreochromis niloticus）环状 RNA 和 circRNA-miRNA 网络在远缘动物脑膜炎发病机制中的作用[66]；在虹鳟鱼、鲈鱼、大西洋鲑鱼等重要养殖品种中研究 lncRNA 在免疫应答、抗病、摄食、生长性能等方面的功能[67]。

mRNA 和非编码 RNA 在牛、羊、鸡的生长、发育与生殖（如精子形成、卵泡发育、发情周期、妊娠）等过程中发挥重要调控作用。例如，研究了牛卵泡发育过程中卵巢颗粒细胞中的 miRNA 富集与降解等。应用 mRNA 和非编码 RNA 调控肉用动物脂肪代谢，以提高肉用动物的肉质品质和适口性，例如反刍动物肉中大理石花纹和脂肪酸谱的营养基因组学研究[68]。

4）RNA 相关技术开发

单细胞 RNA 测序（single cell RNA-seq，scRNA-seq）技术及相关算法和工具开发。研究人员已经开发出被广泛使用的 19 种 scRNA-seq 技术，并开发出多样化的 scRNA-seq 数据分析方法[69]。也有研究人员利用深度学习方法来对单细胞 RNA-seq 数据进行聚类和标注[70]。例如，利用半监督深度学习对单细胞转录组的基因表达和结构进行高度可扩展和精确推断的方法 Disc[71]，准确、快速、可扩展的深度神经网络方法 Deepimpute[72]，通过半监督深度学习在单细胞 RNA-seq 中进行双重识别的方法 Solo[73]，用于单细胞 RNA 测序批量校正的新型深度学习方法 Bermuda 可揭示隐藏的高分辨率细胞亚型[74]，通过深度学习解析基因表达的 Digitaldlsorter 等[75]。

研究人员相继开发了多种 RNA 修饰研究技术。例如，美国芝加哥大学研究人员开发了一个逆转录酶进化平台，可快速、特异性识别 RNA 修饰[76]。北京大学研究人员发展了名为"m1A-ID-seq"的结合抗体富集和特异性酶促反应的m1A RNA甲基化测序新技术，利用该技术，研究人员成功实现了人细胞系全转录组水平的高分辨率m1A检测，鉴定出901个含有m1A修饰的转录本，为研究m1A修饰如何参与基因表达调控提供了重要工具[77]。

长链非编码RNA鉴定技术开发。北京市未来基因诊断高精尖创新中心与哈佛大学公共卫生学院刘小乐研究组合作，建立了paired-guide RNA（pgRNA）文库的构建方法，通过pgRNA引入的基因组大片段删除来破坏lncRNA表达及功能，并由慢病毒介导在多个癌细胞系中实现了功能筛选，从约12000 pgRNA的CRISPR文库中成功鉴定出正向及负向调控癌细胞增殖的lncRNA[78]。中国科学院生物物理研究所研究人员建立了能够捕获RNA原位高级结构和作用靶标的RIC-seq新技术，并利用该技术首次在细胞内全景式地捕获RNA的高级结构以及各种类型非编码RNA的作用靶标，为RNA研究提供了全新的实验工具[79]。

核糖体表达谱（Ribosome profiling）是一种强大的、全面监测RNA翻译的技术，应用范围广，从密码子占有率表达谱（codon occupancy profiling）、主动翻译的开放阅读框（ORF）的识别、到各种生理或实验条件下翻译效率的量化等。而翻译控制在蛋白质丰度测定中发挥重要作用。为克服测量mRNA种类丰度的微阵列或RNA-se两种常用方法无法提供关于蛋白质合成信息（蛋白质合成才是基因表达的真正终点）的缺陷，研究人员提出在核糖体表达谱中用深度测序定量分析活体内全基因组翻译的协议[80]，改进了核糖体表达谱。

利用RNAi沉默疾病相关基因，开发新型治疗药物。2017年首个RNAi技术药物已被FDA批准上市，还有许多RNAi药物处于临床试验中，例如RNAi疗法用于治疗急性间歇性卟啉病[81]等。将siRNA输送到靶点是RNAi发挥作用的关键，研究人员开发脂质纳米粒（LNP），经验证能有效地将siRNAs输送到肝脏和动物体内的肿瘤。此外，RNAi技术也被应用于农业害虫控制。

（3）平台设施和研究中心

在机构建设方面，美国NIH下属的国家癌症研究所建立了RNA生物学研究所；西凯斯大学、杜克大学、俄亥俄州立大学、洛克菲勒大学、加州大学伯克利分校、耶鲁大学等10多所大学建立了RNA生物学或RNA疗法研发中心。还建立了一些地区RNA中心，如哈德逊谷RNA俱乐部、湾区RNA俱乐部等[82]。加拿大有阿尔伯塔RNA研究与培训研究所（Alberta RNA Research and Training Institute，ARRTI）、加拿大魁北克Sherbrooke RiboClub，新加坡有新加坡国立大学RNA生物学中心（NUS-CSI Singapore RNA Biology Center）等[83]。欧盟有法国国家科学研究中心的RNA研究组（Groupe de Recherche RNA）、德国亥姆霍兹基于RNA的感染研究所等。此外，欧洲分子生物学实验室（EMBL）也拥有RNA研究团队。我国RNA领域的重要研究机构分布于清华大学、中科院生物物理所、中科院上海生物化学与分子生物学研究所、中国科学技术大学、中山大学等机构。另外，我国也建立了区域 RNA 研究联盟，如上海 RNA 俱乐部（Shanghai RNA Club）。

在相关数据库与平台建设方面，DNA 元件百科全书（ENCODE）计划基于其研究成果建立了大型的数据库——DNA 元件百科全书，并开发了相关软件和工具。目前 ENCODE 百科全书已经发布第 5 版[84]。该计划开发的软件工具包括识别 ENCODE 元件的工具、生成 ENCODE 质量指标的工具等软件工具。美国 NIH 设立了跨 NIH 的 RNA 干扰（RNAi）筛选设施（TNRF），提供大规模筛选全基因组和通路的工具，NIH 内部研究人员利用该设施已经确定了大量控制癌症和神经退行性疾病关键过程和通路的基因[85]。该设施可提供人类和小鼠全基因组 siRNA 筛选，通常还包括 microRNA 模拟物和抑制剂文库的筛选，并提供 CRISPR/Cas9 基因编辑技术服务[86]。哈佛大学医学院与贝斯以色列女执事医疗中心（Beth Israel Deaconess Medical Center，BIDMC）建立了非编码 RNA 精准诊断与治疗核心设施（Non-coding RNA Precision Diagnostics and Therapeutics Core，ncRNA Core）[87]。欧盟第七框架计划资助建立"欧洲非编码 RNA 网络"，该项目 2013 年开始，2018 年结束，旨在建立欧洲非编码 RNA 人才培养与训练网络，致力于教育下一代欧洲研究人员，重点关注 ncRNA 在多学科项目中的功能和重要性研究[88]，而且 RNA 领域原有的数据库在不断更新中。

此外，研究人员陆续开发出基于高通量数据的分析工具与软件，如 DAVID 生物信息学资源包括集成的生物知识库和分析工具，旨在从大规模基因/蛋白质列表中系统地提取有生物学意义的信息[89]，该工具 2020 年更新到 v6.8 版本[90]等。尤其是，近年来研究人员开发了许多单细胞 RNA 测序工具与软件，包括：数据分析工具，如 DendroSplit、SinCHet、Scater、SPRING、ASAP、SIMLR、SCANPY、TSCAN、FastProject、Granatum、FIt-SNE、SC3 等；聚类方法，如基于 K-means 的 RaceID、层次聚类的 SINCERA 等[91]。

3. 蛋白质

蛋白质是生命的基石，是细胞执行生长、发育、衰老和死亡等各种生命活动的基本单位，帮助细胞维持结构，调节身体各项功能，并参与生命的全过程。蛋白质是基因表达的产物，与基因密切相关，但在此基础上又能产生很多变化，造就生物体不同的形态、形状，或者执行不同的功能，对蛋白质结构和功能的研究将直接阐明生物体在生理或病理条件下的变化机制。蛋白质本身的存在形式和活动规律，如蛋白质构象、翻译后修饰、蛋白质间相互作用等问题，依赖于对蛋白质进行的研究。虽然蛋白质的可变性和多样性等特殊性质导致了蛋白质研究技术远比核酸技术要复杂和困难很多，但正是这些特性参与和影响着整个生命过程。同时，蛋白质科学研究促使了一系列新兴生物技术的发展，同时也促进了医药、食品、农业等领域的快速发展。

人类蛋白质组计划的完成进一步推动了蛋白质和蛋白质组学研究的发展，将实现从整体水平观察细胞内蛋白质的组成及其变化规律，整体性、概括性地了解生命体在某一状态下的蛋白质表达、翻译后修饰以及蛋白质相互作用等，揭示蛋白质功能的同时也能用以研究生理、病例以及药物作用机制，开发促进疾病诊断的生物标志物，筛选药物及疗法，也有助于精准医疗和个性化治疗的研究。因此，欧洲、美国、中国、日本等国家和地区也持续地对蛋白质研究领域进行长期的投资和布局，积极组建蛋白质研究中心，部署有助于加快蛋白质科学研究的基础大设施，开发相关的数据库及分析工具，为蛋白质研究领域提供有力的支撑。

（1）规划布局和项目资助

国际组织在大计划框架下加速推动蛋白质研究的发展。人类蛋白质组计划（Human Proteome Project，HPP）是国际人类蛋白质组研究组织（HUPO）发起的一项国际计划，是继人类基因组计划草案发布十年后，利用这本基因组百科全书发起的一项新的富有远见的国际科学合作大计划，旨在使用当前可用的以及新兴的技术，通过全球众多实验室的协调努力，系统地绘制全人类蛋白质组，加深对人类蛋白质组的理解，并为全球协作、数据共享、质量保证和加强基因组编码蛋白组的准确注释建立一个国际框架[92]。鉴于在 20300 种蛋白质基因产物中存在约 30% 未知的蛋白质，需要在蛋白质丰度、分布、亚细胞定位、与其他生物分子的相互作用以及特定时间点的功能方面进行系统的全球合作来实现这一目标。该项目的完成不但在细胞水平上增进了对人类生物学的理解，还为诊断、预后、治疗和预防医学应用的发展奠定了基础。欧洲、亚太地区在此项目基础上相继成立了人类蛋白质组研究组织，全球各研究机构达成广泛共识，有组织、有计划、分专题地全面实施人类蛋白质组计划，掀起了蛋白质研究的热潮。截至 2016 年，美国、中国、英国、德国、瑞士、加拿大、日本等国分别牵头实施了 7 个蛋白质组计划，涉及人类血浆、肝脏、脑蛋白质组，模式动物蛋白质组，糖蛋白质组和蛋白质组标准等。此外，HUPO 还启动了生物信息学计划、蛋白质组关键技术研究计划等辅助计划。

根据 HPP2021 年 3 月发布的数据显示，在人类基因组编码的 19778 种预测蛋白质中，已发现的蛋白质有 18357 个，占总蛋白质的 92.8%[93]。人类蛋白质知识平台（NeXtProt）2020 年发布的数据显示，目前已有 17874 具有强蛋白质水平证据（protein-level evidence，PE1）的蛋白，比 2019 年前的 17694 种增加了 180 种，占所有 19773 个 neXtProt 预测编码基因（所有 PE1、2、3、4 蛋白质）的 90.4%。并且自 2019 年以来，neXtProt PE2、3、4 蛋白质（也称为缺失蛋白质 "missing proteins，MP"）的数量已从 2129 减少到 1899。蛋白质组学数据库 PeptideAtlas 的数据显示，2019—2020 年添加了 362 种经典蛋白质的数据，特别是针对难以识别的蛋白质的研究取得了重要的进展。此外，人类蛋白质图谱（Human Protein Atlas，HPA）还增加了血液、脑和代谢的蛋白图谱[94]。

与此同时，HPP 计划也促进了各国大型蛋白质设施的发展。蛋白质科学研究的关键之一是实现大规模、高通量的蛋白质的产生、结构分析和功能研究一体化，实现这一要求的必要手段之一是建立大型蛋白质科学研究的基础设施。美国阿贡国家实验室先进光子源设施（Advanced Photon Source，APS）、劳伦斯伯克利国家实验室的先进光源（Advanced

Light Source，ALS）等大型装置成立了蛋白质研究中心，法国格勒诺布尔的欧洲同步辐射光源（Europe Synchrotron Radiation Facility，ESRF）、日本同步辐射设施 SPring-8（Super Photon ring-8）、中国国家蛋白质科学研究（上海）设施均是蛋白质研究的基础大设施，有助于开展蛋白质结构解析的前沿研究。

此外，各国也加大对蛋白质领域的投资。例如，美国通过国立卫生研究院（NIH）加大对蛋白质领域的前瞻布局。2011 年，NIH 美国国家癌症研究所成立了临床蛋白质组学肿瘤分析联盟（CPTAC），对结直肠癌、乳腺癌和卵巢癌进行综合蛋白质基因组学分析，对这些类型的癌症提出了新见解，例如鉴定出以蛋白质组为中心的亚型，通过拷贝数改变和蛋白质丰度的相关分析确定驱动基因突变的优先级，并通过翻译后修饰解析癌症相关通路。CPTAC 目前正在利用其在癌症蛋白质基因组学上的资助来表征其他类型的癌症，通过扩展其应用，将蛋白质基因组学应用于临床试验中的毒性和耐药性来加速精准肿瘤学的发展。CPTAC 在 2016 年创建了两个新项目，旨在加深对这一重点领域的研究和理解。其中，"APOLLO 网络"项目的目标是通过与国防部和退伍军人管理局的医疗保健系统合作，研究在常规癌症护理中对患者进行肿瘤蛋白质基因组学分析的方法，实现有效地结合肿瘤学研究和疾病护理。

NIH 的共同基金（Common Fund）计划目的是解决生物医学研究中出现的科学机会和紧迫挑战，其针对蛋白质领域的重点投资计划是"蛋白质捕获试剂"（Protein Capture Regents，PCR）计划，目标是为大量人类转录因子（hTF）开发蛋白质亲和试剂，以研究蛋白质如何单独作用，以及如何与细胞内的其他蛋白质、碳水化合物或特定的 DNA 区域相互作用。目前，该计划已经开发出超过 1500 种试剂，超过 650 种 hTF 与及其相关的蛋白质。为了解多种蛋白质在发育、健康和疾病中关键作用提供了一系列新的资源和工具，并且在未来有望广泛地应用于研究和临床应用中。

欧盟对蛋白质领域的研究主要聚焦于关键理论的突破。例如，欧盟科研基础设施战略论坛（ESFRI）在其发布的最新版研究基础设施路线图中，认为欧洲的生物医学领域应该大力整合可用于蛋白质组学的下一代测序技术、质谱平台、先进成像技术。同时，在欧盟委员会的倡议下，欧盟于 2014 年通过第七研发框架计划（FP7）和欧盟结构基金（ESF）联合提供资助，由欧盟 20 个成员国 100 余家医学科研机构组成国际 PROTEOSTASIS 行动计划（COST Action BM1307），致力于蛋白质基因突变的成因机理研究，以及蛋白质突变对人体组织细胞功能产生的作用影响；致力于关键理论基础的突破，以及进一步建立在生命科学领域的新技术应用，将前沿科学的基础研究转化为技术创新，服务于生命健康领域。此外，还持续资助健康和食品相关的蛋白质组研究，如酵母蛋白质组、生物核磁共振项目以及蛋白质组分析高通量设施等，共同协调和整合欧洲研究小组以更好地开展蛋白质研究和将新发现转化为具有临床和 / 或经济价值的产品[95]。而"地平线欧洲（Horizon Europe）"计划（第九框架计划）在 2021—2027 年预算的新一轮研发与创新框架计划中，预计将投资 3200 万欧元用于研究和开发更可持续的蛋白质。

瑞典于 2003 年开始人类蛋白质图谱（Human Protein Atlas，HPA）计划并进行持续更新，旨在利用各种生物技术的整合，包括基于抗体成像、质谱学的蛋白质组学、转录学和系统生物学，绘制细胞、组织和器官中所有人类蛋白质的图谱，并且开放数据供学术界和产业界的研究人员访问。2020 年 11 月，HPA 更新到第 20 版，更新的版本包括 6 个类别的蛋白质图谱：单细胞类型图谱（Single Cell Type Atlas），显示单一人类细胞类型中蛋白质编码基因的表达；组织图谱（Tissue Atlas），根据 37 种主要不同正常组织类型的 RNA 的深度测序和含有 44 种不同组织类型的组织微阵列上的免疫技术，展示了人类蛋白质在组织和器官上的表达和定位；病理图谱（Pathology Atlas），基于 8000 名患者的数据系统地分析了 17 种主要癌症类型的转录方式，从蛋白质水平揭示其对癌症患者生存的影响；血图谱（Blood Atlas）提供了有关人类血液细胞类型和蛋白酶的数据；大脑图谱（Brain Atlas）通过整合来自三种哺乳动物（人类、猪和小鼠）的数据探索了哺乳动物大脑中的蛋白质表达；细胞图谱（Cell Atlas）详细描述了由 12813 个基因编码的蛋白质的亚细胞分布模式（占人类蛋白质编码基因的 65%），提供了单细胞蛋白质空间分布的高分辨率图像[96]。

与此同时，中国重视蛋白质研究的理论与技术、应用相结合。人类蛋白质组作为开发疾病预防、药物诊治的直接靶体库，已成为国际生物科技研发的战略制高点。国家自然科学基金委、科技部的"863""973"计划以及《国家中长期科技规划纲要》，都对蛋白质及其组学研究予以持续地支持。2014 年 6 月 10 日还全面启动了中国人类蛋白质组计划（Chinese Human Proteome Project，CNHPP），该计划以中国重大疾病的防治需求为牵引，发展蛋白质组研究相关设备及关键技术，绘制出人类蛋白质组生理和病理精细图谱，全景式揭示生命奥秘，为提高重大疾病防诊治水平提供有效手段，同时也为中国生物医药产业发展提供原动力。CNHPP 产生的大数据揭示了人体蛋白质组成及其调控规律，例如首次描绘了弥漫性胃癌的蛋白质组图谱，为深刻理解胃癌分子机制提供了理论依据并为胃癌病人的精准医疗提供新的选择[97]。首次描绘了早期肝细胞癌的蛋白质组表达谱和磷酸化蛋白质组图谱，发现了肝癌精准治疗的新靶点，并为针对该疾病的个性化疗法提供了机会[98]。首次对肺腺癌开展了大规模、高通量、系统性蛋白质组学研究，构建的蛋白全景图和分子亚型特征揭示了中国人肺腺癌的分子特征及预后和诊疗的生物标志物，为肺腺癌的精准医疗提供了重要资源和线索。同时，该项工作也是中国人类蛋白质组计划继胃癌、肝癌工作之后取得的又一重大成果，预示着蛋白质组学在精准医学中的独特性和重要性[99]。

2016 年，国务院发布《国务院办公厅关于促进医药产业健康发展的指导意见》，将加快重大药物产业化作为重点任务之一，推动新型抗体、蛋白及多肽等生物药的研发和产业化。同时优化产品出口结构，加快重组蛋白药物、抗体药物、疫苗等制剂的产品出口，提高原料药、制剂组合的出口能力，树立优质的中国医药知名品牌。同年，国务院印发《"十三五"国家科技创新规划》，提出把握世界科技前沿发展态势，坚持面向国家重大需求，鼓励自由探索和目标导向相结合，加强重大科学问题研究，将"蛋白质机器与生命过程调控"列为"战略性前瞻性重大科学问题"之一。国务院印发的《"十三五"国家战略性新兴产业发展规划》，指出未来 5 ~ 10 年是全球新一轮科技革命和产业变革从蓄势待发到群体迸发的关键时期，应该大力推动生物医药行业跨越升级，重点推进抗体药物、重组蛋白药物、新型疫苗等新兴药物的研发、产业化和质量升级。此外，重视生物产业创新发展平台建设工程，依托并整合现有资源，建设创新基础平台，支持蛋白元件库、基因库等的建设。

由于一切生命活动都依赖蛋白质功能的正常发挥，而"蛋白质机器"指由大量蛋白质和生物分子形成的复杂的功能复合体，揭示蛋白质机器复杂的结构、功能、调控网络以及动态变化规律，发挥蛋白质科学研究设施的支撑优势，不但可以揭示生命的现象本质，也有助于人类了解自然和核心的基础生物学问题。在此基础上，2016 年 2 月，科技部启动了"蛋白质机器与生命过程调控"重点专项，围绕蛋白质科学领域的重大基础科学问题研究、重大技术方法研究和重大应用基础研究等三大任务，针对重要细胞器及生物膜相关蛋白质机器等重大科学问题，高分辨率冷冻电镜、磁共振技术等重大技术方法，以及肿瘤、免疫类等疾病防治等重大应用研究领域进行全面部署。2016 年，蛋白质机器与生命过程调控重点专项优先部署 21 个重要支持方向，33 个项目（包括青年科学家项目 10 项）立项实施，投入经费 7.3 亿元人民币。开展了例如"蛋白质机器三维结构导向的新型药物研发关键技术研究""信号转导过程中蛋白质机器的活细胞标记与在体调控""蛋白质机器动态结构的核磁共振研究方法及应用""植物非编码 RNA- 蛋白质复合机器的功能和作用机制""高分辨率冷冻电镜新技术新方法的发展及在结构生物学中的应用"等项目的研究。随后，该重点专项在 2017 年部署 35 项，2018—2020 年共部署了 29 项，大力推动了我国蛋白质领域的发展。

（2）重要研究进展

近年来，蛋白质领域在蛋白质图谱研究、蛋白质结构与修饰、功能和作用机理以及疾病中的研究和蛋白质新技术、新方法的开发方面均取得了突破性的进展。

1）蛋白质的图谱绘制

确定每个组织的蛋白质水平以及它们与 RNA 水平的比较对于了解人类生物学、疾病以及在蛋白质水平进行的调控非常重要。但目前大多数的研究都集中在 RNA 水平的检测上，位于转录水平下游的蛋白质更直接地参与重要的细胞活动，对其进行研究有助于了解复杂组织的分子机制。近年来，在蛋白质的图谱绘制上取得了一定的成果，斯坦福大学的研究人员量化了 32 个正常人体组织中超过 12000 个基因的蛋白质水平，确定了组织特异性或组织富集的蛋白质，并与转录组数据进行比较，提出了在蛋白质水平对新陈代谢和人类疾病的新见解[100]。瑞典卡罗林斯卡研究所利用转录组学和抗体图谱对人、猪、小鼠大脑的主要区域进行了全面的剖析，绘制了三种哺乳动物的 10 个主要大脑区域和多个子区域的蛋白质图谱，从而对哺乳动物大脑的蛋白质编码基因产生详细的多层次视图，扩大了对大脑及其疾病神经生物学的基本了解[101]。瑞典皇家理工学院等研究机构使用免疫荧光显微镜将单细胞水平的 12003 种人类蛋白质映射到 30 个细胞区间和亚结构中，通过质谱验证了结果并建立了蛋白质互相作用的网络模型[102]。麻省总医院等多家研究机构发现迄今最全面的人类蛋白质编码区域遗传变异，识别出 3230 个受不同类别突变选择的基因，其中 72% 的基因是目前没有确定的人类疾病表型，提示这些数据可以有效过滤候选致病变异[103]。

对细胞组织和基因组功能的系统性见解需要全面了解基因型 - 表型关系的相互作用网络，并且重要的生物功能都依赖于数百种蛋白质在不同的空间和时间的相互协调，以确保蛋白质复合物的正确组装、功能的产生和调节。德国欧洲分子生物学实验室（EMBL）首次绘制出促进细胞分裂的蛋白质互作图谱，能够实现有效追踪推动细胞分类过程的特殊蛋白的位置和种类[104]。多伦多大学等机构的研究人员绘制了世界上最大的蛋白质相互作用图谱 HuRI，HuRI 包括大约 53000 种蛋白质相互作用，所提供的蛋白质相互作用可以为大多数的人类细胞功能相关研究提供参考[105]。

虽然人们普遍认为，蛋白质的数量在不同细胞类型、组织和体液之间差异很大，但目前还不清楚众多代谢和催化过程是如何协调的，以引起蛋白质水平的巨大差异。目前已经生成了人类细胞类型和组织的广泛的 mRNA 表达图谱，可以作为评估蛋白质丰度的基础[106]，然而，其他研究也强调了蛋白质的动态范围比转录本丰度高得多，mRNA 和蛋白质水平的相关性较低，表明了不同的调控元件可能发挥了重要作用[107]。蛋白质组和转录组分析技术的进步，使研究人员可以对蛋白质组进行大规模的定量和综合分析，慕尼黑技术大学的研究人员通过对人类蛋白质图谱（HPA）项目中的 29 种主要的健康人体组织进行分析，发现即使对于高度表达的 mRNA，也无法检测到数百种蛋白质，即很少有蛋白质显示组织特异性表达，组织内和组织之间的 mRNA 和蛋白质数量存在显著差异，该研究表明蛋白质组学仍然具有挑战性，需要更好的计算方法来对蛋白质表达水平的差异进行精确研究[108]。瑞士苏黎世联邦理工学院的研究人员对现有的蛋白质图谱绘制方法进行了大幅改进，这种新的 LiP-MS 方法可以实现在细胞液中，同时检测到蛋白质所有功能的改变，包括酶活性分子的相互作用和化学修饰，该方法很有可能作为一种诊断工具应用于未来疾病的早期检测[109]。

2）蛋白质的结构和修饰

蛋白质是一种重要的生物学分子，同时也是细胞内部分子交流的关键介导物，两种蛋白质为了相互结合和行使功能，其三维结构中的特殊区域必须完全匹配，而三维结构又由其遗传编码的氨基酸序列决定。因此，对氨基酸序列和蛋白质结构之间关系的理解将为从基因组序列数据预测功能，以及通过设计具有特定结构的氨基酸序列，从而合理设计新蛋白质功能开辟新的途径，同时还有助于开发新的疾病治疗方法。在过去十年中，蛋白质结构的预测和设计方法取得了巨大进步，计算能力的提高以及蛋白质序列和结构数据库的快速增长推动了新的数据密集型和对计算有较高要求的结构预测方法的发展。用于设计蛋白质折叠和蛋白质－蛋白质界面的新算法已被用于设计新的高阶组装，并从头开始设计具有新特性或增强特性的荧光蛋白，以及具有治疗潜力的信号蛋白[110]。目前的技术，除了传统的低温电子显微镜、核磁共振、X射线晶体学以外，深度学习算法也可以帮助预测蛋白质结构，例如可以分析蛋白质家族中相关突变的模式，仅从序列信息中预测结构相互作用的残基[111]；提升蛋白质的能量功能[112]；首次使得可以从近似结构预测模型开始，并通过能量引导的细化过程使其更接近实验确定的结构[113]。此外，DeepMind公司开发的AI程序"AlphaFold"可以根据氨基酸序列准确预测蛋白质结构[114]。与此同时，随着基因组和宏基因组测序的快速发展，进一步推动了蛋白质序列数据库的急剧增长[115]。软件和自动化的进步加快了实验结构确定的步伐，加速了蛋白质结构数据库（the Protein Data Bank）的数据增长，目前该数据库已经包含近150000个大分子结构。

蛋白质在生命系统中具有多种催化、调节、传递信号等功能，大多数真核蛋白在核糖体上组装后，通过翻译后修饰而改变，这些修饰调节蛋白质的活动、结构、位置和相互作用，从而控制许多核心生物过程。异常的翻译后修饰是细胞应激或故障的标记，与多种疾病有关。翻译后修饰调节蛋白质结构和功能，对于酶活性的调节、基因表达的调节、凋亡和蛋白质稳定性的调节、蛋白质相互作用的调节，以及疾病发生等许多活动都至关重要。例如异常的翻译后修饰可能会影响神经退行性疾病中蛋白质的聚集[116]。因此，了解哪些蛋白质被改变，在哪些地点发生和由此产生的生物结果是一个重要但复杂的挑战，需要跨学科的方法。其中一个关键的挑战是获得精确修饰的蛋白质，以将功能结果与特定的修饰相匹配[117]。

3）蛋白质的功能和作用机制

每种类型的蛋白质都由精确的氨基酸序列组成，允许它折叠成特定的三维形状或构象，蛋白质不是刚性物质块，它们可以精确设计移动部件，其机械作用与化学事件相结合，正是这种化学和运动的耦合，使蛋白质具有非凡的能力，是活细胞动态过程的基础，与其他分子结合的能力使蛋白质能够充当催化剂、信号受体、开关或微型泵，从而行使各种功能[118]。蛋白质－蛋白质相互作用（PPI）在预测靶蛋白的功能和分子的药物能力方面起着关键作用，在许多与"癌症标志"相关的细胞信号网络中充当调节点[119]。目前已经通过高通量筛选、合理设计、虚拟筛选或片段筛选发现了小分子PPI抑制剂。Bcl-2家族PPI、MDM2-p53 PPI和Smac-IAP家族PPI的小分子抑制剂已经开发并开始进行临床试验，说明了PPI癌症靶标抑制剂的结构具有多样性[120]。

多晶体骨髓衍生抑制细胞（PMN-MDSCs）是病理活性嗜中性粒细胞，对调节癌症的免疫反应至关重要。这些细胞导致癌症治疗的失败，并与不良的临床结果有关。尽管对 PMN-MDSC 生物学的理解取得了进展，但负责中性粒细胞病理活化的机制还没有明确的界定，这限制了这些细胞的选择性靶向治疗。美国威斯塔研究所发现小鼠和人类的多晶体骨髓衍生抑制细胞（PMN-MDSCs）可以调节脂肪酸运输蛋白 2（FATP2），FATP2 参与对白细胞进行恶意重组的过程，进而导致这些白细胞无法在对抗感染时发挥作用，因此靶向 FATP2 可能可以有选择地抑制 PMN-MDSCs 的功能和提高癌症治疗效率的目标[121]。新加坡国立大学发现一种新的名为死亡相关蛋白 3（death associated protein 3，DAP3）蛋白质，抑制了一种被称为腺苷 - 肌苷（A-to-I）RNA 编辑的过程，揭示了癌细胞可能通过 DAP3 抑制 RNA 编辑获得生存优势，产生恶性特性，这可能是驱动癌症发展的关键机制之一[122]。

分泌的蛋白质组参与细胞间信号传导和先天免疫，并在细胞周围构建细胞外基质支架，与相对恒定的细胞内环境相比，细胞外空间中蛋白质的条件更加苛刻，低浓度的 ATP 阻止了蛋白质质量控制机制的细胞内成分的活性。到目前为止，只有少数真正的细胞外分子伴侣和蛋白酶被证明可以限制细胞外蛋白质的聚集[123]。德国图宾根大学使用针对编码分泌蛋白质组的 RNA 干扰筛选，揭示了一种阻断分泌性蛋白在细胞外部形成堆积物的分子机制，发现维持细胞外蛋白质健康的新方法，表明在体液中保持蛋白质的形状或能有效帮助抵御机体衰老和感染，并建议通过维持功能性分泌蛋白质组和避免蛋白质毒性以增强细胞外蛋白质稳态，从而起到促进系统性宿主防御的作用[124]。

4）蛋白质在疾病中的研究

虽然基因是遗传信息的载体，但是其表达产物蛋白质的变化才是导致生命功能失常的直接因素，与肿瘤、心血管、糖尿病、炎症以及代谢疾病的发生均相关。对不同疾病的蛋白质结构、功能进行定量、定性的研究，通过比较和分析正常与异常组织细胞的蛋白质表达差异，不但可以揭示疾病的发病机理，还将有助于寻找与疾病相关的新标志物，以及为人类疾病研究提供新的手段和依据，提供疾病治疗和药物开发的靶点。

肿瘤和正常组织之间的蛋白质组的差异，对于癌症生物标志物的发现至关重要。美国贝勒医学院首次对人类结肠癌的蛋白基因组进行了系统分析，全面解析了结直肠癌相关生物标志物、药物靶点和肿瘤抗原特性，揭示了糖基化是克服微卫星高不稳定（microsatellite instability-high，MSI-H）肿瘤对免疫检查点抑制抵抗力的潜在目标[125]。1 型常规树突状细胞（cDC1s）识别肿瘤抗原，并引发 CD8+T 细胞的抗肿瘤免疫效应。英国弗朗西斯·克里克研究所发现内源性因子 sGSN 可以通过抑制 cDC1 对肿瘤抗原的呈递而促进肿瘤的免疫逃避，揭示了靶向 sGSN 可能是一种安全有效的肿瘤免疫治疗策略[126]。美国芝加哥大学发现一种在转移性癌细胞周围的基质中高度表达的代谢酶，烟酰胺 N- 甲基转移酶（nicotinamide N-methyltransferase，NNMT），肿瘤基质中 NNMT 的表达促进卵巢癌的进展和转移，因此找到抑制该酶活性可能可以减少甚至逆转肿瘤的发展[127]。

肥厚型心肌病是最常见的遗传性心脏病，已有研究表明多达 1400 个基因突变可能导致这种疾病的发生，澳大利亚西澳大学发现，在严重性肥厚心肌病的患者中，许多不同的基因突变均会导致心肌蛋白变化。这种共有的蛋白质指纹图谱表明，可以设计一种通用的疗法治疗不同遗传突变导致的疾病发生[128]。2 型糖尿病患者胰腺中人类胰岛淀粉样多肽（IAPP）的聚集被认为有助于 β 细胞功能障碍和死亡。霍华德休斯医学院发现了一种异常的蛋白质 Ste24 的沉积物，其或许会在与 2 型糖尿病相关的胰岛素 β 细胞中积累，从而扰乱其正常功能，类似于诸如阿尔茨海默病等神经变性疾病中出现的蛋白质，Ste24 能够帮助疏通细胞器，促进蛋白质在不同细胞器间穿梭，研究人员认为，这种疏通作用或许能够有效降低或抑制 β 细胞中的蛋白质积累[129]。

感染和炎症在很大程度上受到细胞外基质（ECM）的影响，纽约大学格罗斯曼医学院的研究人员围绕结缔组织的 ECM 展开研究，发现了一种与胶原蛋白相关的 ECM 蛋白——Lumican，与免疫细胞表面的两种蛋白质 CD14 和 Caveolin1 相互作用，可以提高免疫细胞表面受体（TLR）-4 识别细菌细胞壁毒素（LPS）的能力，进而产生更多的增强免疫反应的信号蛋白 TNFα，揭示了 ECM 控制炎症和自身免疫信号的机制[130]。多伦多大学的研究人员通过对宿主细胞对抗细菌感染的免疫机制进行研究，发现对这一过程至关重要的一种蛋白质血红素调控抑制因子（HRI）能够感知并对所有哺乳动物细胞中错误折叠的蛋白质做出反应，在细菌感染过程中，HRI 会触发并协调形成更大复合物的其他蛋白质之间的连锁反应，放大炎症信号产生抗菌反应[131]。当免疫系统受到病原体侵染时，会释放细胞因子干扰素 - γ，通过转录重新编程了许多宿主细胞类型，以消除感染，耶鲁大学的研究人员发现干扰素 - γ 是通过刺激载脂蛋白 L3（apopliprotein L3，APOL3）靶向细胞内的病原体，从而对细菌内膜造成致命损伤而起到杀菌的效果[132]。德国海德堡大学揭示了细菌蛋白质合成的新机制，为人类抵抗危险的细菌病原体提供了新的方向[133]。

5）蛋白质研究的新技术、新方法

蛋白质是所有细胞过程的核心，描述蛋白质的数量和活性对于了解细胞过程的分子机制（包括涉及疾病进展、细胞分化和命运的分子机制），以及有针对性地发现和开发新疗法、疫苗和诊断至关重要[134]。在过去的几十年里，已经开发了各种方法来检测蛋白质分析，如凝胶电泳[135]、免疫分析[136]、色谱和质谱[137]和拉曼成像（Raman imaging），这些方法提供了对不同蛋白质功能的全面了解，促进了分子生物学和医学的发展。然而，大多数这些传统方法仅限于组织水平的蛋白质分析，以及只能测量来自大量细胞的群体平均蛋白质表达[138]，无法明确群体内的单细胞异质性，并且蛋白质组的低丰度和巨大复杂性在分析单细胞水平的蛋白质表达方面面临挑战。目前针对单细胞水平蛋白质检测的方法，除了传统的特征化方法，包括荧光流细胞测量、质量细胞测量、酶相关免疫点检测和毛细管电泳以外，微流体分析单细胞蛋白质表达方式也取得了重要的进展，包括微流体荧光流细胞测量（microfluidic fluorescent flow cytometry）[139]、基于液滴的微流体（droplet-based microfluidics）[140]、基于微孔的检测（microwell-based assay）[141]、基于微室的检测（条形码微芯片）（microchamber-based assay）[142]和单细胞蛋白质印迹[143]。在未来的工作中，应专注于在组合、并行化和自动化的基础上统一提高单细胞蛋白质研究的通量和灵敏度，其中自动化对于提供将技术转化为可应用于临床诊断和治疗的可靠有效工具的商业服务至关重要。

准确、可重复地检测和量化人类蛋白质组的能力是生命科学的主要目标。蛋白质的检测可以通过质谱和亲和力试剂的方法完成，例如人类蛋白质图集就是利用抗体试剂对人类蛋白质组进行的系统探索，而对于蛋白质组的质谱学探索，已经开发出一系列技术，大致可以分为数据依赖采集（DDA）和有针对性的质谱测量（MS）方法。美国系统生物学研究所开发出一项新的技术——人类SRMAtlas，可以靶向识别和可重复地定量预测所有蛋白质的高度特异性质谱的检测方法，包括量化剪接变异体、非同义突变和翻译后修饰[144]。此外，许多基因组处理反应，包括转录、复制和修复，都会产生DNA旋转。直接测量DNA旋转的方法，可以帮助解开包括RNA聚合酶（RNAP）在内的一系列基因组处理酶的作用机制。哈佛大学开发了测量DNA和蛋白质相互作用的新技术ORBIT，通过跟踪参与DNA修复的解旋酶RecBCD介导的DNA解旋，揭示了RecBCD启动的机制，预计ORBIT将促进蛋白质和DNA之间广泛相互作用的研究[145]。

（3）蛋白质的平台设施和研究中心

全球蛋白质数据库（Worldwide Protein Data Bank，PDB）自1971年成立以来一直是有关蛋白质、核酸和复杂三维结构的唯一数据库，其数据通常由来自世界各地的生物学家和生物化学家提交，并且通过其成员组织——日本蛋白质数据库（PDBj）、美国结构生物信息学PDB研究合作中心（Research Collaboratory for Structural Bioinformatics PDB，RCSB）、生物磁共振数据库（Biological Magnetic Resonance Data Bank，BMRB）和欧洲蛋白质数据库（PDBe）向全世界研究人员开放数据，目前已经为超过100万篇研究论文提供了蛋白质相关数据。

美国基于国家重点实验同步辐射装置，建立了多个大型蛋白质科学研究设施。其中阿贡国家实验室先进光子源设施APS可产生16条专门用于蛋白质晶体学研究的射线束。此外，阿贡实验室还耗资3450万美元成立了蛋白质鉴定机构（Advanced Protein Characterization Facility，APCF），开展蛋白质的生产、特征解读和结晶分析。美国能源部下属的劳伦斯伯克利国家实验室的先进光源ALS于1993年建成，造价9950万美元，拥有世界最亮的紫外线和软X射线束流光源，可用于解析大分子晶体结构。同时，该国家实验室成立了伯克利结构生物学中心，利用三维生物成像、蛋白质晶体学、生物样品的X射线显微成像等技术开展高通量蛋白质晶体学相关研究。

欧盟依托欧洲同步辐射光源（European Synchrotron Radiation Facility，ESRF）开展蛋白质结构研究。2020年，ESRF已建成并开放使用了世界上第一个第四代高能同步加速器——ESRF-EBS，这款全新的高能同步加速器将 X 射线的光亮性能和连贯性提高了 100 倍，所提供的更高亮度、高精度的光源为 X 射线科学在成像凝结和从米到纳米尺度的生命物质开辟了新的视野，为欧洲乃至全世界的科学研究提供了强有力的研究工具。此外，德国拥有全球最大的 X 射线激光器——欧洲 X 射线自由电子激光（European XFEL），由于其 X 射线亮度高，未来将有可能够取代同步加速器，在蛋白小晶体或难以结晶的蛋白结构研究中发挥更大作用。英国的第三代同步辐射装置"钻石光源"提供自动化的晶体学系统，每天可以产生数百种蛋白晶体与小分子化合物的组合，并以每小时 30 种的速度揭示它们的结构，帮助研究人员确定病毒蛋白的三维结构，了解药物分子哪些部分起作用，所获数据可以用于设计新型抗病毒药物。

日本原子力研究所（Japan Atomic Energy Research Institute，JAERI）和理化学研究所（Institute of Physical and Chemical Research，RIKEN）在日本文部科学省的领导下投资 1100 亿日元建设了世界上能量最高的第三代同步辐射光源设施 SPring-8（Super Photon ring-8）。该设施在生物医学前沿领域的应用包括蛋白质结构解析、药品设计和改进、生物样品高分率成像等，目前至少有 55 条光束线可以用于蛋白质结构的解析。日本在蛋白质领域享有很高声誉的大阪大学蛋白质研究所（IPR）60 多年来一直专注于蛋白质研究，旨在阐明蛋白质结构，明确蛋白质功能，并利用动物、植物和微生物作为研究目标以产生新的蛋白质。通过利用包括生物学、化学、物理和计算科学等多学科研究方法，了解蛋白质的功能，致力于设计和创造新型蛋白质分子，同时也可为联合国的可持续发展目标（SDGs）开发新技术 / 方法。2015—2017 年，北京大学跨院系蛋白质科学中心、日本大阪大学蛋白质研究所、国家蛋白质科学中心（上海）举行了三届"蛋白质研究前沿"三方论坛，针对蛋白质领域未来的发展前景和三方合作交流进行研讨。

我国也对蛋白质领域的基础大科学设施也进行积极的部署，拥有上海光源（Shanghai Synchrotron Radiation Facility，SSRF）、北京同步辐射装置等蛋白质基础的设施。此外，国家发改委于"十一五"期间还批准成立"蛋白质科学研究（北京）国家重大科技基础设施"，由军事科学院军事医学研究院、清华大学、北京大学和中国科学院生物物理研究所共同建设。2008 年，国家发改委批复"蛋白质科学研究（上海）设施国家重大科技基础设施项目建议书"，总投资 7 亿元人民币，项目建成后，组建国家蛋白质科学中心（上海），旨在建成为具有国际竞争力的蛋白质科研设施中心，同时拥有国际一流的蛋白质科学设施平台以保障国内外科研用户的高效实验平台及高质量科研设施的需求。此外，清华大学还成立了"蛋白质研究技术中心"，并拥有蛋白质科学教育部重点实验室，面向国家重大需求和国际生命科学前沿，发挥多学科交叉优势，探索生命科学领域与蛋白质相关的重大科学问题，促进我国蛋白质科学的发展，推动我国药物设计与新药开发的持续发展。

4. 代谢

代谢（metabolism）是生物体内所有化学反应的总称，代谢活动是生命活动的本质特征和物质基础，对代谢物的分析向来就是研究生命活动分子基础的一个重要突破口，各代谢途径或环节的代谢物相互联系、相互依存。代谢科学从更宽广的视角围绕生物体代谢网络中的物质转化、能量转换、信号传递等过程，从多种代谢体系相互作用的高度，对生命过程进行了综合的解析、预测和人工设计，揭示了代谢网络"计量、定向、时空"的内在规律。

（1）规划布局与资助项目

作为驱动未来生命科学与产业发展的引擎，代谢科学已开始得到发达国家政府、科技界和企业界的高度关注。以美国为例，美国国立卫生研究院（NIH）的共同基金（Common Fund）设立了代谢组学（Metabolomics）计划、糖科学（Glycoscience）计划、人类生物分子图谱计划（HuBMAP）等[146]。代谢组学计划主要围绕人类健康领域开展三个方面的工作：建立一个长期的国家代谢组学数据公共存储库；开发代谢组学数据分析与解释的相关工具技术，包括确定代谢物特性的能力；在国家和国际代谢组学社区的指导下制定最佳实践指南，提高代谢组学数据的准确性、重现性和分析能力。糖科学计划的目标是创造新的资源、工具和方法，可以更容易地进行聚糖的研究，包括识别困难的聚糖的技术、研究细菌细胞壁中的聚糖探针、聚糖化学合成的标准、高通量聚糖研究方法等。人类生物分子图谱计划（HuBMAP）的目标是开发一个开放的全球平台，用来绘制人体健康细胞图谱。利用最新的分子和细胞生物学技术，计划旨在构建确定细胞之间关系所需的工具、资源和细胞图谱等，用以研究整个人体中细胞之间的功能和联系。此外，美国国家自然科学基金（NSF）的植物基因组研究计划（Plant Genome Research Program，PGRP）已经持续资助了20多年，2020年10月发布了新的项目申请指南，包括两大方向：一是基因组规模的植物研究，旨在解决生物学中的基本问题；二是工具、资源和技术的突破，旨在进一步实现功能植物基因组学[147]。美国能源部（DOE）非常重视微生物能源领域的布局。2019年，美国能源部向35个生物能源研发项目拨款7300万美元，包括藻类培养强化过程、生物质组分变异性和原料转化界面、高效木材加热器、先进碳氢化合物生物燃料技术的系统、生物衍生航空燃料混合物的优化、来自城市和郊区废料的可再生能源、先进的生物加工和灵活生物铸造、循环碳经济中的塑料、重新思考厌氧消化以及减少生物能源中的水、能源消耗和排放等多个方面。2020年，美国能源部又宣布将提供9600万美元的资助，用于藻类生物产品和CO_2直接空气捕获技术与效率提高、利用生物质恢复自然资源、可扩展的CO_2电催化等6个主要领域[148]。

我国也非常重视代谢领域的布局。例如，2020年3月，我国国家自然科学基金委员会发布了糖脂代谢的时空网络调控重大研究计划2020年的项目指南，提出了科学目标是以糖脂代谢的时空网络调控为研究核心，揭示机体、器官、细胞和亚细胞结构对糖脂代谢状态的感知与应答模式；解析调节代谢稳态的组织器官间的信息对话与协同调控网络；发现重要糖脂代谢物产生、运输与转化的路径和调控机制；发现糖脂代谢调控与稳态维持的新规律；阐明代谢时空变化在环境适应及生命健康中的作用；揭示代谢稳态失衡在疾病发生发展中的核心机制，发展代谢健康新策略。为此，指南提出要围绕"糖脂代谢的核心机制、时空网络调控及其在生理病理条件下的变化规律"的核心科学为题，重点布局4个方面：包括糖脂与能量代谢的时空感应；糖脂等代谢物的产生、运输与转化；组织器官间的代谢信息交流与网络调控；生理与病理过程的糖脂代谢重塑。2021年2月，我国国家自然科学基金委员会发布了糖脂代谢的时空网络调控重大研究计划2021年的项目指南，提出重点将资助三个方向，包括：①糖脂等代谢的产生、运输与转化：重点研究糖、脂、氨基酸等代谢物在机体内的产生、运输和转化的调控机制，实时定量分析糖、脂、氨基酸等代谢物在不同时间或空间（组织、细胞、亚细胞结构）的分布，解析代谢物质与代谢网络的时空动态变化规律，鼓励在系统层面揭示糖脂代谢网络变化与调控的新模式，开发代谢研究的新技术和新方法；②组织器官间的代谢信息交流与网络调控：重点研究细胞、组织器官间的代谢互作模式和信息交流机制，鼓励建立类器官等系统并利用其开展糖脂代谢研究，发现并鉴定代谢调控物质（包括外泌体、RNA、肽类、代谢物等）及其功能与作用机制，探索并发现组织器官糖脂代谢调控的新功能以及未知代谢性组织器官，鼓励糖脂代谢与神经、免疫等领域的交叉研究；③糖脂代谢重塑与生理病理功能：揭示不同营养与环境条件下的代谢改变及其对主要代谢组织功能的影响，研究物种间信号对糖脂代谢的调控，研究代谢重塑对机体适应性的影响。

（2）重要研究进展

代谢领域的研究近几年发展迅速，尤其是随着组学技术的发展，包括在微生物代谢、植物代谢，以及与人类健康相关的领域方面都取得了显著的成果。

微生物代谢研究领域，微生物已被用于多种同源及异源代谢产物的生产，包括发酵型产物、氨基酸以及众多次级代谢产物的生产[149]。代谢工程技术作为构建微生物细胞工厂的重要方法，已经被成功应用于多种生物基产品的工业化生产，如青蒿素、N-乙酰氨基葡萄糖、黄酮类化合物等。传统代谢工程优化细胞生产性能时，通常是经过一轮工程改造后，验证并鉴定限速步骤，然后进行下一轮代谢改造，消除新的限速步骤，提高细胞生产能力，之后再鉴定限速步骤，再进行代谢改造。代谢工程操作常常会影响细胞生长，降低其生长速率，甚至还会形成生长速率极慢的"病态"菌株[150]。此外，蛋白质、维生素、能源化合物及药物的微生物发酵合成，常常需要在宿主细胞中表达多个异源代谢途径，增加菌体的代谢负担。所以工程菌株，通常会存在诸如代谢途径不平衡造成中间代谢积累，降低产物得率；细胞生长与产物合成途径竞争共同底物，影响产物得率和生产强度；产物合成途径影响细胞正常代谢，导致限速步骤产生，抑制生物合成；有毒代谢物的产生，抑制菌体生长等问题。研究人员近几年将多种新的策略与工具应用于代谢工程领域，如代谢进化（metabolic evolution）、支架结构平衡代谢工程、模块途径工程、系统代谢工程以及代谢工程的动态调控策略等，对上述问题进行改进。同时，随着合成生物学的发展，通过合成生物学理念设计新的生物元件和装置，可以有效地、简便地实现对大规模生物途径的构建[151]。例如，美国北卡罗来纳州立大学的研究人员设计了一种全新的萜烯合成的人工途径（自然条件下不存在），它只利用两种酶，就实现了与那些需要六七种酶参与的合成过程的相同的生产力，萜烯的合成效率大幅度提高。美国加利福尼亚大学伯克利分校的研究人员改造啤酒酵母来提炼大麻的有效成分，包括改变思维的四氢大麻酚（THCA）、非精神活性的大麻二醇（CBDA）以及新型大麻素。研究人员在酵母中组装一系列化学步骤来生产所有大麻素的母体——大麻萜酚酸（CBGA）。此外，微生物经过基因工程改造后可用于生产各种有用的化合物，包括塑料、生物燃料和药品。但是，在许多情况下，这些产品的合成需要与维持微生物生长的代谢途径竞争。为了优化微生物生产所需化合物的能力、同时维持其自身生长，麻省理工学院的科学家设计了一种方法，可以诱导细菌在不同时间、不同的代谢途径之间进行切换。这种转换开关被插入细胞基因组中，由微生物种群密度的变化触发，无须人工干预。利用这种转换，研究人员可以将两种不同的微生物产物的产量提高 10 倍[152]。英国邓迪大学研究团队开发出一种利用大肠埃希菌将 CO_2 高效转化为甲酸的方法，将该方法用于处理 CO_2，对 CO_2 的封存问题具有重要意义，应用前景广阔。研究人员在很小规模的实验中，通过 10~12 小时即可捕获 11g 的碳，这个过程还可通过规模化放大来提高产率，成为生产甲酸的细菌工厂[153]。转化获得的甲酸可被用于生产燃料电池、转化为其他有用化学品、作为其他生物过程的原料、或作为商品销售。研究人员期望该技术能被开发利用为微生物细胞工厂，用于捕获各类工业来源的 CO_2。

在植物代谢研究领域，目前并没有复杂通路重构的植物合成生物学相关研究的报道，但大量的植物代谢工程方面的研究为植物的合成生物学研究提供了借鉴。已经有研究人员尝试在烟草中转入包括细胞色素 P450 CPR 在内的青蒿素合成通路功能基因，能够在烟草中检测到青蒿素的生成，但产量很低，而后荷兰瓦赫宁根大学的研究人员在异位表达青蒿素合成功能基因的基础上又引入脂质转移蛋白 AaLTP3 和多向耐药性转运蛋白 AaPDR2 以抑制青蒿素从胞外回到细胞，减少了产物的反馈抑制，进一步提高了烟草中青蒿素的产量[154]。粒型是影响水稻产量的主要因素之一，同时水稻产量经常遭受干旱、高盐和高温等非生物胁迫的影响，如何提高水稻产量的同时增强水稻抗逆性是对科研人员和育种工作者的挑战课题。植物需不断调整体内代谢流以适应不同发育时期和生长环境，但在作物中对此了解甚少。中国科学院分子植物科学卓越创新中心的研究人员报道了水稻糖基转移酶影响代谢流重新定向，进而同时调控水稻籽粒大小与抗逆性的新机制，为培育高产高抗作物新品种提供了有价值的基因资源[155]。北京大学与中国医学科学院药物研究所合作，解析了传统中药桑白皮中的活性天然产物生物合成关键步骤，报道了自然界中存在的首例催化分子间 Diels-Alder 反应的单功能酶，为多年来存在的一个重要科学争论："自然界中是否有真正意义的分子间 Diels-Alder 反应酶"画上了句号。研究人员开发出一种基于天然生物合成中间体分子探针（BIPs）的靶标垂钓策略，通过结合植物天然产物生物合成研究中的常规手段（活性导向蛋白分离以及转录组测序等方法），成功在桑树愈伤组织中鉴定出两个 FAD 依赖蛋白（MaMO 和 MaDA），其中 MaDA 被进一步证明为自然界中存在的首个催化分子间 Diels-Alder 反应的单功能酶。该基于"天然产物生物合成中间体分子探针"的化学生物学研究策略，为解析植物天然产物生物合成途径提供了新的研究思路[156]。西澳大利亚大学的研究人员利用了来自不同植物和藻类的 1000 多个转录组的综合数据集 OneKP 来研究 RNA 结合蛋白中的 PPR 蛋白家族的进化。其中，RNA 编辑因子在不同的植物谱系中表现出数量上的巨大差异，在角蒿、石蒜和蕨类植物中表现得尤为多样。利用数据集中的序列变异，他们建立了一个与 C-to-U 编辑相关的 DYW 催化结构域的结构模型，并根据其系统发育分布和序列特征，确定了一个独特的 DYW 变体分支，这些变体可能行使 U-to-C RNA 编辑因子的功能[157]。

与衰老有关的代谢研究方面，日本熊本大学的研究人员基于从细胞释放的生理活性物质细胞因子的合成和分泌特征，从新的角度了解衰老过程：至少有四个阶段的细胞衰老（四个表现型变异），这些变异是由代谢和表观基因组的协调转化以及细胞衰老的变异造成的。提倡导致控制和预防与年龄有关的疾病的方法。通过表征和分类定性上不同的细胞老化状态，期望可以从新的角度理解老化和老化过程。以前的研究表明，随着年龄的增长，血浆 α-酮戊二酸（AKG）的血浆含量最多可降低 90%。美国南加州大学的研究人员在中年小鼠的食物中添加自然代谢物 AKG 发现，能够让它们随着年龄的增长，更加健康，并且在死亡之前经历的疾病和残障的风险也大大缩短[158]。研究衰老的功效标准是干预措施是否能真正改善健康期，这一发现或将为健康老龄化带来新的思路。肠道微生物可以影响宿主生命的多个方面，包括衰老。美国贝勒医学院和莱斯大学的研究人员在一项新的研究中开发出一种利用光遗传学（optogenetics）直接控制生活在秀丽隐杆线虫肠道中的细菌的基因表达和代谢产物产生的方法[159]。这种方法可以应用于研究其他细菌，并提出它也可能在未来提供一种新的方法来微调宿主肠道中的细菌代谢以提供健康益处，同时让副作用最小化。

与癌症相关的代谢研究方面，科学家们发现从动物饮食中去除丝氨酸和甘氨酸会减缓某些肿瘤的生长。美国加州大学圣地亚哥分校的研究人员通过限制饮食中的氨基酸——丝氨酸和甘氨酸，或在药理上靶向丝氨酸合成酶磷酸甘油酸脱氢酶，成功诱导肿瘤细胞产生了有毒脂质，从而减缓小鼠的癌症进程。研究发现，丝氨酸棕榈酰转移酶（SPT）可以用作减少肿瘤生长的代谢反应"开关"[160]。通过将丝氨酸限制与鞘脂代谢联系起来，这一发现可能使临床科学家能够更好地确定哪些患者的肿瘤对靶向丝氨酸的疗法最敏感。在过去，研究人员发现肿瘤的线粒体是无功能的，所以癌细胞主要利用细胞质糖酵解提供能量。美国加州欧文大学的研究人员过去的结论，并证明乳腺癌细胞在转移过程中利用了线粒体代谢。他们利用单细胞 RNA 测序和患者来源的乳腺癌异种移植（PDX）模型建立了一种新的监测乳腺癌转移过程中少量转移细胞转录组变化的方法，并发现转移的细胞中含有特定的 RNA 分子，携带这些 RNA 分子的患者生存率低，并且它们还会改变细胞代谢方式[161]。研究人员希望可以针对该代谢靶点改善转移乳腺癌患者生存率。美国莱斯大学和贝勒医学院的研究人员研究了氧化磷酸化（OXPHOS）和糖酵解（glycolysis），这些代谢过程提供了细胞增殖所需的能量和化学元件，同时对理论模型进行了验证。研究团队建立了一个基本框架，让人们了解当药物或免疫系统阻断癌症转移时，癌细胞究竟如何适应。这个模型显示了基因调控和代谢通路之间的直接联系，以及癌细胞如何利用它来适应恶劣环境，这一过程被称为代谢可塑性（metabolic plasticity）[162]。瑞士联邦理工学院（EPFL）的研究人员发明了一种新的方法来实时定量癌细胞葡萄糖代谢，这种新型光探测器不具有放射性，适用于诸如携带肿瘤细胞的动物活体[163]。表达荧光素酶的肿瘤是从患者身上采集的肿瘤样本，再用荧光素酶化学标记，荧光素酶是一类生成生物发光的氧化酶。这些被标记的细胞在小鼠体内生长，使科学家得以了解癌症的基本生物学和有效的癌症治疗发展。接下来，向老鼠体内注射一种不易分解的化合物。24 小时后，注入第二种化合物，目的是仅在非常特殊的条件下与第一种化合物反应。这两种化合物之间的反应发光，就像萤火虫一样，定位在表达荧光素酶的肿瘤代谢糖的地方。癌症代谢理论的一个基本原则是癌细胞需要糖酵解，它们比正常细胞消耗更多的葡萄糖，产生更多乳酸。加州大学洛杉矶分校的研究人员发现，鳞状细胞皮肤癌不需要增加葡萄糖摄入来促进其发展和生长，这与长期以来人们形成的癌症代谢看法意见相左。研究小组在动物模型中研究了限制其葡萄糖消耗的基因工程毛囊干细胞发展为鳞状细胞皮肤癌的过程。当面对不足葡萄糖时，模型中的癌细胞仅仅改变了它们的新陈代谢，从氨基酸谷氨酰胺中获取能量[164]。

代谢性疾病研究方面，赫尔辛基大学领导的一个国际科学家小组发现维生素 B_3（烟酸）对进行性肌肉疾病有治疗作用。烟酸延缓了线粒体肌病患者的疾病进展，这种病是一种既往没有治疗方法的进行性疾病。研究发现，烟酸治疗有效地增加了患者和健康人血液中的 NAD+，使患者肌肉中的 NAD+ 恢复到正常水平，并提高了大肌肉的力量和线粒体的氧化能力，整体代谢向正常人转移[165]。这项研究为能量代谢性疾病靶向治疗提供了潜在的新方案。许多健康问题源于葡萄糖生成和肝脏能量利用之间微妙的新陈代谢平衡被破坏。美国耶鲁大学的研究人员发现了引发这两个截然不同但相互联系的过程之间代谢失衡的分子机制，这一发现对糖尿病和非酒精性脂肪性肝病（NAFLD）的治疗具有重要意义。这项新研究集中于钙信号在线粒体（细胞的能量产生工厂）中的作用，发现了一种称为肌醇三磷酸受体 1（INSP3R1）的蛋白质可调节胰高血糖素对肝脏糖异生和脂肪氧化的作用。INSP3R1 通过调节细胞内的钙信号传导来影响糖异生，通过影响线粒体中的钙信号传导来影响脂肪氧化[166]。线粒体有其自己的 DNA，但人类线粒体中只有 13 个编码蛋白的基因。阿拉巴马大学伯明翰分校的研究人员交换了小鼠品系的线粒体背景，将小鼠从低脂饮食转为高脂饮食，并测定身体组成、代谢以及脂肪组织中核基因表达的变化。研究发现，交换线粒体遗传背景对小鼠的肥胖、全身代谢和核基因表达有着明显影响。对于核基因组相同但线粒体 DNA 不同的小鼠，在给予高脂肪饮食后，内脏和皮下脂肪的基因表达发生明显变化，显示孟德尔和线粒体遗传学都不是从单方面控制。此外，小鼠的代谢效率和体脂比也受到影响。这提供一个新的框架来理解复杂的疾病易感性，也就是说个体的核基因组和线粒体基因组都会影响疾病发展[167]。

在技术开发方面，德国波恩大学的研究人员研发了一种能以目前最高的灵敏度监测单个细胞脂肪代谢的新技术将被用于多个方面，比如最大限度地减少新药对脂肪代谢的副作用。研究向小鼠的肝细胞中注入了脂肪酸，这些脂肪酸带有一个额外的三键，代谢产物与特殊的报告分子结合。之后当在质谱仪中测量化合物的重量时，这些化合物与气体分子发生碰撞，导致它们分解成特定的物质，最终令这些物质上变得清晰可见[168]。日本 RIKEN 可持续资源科学中心（CSRS）的研究人员开发了一种新质谱系统，可以识别代谢组（不同生物体的整套代谢物）。研究证实，当对来自 12 种植物物种的组织进行检测时，这种方法能够记录超过一千种代谢物。其中包括以前从未发现的数十种，而且还有那些具有抗生素和抗癌潜力的一些代谢物。新的计算技术依赖于几种新算法，可以预测代谢物的分子式，并按类型对其进行分类。还可以预测未知代谢物的亚结构，并根据结构的相似性，将它们与已知的代谢物联系起来，可以帮助预测功能[169]。美国国家糖尿病、消化及肾脏疾病研究所（NIDDK）的研究人员发现背内侧下丘脑（DMH[Brs3]）中表达 Brs3 的神经元一旦突然激活就会导致体温、棕色脂肪组织温度、能量消耗、心率和血压的增加，从而指出 Brs3 表达是一种测量能量代谢调节环路的潜力标记。BRS3 是一种孤儿 G 蛋白偶联受体，具有良好的保守性，在特定的大脑区域上大量表达。这种受体所在的 G 蛋白偶联受体 A 家族包括有神经介素 B 和胃泌素释放肽受体。哺乳动物 BRS3 缺乏已知的内源性高亲和力配体，并且对蛙皮素具有低亲和力，蛙皮素在哺乳动物中尚未发现。小鼠靶向敲除 Brs3 会导致肥胖，其中涉及能量消耗减少、食物摄入量增加、静息 Tb 和静息心率降低等。一般认为，BRS3 激动剂能增加静息 Tb、能量消耗、心率和血压、活性棕色脂肪组织（BAT），减少食物摄入量，目前关于 Brs3 神经元群体的位置和指导这种生理学的特定环路仍有待探索。BRS3 存在于脑核中，大部分位于下丘脑中。表达 Brs3 与 Tb、能量消耗和食物摄入的调节密切相关，因此可以作为治疗代谢性疾病重要环路的潜力标记[170]。

5. 分子系统生物学

随着人类基因组计划的完成，生命科学步入了后基因组时代，出现了不同于以往经典生物实验科学的全新研究方式："生物大科学"。这种生物大科学的核心思想是整体性研究，即以生物体内某类物质为对象进行完整的研究。过去的分子生物学仅限于研究细胞内个别的基因或蛋白质，而基因组学和蛋白质组学的目标则是细胞内全部的基因和蛋白质。因此，生物大科学与经典实验生物学在研究思路上有一个重要的区别：前者通常不针对具体的生物学问题或科学假设，其目标主要是把全部研究对象测定清楚，被称为"发现的科学"（Discovery Science）；而后者属于"小科学"，其实施则离不开具体的生物学问题或科学假设，被称为"假设驱动的科学"（Hypothesis-driven Science）。如何把这二者有机地结合起来，使得人们能够更深刻更全面地揭示生命复杂体系和行为，是后基因组时代生命科学工作者面临的重要课题。

系统生物学（Systems Biology）就是针对这样的时代需求而产生的生命科学研究领域的一门新兴学科，具有对理论依赖和模型建立需求的特点。其最终目的就是得到一个尽可能接近真正生物复杂系统的理论模型。因此，系统生物学是建立在经典实验生物学、生物大科学、系统科学和计算数学等基础上的一门交叉科学。下面，本章节将主要从全球视角来归纳概述近年来分子系统生物学领域主要发展现状。

（1）国际规划布局和项目资助

分子系统生物学是以生物信息学和分子系统生物学创新研究组为核心的跨学科交叉学科。作为近年发展迅速的前沿学科，各国对于分子系统生物学领域的研究均做出了相关规划。下面本章节将简要梳理近年各国在该学科领域的代表性规划布局和项目资助情况。

国际组织支持系统生物学标准化制定和数据集保存。作为一个成立时间不长的年轻学科，系统生物学在国际范围内的软件兼容、算法交流、数据存储格式及数据交换方面起初是较混乱的。因此，国际系统生物学学会（ISSB）对于上述规则的标准化制定推出了一系列的规划和长期项目，以保证系统生物学的标准制定与最前沿学术进展平行更新。2000年4月，加州理工学院的研究团队在系统生物学软件平台研讨会上正式提出了"系统生物学标记语言"（SBML）标准化制定项目，倡导在国际范围内确立系统生物学的通用表达格式，从而方便多软件间传送和存储生物计算模型。该项目的最初制定版本于2001年3月发布，至今已发展到SBML级别3第2版本。该项目作为全球格式标准化项目，由国际系统生物学学会（ISSB）管辖，研发人员由SBML核心开发团队、科学咨询委员会、编辑及来自全球的软件开发人员构成，已是国际系统生物学界的计算模型表达标准。

2006年，日本专家北野弘明首次提出"系统生物学图形符号"计划（Systems Biology Graphical Notation，SBGN），倡导制定一种标准图形或符号表达方案来绘制系统生物学中关于信号通路、代谢网络和基因调控网络的信息，旨在增进全球更高效的信息存储、交换和重复利用。这项计划隶属于国际系统生物学学会，由SBGN编辑、SBGN科学委员会、来自全球的计划参与研究者和相关资助机构共同维护运行。

美国将系统生物学转向应用转化研究。作为全球生命科学及生命健康研究的引领者，美国在系统生物学领域的布局和投入巨大。早期由于系统生物学的研究方法和标准仍处于探索阶段，美国规划布局并成立了若干专业研究机构、实验室或依托大学研究机构来推动该领域研究；之后也因为系统生物学的探索遇到了瓶颈，美国沿用了向机构如系统生物学研究所、美国太平洋西北国家实验室等机构投资为主的形式，大型研究计划相对较少。

近年来，美国对于系统生物学的规划布局及项目资助重点转向了在医疗、农业等领域的转化应用研究。2015年和2017年，NIH下属美国国家过敏和传染病研究所（NIAID）

宣布推行两项大型系统生物学研究项目："系统生物学和抗菌素耐药性项目"和 2017 年"下一代系统生物学计划"。"系统生物学和抗菌素耐药性项目"预期斥资 800 万美元，投资于 6 个中心的研究团队参与进行针对抗菌素耐药性（AMR）的系统生物学研究，旨在识别、量化、建模和预测 AMR 细菌病原体及其宿主在感染性疾病启动和进展期间或对抗菌治疗的反应中的分子相互作用。"下一代系统生物学计划"预期斥资 1100 万美元，将投资于 3 个研究机构的团队进行传染病发生、进展和结果预期模型的开发验证工作，旨在利用系统生物学对微生物体内的生物、生化和生物物理分子过程进行整体性研究，并深入了解它们与宿主间的相互作用，从而帮助研究人员早期诊断并开发相应疫苗。

2019 年 3 月，美国由能源部（DOE）牵头，发起了一项"基因组科学项目"（Genomic Science Program），旨在利用系统生物学的研究方法对植物和微生物进行研究，深入从基因、蛋白、生物分子复合物、代谢途径和调控网络各个层级的理解，并开发对其生物系统行为具有机械性、预测性的模型；最终利用这些成果对植物和微生物进行重编程或设计合成，从而获得可持续的陷阱生物燃料或生物制品。该项目属于美国能源部生物和环境研究（BER）计划的子项目。根据 2021 年国会预算文件，截至 2020 年底，该项目已经斥资 5.2 亿美元用于相关研究。

欧盟及成员国全面部署系统生物学机制 / 网络 / 应用研发。欧盟及其成员国在系统生物学领域从学科建立起积极规划布局并大力投资相关研究项目。2005 年 11 月，一项由欧洲分子生物学实验室牵头，欧盟委员会资助近 900 万欧元推行欧洲系统生物学整合网络计划（European Network For Integrative Systems Biology，ENFIN）正式推行。该项目由来自 13 个国家的 20 个成员机构共同参与，旨在整合欧洲范围建立"欧洲卓越信息网络"推进系统生物学计算方法的资源整合。2012 年，由英国帝国理工医学院牵头推行的"欧洲系统生物学基础设施"计划斥资 655 万欧元，进一步完善了欧洲系统生物学的基础设施建设。这些设施包括数据集成中心（DICs）、系统生物学专用数据生成中心（DGCs）和数据管理中心（DSCs）等。

除基础设施和网络建设外，欧盟各成员国根据各国的研究目的需求，也相应推出了系统生物学长期发展计划，大多数围绕人类细胞相关研究展开。2005 年，瑞士为大力发展系统生物学提出了名为 SystemsX.ch 的科学发展计划。该计划汇集了两所瑞士联邦理工学院、七所瑞士大学和三所瑞士研究机构的研究人员，罗氏（Roche）也作为企业合作伙伴参与该计划。来自学术界和产业界的 300 多个研究小组，涉及 1000 多名科学家，共同研究该计划下超过 100 个项目。

德国于 2004 年起推行了肝细胞系统生物学网络计划（Systems Biology Competence Network of Hepatocytes，HepatoSys），旨在通过系统生物学的理论方法，开发基于肝细胞生理过程的模拟系统模型，从而定量了解哺乳动物肝细胞的解毒、内吞、铁调节和再生等复杂和动态的细胞过程，并希望借此计划构建"德国竞争力网络"（German Competence

Network）。该计划由德国联邦教育和研究部（BMBF）资助，由德国学术界、工业界及医学界的 40 多个跨学科研究团队共同承接推行。该计划推行持续至今并定期举办国际哺乳动物细胞系统生物学会议（SBMC）促进国际交流。

法国推行的一项为期 6 年的"从表观遗传学到系统生物学"研究计划（Epigenetics towards systems biology，EpiGeneSys），共投入 1600 万欧元资助。该计划利用系统生物学技术从表观遗传学角度对人类健康细胞的动态功能影响展开研究，并创建"表观遗传系统卓越网络"（'EpiGeneSys' Network of Excellence）。

英国利用系统生物学聚焦机制研究。如前所述，除了牵头参与建设欧盟的系统生物学网络基础设施外，英国也积极部署投资本国的系统生物学研究项目。2014 年至今，英国医学研究委员会（MRC）和生物技术和生物科学研究委员会（BBSRC）共资助系统生物学研究项目 37 个。英国目前的大型系统生物学项目聚焦于衰老细胞的调控研究和结合合成生物学的工程应用。

日本重点关注系统生物学应用开发。2017 年，日本在教育、文化、体育、科学和技术部（MEXT）的支持下启动一项为期 5 年，每年 3 亿日元投资力度的"高精度人类疾病分级设计生理学研究项目"（The HD Physiology Project）。该项目注重多学科知识融合，运用计算生物学和系统生物学技术开发相关的算法和软件平台，计划在 5 年间设计出多层次功能仿真的全心模型，并试图通过建立药物动力学模型，评估用药后发生心律失常风险，并最终通过模拟算法成品识别关键信号分子达到发现靶点开发新药的目的。

（2）重要研究进展

以还原论为理论基础的分子生物学向以整体论为理论基础的系统生物学渗透转变，是目前生命科学研究各领域的重要发展方向。下面，本章节将从组学领域、生物网络领域、多组学生物网络理论应用领域的重要研究进展分别梳理阐述近年来分子系统生物学领域的重要研究进展。

组学领域的重要技术理论进展。十余年来，高通量技术的普及已产生了大量的组学数据，开启了新的研究契机。然而，由于疾病病因的分子复杂性，疾病的变化往往是存在于各个不同的层次的，亟须一种有效的可分析跨多级组学数据的学科来更高效、准确地综合评估生命活动，这也是分子系统生物学立足的基点。

多组学数据整合的重要研究进展。根据 2014 年 Kristensen 等[171]发表的综述，多组学整合数据高维价值即具有意义的信息主要体现在两个方面：一是每一种组学测量方式本身（如 mRNA 表达、拷贝数变异、DNA 甲基化和 miRNA），二是在不同水平进行多组学整合分析后所获得的数据。在这些高纬组学分析数据中，仅有小部分具有重要的含义。因此，如何在低维数据层面准确筛选具有高维价值的变量信息并形成具有相应特性的子数据集，是多组学数据整合研究的重要部分，目前主流的整合策略主要为平行整合和分层整合。

生物网络领域的重要技术理论进展。随着生物学研究的深入以及高通量测序技术的普及，学者们发现生物体内部存在着相互作用的复杂信号转导及调控网络。科学家们尝试用计算机模拟、数学分析的方法来整合这些大数据并构建复杂生物系统的网络模型。本小节将梳理近年来该领域研究的重要进展情况。

构建基于机器学习技术的生物网络概念确立。机器学习原来是被归类于计算机科学的一门学科，其本身是基于特定数学规则和统计假设而设计的学习模式。最初科学家们主要将机器学习技术应用于新测基因组序列的识别和注释上。但在生物网络领域，仅仅在基因组水平的研究并不能很好地描述细胞内复杂的生物网络系统。目前对各类细胞内调控网络及机制研究最为广泛的模型被称为基因调控网络（Gene Regulatory Networks，GRNs）。早期探索的 GRNs 仅仅从单一类别试验数据或单一维度数据为基础构建。例如 2010 年 Zoppoli 等[172] 在原有的精确蜂窝网络重建算法（ARCANE）基础上引入了随时间变化的细胞表达变化数据，并设计了相应算法 TimeDelay-ARACNE，成功地将时间维度纳入了 GRNs 的构建中。

然而，由于其他水平如 miRNA 调控、DNA 甲基化、突变等因素也参与到了生物活动中基因的表达调控，基于单一层面数据的算法研究已无法完全反映复杂的生物活动。因此，系统生物学界已广泛达成共识，即必须将多层次、多组学的数据统一整合，才能进一步发展系统生物学，深入对细胞生物网络的理解。接下来将根据两种不同途径类型分别简要梳理近年来该领域的重要进展。

基于数据类型的多组学数据整合生物网络研究进展。目前这类数据集成方法并没有某些文献中提出清晰的框架和定义，但我们可以从早些年的一些研究者论文中看到这一方法的尝试。例如 2009 年 Hamid 等[173] 就在各自发表的论文中将不同类型的数据集成定义为相同的功能基因组水平数据，并将其看作一个基因组整体来进行生物网络构建和预测分析。他们的具体做法是：将不同试验中获得的不同类型、格式、来源、维度的数据视为同质性或异质性数据进行归类整合。同质化数据被分为知识节点（如蛋白质序列数据）和基于节点出发的数据面（如编码基因的互作网络、蛋白间互作网络等）归类为同质化数据集，而其他无法归类的描述特征类型嵌入数据则作为异质性数据不纳入网络架构建模。而这些被闲置的异构性数据则通过建立其他类型生物分子网络，例如基因 - 疾病相关性网络（gene-disease association，GDA）、药物 - 化学品相似度网络（drug-chemical similarity，DCS）以不同类型的知识节点及数据面模式来构建异构网络。

基于整合策略的多组学数据整合生物网络研究进展。基于整合策略的多组学数据整合网络构建已成为当前分子系统生物学领域的主要研究方向之一。大体来说，目前较为成熟的整合构建网络策略有三种，即早期串联整合、中期转化整合和晚期模型整合：①早期串联整合策略：根据数据的不同类型分别构建单个复合数据集，最终将若干个独立的数据集统一整合。②中期转化整合策略：开发一个联合数据模型，将独立数据集成前首先进行转换，再进行集成构建生物网络。③后期模型整合策略：将各个类型数据集分别构建成独立模型，最终在构建生物网络，提供数据集培训阶段时，再将这些独立数据集模型整合为统一的最终模型，保留特定数据的原始属性。

近年来，基于这些策略，科学家们研发出了一系列整合方案来整合多组学数据集。例如 2014 年 Wang 等[174] 提出相似网络融合方案（Similarity Network Fusion，SNF）基于生物网络的架构融合了 mRNA、miRNA 表达数据和 DNA 甲基化数据，建立了患者个体化综合融合网络。2017 年 Zarayeneh[175] 也提出了另一种整合基因调控网络方案（Integrative gene regulatory network，iGRN）将基因表达数据作为节点与 CNV 和 DNA 甲基化数据形成邻接矩阵，用于模拟推断人脑的基因调控网络。2016 年，Cho 等[176] 提出混搭型整合网络方案，利用散在组分分析方法（diffusion component analysis，DCA）和随机游动重启算法（random walk with restart，RWR）整合不同类型的生物异构网络。

除此之外，科学家们也探索了一系列基于其他分析方法的整合方案。Omranian 等[177] 就在 2016 年提出了名为融合拉索（Fused LASSO）的基于回归分析的整合方案，将多个转录组数据基于不同的扰动变化模式融合形成基因调控推断网络。Bersanelli 等[178] 在 2016 年发表的论文中就基于概率分析的算法角度提出了基于概率家族图谱模型的贝叶斯网络模型（Bayesian networks，BNs）和基于生物网络的非贝叶斯模型，分别用于数据集成和机器学习等。2015 年 Žitnik 和 Zupan[179] 提出了基于这种算法原理的矩阵三因子分解的融合算法，并命名为矩阵分解数据融合法（data fusion by matrix factorization，DFMF），是目前最先进的机器学习方法之一。这种算法在数据处理伊始便建立程序块结构，将来自异构数据的不同类型数据对象间关系融合入算法。

受生物神经系统的结构和功能组织启发，另一种人工神经网络（artificial neural network，ANN）成为近年发展迅速的机器学习和生物网络构建算法。ANN 能够处理和发现各种非线性数据的功能特质，并对数据进行高鲁棒性降噪处理并学习，使得这种算法非常适合处理全基因组学数据以推测其调控交互网络。目前有大量已发表论文在此思路基础上优化 ANN 算法，如 2016 年 Raza[180] 发表的论文就构建了一种递归神经网络（recurrent neural networks，RNNs）。然而，这些方法都不能集成异构数据来构建 GRNs，其中大多数研究仅仅使用了基因表达数据。

基于这种局限性，2015 年 LeCun[181] 在 Nature 杂志上发表的综述中阐明了深度学习（Deep learning，DL）的多模态框架，在基于神经网络算法的模型基础上对基因组学展开了研究。这种算法的基本思路是为每一个数据集建立子网络，然后将各个子网络的输出结果纳入更高级别进行总体数据整合和网络构建。基于这种深度学习模型构建思路，2015 年 Alipanahi 等[182] 设计了称为 DeepBind 的算法应用于基因调控机制研究，并被证实相较于传统的单级分析方法，深度学习的算法表现出更广的适用性和预测准确性（表 1）。

表 1　近年重要的组学数据集成及生物网络构建方案及算法简表

生物网络类型	整合算法名称	可处理组学数据类型
基于网络架构的集成生物网络	相似网络融合（SNF）	基因表达、miRNA 表达、DNA 甲基化数据等
	混搭型整合网络（Mashup）	PPI 与疾病基因互作网络数据
基于回归分析的集成生物网络	融合拉索（Fused LASSO）	多类型基因表达数据
基于概率分析的集成生物网络	贝叶斯网络模型（BNs）	基因表达、数量性状位点表达（eQTL）、转录因子结合位点（TBFS）、PPI 数据等
	马尔可夫随机域算法（GRACE）	基因表达、转录因子–DNA 结合位点、保守性启动子序列、物理 PPI 数据等
基于矩阵因子分解算法的集成生物网络	矩阵分解数据融合法（DFMF）	基因表达、基因本体论注释（GO）、PPI、序列数据等
基于人工神经网络的集成生物网络	多模态深度学习模型（DL）	基因表达、DNA 甲基化和药物反应数据等

分子系统生物学的应用研究进展。近年来，关于机器学习及深度学习理论的研究应用场景已不断拓宽，不仅应用于基因组识别注释，也被用于结合位点预测、癌症关键转录驱动因子识别、复杂微生物群落代谢功能预测以及转录调控网络特性识别等。下面，本小节将归纳基于目前的多组学生物网络领域技术理论，最新的理论应用研究进展。

1）疾病预测

近年来科学家们意识到有必要更好地理解疾病背后生物网络的复杂层次结构，以及这些网络的失调是如何导致疾病状态。基于此，2017 年 Sabour 等[183]提出了胶囊网络概念。胶囊网络是一种次世代及其深度学习模式，顾名思义，其深度学习的构造模型是以模块数据组（即胶囊）构成，允许每个模块数据组保留其相应多层次数据属性。事实上，由于生物网络的运作模式与胶囊网络的构造模式高度契合，胶囊网络的构造模式非常适合用于各个生物层面数据的存储处理。例如包括转录组学、蛋白质组学、代谢组学等各个不同层面的组学数据可以被独立纳入各个胶囊进行训练，并提取相应有价值的特异性属性以供综合算法整合分析。这种数据架构使得每个胶囊都作为独立个体可以接受外部输入信息，并独立分析和输出，使得各个模块间即各个分子层面的互相作用和依赖性也可以被纳入分析。

因此，胶囊网络的模式将在可预期的未来被广泛用于生物网络的构建，并用于揭示疾病状态下是何种子网络系统被破坏所致，从而达到早期诊断和预测疾病发生的目的，也可以用于其他干预治疗手段的研发，如基因编辑、细胞治疗等。

2）药物发现

不同于疾病预测，在多组学生物网络结合机器学习应用在药物发现的过程中，有一系列关键的需求更甚于前者，那就是需要分析化合物与人体的作用模式，识别筛除可能存在脱靶效应的药物，并开发有效的组合性药物来治疗复杂疾病。虽然近年部分研究已有运用系统生物学的方法，结合机器学习算法应用于分析转录组学，构建生物网络模型并预测潜在干预化合物的成功案例，但仍有巨大的挑战。目前最主要的挑战存在于如何在化合物和生物信息间架起明确的桥梁，并将这些潜在关系融合于网络模型的算法中，从而辅助研发各类生物或化学药。

多任务学习神经网络是目前常用的符合药物开发应用的理论模型。这种系统可以纳入多种类型数据如组学表达谱、药物化学结构等，从而展现相关标签数据信息（如药物反应情况、疾病状态等）。多任务学习网络在训练成熟后，可以接受多个数据源的多组学试验数据，高通量药物筛选数据，特定生物活动检测试验数据，药物试验中的表型数据等，并将其纳入神经网络进行学习和分析，从而预测某个给定药物的生理反应、毒理状况以及其可能对人体局部生物网络所带来的影响。

3）合成基因回路设计

合成生物学在某种程度上可以理解为主要在细胞已有的分子组分外创立新的合成基因网络，并利用这些集成网络重编程活细胞，从而赋予他们全新的功能。虽然说其设计思路看起来非常简洁明了，但实际上合成基因通路的设计和构建却远非那么简单直接。由于合成生物学设计所需的合成基因回路存在多层次的组织结构，前述多任务学习神经网络同样符合深度学习算法的模型架构。

在合成电路的基本水平上，有独立的分子组分数据，如基因、启动子、操作子、终止子、核糖体结合位点（RBSs）等。在中间层面，有许多由复合组分构成的基本水平调控单位存在，例如基因 – 启动子复合物等。而在最高层次，这些调控单位互相作用从而形成具有特定功能的合成基因电路，例如两个基因 – 启动子复合物共同形成一个互相抑制的调控网络，从而达到特定基因表达调控开关的功能。在上述的每一个层级中，都可以通过利用深度学习模型识别可代表基因间调控或组合关系，或是生物分子之间的相互作用，又或是影响最终输出的特定子组件情况的特征性标志物，来模拟合成基因回路的动态。

为了优化设计功能，目前正在尝试开发多阶段深度学习模型，通过抓住每个阶段嵌入特定基因序列、特定调控序列或合成电路的生物结构对相应阶段整体水平的影响特征，训练该模型的设计预测能力。由于深度学习模型严重依赖于数据量以及数据质量，这些工作将有助于快速深度学习模型迅速成熟，从而使得应用于开发和实现从"组件"到"输出"的工作流实现。

综上，虽然系统生物学结合深度学习的工具在合成生物学领域的应用目前尚有限，但在未来科学家们可以根据不同的合成生物学设计目的，利用上述的测序及功能表征数据来训练深度学习模型，从而产生从分子水平至合成基因回路水平的预测模型，在不同层面指导基因网络的设计和合成。

（3）学术平台

作为跨学科交叉前沿科学，对跨界交流提出更高的需求（表2）。除了传统的集中式研究机构模式外，国际上形成了许多合作平台和学术组织。下面，本小节将分为合作平台（表3）和研究机构（表4）两部分，介绍国际上分子系统生物学领域的主要学术交流平台。

表2　系统生物学相关的国际主要学术会议（列举）

国际会议名称	英文简称	国际主要学术会议简介
国际系统生物学会议	ICSB	ICSB由国际系统生物学学会（ISSB）统一协调举办，为系统生物学领域历史最为悠久、影响力及规模最大的国际性会议，每年举办一次，举办地点主要在美国、日本及欧洲各国
国际计算分子生物学研究国际会议	COMB	COMB是计算生物学和生物信息学领域最有影响力的会议。其宗旨是发展新的计算方法（算法、统计模型等），应用在分子生物学和医学研究中
国际分子生物学智能系统会议	ISMB	ISMB是由国际计算生物学学会（ISCB）组织的关于生物信息学和计算生物学主题的年度学术会议，主要旨在针对生物问题的先进计算方法的开发和应用。该会议每年举行一次，在全球各地并主要在欧洲和北美交替进行
国际计算系统生物学国际研讨会	WCSB	WCSB旨在将聚集计算系统生物学研究不同方面如实验生物学、生物信息学、机器学习、信号处理、数学、统计学和理论物理学的各种研究者，提供平台方面学术沟通交流
国际计算系统生物学会议	CMSB	CMSB是历史悠久的系统生物学及生物信息学领域的国际会议，旨在为从事对生物领域研究、建模、仿真、高级分析和生物系统设计的相关生物学、数学、计算和物理科学的研究人员提供学术交流平台
国际哺乳动物细胞系统生物学会议	SBMC	SBMC是由德国联邦教育及研究部（BMBF）主办的国际性会议，旨在提供各类研究人员的跨学科交流共享平台。会议涉及的主要学科领域包括单细胞、信号转导、代谢、多模态、系统医学和数字病理学等

表3　系统生物学相关的国际主要组织平台（列举）

国际平台名称	英文简称	国际主要组织平台简介
国际系统生物学学会	ISSB	ISSB是国际性学术组织，旨在通过提供科学讨论和各种学术服务的论坛来促进世界范围内的系统生物学研究。此外，ISSB也与官方政府签订协议，帮助协调各国研究人员形成联盟，以满足多学科交叉和国际系统生物学研究的特定需求
国际计算生物学学会	ISCB	ISCB是成立于1997年的国际性学术组织，致力于通过计算促进对生命系统的理解，并在全球范围内交流科学进步。是促进分子系统生物学交流的重要学术组织平台之一

表 4　系统生物学相关的国际主要研究机构（列举）

研究机构名称	国际著名系统生物学研究机构 / 高校简介
美国系统生物学研究所	美国系统生物学研究所（ISB）是由系统生物学鼻祖（Leroy Hood）博士创立的从事系统生物学研究的非营利性研究机构。ISB 目前设置有 12 个研究部门，覆盖了遗传学、微生物遗传学、复杂分子机器、大分子复合物、基因调控网络、免疫学、分子和细胞生物学、癌症生物学、基因组学、蛋白质组学、蛋白质化学、计算生物学和生物技术等领域
美国哈佛大学系统生物学系	美国哈佛大学是世界首个建立系统生物学系的大学，目前根据（College Factual）排名世界第三。该校的创办目标是确定系统生物学界的世界定量原则，并从整体论出发发展一个对生命活动的概念性和预测性理解学科，最终使科学家得以系统性设计和控制复杂的生物活动，从而推进人类健康和福利的进步
美国麻省理工学院计算与系统生物学系	麻省理工学院计算与系统生物学系属于世界排名前列的学系，研究领域包括行为遗传学和基因组学；生物工程和神经工程学；生物网络和机器学习；肿瘤系统生物学；表观基因组学；进化和计算生物学；微生物学与系统生态学；分子生物物理学和结构生物学；精准医学和医学基因组学；定量成像；调控基因组学和蛋白质组学；单细胞操作和测量；干细胞与发育系统生物学；合成生物学和生物设计等
瑞士苏黎世联邦理工学院分子系统生物学系	苏黎世联邦理工学院的分子系统生物学系于 2005 年由（Aebersold）教授创立，旨在发展、应用和教授新兴的系统生物学科学。该机构的科学家参与了 SystemsX，瑞士系统生物学倡议，其中包括在苏黎世大学的模型生物体蛋白质组中心（C-MOP），ETH 的系统生理学和代谢疾病能力中心（CC-SPMD）等研究活动
美国约翰霍普金斯大学系统生物学实验室	约翰霍普斯大学系统生物学实验室致力于使用分子系统生物学解决临床医学问题。例如该实验室使用多模态建模方法应用于癌症和心血管疾病问题，并检查血管生成、乳腺癌和外周动脉疾病（PAD）的系统生物学。同时还使用生物信息学来发现影响血管生成的新药剂，并进行体外和体内实验来检验，在全世界享有较大的应用领域学术影响力
美国太平洋西北国家实验室	太平洋西北国家实验室（PNNL）是隶属于美国能源部国家实验室之一，由能源部（DOE）科学办公室管理。其下属机构 BSF 专注于生物能源、环境和土壤修复。具体研究学科包括系统生物学、微生物和细胞生物学以及分析界面化学等
美国加利福尼亚大学圣迭戈分校生物信息学与系统生物学系	加利福尼亚大学圣迭戈分校生物信息学与系统生物学系于 2001 年由 Subramaniam 教授创立。研究生项目由各个学院、部门以及 NIH 培训基金和 50 多名相关教员支持。该校致力于发展生物信息学和系统生物学（BISB）、生物医学信息学（BMI）和定量生物学（QBIO）

（三）转化研究

本学科近年除了在基础研究领域有了长足的研究进展外，在转化研究方面也有相当的成果。下面本小节将围绕生物化学与分子生物学学科相关的新靶点数量发现、临床研究情况、新药上市情况及全球生物技术市场年度变化趋势等角度对本学科全球转化研究的进展情况进行描述。

1. 全球临床医学研究数量稳步上升

2011—2020 年 Medline 数据库共收录临床医学研究论文 428.40 万篇。其中，2011—

2016 年论文数量基本保持平稳，2017—2020 年论文数量稳步增长。2020 年研究论文达 47.08 万篇，较 2019 年同期增长 15.94%。2020 年生物医药相关领域的临床研究数量激增可能是由于新冠肺炎疫情对于新冠的研究及治疗需求刺激所致（图 2）。

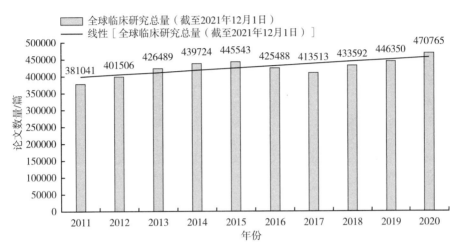

图 2　2011—2020 年全球临床医学研究论文数量

（数据来源：Medline 数据库）

Clinical Trials.gov 登记数据显示，2011—2020 年全球临床试验保持稳定增长趋势。2020 年共登记临床试验 29739 项，较 2019 年增长 3.70%（图 3）。

图 3　2016—2020 年全球临床试验登记数量

（数据来源：Clinical Trials.gov）

根据国家药物临床试验登记与信息公示平台提供的数据信息，近 5 年来我国药物临床试验申请和登记数量均保持上升趋势，2020 年在药监局平台上登记公示的临床试验共

2562 项，较 2019 年增长 6.8%，我国的药物临床试验数量持续增长，临床转化规模不断提升（图 4）。

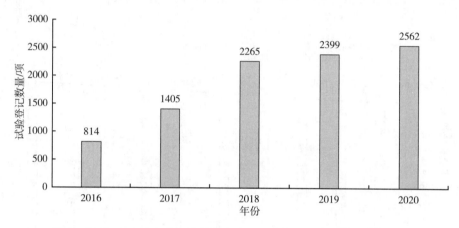

图 4　2016—2020 年中国药品评审中心的临床试验登记数量变化趋势
（数据来源：国家药物临床试验登记与信息公示平台）

2. 药物新靶标成为最主要的竞争领域

新靶标原创药物（First-in-Class 药物）一直是当前克服或改善各类疾病的主要手段。这类药物从新机制和新化学实体入手实现对疾病的治疗，一旦获批往往在市场上占有 80% 以上的销售额而成为"重磅炸弹"，因此成为国际各大医药公司和制药机构主要竞争的领域。

为了进一步了解临床转化研究的质量情况，对近年的开发新药涉及靶点的相关文献检索及分析工作。图 5 为 2016—2020 年 FDA 审核批准的原创新药计量图，可见近年来原创新药的研发面世数量呈逐年增加的趋势。

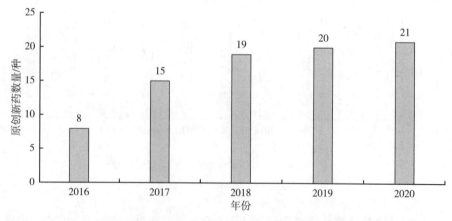

图 5　2016—2020 年 FDA 审核批准的原创新药数量
（数据来源：FDA.gov，Novel Drug Approvals for 2016–2020）

参考 2017 年发表于 *Nature Reviews Drug Discovery* 的由 FDA 批准药物分子靶点分析综述[184]中提供的 2015 年前 FDA 批准的 1578 个药物靶点分析方法，利用 ChEMBL、DrugCentral 和 canSAR 数据库对 2018—2020 年 FDA 批准的 60 种创新药物逐一进行新靶点核查并行专利核对。通过创新药物靶点数量排序并统计药物原研企业属国排名情况，可见目前原创新药物无论是研发总量还是新靶点发现数量均为美国排名第一，其后为英国、瑞士、日本等国（表 5）。

表 5 2018—2020 年 FDA 审核批准的创新药靶点类型及原研企业属国情况

原研企业属国	药物数量	靶点数量	靶点类型	靶向目标
美国	30	30	小分子药靶点：20	人体蛋白：25
			生物药靶点：10	病原体：5
英国	6	21	小分子药靶点：20	人体蛋白：20
			生物药靶点：1	病原体：1
瑞士	5	12	小分子药靶点：7	人体蛋白：7
			生物药靶点：5	病原体：5
日本	6	10	小分子药靶点：3	人体蛋白：9
			生物药靶点：7	病原体：1
法国	4	9	小分子药靶点：8	人体蛋白：9
			生物药靶点：1	
德国	3	7	小分子药靶点：6	人体蛋白：7
			生物药靶点：1	
意大利	2	2	小分子药靶点：1	人体蛋白：2
			生物药靶点：1	
比利时	1	1	生物药靶点：1	人体蛋白：1
爱尔兰	1	1	生物药靶点：1	病原体：1
丹麦	1	1	生物药靶点：1	人体蛋白：1
荷兰	1	2	小分子药靶点：1	人体蛋白：1
总计	60	96	96	96

数据来源：FDA.gov、ChEMBL、DrugCentral、canSAR 数据库，已去除重复靶点。

3. 全球生物技术市场总体稳步增长

截至 2021 年 5 月的数据，预期 2021 年全球生物技术市场规模为 2987.14 亿美元（图 6）。2021 年全球市场规模增长率 3.6%，2016—2021 年全球市场平均年增长率为 0.9%。可以看到，自 2011 年起全球生物技术市场规模稳步增长，在 2018 年出现了降速的转折趋势，而该趋势在 2021 年获得逆转，2021 年的生物技术市场是爆发性增长的一年。这说明随着新冠肺炎疫情的逐步稳定，全球供应链的部分复苏，生物技术市场的转化创新活力逐步恢复。

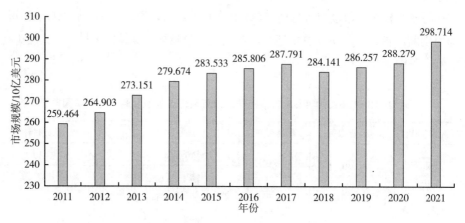

图6　2011—2021年全球生物技术市场规模变化年度趋势

（数据来源：IBISWorld's Global Biotechnology Industry Report）

近几年，在医药研发技术发展的推动作用下，全球生物技术药物领域快速发展，医药市场研究机构 Evaluate Pharma 预测生物技术药物将继续保持强势市场地位，2019年约占全球制药市场的27%（2500亿美元），2024年将增长至31%（3830亿美元），年复合增长率达8.9%。此外，2010—2024年全球生物技术药物占比幅度扩大，由2010年的18%将增长至2024年的32%。随着生物药适应证的扩展，上市新药数量的增长，以及重磅生物药专利到期后生物类似药的上市，预计生物药市场将维持快速增长（图7）。

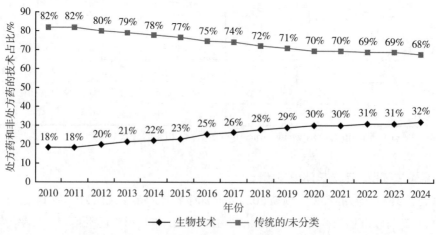

图7　2010-2024年全球处方药和非处方药的技术占比

（数据来源：EvaluatePharma. World Preview 2019，Outlook to 2024）

4. 新兴领域转化研究获得重要突破

（1）RNAi 药物上市成为全球核酸药物研发里程碑

核酸药物包括寡核苷酸药物和核糖核酸药物，被认为是继抗体药物及细胞免疫疗法之后的下一代药物。寡核苷酸药物包括 siRNA、miRNA、Antisense oligo、CpG oligo 和 Aptamer 等，它们属于化学药；核糖核酸药包括 mRNA 治疗药物、mRNA 疫苗和 CRISPR RNA 等，它们属于生物药。RNAi 药物成为核酸药物研发的重要领域，2018 年 10 月，美国 Alnylam Pharmaceuticals 和赛诺菲旗下的 Genzyme 的一款用于治疗 hATTR 淀粉样变性疾病的 RNAi 新药 Onpattro（patisiran）获得美国 FDA 批准上市。此前，美国 FDA 授予 patisiran 突破性疗法认定和孤儿药资格，英国授予 patisiran "早期获取"（Early Access）资格，允许患者在这款疗法药物正式问世前就能得到治疗。RNAi 疗法药物的上市将加速核酸制药行业的发展，也是 RNAi 这一诺贝尔奖成果从概念走向实际治疗用途的里程碑。RNAi 药物的获批被评为美国《科学》杂志评选出的年度十大科学突破。2019 年 11 月 21 日，Alnylam 的 Givosiran（商品名 Givlaari）被 FDA 批准用于一种叫作急性肝卟啉病（AHP）的超级罕见病，成为第二个在美国上市的 RNAi 药物。

（2）CD19 是最受欢迎的细胞治疗靶点

2019 年上市的细胞治疗产品中有 142 个选用了 CD19 靶点，相较于 2018 年的同靶点产品数量增加了 40 个，而在这 142 个产品中有 130 个为 CAR-T 细胞疗产品。可以说，无论是 2018 年还是 2019 年，CD19 仍是 CAR-T 疗法以及所有细胞疗法中最受欢迎的靶点。B 细胞成熟抗原（BCMA）是第二大最受欢迎的已定义靶点，共有 36 种细胞疗法，比 2018 年新增了 11 个。在 1993 年至 2019 年 3 月期间共有 1216 项临床试验，每年都有大量的新增试验，其中以 CAR-T 疗法的增幅最大。目前，细胞治疗仍面临实体瘤治疗效果差、治疗前预处理难以控制、缺乏标准化治疗流程、有效靶点缺乏、复发率控制等多个挑战；多靶点细胞联合、提升细胞治疗安全性、寻找治疗效果更好的肿瘤抗原分子、与其他治疗手段联合、异体供体或通用型 T 细胞治疗是细胞治疗的发展趋势。

（3）基因编辑技术使基因治疗成为可能

以基因技术为基础的治疗手段被一些研究认为更具针对性，且能减轻患者痛苦。据医药市场调研机构 Evaluate Pharma 不久前的报告，预计在未来 6 年内，将有多达 60 种基因疗法获得批准。美国《科学》杂志 2018 年指出，基因疗法最初被设计用以治疗先天性遗传疾病，但近年来的科学发展让基因疗法在后天获得的疾病领域也有了用武之地。作为最前沿的医学技术代表，基因治疗的每一次突破和挫折都吸引着大众的眼球。总体而言，2010 年以前基因治疗的主旋律是上下求索和螺旋发展，直至 2010 年以后才逐渐走上正轨，迎来属于它的时代。其中第一个里程碑事件，是 2012 年荷兰基因治疗公司 UniQure 的基因治疗药物 Glybera 在欧盟获批上市。Glybera 用于治疗一种罕见的脂蛋白酯酶缺乏症，是世界上第一个遗传疾病的基因治疗药物。同时，其一次注射费用 125 万欧元，也刷新了整个医药领域的价格纪录。随后，在 2016 年，传统药物巨擘葛兰素史克（GSK）与意大利 San Raffaele Telethon 基因治疗研究中心合作开发的基因治疗药物 Strimvelis 再次在欧盟获批，它用于治疗一种罕见的重度联合免疫缺陷病（ADA–SCID），即著名的"气泡男孩症"。这是一种罕见的先天免疫缺乏症，与一个名为 IL2rg 的基因发生突变有关，相关基因突变会影响骨髓造血功能，产生不正常的血细胞进而造成免疫缺陷。基因编辑对于基因治疗有着巨大的推动作用。2017 年底，美国食品药品监督管理局（FDA）批准将 Spark Therapeutics 公司的 Luxturna 作为 RPE65 突变的视网膜疾病的基因治疗药物。Luxturna 是美国 FDA 批准的第一个遗传疾病的基因治疗药物。Glybera、Strimvelis 及 Luxturna 的上市证明，遗传疾病不再是不可治愈的疾病。人类第一次可以通过改变自身的基因治疗疾病。

（4）创新型疫苗和多联多价疫苗促进新型疫苗发展

新型疫苗包括创新型疫苗和多联多价疫苗。创新型疫苗指在疫苗制备技术上取得重大突破，可预防新出现的或通过传统方法无能为力的传染病，比如我国在 2016 年研发成功的 EV71 疫苗就是针对传染性强、发病率高、致死率高的手足口病。多联多价疫苗分为多联疫苗、多价疫苗：多联疫苗是指由两种或两种以上独立的抗原组合形成单一疫苗制剂，用于预防多种病原体，接种多联苗与分别接种单苗能获得相同的免疫保护，比如赛诺菲研发的 DTaP–IPV–Hib 五联疫苗就可同时预防百白破、脊灰、B 型流感；多价疫苗针对的是具有多个亚型或血清型的病原体，为接种者提供更加广泛的保护，目前在国内上市的 HPV 疫苗有 2 价、4 价、9 价三种，其中 9 价疫苗可预防的 HPV 亚型种类最多，对宫颈癌的预防作用最大。新型疫苗的优势包括：①新型疫苗可显著降低传染病发病率。②新型疫苗的技术壁垒较高。以多联多价疫苗为例，从相关学术文献获知，多联多价疫苗并不是单联或单价疫苗的简单组合，其研发是一个全新的过程，需要解决抗原组分及配伍禁忌，还需要重新做临床试验，以保证其安全性和免疫原性与单苗无异。③新型疫苗给企业带来高回报。新型疫苗技术含量高、工艺复杂，且接种对象是健康人群特别是儿童，对安全性和有效性的苛求程度较高。全球新型疫苗无论是现在还是可预见的未来都是重磅品种为王。2017 年销售额 TOP10 的产品中有 9 个是新型疫苗，占据了整个疫苗市场 57% 的市场份额。

（5）糖类药物研究成为制药公司研发新方向

糖与蛋白质、核酸和脂类一起构成生命的四大基础物质。糖在生命体内不但可以自由状态存在，还可以修饰蛋白质、核酸和脂类分子，形成糖基化的蛋白质（糖蛋白和蛋白聚糖）、糖基化的核酸和糖脂，参与生命和疾病的发生与发展。此外，糖具有广泛而明确的生物活性，且多数无毒或低毒，是比较理想的药物类别。糖类药物研究目前仍严重落后于小分子药物和生物技术药物（蛋白和核酸类药物）。由于糖类化合物结构的多样性以及出色的安全和有效性（抗阿尔茨海默病中国原创新药 GV–971 即寡糖类物质，已于 2019 年底获批上市，有望引领国际抗 AD 药物潮流，更加激发糖类药物研发热情），受到各大制药公司青睐，很多公司将糖类药物作为研发重点方向之一。

三、本学科国内外研究进展比较

（一）国内外原始创新能力比较

1. 我国论文量和论文影响力逐步提高

从国家（地区）的分布来看，本学科论文发表数量排名前五位的分别是美国、中国、德国、日本和英国（图8）。其中，2011—2017年美国的论文发表数量处于全球的领先地位，并且其研究水平优势明显；中国的研究成果产出也增长快速，研究论文的发表数量已经远超德国、日本和英国，且从2018年以后，中国的研究论文总发表量超过美国位居世界第一。说明中国在对该领域的科研投入的不断增长推动了成果产出的增长，形成了良性的发展态势。

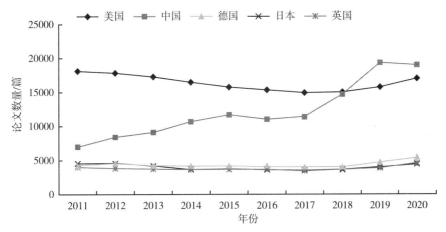

图8　2011—2020年Web of Science数据库收录的生物化学和
分子生物学研究论文的主要国家

从论文高被引情况进行分析，美国依然处于世界领先地位，中国的高被引论文量呈现逐年上涨的趋势，并且在2018年超过了英国、法国和德国，排在了世界第二的位置，同时也逐渐缩短了与美国之间的差距（图9）。说明从2018年以后中国在生物化学和分子生物学领域的论文不论从数量还是论文影响力都有一个较高水平的提升。

从发表论文的研究机构看，排名前五位的分别是中国科学院、哈佛大学、俄罗斯科学院、东京大学和法国国家科学研究中心。从2012年开始，中国科学院的年度发文量位列世界第一，并且呈现逐年上涨的趋势。哈佛大学和俄罗斯科学院的年发文量也呈现逐年增长趋势，东京大学在2012—2014年的发文量有下降趋势，但是2015年以后呈现平稳，而法国国家科学研究中心的发文量在2015年以后呈现小幅度减少（图10）。

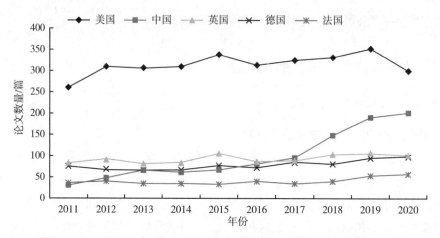

图9　2011—2020 年 Web of Science 数据库收录的高被引生物化学和
分子生物学研究论文的主要国家

图10　2011—2020 年世界主要机构的生物化学和分子生物学研究论文产出年度分布

从论文涉及的资助机构看，排名前五位的分别是美国国立卫生研究院、中国国家自然科学基金委员会、欧盟委员会、美国国家医学科学院和日本文部科学省，说明对美国、中国、欧盟和日本对该领域的发展非常重视，但是除了中国国家自然科学基金委员会以外的其他机构对该领域的资助呈现逐年下降的趋势。而中国国家自然科学基金委对该领域的持续投入与中国研究论文逐年增加是成正比的，说明了我国对生物化学与分子生物学领域的投入和成果的产出比形成了良好的发展态势（图11）。

2. 我国生物技术领域科研投入与专利产出保持增长趋势

近年来，我国正逐步加大生物科学领域的科研投入。世界银行数据显示，2016 年，美国在健康领域的费用支出占 GDP 的 17.1%，我国在健康领域的费用支出占 GDP 的 5%。尽管与美国等国家相比，我国在生命科学研究领域的投入总额仍然偏小，但我国基础科学领域特别是生命科学领域经费在科研经费所占比重正在逐步提高，推动生命科学基础研发迅速发展。以国家自然科学基金为例，生命科学部（图 12）和医学科学部总立项数目及资助金额约占全部学部的 1/3。社会科学基金立项项目中医药领域呈现出大幅度增长趋势。2010—2019 年度生命科学部资助呈上升趋势，2017—2019 年度单项平均资助金额也逐步增长。2017 年度共批资助 6252 项（不含杰出青年基金项目，下同），批准资助金额共计 29.86 亿元人民币，单项平均资助金额 47.76 万元人民币；2018 年度共批资助 6421 项，批准资助金额共计 31.86 亿元人民币，单项平均资助金额 49.61 万元人民币；2019 年度，生命科学部获自然科学基金委批准资助 6478 项，批准资助金额共计 32.71 亿元人民币，单项平均资助金额 50.49 万元人民币[185]。

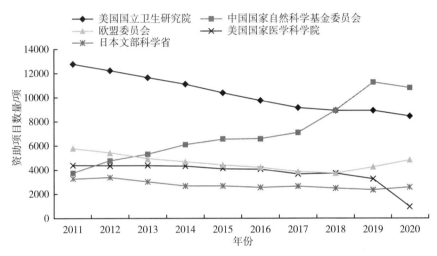

图 11　2011—2020 年 Web of Science 数据库收录的生物化学和
分子生物学研究论文的主要资助机构

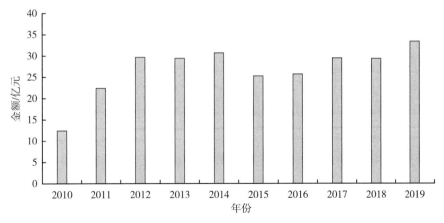

图 12　2010—2019 年国家自然科学基金生命科学部资助情况 *
* 包括面上项目、重点项目、重大项目、重大研究计划、青年科学基金项目及杰出青年科学基金项目

在生物技术相关专利方面，我国专利共 490896 项，2011—2020 年相关专利申请共 278267 项[①]。从近十年的申请趋势来看，我国在生物技术领域的专利申请量保持着高速增长的趋势，十年的年复合增长率达到 10.4%，到 2019 年达到顶峰，年度专利申请量达到 40711 项，约为 2011 年年度专利申请量的 3 倍（图 13）。与此同时，我国在生物医药技术领域的专利数量已超过美国，说明我国对该技术领域的重视，未来生物技术领域仍将是快速发展阶段。

技术公开方面，2011—2020 年，我国共计公开生物技术相关专利 27 万多项，年均增速高达 18.4%（图 14）。其中，2020 年我国共计公开生物技术相关专利 52565 件，约为 2011 年公开数量的 5 倍[②]。

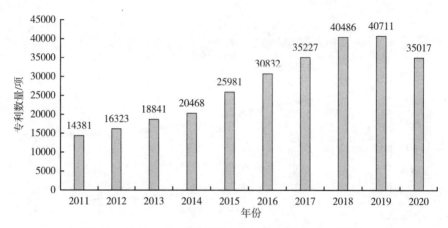

图 13　2011—2020 年我国生物技术领域专利申请趋势

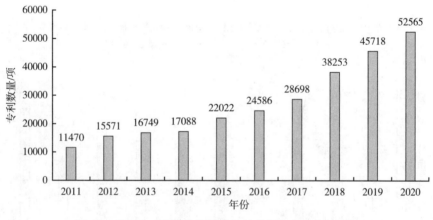

图 14　2011—2020 年我国生物技术相关专利公开趋势

---

① 专利数据以 Incopat 数据库中收录的发明专利（以下简称"专利"）为数据源。检索日期：2021 年 6 月 15 日；专利数据经过同族合并处理，下同。

② 专利申请信息的公开存在滞后性，2020 年数据为不完全数据。

3. 具有国际影响力的成果不断涌现，但与欧美相比还有一定差距

从全球生物化学与分子生物学领域的研究进展和技术突破来看，我国与欧美发达国家还有一定差距。近 5 年的诺贝尔生理学或医学奖、化学奖中多项涉及本领域的发展，例如 2017 年的诺贝尔生理学或医学奖是调控昼夜节律的分子机制的发现，2020 年的诺贝尔化学奖为基因组编辑方法的开发等，但这些获奖的科学家主要集中在美国和欧洲的国家。通过对近 5 年《自然》（Nature）杂志评选的十大科学进展，以及《科学》（Science）杂志评选的十大突破的统计，超过半数的生命科学领域的入选研究进展都与生物化学与分子生物学研究相关，但是入选的研究进展也基本是美国和欧洲的研究成果，我国仅有 2019 年复旦大学团队的选择性清除突变亨廷顿蛋白新策略入选了《自然》（Nature）杂志当年度的十大科学进展，2020 年针对新冠疫苗的开发获得了《科学》（Science）杂志评选的十大突破。

但是，我国在生物技术领域发展迅速，科技创新体系建设不断完善，科技研发能力和水平的快速提升，相关科技成果不断涌现，支撑经济社会发展的作用不断增强。除了上述入选世界有影响力的研究进展外，当前，我国部分基础研究成果的国际影响力也在大幅提升。例如，在靶标发现技术方面，开展调控乳腺癌干细胞特性的小分子 RNA 功能研究，首次提出了低剂量化疗压力可以富集乳腺癌干细胞，阐明了小分子 RNA 对乳腺癌肿瘤干细胞"干性"的分子调控机制；在非编码小 RNA 克隆研究领域取得成果，新型非编码小 RNA 克隆方法成为国际上广泛应用的 3 种方法之一；自主研制了国际首款耳聋基因诊断芯片并已进行了推广应用。在心脑血管病、肿瘤等重大非传染疾病防治方面，我国食管癌、宫颈癌、鼻咽癌、急性早幼粒细胞白血病等的诊治研究水平已达国际前沿，我国自主研制的宫颈癌疫苗成为中国第一个、世界第三个进入临床研究的宫颈癌创新疫苗。

随着我国生命科学研究获得创新成果的速度加快，"中国生命科学十大进展"评选竞争日益激烈。如 2020 年，揭晓蝗虫聚群成灾机制、解析首个新冠病毒蛋白质三维结构、小麦赤霉病基因解析；2019 年，提高中晚期鼻咽癌疗效的新方案、植物抗病小体的结构与功能研究、揭示抗结核新药的靶点和作用机制及潜在新药的发现；2018 年，首例体细胞克隆猴的构建、创建首例人造单染色体真核细胞等。2020 年 1 月 12 日，中国科学家向世界公布了新型冠状病毒的基因组，为全世界科学家寻找应对和治愈新冠肺炎疫情奠定了基础，研制新冠疫苗的工作也拉开了序幕，新冠疫苗的研发居 2020 年度"十大科学突破"榜首。

（二）国内外临床研究及转化能力比较

根据 Medline 数据库整理 2011—2020 年临床医学研究论文数量排名前十国家的年度变化情况如图 15。2020 年，美国、中国、英国、意大利、日本、德国、加拿大、法国、澳大利亚、西班牙发表的临床医学研究论文数量位居全球前十。上述国家 2011—2020 年发表的临床医学研究论文数量均呈现稳定增长的趋势。2020 年美国仍然以显著优势居全球首位，其发表的临床医学研究论文共 132853 篇，占当年全球总数的 28.22%。中国以

73616 篇位居全球第二，全球占比 15.64%。

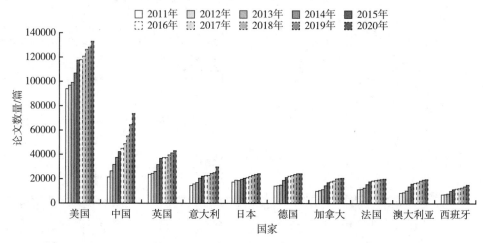

图 15　2011—2020 年全球临床医学研究论文数量排名前十国家的年度变化趋势

（数据来源：Medline 数据库）

关于各国发表高质量临床医学研究论文的情况，2020 年 *NEJM*、*The Lancet*、*JAMA*、*BMJ* 四类综合医学期刊上共刊登了临床医学研究论文 5970 篇。美国共发表 2739 篇，居全球首位；英国（1482 篇）和加拿大（375 篇）分别位居第二和第三；中国发表论文 263 篇，居全球第六，较 2019 年排名上升 4 位。此外，2020 年四类综合医学期刊上共刊登 COVID-19 相关研究论文 1753 篇，占总数的 29.36%（图 16）。

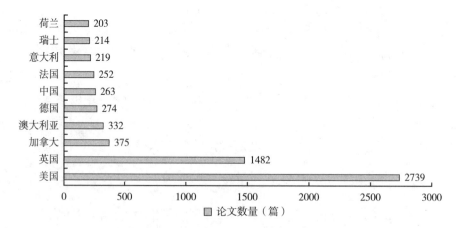

图 16　2020 年在 *NEJM*、*The Lancet*、*JAMA*、*BMJ* 上发表临床医学研究论文
数量排名前十的国家

（数据来源：Web of Science 数据库）

根据 ClinicalTrials 数据库整理 2016—2020 年全球临床研究登记数量情况如图 17，全

球范围内临床研究的数量呈逐年稳定增长的趋势。截至 2020 年 12 月底，美国当年进行的临床研究登记数量达 10285 项，而中国为 4069 项，为美国总量的 2/5 左右。这可能是由于我国的临床研究主体力量仍集中在医院的医生及科学家群体，目前尚未与内外资企业、合资企业、医药研发合同外包服务机构（CRO）形成广泛成熟的合作模式导致。从总体临床研究及临床试验计量看，美国仍是全球临床研究能力最强且最活跃的国家；我国总体的临床研究转化能力从数量来看近年发展迅速，已于 2017 年成为世界第二大临床研究市场，但与美国仍存在较大差距。

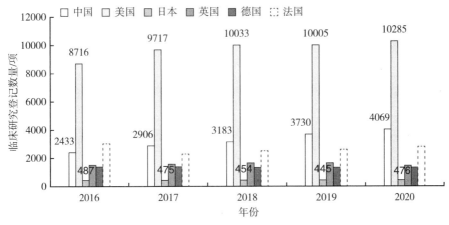

图 17 2016—2020 年全球各国临床研究登记数量

（数据来源：Clinical Trials.gov）

为了进一步探讨我国临床研究质量情况，分别选取了中国与其他发达国家目前较为典型的各类前沿生物技术药物如 CAR-T 细胞治疗药物、PD-1/PD-L1 抗肿瘤药物及 RNA 相关疗法的临床研究总量对比见表 6。从总体临床研究数量看，无论是观察性或是干预性临床研究，中国各类前沿生物技术药物的临床研究总量均低于美国。值得注意的是，与国际范围其他发达国家相比，中国的观察性研究数量占比极高，这可能是由于我国的临床研究结构特点导致。

我国的临床研究力量主要集中在医院，主要由临床医生指导进行。在没有与医药企业合作、专业人员的合作及资源支持下，观察性研究成为主要的临床研究手段。而其他发达国家由于 CRO 等外包性质的专业临床研究公司体系较为成熟，大量临床研究主要由专业的药企及 CRO 企业承包，因此可以看到其观察性临床研究比例很低，以新药的干预性临床研究为主。

从某种意义上来说，临床研究尤其是干预性临床研究的数量体现了该国临床研究转化的效率及活力，也与该国企业在生物技术领域的竞争力息息相关。本章节选取的代表性药物临床研究总量对比统计充分说明了中国前沿生物技术药物的临床研究能力有待提升，具体包括 CRO 等临床转化研究体系的成熟、高效新药靶点开发的自动化平台建立等。

表6　中国与其他发达国家关于各类前沿生物技术药物的临床试验数量对比

试验类型	中国		美国		日本		英国		德国		法国	
	观察性	干预性	观察性	干预性	观察性	干预性	观察性	干预性	观察性	干预性	观察性	干预性
CAR-T	70	151	9	294	0	156	1	209	4	218	4	156
PD-1	59	365	1	550	0	323	1	444	0	490	2	467
PD-L1	15	61	0	182	0	104	1	141	1	145	2	154
RNA 疗法	114	506	88	1476	9	695	104	1952	31	1699	41	1115

数据来源：Clinical Trials.gov。

1. 中国创新药开发数量持续上升，不断缩小与国外发达的开发水平

在生物医药技术领域，经历了代理、仿制、追赶阶段的中国生物医药行业，在"十三五"期间迎来了令人欣喜的崭新时代。这期间我国自主研发的全球首个生物工程角膜"艾欣瞳"上市；手足口病（EV71 型）疫苗和 Sabin 株脊髓灰质炎灭活疫苗研制成功；阿帕替尼、西达本胺等抗肿瘤新药成功上市；在全球首创利用神经再生胶原支架治疗急性完全性脊髓损伤技术，并成功应用于临床，获得良好疗效。

统计数据显示，2016—2020 年的"十三五"期间，药审中心受理创新药注册申请数量呈稳步上升趋势。2016 年，药审中心共受理化药创新药注册申请 90 个品种，2017 年上升为 149 个。2018 年，中国创新药更是按下"快进键"，受理 1 类创新药注册申请 264 个，2019 年上升为 319 个，2020 年为 901 个（图 18）。

图 18　2016—2020 年期间我国创新药物注册申请数量（个）及增速（%）情况
（数据来源：国家药审中心）

2008—2018年，中国诞生了41个1类新药，仅2018年一年就新增10个。2019年中国新增1类新药12个，2020年新增15个，中国药物创新能力在"十三五"的后三年有了巨大的进步（图19）。这期间的1类新药治疗领域集中在肿瘤、HIV、丙肝以及心脑血管、免疫系统疾病，多款新药为临床急需，并填补了国内市场空白。政府主导的新药审批提速让创新药在中美上市的时间差越来越小，甚至反超。就生物创新药来看，中国的生物创新药获批数量在2019年超越美国，2020年保持同样状态，且2021年有望继续维持势头。

这主要归功于近几年中国一系列创新药上市政策与监管制度的改革，以及中国生物医药企业的创新药产品逐渐成功商业上市。随着数字技术在生物药创新领域的应用，以及医疗外包服务企业，如CRO（医药合同研究组织）与CDMO（医药合同研发生产组织）的快速崛起，未来全球的生物创新药的数量有望以更快的速度增加。2018年12月，由珐博进公司根据获得2019年诺贝尔生理学或医学奖的"细胞对氧气的感知和调控"作用机制研发的罗沙司他胶囊，在中国率先获批上市，使中国在历史上首次成为全球首批首创作用机制（first-in-class）药物上市的国家，实现"三首"突破，这在新药注册史上具有里程碑意义。另外，中国创新药奏响了出海的序曲。2019年11月，美国药监局（FDA）加速批准了百济神州研发的泽布替尼上市，这是中国自主研发的首款获得美国FDA加速批准的创新药。同年12月，石药集团自主研发的降高血压创新药马来酸左旋氨氯地平作为全新化合物获美国FDA审评通过，成为中国本土药企第一个获得美国完全批准的创新药。随着中国加入ICH（国际人用药品注册技术协调会）和接受境外临床数据申报等政策，类似罗沙司他这种first-in-class（具有全新作用机制的首创）新药在中国首发的案例或会更多。这些创新药的出现，也会在一定程度上缓解重大疾病患者的用药可及性和用药负担的问题，使得人民群众的用药安全性和便利性得到保障。

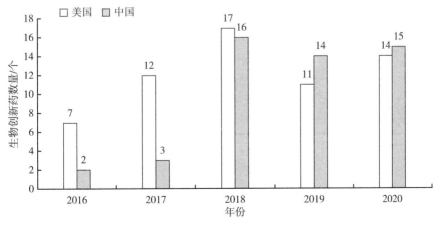

图19　2016—2020年中美生物创新药获批数量比较

（数据来源：医药魔方，德勤研究整理）

2. 中国生物技术市场规模稳步增长，较美国总体量仍有差距

根据 Global Market Insights 的一份报告，美国 2020 年生物技术市场规模超过 1404 亿美元，预计 2024 年将达到 2050 亿美元，复合年增长率约为 9.9%。DNA 测序、重组技术、发酵、组织工程以及对慢性病新技术的日益增长的需求，是生物技术产业规模不断增长的驱动因素。生物技术相关产业根据应用场景可细分为生物制药、生物农业、生物服务和生物工业；其中生物制药在 2020 年占有最大的市场份额，收入超过 840 亿美元。

相形之下，根据瑞士宝盛银行（Julius Bär）的一份报告，中国 2020 年生物技术市场规模约为 351 亿美元，复合年增长率约为 5.0%（图 20）。据统计，截至 2020 年，中国生物技术市场的总销售收入为 188 亿美元，其中生物技术相关医疗 / 保健业务是市场最赚钱的分支业务，总销售收入为 184 亿美元，相当于市场总销售收入的 97.8%。

可以看到由于新冠肺炎疫情的冲击，生物技术市场受到了供应链中断的影响，特别是美国等地区的生物技术市场增长速率受到了一定程度的减缓，而中国由于疫情管控严格和政策实施到位，生物技术领域的市场规模增速未见明显放缓，保持稳定增速，总市场规模约为美国的 1/4。

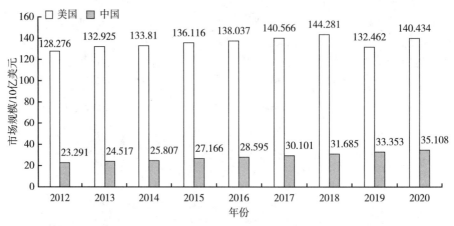

图 20 2012—2020 年中美生物技术市场规模对比

（数据来源：Global Market Insights，Julius Bär）

3. 中国企业数量增长迅速，竞争力仍有待提升

过去 30 年，中国新成立的生物制药公司数量稳步增长，而在过去 10 年里急剧加快。2010—2020 年，在美国、欧洲和日本等其他发达国家市场，生物技术公司新成立的数量有所下降，而与之形成鲜明对比的是，中国出现了 140 多家新生物技术公司（图 21）。这说明近年来，中国在生物技术领域的企业力量在迅速增长。

而近两年，由于新冠肺炎疫情的影响，市场对于生物技术的需求急剧增加。在这种外部环境影响下，2020 年的市场融资行情极大地刺激了生物技术企业的上市和发展。首次

公开募股（IPO）、后续发行和私募投资创新高。

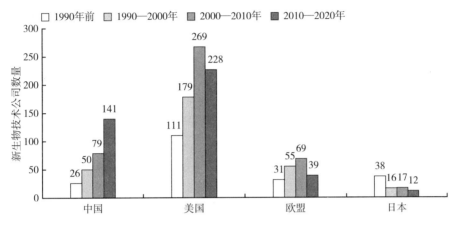

图 21　每 10 年新成立生物技术公司全球范围内数量对比

（数据来源：BIOPHARMA，PitchBook，BCG 分析等）

图 22 是 2019 年及 2020 年中国及国际范围内生物技术企业 IPO 上市公司数量对比。可以看到在市场投资热情环境下，中国的生物技术上市公司的数量迅速增加，在全球范围内占比从 24% 上升至 34%，而美国的 IPO 公司数量从 59% 下降至 50%。这可能是由于两国截然不同的新冠肺炎应对措施以及供应链受影响程度所导致。

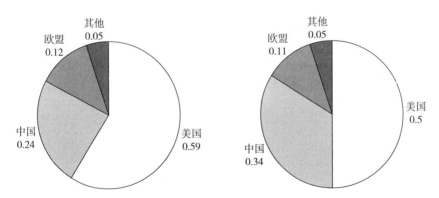

图 22　全球范围内生物技术企业 IPO 上市公司数量对比（左：2019 年；右：2020 年）

（数据来源：BioCentury BCIQ）

然而通过 2020 年全球药企 50 强的列表排名来看（表 7），中国共有 5 家企业入选 50 强药企，排名均为 30 余名之后，而以瑞士、美国等国为代表有大量企业占据头部席位。该列表一定程度上体现了各国生物技术企业的尖端实力地位，中国的生物技术相关企业总体排名仍靠后，平均处方药销售额约为头部的 1/10，这说明我国药企在国际上的利润率仍较低，这可能与我国原创性研发力量仍与国际企业巨头尚有差距有关，企业竞争力还有待提升。

表7　2020年全球药企50强

排名	药企	国家	处方药销售额（亿美元）
1	罗氏	瑞士	474.92
2	诺华	瑞士	472.02
3	艾伯维	美国	443.41
4	强生	美国	431.49
5	百时美施贵宝	美国	419.03
6	默沙东	美国	414.35
7	赛诺菲	法国	358.02
8	辉瑞	美国	356.08
9	葛兰素史克	英国	305.85
10	武田制药	日本	278.96
34	云南白药	中国	47.41
38	恒瑞医药	中国	42.03
40	中国生物制药	中国	38.93
42	上海医药	中国	35.85
44	石药集团	中国	32.42

四、本学科发展趋势及展望

生物化学与分子生物学是当前生命科学中发展最快最具活力的前沿领域，近年来，生物化学与分子生物学学科及其相关领域发展迅速，新成果、新技术不断涌现。同时，新方法和新技术的应用，使得"从分子水平上揭开生物世界的奥秘""主动地改造和重组自然界"等潜力充分实现的前景正日益清晰。然而，蛋白质和核酸等生物大分子具有复杂的空间结构以形成精确的相互作用系统，由此构成生物个体精确的生长发育、代谢调节控制等系统和生物的多样化，要真正阐明这些复杂系统的结构及其与功能的关系，还要经历漫长的研究道路。

（一）表观遗传学

表观遗传学领域的基础研究能够帮助科学家更清楚地了解生命体发育进化的演变过程、复杂疾病的发病机制、机体对环境变化的应答方式和反应强度等，为开发个性化的治疗手段和原创性药物、改善机体健康状态奠定基础。随着个性化医疗的概念发展，表观遗传学知识逐渐被转化为临床应用。2020年，全球至少9种表观遗传药物获批上市，主要用于血液肿瘤的治疗。随着生物医药技术的发展，表观遗传学药物的特异性和效率将会得到进一步提高。据市场分析公司 Valuates 预测，全球表观遗传学市场规模将从 2019 年的 7.72 亿美元增长至 2027 年的 21.68 亿美元，复合年增长率达到 13.6%。

为了促进国家科学、经济和民生等多方面共同发展，研究机构、产业机构、学术联盟、政策制定者仍需重视并加强表观遗传学的研究力度：关注调控细胞分化、组织稳态、器官发育、机体再生的表观遗传机理，阐明表观遗传因子细胞内外环境和信号变化而产生的调控机制；加强重大疾病中表观遗传调控机制的致病机理研究，构建疾病相关表观基因组图谱；开发新型模式生物，在多样性的物种中研究表观遗传因子对学习、记忆、社群动物行为、获得性性状跨代遗传的作用机制；加强细胞核染色质高级结构组成方式和动态变化的研究，进一步发展单细胞技术、基因组操控技术、高通量技术等；结合物理学、材料学、化学、生物信息学等学科的技术和方法，阐明高级染色质结构组装的一般性原则和动态变化调控机制。

在科研、产业、医疗、政策等利益相关者的重视和支持下，表观遗传学将得到进一步发展，人们对于该领域的认知也将更加地深入和全面。表观生物学和结构生物学亟待和物理学、材料学、化学、生物信息学等学科交叉，并争取在方法学上取得突破，实现原位、实时、单细胞水平的染色质形态和高级结构的测定、跟踪、观测，在单细胞甚至更高精度观察表观遗传调控途径，建立表观遗传信息文库，研究细胞命运和环境应答的分子过程。数学、计算机学、人工智能等技术有助于实现表观基因组和表观遗传调控网络的系统和模拟运算，并从系统生物学的角度阐明表观遗传调控对个体发育、应激反应、疾病变化、个体衰老的重要意义。除了肿瘤疾病以外，表观遗传现象、机制、分子标志物等还将与神经生物学、代谢组学、生理学等学科交叉，拓展新的研究领域和应用方向。

（二）核糖核酸研究

随着各国对 RNA 领域的持续资助，该领域将产生更多成果，产生海量的数据，研究人员将开发相关大数据分析技术和工具，进一步揭示各类 RNA 在生长发育与衰老整个生命过程都发挥重要作用，揭示各类 RNA 是如何参与到癌症、心血管疾病、神经精神疾病等重要疾病的发生、发展过程中，并将研究成果转化成疾病干预和预后生物标志物或新型治疗产品，最终造福人类。

mRNA 修饰领域，未来将有更多的修饰方式被研究清楚，并与疾病相关联，将产生更多的疾病治疗靶标。miRNA 领域是研究相对成熟的非编码 RNA 了领域，未来将向产业化方向发展，产生众多以 miRNA 为基础的疾病标志物等。

lncRNA 未来仍有许多基础生物学问题有待解决：①鉴于 lncRNA 的非编码性质和低序列保守性，需要进一步探讨 lncRNA 序列和结构特征如何影响其功能；② lncRNA 如何影响复杂的生理过程和疾病的发生。目前的研究进展表明，lncRNA 可以微调细胞大小和疾病。这些功能需要更深入的理解，不仅要提供病理生理过程的全景图，而且 lncRNA 可以被高度特异性地靶向治疗。

在目前大数据时代，数据分析与挖掘技术开发愈发显得重要。随着大数据和人工智能技术进一步融入 RNA 领域，研究人员将开发出越来越多的数据库和算法工具，用以全面研究各类 RNA 的功能、RNA–RNA、RNA– 蛋白质相互作用等。

在应用研究和产业发展方面，RNA 疗法（包括将 RNA 作为治疗靶标的疗法，以及将 RNA 作为治疗工具的疗法）将快速发展，有望成为继小分子和生物制剂之后的一种新的重要治疗模式。尽管未来 RNA 疗法需要克服技术上的挑战，还面临更多的监管不确定性。

（三）蛋白质科学

近年来，得益于人类基因组和蛋白质组的成果，对蛋白质结构功能、相互作用以及动态变化等方面的深入研究取得了一系列突破性进展，同时蛋白质研究成果也催生了一系列新的生物技术，带动相应的医学、药学以及绿色产业的发展，并有望引领未来生物经济。未来，随着蛋白质预测和设计方法的不断成熟，它们将在生物学和医学中发挥越来越重要的作用。天然存在的蛋白质具有一个显著特征，即为了在细胞中发挥作用，它们通常参与多种活动和反应。预计通过将定向进化方法与分子建模的进步相结合，可以很快实现设计具有相似复杂性的蛋白质，机器学习和模式识别也将推动蛋白质设计领域的进一步发展。并且随着蛋白质结构数据库的不断增长，新的蛋白质骨架和侧链排列的可用性将增加，从而开辟了重新利用它们以创建新的结合位点和功能的可能性。蛋白质科学不仅用于生命科学领域的基础研究，帮助探寻生命的起源和发展，同时对人类的健康、医学、农业、食品等领域均有巨大的贡献，随着蛋白质组学的进一步发展，其应用领域也将不断扩展，或将成为未来生命科学领域最具前景的科学研究与技术之一，为人类带来更大的社会价值。

（四）代谢

近年来，基因组、蛋白质组、代谢组学以及相关科学技术的快速发展，已推动生命科学快速步入大数据时代，代谢科学通过由浅入深和循序渐进地积累、认知和利用这些大数据，将实现众多代谢体系从分子水平向网络化互作集成、从认识分子作用机制向设计构建新生物体系、从基础研究向应用科学等方面的纵深质变。生命科学正在以系统化、定量化和工程化为特征的"多学科会聚"研究范式，为更深入系统地认识生命、更精准有效地改造生物体提供前所未有的机遇。但目前对代谢过程的微观过程与生物个体宏观表现的联系、代谢网络中局部调控与全局响应等的了解仍只是冰山一角，尤其是多学科交叉的理论及技术平台等发展与代谢科学整体发展极不相称。未来需要强化代谢科学基础研究的同时，构建结构合理、完整的代谢科学体系，从而推进人们对生命过程的深度认知，最大限度实现代谢潜能的发挥与代谢功能的再塑。相关理论和技术的重大突破，必将对健康、食品、环保、农业、化工等行业产生颠覆性影响。

（五）分子系统生物学

利用机器学习或深度学习的人工智能工具，对基于多组学数据整合后的数据分析成了引爆近年关于分子系统生物学研究热点的原因。也因此，系统生物学学科未来主要围绕多组学数据整合和系统生物学理论及应用研究两个方面分别展开。

关于多组学数据整合研究领域，可以看到，基于生物网络建模需求的监督整合方案已经被大多数研究广泛采纳，这也说明了根据多组学数据的重要特性进行选择性整合，仍然是目前多组学数据整合的主要思路。但是这种思路并不一定在所有组学数据整合中合理。以目前重要性和热度日益凸显的代谢组学为例，由于代谢组学研究的是生命活动中产生的大量代谢产物，相较于其他组学数据如转录组数据或蛋白质组学数据，代谢组学数据量更加庞大，特征性重要数据更加难以分辨；在这种情况下再使用选择性整合思路进行组学数据整合并不合适，需使用如 PCA 或 PLS 等算法进行数据处理。另外，随着未来机器学习的建模更加复杂，或是深度学习网络更加详尽、纳入数据类型更为多样，整合数据的类型格式覆盖面也更广。这种趋势也将催生更多的数据整合技术出现。例如最近由于成像技术与人工智能结合研究的兴起，图像类型数据的整合技术就成了目前热点的研究趋势。

参考文献

［1］ Weinhold B. Epigenetics: the science of change［J］. Environmental Health Perspectives, 2006, 114（3）: A160–A167.

［2］ Onuchic V, Lurie E. Carrero I. et al. Allele–specific epigenome maps reveal sequence–dependent stochastic switching at regulatory loci［J］. Science, 2018, 361（6409）: 1354–1354.

［3］ Xu C, Corces V G. Nascent DNA methylome mapping reveals inheritance of hemimethylation at CTCF/cohesin sites ［J］. Science, 2018, 359（6380）: 1166–1170.

［4］ Canzio D, Nwakeze CL, Horta A, et al. Antisense lncRNA transcription mediates DNA demethylation to drive stochastic protocadherin α promoter choice［J］. Cell, 2019, 177（3）: 639–653.

［5］ Han D, Liu J, Chen C, et al. Anti–tumour immunity controlled through mRNA m6A methylation and YTHDF1 in dendritic cells［J］. Nature, 2019, 566（7743）: 270–274.

［6］ Hanna CW, Taudt A, Huang J, et al. MLL2 conveys transcription–independent H$_3$K$_4$ trimethylation in oocytes［J］. Nature Structural and Molecular Biology, 2018, 25（1）: 73–82.

［7］ Montero JJ, Lopez–Silanes I, Megias D, et al. TERRA recruitment of polycomb to telomeres is essential for histone trymethylation marks at telomeric heterochromatin［J］. Nature Communication, 2018, 9（1）: 1548.

［8］ Zhang YJ, Guo L, Gonzales PK, et al. Heterochromatin anomalies and double–stranded RNA accumulation underlie C9orf72 poly（PR）toxicity［J］. Science, 2019, 15（1）: 363（6428）.

［9］ Grosswendt S, Kretzmer H, Smith ZD, et al. Epigenetic regulator function through mouse gastrulation［J］. Nature,

2020, 584（7819）：102-108.

［10］ Samata M, Alexiadis A, Richard G, et al. Intergenerationally maintained histone H4 lysine 16 acetylation is instructive for future gene activation［J］. Cell, 2020, 182（1）：127-144.

［11］ Houri-Zeevi L, Korem KY, Antonova O. et al. Three rules explain transgenerational small RNA onheritance in C. elegans［J］. Cell, 2020, 182（5）：1186-1197.

［12］ Shukla A, Yan J, Pagano DJ, et al. Poly（UG）-tailed RNAs in genome protection and epigenetic inheritance［J］. Nature, 2020, 582（7811）：283-288.

［13］ Shao H, Im H, Castro CM, et al. New technologies for analysis of extracellular vesicles［J］. Chemical Review, 2018, 118（4）：1917-1950.

［14］ Wu S, Turner KM, Nguyen N, et al. Circular ecDNA promotes accessible chromatin and high oncogene expression ［J］. Nature, 2019, 575（7784）：699-703.

［15］ Ortiz A, Gui J, Zahedi F, et al. An interferon-driven oxysterol-based defense against tumor-derived extracellular vesicles［J］. Cancer Cell, 2019, 35（1）：33-45.

［16］ Gao L, Wang L, Wei Y, et al. Exosomes secreted by hiPSC-derived cardiac cells improve recovery from myocardial infarction in swine［J］. Science Translational Medicine, 2020, 12（561）.

［17］ Poggio M, Hu T, Pai CC, et al. Suppression of exosomal PD-L1 induces systemic anti-tumor immunity and memory［J］. Cell, 2019, 177（2）：414-427.

［18］ Panfolfini L, Barbieri I, Bannister AJ, et al. METTL1 promotes let-7 microRNA processing via m7G methylation［J］. Molecular Cell, 2019, 74（6）：1278-1290.

［19］ Yuan G, Flores NM, Hausmann S, et al. Elevated NSD3 histone methylation activity drives squamous cell lung cancer［J］. Nature, 2021, 590（7846）：504-508.

［20］ Cheung P, Vallania F, Warsinske HC, et al. Single-cell chromatin modification profiling reveals increased epigenetic variations with aging［J］. Cell, 2018, 173（6）：1385-1397.

［21］ Maegawa S, Lu Y, Tahara T, et al. Caloric restriction delays age-related methylation drift［J］. Nature Communication, 2017, 8（1）：539.

［22］ Kalin JH, Wu M, Gomez AV, et al. Targeting the CoREST complex with dual histone deacetylase and demethylase inhibitors［J］. Nature Communication, 2018, 9（1）：53.

［23］ Garber K. Histone-writer cancer drugs enter center stage［published correction appears in Nat Biotechnol［J］. Nature Biotechnology, 2020, 38（8）：909-912.

［24］ Chiarella AM, Butler KV, Gryder BE, et al. Dose-dependent activation of gene expression is achieved using CRISPR and small molecules that recruit endogenous chromatin machinery［J］. Nature Biotechnology, 2020, 38（1）：50-55.

［25］ Liu XS, Wu H, Krzisch M, et al. Rescue of fragile X syndrome neurons by DNA methylation editing of the FMR1 gene［J］. Cell, 2018, 172（5）：979-992.

［26］ Zhang L, Liu C, Ma H, et al. Transcriptome-wide mapping of internal N7-methylguanosine methylome in mammalian mRNA［J］. Molecular Cell, 2019, 74（6）：1304-1316.

［27］ Quinodoz SA, Ollikainen N, Tabak B, et al. Higher-order inter-chromosomal hubs shape 3D genome organization in the nucleus［J］. Cell, 2018, 174（3）：744-757.

［28］ Mulqueen RM, Pokholok D, Norberg SJ, et al. Highly scalable generation of DNA methylation profiles in single cells［J］. Nature Biotechnology, 2018, 36（5）：428-431.

［29］ Liu Y, Zielinska PS, Velikova G, et al. Bisulfite-free direct detection of 5-methylcytosine and 5-hydroxymethylcytosine at base resolution［J］. Nature Biotechnology, 2019, 37（4）：424-429.

［30］ Hoon DSB, Rahimzadeh N, Bustos MA. EpiMap: Fine-tuning integrative epigenomics maps to understand complex human regulatory genomic circuitry［J］. Signal Transduction Targeted Therapy，2021，6（1）：179.

［31］ Joly Y，Dalpe G，Dupras C，et al. Establishing the international genetic discrimination observatory［J］. Nature Genetics，2020，52（1）：466-468.

［32］ Dyke SOM，Saulnier KM，Dupras C，et al. Points-to-consider on the return of results in epigenetic research［J］. Genome Medicine，2019，11（1）：31.

［33］ Stanford University.ENCODE 2016：Research Applications and Users Meeting［EB/OL］.（2016-06-08）［2021-05-20］. https://www.encodeproject.org/tutorials/encode-users-meeting-2016/.

［34］ ENCODE 3-A collection of research articles and related content describing the Encyclopedia of DNA Elements，its datasets and tools［EB/OL］.（2020-07-30）［2021-05-03］. https://www.nature.com/immersive/d42859-020-00027-2/index.html.

［35］ NIH.RNA Biology［EB/OL］.［2021-05-09］. https://irp.nih.gov/our-research/scientific-focus-areas/rna-biology.

［36］ NIH.Extracellular RNA Communication［EB/OL］.［2021-05-09］. https://commonfund.nih.gov/exrna/fundedresearch.

［37］ NIH.Exploring Epigenomic or Non-Coding RNA Regulation in HIV/AIDS and Substance Abuse（R01）［EB/OL］.（2015-11-18）［2021-06-09］. https://grants.nih.gov/grants/guide/rfa-files/RFA-DA-16-012.html.

［38］ Exploring Epigenomic or Non-Coding RNA Regulation in the Development，Maintenance，or Treatment of Chronic Pain（R61/R33 Clinical Trial Optional）［EB/OL］.（2019-07-26）［2021-06-09］. https://grants.nih.gov/grants/guide/pa-files/PAR-18-742.html.

［39］ NIH.NIH Director's New Innovator Award Recipients［EB/OL］.［2021-05-09］. https://commonfund.nih.gov/newinnovator/AwardRecipients.

［40］ European Commission.Horizon Europe structure and the first calls［EB/OL］.［2021-06-09］. https://ec.europa.eu/info/horizon-europe_en.

［41］ FANTOM5.An atlas of miRNAs［EB/OL］.［2020-07-09］. http://fantom.gsc.riken.jp/5/suppl/De_Rie_et_al_2017/.

［42］ Fantom5.The FANTOM5 project reports nearly 20000 functional lncRNAs in human［EB/OL］.［2021-05-09］. http://fantom.gsc.riken.jp/5/.

［43］ Fantom. Introduction to FANTOM6［EB/OL］.［2021-03-09］. https://fantom.10gsc.riken.jp/6/.

［44］ "十四五"国家重点研发计划"生物大分子与微生物组"重点专项2021年度项目申报指南［EB/OL］.（2021-05-11）［2021-06-08］. https://kjc.jnu.edu.cn/_upload/article/files/a2/25/baa03c4e4167bee99a38a2c015ca/07d23aab-3177-4cd5-89a6-552051419386.pdf.

［45］ 中华人民共和国科学技术部.关于国家重点研发计划"蛋白质机器与生命过程调控"重点专项2017年度同一指南方向下立项项目二次评估择优结果公示的通知［EB/OL］.（2019-09-07）［2021-06-10］. http://www.most.gov.cn/tztg/201909/t20190917_148811.html.

［46］ 中华人民共和国科学技术部.蛋白质机器与生命过程调控重点专项2个项目在清华大学启动实施［EB/OL］.（2016-12-08）［2021-06-10］. http://www.gov.cn/xinwen/2016-12/08/content_5144968.htm#1.

［47］ 国家自然科学基金委.国家自然科学基金重大项目"长非编码RNA调控网络在恶性肿瘤转移中的功能和机制研究"2016年度年度交流会在京召开［EB/OL］.（2016-12-10）［2021-05-09］. http://www.nsfc.gov.cn/publish/portal0/tab434/info53635.htm.

［48］ Duan HC，Wang Y，Jia GF.Dynamic and reversible RNA N-6-methyladenosine methylation［J］. Wiley Interdisciplinary Reviews-RNA，2019，10（1）：e1507.

［49］ Weng HY，Huang HL，Chen JJ. RNA N6-Methyladenosine Modification in Normal and Malignant Hematopoiesis［J］. Leukemia Stem Cells in Hematologic Malignancies，2019，1143：75-93.

[50] Belousova EA, Filipenko ML, Kushlinskii NE.Circular RNA: New Regulatory Molecules [J]. Bulletin of Experimental Biology and Medicine, 2018, 164 (6): 803-815.

[51] Ng WL, Mohd Mohidin TB, Shukla K.Functional role of circular RNAs in cancer development and progression. RNA biology, 2018, 15 (8): 995-1005.

[52] Jiang S, Cheng SJ, Ren LC, et al.An expanded landscape of human long noncoding RNA [J]. Nucleic Acids Research, 2019, 47 (15): 7842-7856

[53] De Goede OM, Nachun DC, Ferraro NM, et al.Population-scale tissue transcriptomics maps long non-coding rnas to complex disease. Cell, 2021, 184 (10): 2633-2648.

[54] Zhang Q, Wu EZ, Tang YH, et al.Deeply Mining a Universe of Peptides Encoded by Long Noncoding RNAs [J]. Molecular & Cellular Proteomics, 2021, 20: 100109.

[55] Mercer TR, Dinger ME, Mattick JS. Long non-coding RNAs: insights into functions [J]. Nature Reviews Genetics, 2009, 10 (3): 155-159.

[56] Simion S, Haemmig S, Feinberg MW.LncRNAs in vascular biology and disease [J]. Vascular Pharmacology, 2019, 114: 145-156.

[57] Croce CM. Causes and consequences of microRNA dysregulation in cancer [J]. Nature Reviews Genetics, 2009, 10 (10): 704-714.

[58] Chen X, Zhu CC, Yin J.Ensemble of decision tree reveals potential miRNA-disease associations [J]. PLOS Computational Biology, 2019, 15 (7): e1007209.

[59] Chen X, Xie D, Zhao Q, et al.MicroRNAs and complex diseases: from experimental results to computational models [J]. Briefings in Bioinformatics, 2019, 20 (2): 515-539.

[60] Altesha MA, Ni T, Khan A, et al.Circular RNA in cardiovascular disease [J]. Journal of Cellular Physiology, 2019, 234 (5): 5588-5600.

[61] Axtell MJ, Meyers BC. Revisiting criteria for plant microrna annotation in the era of big data [J]. Plant Cell, 2018, 30 (2): 272-284.

[62] Zhang J, Wei L, Jiang J, et al. Genome-wide identification, putative functionality and interactions between lncrnas and mirnas in brassica species [J]. Scientific Reports, 2018, 8 (1): 4960.

[63] Cardoso TCS, Alves TC, Caneschi CM, et al. New insights into tomato micrornas [J]. Scientific Reports, 2018, 8 (1): 16069.

[64] Yang Z, Li Y.Dissection of rnai-based antiviral immunity in plants [J]. Current Opinion in Virology, 2018, 32: 88-99.

[65] Niu D, Zhang X, Song X, et al.Deep sequencing uncovers rice long sirnas and its involvement in immunity against rhizoctonia solani [J]. Phytopathology, 2018, 108 (1): 60-69.

[66] Fan B, Chen F, Li Y, et al. A comprehensive profile of the tilapia (oreochromis niloticus) circular rna and circrna-mirna network in the pathogenesis of meningoencephalitis of teleosts [J]. Molecular Omics, 2019, 15 (3): 233-246.

[67] Rebl A, Goldammer T.Under control: The innate immunity of fish from the inhibitors' perspective [J]. Fish &Shellfish Immunology, 2018, 77: 328-349.

[68] Ladeira MM, Schoonmaker JP, Swanson KC, et al.Nutrigenomics of marbling and fatty acid profile in ruminant meat [J]. Animal, 2018, 12 (s2): S282-S294.

[69] Chen G, Ning BT, Shi T L.Single-Cell RNA-Seq Technologies and Related Computational Data Analysis [J]. Frontiers in Genetics, 2019, 10: 317.

[70] Chen L, Zhai YY, He QY, et al.Integrating Deep Supervised, Self-Supervised and Unsupervised Learning for Single-Cell RNA-seq Clustering and Annotation [J]. Genes, 2020, 11 (7): 792.

［71］ He Y，Yuan H，Wu C，Xie Z. DISC：a highly scalable and accurate inference of gene expression and structure for single-cell transcriptomes using semi-supervised deep learning［J］. Genome Biology，2020，21（1）：170.

［72］ Arisdakessian C，Poirion O，Yunits B，et al.DeepImpute：an accurate，fast，and scalable deep neural network method to impute single-cell RNA-seq data［J］. Genome Biology，2019，20（1）：211.

［73］ Bernstein NJ，Fong NL，Lam I，et al. Solo：Doublet Identification in Single-Cell RNA-Seq via Semi-Supervised Deep Learning［J］. Cell Systems，2020，11（1）：95-101.e5.

［74］ Wang T，Johnson TS，Shao W，et al.BERMUDA：a novel deep transfer learning method for single-cell RNA sequencing batch correction reveals hidden high-resolution cellular subtypes［J］. Genome Biology，2019，20（1）：165.

［75］ Torroja C，Sanchez-Cabo F. Digitaldlsorter：Deep-Learning on scRNA-Seq to Deconvolute Gene Expression Data［J］. Frontiers in Genetics，2019，10：978.

［76］ Zhou H，Rauch S，Dai Q，et al.Evolution of a reverse transcriptase to map N^1-methyladenosine in human messenger RNA［J］. Nature methods，2019，16（12），1281-1288.

［77］ Li X，Xiong X，Wang K，et al. Transcriptome-wide mapping reveals reversible and dynamic N1-methyladenosine methylome［J］. Nature Chemical Biology，2016，12：311-316.

［78］ Zhu S，Li W，Liu J，et al. Genome-scale deletion screening of human long non-coding RNAs using a paired-guide RNA CRISPR-Cas9 library［J］. Nature biotechnology，2016，34（12）：1279-1286.

［79］ Cai Z，Cao C，Ji L，et al. RIC-seq for global in situ profiling of RNA-RNA spatial interactions［J］. Nature. 2020；582（7812）：432-437.

［80］ Ingolia NT，Brar GA，Rouskin S，et al. The ribosome profiling strategy for monitoring translation in vivo by deep sequencing of ribosome-protected mRNA fragments［J］. Nature Protocols，2012，7（8）：1534-1550.

［81］ Sardh E，Harper P，Balwani M，et al.Phase 1 Trial of an RNA Interference Therapy for Acute Intermittent Porphyria［J］. New England Journal of Medicine，2019，380（6）：549-558.

［82］ Center for RNA biomedicine，University of Michigan.Non U-M RNA Partners［EB/OL］.［2021-06-09］. https://rna.umich.edu/resources/rna-partners/.

［83］ University of Rochester Medical Center.RNA Collaborative Seminar Series［EB/OL］.［2021-05-09］. https://www.urmc.rochester.edu/rna-biology/events/rna-collaborative-seminar-series.aspx.

［84］ ENCODE.ENCODE Encyclopedia Version 5：Genomic and Transcriptomic Annotations［EB/OL］.［2021-05-09］. https://www.encodeproject.org/data/annotations/.

［85］ NIH National Center for Advancing Translational Sciences.TNRF Projects［EB/OL］.［2021-07-09］. https://ncats.nih.gov/rnai/projects.

［86］ NIH National Center for Advancing Translational Sciences.Functional Genomics Lab Operational Model［EB/OL］. ［2021-07-09］. https://ncats.nih.gov/functional-genomics-lab/about/operations.

［87］ Non-Coding RNA Core & ncRNA Core.Precision RNA Medicine Core［EB/OL］.［2021-07-09］. https://noncodingrna.org/.

［88］ European Commission.The European non-coding RNA network［EB/OL］.［2021-07-09］. https://cordis.europa.eu/project/id/607720.

［89］ Huang DW，Sherman BT，Lempicki RA. Systematic and integrative analysis of large gene lists using DAVID bioinformatics resources［J］. Nature Protocols，2009，4（1）：44-57.

［90］ Jiao X，Sherman BT，Stephens R，et al. DAVID-WS：a stateful web service to facilitate gene/protein list analysis［J］. Bioinformatics，2012，28（13）：1805-1806.

［91］ Peng LH，Tian XF，Tian G，et al.Single-cell RNA-seq clustering：datasets，models，and algorithms［J］. RNA Biology，2020，17（6）：765-783.

［92］ Adhikari S, Nice EC, Deutsch EW, et al.A high-stringency blueprint of the human proteome ［J］. Nature Communication, 2020, 11: 5301.

［93］ HPP Progress to Date（March 2021）https://www.hupo.org/hpp-progress-to-date

［94］ Omenn GS, Lane L, Overall CM, et al. Research on the Human Proteome Reaches a Major Milestone: >90% of Predicted Human Proteins Now Credibly Detected, According to the HUPO Human Proteome Project ［J］. J. Proteome Res, 2020, 19（12）: 4735-4746.

［95］ Cost Action BM1307 Proteostasis. https://cost-proteostasis.eu/

［96］ The Human Protein Atlas. https://www.proteinatlas.org/about

［97］ Ge S, Xia X, Ding C, et al. A proteomic landscape of diffuse-type gastric cancer ［J］. Nature Communication, 2018, 9: 1012.

［98］ Jiang Y, Sun A, Zhao Y, et al. Proteomics identifies new therapeutic targets of early-stage hepatocellular carcinoma ［J］. Nature, 2019, 567（7747）: 257-261.

［99］ Xu JY, Zhang C, Wang X, et al. Integrative Proteomic Characterization of Human Lung Adenocarcinoma ［J］. Cell, 2020, 182（1）: 245-261.e17.

［100］ Jiang LH, Wang M, Lin S, et al. A Quantitative Proteome Map of the Human Body ［J］. Cell, 2020, 183（1）: 269-283.

［101］ Sjostedt E, Zhong W, Fagerberg L, et al. An atlas of the protein-coding genes in the human, pig, and mouse brain ［J］. Science, 2020, 367（6482）: 5947.

［102］ Thu PJ, Åkesson L, Wiking M, et al. Lovisa Åkesson, Mikaela Wiking et al. A subcellular map of the human proteome ［J］. Science, 2017, 356（6340）: 3321.

［103］ Lek M, Karczewski KJ, Minikel EV, et al. Analysis of protein-coding genetic variation in 60, 706 humans ［J］. Nature, 2016, 536（7616）: 285-291.

［104］ Cai Y, Hossain MJ, Heriche JK, et al. Experimental and computational framework for a dynamic protein atlas of human cell division ［J］. Nature, 2018, 561: 411-415.

［105］ Luck K, Kim DK, Lambourne L, et al. A reference map of the human binary protein interactome ［J］. Nature, 2020, 580: 402-408.

［106］ Thul PJ, Åkesson L, Wiking M, et al. A subcellular map of the human proteome ［J］. Science, 2017, 356: eaal3321.

［107］ Franks A, Aioldi E, Slavov N. Post-transcriptional regulation across human tissues ［J］. 2017, PLoS Comput Biol, 13: e1005535.

［108］ Wang DX, Eralam B, Wieland T, et al. A deep proteome and transcriptome abundance atlas of 29 healthy human tissues ［J］. Mol Syst Biol, 2019, 15: e8503.

［109］ Cappelletti V, Hauser T, Piazza I, et al. Dynamic 3D proteomes reveal protein functional alterations at high resolution in situ ［J］. Cell, 2021, 184（2）: 545-559.

［110］ Kuhlman B, Bradley P. Advances in protein structure prediction and design ［J］. Molecular Cell Biology, 2019, 20: 681-697.

［111］ Wang S, Sun S, Li Z, et al. Accurate De Novo Prediction of Protein Contact Map by Ultra-Deep Learning Model ［J］. PLoS Comput Biol. 2017, 13（1）: e1005324.

［112］ Huang J, Rauscher S, Nawrocki G, et al. CHARMM36m: an improved force field for folded and intrinsically disordered proteins ［J］. Nature Methods, 2017, 14: 71-73.

［113］ Heo L & Feig M. Experimental accuracy in protein structure refinement via molecular dynamics simulations ［J］. Proc. Natl Acad. Sci, 2018, 115: 13276-13281.

［114］ Senior AW, E, Evans R, Jumper J, et al. Improved protein structure prediction using potentials from deep learning [J]. Nature, 2020, 577 (7792): 706-710.

[115] Chen IMA. et al. IMG/M: integrated genome andmetagenome comparative data analysis system. Nucleic Acids Res, 2016, 45, D507-D516.

[116] Schaffert LN, Carter WG. Do Post-Translational Modifications Influence Protein Aggregation in Neurodegenerative Diseases: A Systematic Review [J]. Brain Sci, 2020, 10 (4): 232.

[117] Conibear AC. Deciphering protein post-translational modifications using chemical biology tools [J]. Nat Rev Chem, 2020, 4: 674-695.

[118] Alberts B, Johnson A, Lewis J, et al. Molecular Biology of the Cell. 4th edition. Protein Function. 2002.

[119] Rao VS, SrinivAS K, Sujini GN, et al. Protein-protein interaction detection: methods and analysis [J]. Int J Proteomics, 2014, 2014: 147648.

[120] Hardcastle IR. Protein-Protein Interaction Inhibitors in Cancer. Comprehensive Medicinal Chemistry III, 2017, 154-201.

[121] Veglia F, Tyurin VA, Blasi M, et al. Fatty acid transport protein 2 reprograms neutrophils in cancer [J]. Nature, 2019, 569: 73-78.

[122] Han J, An O, Hong HQ, et al. Suppression of adenosine-to-inosine (A-to-I) RNA editome by death associated protein 3 (DAP3) promotes cancer progression [J]. Science Advances, 2020, 6 (25): 5136.

[123] Hoshino A, Helwig M, Rezaei S, et al. A novel function for proSAAS as an amyloid anti-aggregant in Alzheimer's disease [J]. J. Neurochem, 2014, 128: 419-430.

[124] Gallotta I, Sandhu A, Peters M, et al. Extracellular proteostasis prevents aggregation during pathogenic attack [J]. Nature, 2020, 584: 410-414.

[125] Vasaikar S, Huang C, Wang XJ, et al. Proteogenomic Analysis of Human Colon Cancer Reveals New Therapeutic Opportunities [J]. Cell, 2019, 177 (4): 1035-1049.

[126] Giampazolias E, Schulz O, Lim KH, et al. Secreted gelsolin inhibits DNGR-1-dependent cross-presentation and cancer immunity [J]. Cell, 2021.6.2 online.

[127] Eckert MA, Coscia F, Chryplewicz A, et al. Proteomics reveals NNMT as a master metabolic regulator of cancer-associated fibroblasts [J]. Nature, 2019, 569: 723-728.

[128] Viola HM, Shah AA, Johnstone V PA, et al. Characterization and validation of a preventative therapy for hypertrophic cardiomyopathy in a murine model of the disease [J]. PNAS, 2020, 117 (37) 23113-23124.

[129] Kayatekin C, Amasino A, Gaglia G, et al. Translocon Declogger Ste24 Protects against IAPP Oligomer-Induced Proteotoxicity [J]. Cell, 2018, 173 (1): 62-73.

[130] Maiti G, Frikeche J, Lam C YM, et al. Matrix lumican endocytosed by immune cells controls receptor ligand trafficking to promote TLR4 and restrict TLR9 in sepsis [J]. PNAS, 2021, 118 (27): e2100999118.

[131] Abdel-Nour M, Carneiro L AM, Downey J, et al. The heme-regulated inhibitor is a cytosolic sensor of protein misfolding that controls innate immune signaling [J]. Science, 2019, 365 (6448): eaaw4144.

[132] Gaudet RG, Zhu SW, Halder A, et al. A human apolipoprotein L with detergent-like activity kills intracellular pathogens [J]. Science, 2021, 373 (6552): eabf8113.

[133] Lytvynenko I, Paternoga H, Thrun A, et al. Alanine Tails Signal Proteolysis in Bacterial Ribosome-Associated Quality Control [J]. Cell, 2019, 178 (1): 76-90.

[134] Wu MY, Singh AK. Single-cell protein analysis [J]. Current Opinion in Biotechnology, 2012, 23 (1): 83-88.

[135] Magdeldin S, Enany S, Yoshida Y, et al. Basics and recent advances of two dimensional- polyacrylamide gel electrophoresis [J]. Clin Proteom, 2014, 11: 16.

[136] Telford WG, Hawley T, Subach F, et al. Flow cytometry of fluorescent proteins [J]. Methods, 2012, 57:

318–330.

［137］ Spitzer MH, Nolan GP. Mass cytometry: Single cells, many features［J］. Cell, 2016, 165: 780–791.

［138］ Wu M, Singh AK. Single–cell protein analysis［J］. Curr. Opin. Biotechnol, 2012, 23: 83–88.

［139］ Yang RJ, Fu LM, Hou HH. Review and perspectives on microfluidic flow cytometers［J］. Sens. ActuatorsB: Chem, 2018, 266: 26–45.

［140］ Kang DK, Monsur AM, Zhang K, et al. Droplet microfluidics for single–molecule and single–cell analysis in cancer research, diagnosis and therapy［J］. Tractrends Anal. Chem, 2014, 58: 145–153.

［141］ Love JC, Ronan JL, Grotenbreg GM, et al. A microengraving method for rapid selection of single cells producing antigen–specific antibodies［J］. Nat. Biotechnol, 2006, 24: 703–707.

［142］ Fan R, Vermesh O, Srivastava A, et al. Integrated barcode chips for rapid, multiplexed analysis of proteins in microliter quantitiesof blood［J］. Nat. Biotechnol, 2008, 26: 1373–1378.

［143］ Kang CC, Lin JM, Xu Z, et al. Single–cell Western blotting after whole–cell imaging to assess cancer chemotherapeutic response［J］. Anal. Chem, 2014, 86: 10429–10436.

［144］ Kusebauch U, Campbell DS, Deutsch EW, et al. Human SRMAtlas: A Resource of Targeted Assays to Quantify the Complete Human Proteome［J］. Cell, 2016, 166（3）: 766–778.

［145］ Kosuri P, Altheimer BD, Dai MJ, et al. Rotation tracking of genome–processing enzymes using DNA origami rotors［J］. Nature, 2019, 572（7767）: 136–140.

［146］ NIH. Common Fund Programs.［EB/OL］.［2021–07–09］. https://commonfund.nih.gov/programs.

［147］ NSF. Plant Genome Research Program（PGRP）.［EB/OL］.［2021–07–09］. https://www.nsf.gov/pubs/2021/nsf21507/nsf21507.htm.

［148］ DOE. Department of Energy Announces nearly $100 Million for Bioenergy Research and Development.［EB/OL］. ［2021–07–09］. https://www.energy.gov/eere/articles/department–energy–announces–nearly–100–million–bioenergy–research–and–development.

［149］ Yim H, Haselbeck R, Niu W, et al. Metabolic engineering of Escherichia coli for direct production of 1,4–butanediol ［J］. Nature Chemical Biology, 2011, 7（7）: 445–452.

［150］ Venayak N, Anessladis N, Cluett WR, et al. Engineering metabolism through dynamic control［J］. Curr Opin Biotechnol, 2015, 34: 142–152.

［151］ 顾洋, 李江华, 堵国成, 等. 微生物代谢工程的研究进展和展望［J］. 生物产业技术, 2017, 1: 64–70.

［152］ Dinh CV, Prather KLJ. Development of an autonomous and bifunctional quorum–sensing circuit for metabolic flux control in engineered Escherichia coli［J］. PANS, 2019, 116（51）: 25562–25568.

［153］ Roger M, Brown F, GABRIELLI W, et al. Efficient Hydrogen–Dependent Carbon Dioxide Reduction by Escherichia coli［J］. Current Biology, 2018, 28（1）: 140–145.e2.

［154］ Wang B, Kashkooli AB, Sallets A, et al. Transient production of artemisinin in Nicotiana benthamiana is boosted by a specific lipid transfer protein from A. annua［J］. Metabolic Engineering, 2016, 38: 159–169.

［155］ Dong NQ, Sun YW, Guo T, et al. UDP–glucosyltransferase regulates grain size and abiotic stress tolerance associated with metabolic flux redirection in rice［J］. Nature Communications, 2020, 11（1）: 2629.

［156］ Gao L, Su C, Du XX, et al. FAD–dependent enzyme–catalysed intermolecular［4+2］cycloaddition in natural product biosynthesis［J］. Nature Chemistry, 2020, 12（7）: 620–628.

［157］ Gutmann B, Royan S, Schallenberg–Rüdinger M, et al. The Expansion and Diversification of Pentatricopeptide Repeat RNA–Editing Factors in Plants［J］. Molecular Plant, 2020, 13（2）: 215–230.

［158］ Shahmirzadi AA, Edgar D, Liao CY, et al. Alpha–Ketoglutarate, an Endogenous Metabolite, Extends Lifespan and Compresses Morbidity in Aging Mice［J］. Cell Metabolism, 2020, 32（3）: 447–456.e6.

［159］ Hartsough LA, Park M, Kotlajich MV, et al. Optogenetic control of gut bacterial metabolism to promote longevity

［J］. Elife, 2020, 9：e56849.

［160］ Muthusamy T, Cordes T, Handzlik MK, et al. Serine restriction alters sphingolipid diversity to constrain tumour growth［J］. Nature, 2020, 586（7831）: 790–795.

［161］ Davis RT, Blake K, Ma D, et al. Transcriptional diversity and bioenergetic shift in human breast cancer metastasis revealed by single–cell RNA sequencing［J］. Nature Cell Biology, 2020, 22（3）: 310–320.

［162］ Jia DY, Lu MY, Jung KH, et al. Elucidating cancer metabolic plasticity by coupling gene regulation with metabolic pathways［J］. PNAS, 2019, 116（9）: 3909–3918.

［163］ Mmric T, Mikhaylov G, Khodakivskyi P, et al. Bioluminescent–based imaging and quantification of glucose uptake in vivo［J］. Nature Methods, 2019, 16（6）: 526–532.

［164］ Flores A, Sandoval-Gonzales S, Takahashi R, et al. Increased lactate dehydrogenase activity is dispensable in squamous carcinoma cells of origin［J］. Nature Communications, 2019, 10（1）: 91.

［165］ Pirinen E, Auranen M, Khan NA, et al. Niacin Cures Systemic NAD+ Deficiency and Improves Muscle Performance in Adult–Onset Mitochondrial Myopathy［J］. Cell Metabolism, 2020, 31（6）: 1078–1090.e5.

［166］ Perry RJ, Zhang DY, Guerra MT, et al. Glucagon stimulates gluconeogenesis by INSP3R1–mediated hepatic lipolysis［J］. Nature, 2020, 579（7798）: 279–283.

［167］ Dunham–Snaryab KJ, Sandelc MW, Sammy MJ, et al. Mitochondrial – nuclear genetic interaction modulates whole body metabolism, adiposity and gene expression in vivo［J］. EbioMedicine, 2018, 36: 316–328.

［168］ Thiele C, Wunderling K, Leyendecker P. Multiplexed and single cell tracing of lipid metabolism［J］. Nature Methods, 2019, 16（11）: 1123–1130.

［169］ Tsugawa H, Nakabayashi R, Mori T, et al. A cheminformatics approach to characterize metabolomes in stable–isotope–labeled organisms［J］. Nature Methods, 2019, 16: 295–298.

［170］ Piñol RA, Zahler SH, Li C, et al. Brs3 neurons in the mouse dorsomedial hypothalamus regulate body temperature, energy expenditure, and heart rate, but not food intake［J］. Nature Neuroscience, 2018, 21: 1530–1540.

［171］ Kristensen VN, Lingjaerde OC, Russnes HG, et al. Principles and methods of integrative genomic analyses in cancer［J］. Nat. Rev. Cancer, 2014, 14（5）: 299–313.

［172］ Zoppoli P, Morganella S, Ceccarelli M, et al. TimeDelay–ARACNE: Reverse engineering of gene networks from time–course data by an information theoretic approach［J］. BMC Bioinformatics, 2010, 11: 154.

［173］ Hamid JS, Hu P, Roslin NM, et al. Data integration in genetics and genomics: methods and challenges［J］. Hum Genomics Proteomics, 2009, 2009: 869093.

［174］ Wang B, Mezlini AM, Demir F, et al. Similarity network fusion for aggregating data types on a genomic scale［J］. Nat Methods, 2014, 11（3）: 333–337.

［175］ Zarayeneh N, Ko E, Oh JH, et al. Integration of multi–omics data for integrative gene regulatory network inference［J］. Int J Data Min Bioinform, 2017; 18（3）: 223–239.

［176］ Cho H, Berger B, Peng J. Diffusion Component Analysis: Unraveling Functional Topology in Biological Networks［J］. Res Comput Mol Biol, 2015, 9029: 62–64.

［177］ Omranian N, Eloundou–Mbebi JMO, MUELLER–ROEBER B, et al. Gene regulatory network inference using fused LASSO on multiple data sets［J］. Sci Rep, 2016, 6: 20533.

［178］ Bersanelli M, Mosca E, Remondini D, et al. Methods for the integration of multi–omics data: mathematical aspects［J］. BMC Bioinformatics, 2016, 17 Suppl 2（Suppl 2）: 15.

［179］ Žitnik M, Zupan B. Data Fusion by Matrix Factorization［J］. IEEE Trans Pattern Anal Mach Intell, 2015, 37（1）: 41–53.

［180］ Raza K, Alam M, et al. Recurrent neural network based hybrid model for reconstructing gene regulatory network

［J］. Comput Biol Chem，2016，64：322-334.

［181］ Lecun Y，Bengio Y，Hinton G，et al. Deep learning［J］. Nature，2015，521（7553）：436-444.

［182］ Alipanahi B，Delong A，Werauch MT，et al. Predicting the sequence specificities of DNA- and RNA-binding proteins by deep learning［J］. Nat Biotechnol，2015，33（8）：831-838.

［183］ Sabour S，Frosst N，Hilnton GE. Dynamic Routing Between Capsules. Corpus ID：3603485.

［184］ Santos R，Ursu O，Gaulton A，et al. A comprehensive map of molecular drug targets［J］. Nat Rev Drug Discov. 2017，16（1）：19-34.

［185］ 科学网 . 2019 年国基资助情况汇总分析（生命科学和医学）［EB/OL］. http://blog.sciencenet.cn/blog-45-1193936.html［2021-06-30］.

撰稿人：刘　晓　张学博　熊　燕　毛开云　王　跃

张博文　阮梅花　江洪波　李　荣　陈大明

范月蕾　袁天蔚　朱成姝　李丹丹　赵若春

专题报告

表观遗传与基因表达调控研究进展

一、引言

包括人类在内的多细胞真核生物中，同一个体的绝大多数细胞都包含有相同的遗传信息（基因），却因遗传信息的表达状况不同，分化出形态、结构与功能各异的细胞类型，构成执行不同的复杂生理机能的组织器官，以完成个体生长发育过程中的各项生命活动。同样的基因，由于在不同细胞中受到 DNA 甲基化、组蛋白共价修饰、组蛋白变体置换、非编码 RNA、连接组蛋白 H1 及其他染色质结合蛋白质的共同调控，可能产生截然不同的表达模式。由于这些调控方式并不直接改变 DNA 序列，但改变了基因表达并决定了细胞命运，因此被称为表观遗传调控。

表观遗传和基因表达调控是现代生物学最重要的分支学科之一。这些领域的研究成果极大地促进了我们对各种生命过程的深刻理解，也有力地推动了相关疾病的发病机制阐释和药物研发。过去的五年中，我国启动了多项表观遗传、基因表达调控领域的研究计划，支持了一批杰出的科研工作者攻坚的前沿科学问题，产出了一批处于国际先进水平的原创性成果，涌现出了一批可以写入教科书的突破性成就，如 30nm 纤维染色质结构的解析、转录前起始复合物完整结构和装配模型的建立等。本文将从基因组结构、染色质修饰、基因转录调控、DNA 损伤修复、表观遗传与人类健康这五部分对中国科学家的主要成果做一个回顾总结，并与国际上同类研究进展进行比较。

二、本学科的研究进展及重要成果

1. 基因组结构研究进展

真核生物中，基因组 DNA 和组蛋白互作形成染色质储存在细胞核内。核小体是基因组信息储存的基本结构单元，由 146bp 的 DNA 缠绕组蛋白八聚体 1.65 圈形成[1]，这也是染色质的初级结构。核小体由连接 DNA 连接形成 11nm 的串珠状结构，并在 H1、H5 等蛋白的帮助下形成 30nm 纤维或者更高级的结构，包括染色质纤维聚集形成的局部染色质功能域、染色质 – 染色质相互作用形成的染色质拓扑功能域（topological domains），以及染色质纤维在核内的定位（nuclear positioning）等。下文将从染色质初级结构、纤维结构、高级结构和染色质研究新方法四个方面总结过去几年中我国科学家取得的重要科研进展。

（1）染色质初级结构研究

核小体是染色质最基本的结构单元。在细胞内 DNA 复制、转录、修复等多种生命活动中常常伴随着核小体的装配、解聚和变构等动态过程。一系列染色质重塑复合物与组蛋白分子伴侣、组蛋白修饰蛋白共同调控核小体的动态重塑。我们科学家近些年来在核小体装配和重塑的结构基础和功能机制方面做出了较为突出的成果。中国科学院生物物理研究所周政团队分别阐明了 Anp32e 调控 H2A.Z 核小体移除[2]、YL1[3] 和组蛋白伴侣 Chz1[4] 调控 H2A.Z 核小体组装过程的分子机制。清华大学陈柱成实验室解析了 Snf2 蛋白 ATPase 结构域基态晶体结构，阐释了 Snf2 的自抑制机理[5]；以及 IswI 蛋白 ATPase 结构域基态晶体结构，揭示了内部的 AutoN 和 NegC 等模块的活性调控机制。之后他们又解析了不同核苷酸状态下 Snf2– 核小体复合物的冷冻电镜结构，以及 IswI– 核小体复合物的冷冻电镜结构，揭示了 Snf2 和 IswI 都采用了保守的催化核小体滑移的 "DNA 波" 机制[6,7]。2019 年，陈柱成团队又解析了完整 RSC– 核小体复合物的高分辨冷冻电镜结构，揭示了 RSC 复合物对染色质的重塑机理[8]。复旦大学徐彦辉团队解析了人源染色质重塑复合物 BAF 结合核小体的冷冻电镜结构，对染色质重塑机制和 BAF 高频突变致癌机制的理解起到重要推动作用[9]。

在核小体相关的功能表征方面，中山大学李陈龙团队在拟南芥中鉴定出染色质重塑复合物 SWI/SNF 的新核心亚基 BRIP1 和 BRIP2，并揭示这些亚基在维持植物 SWI/SNF 复合物丰度中的重要作用，为后续研究提供重要参考[10]。DNA 复制偶联的核小体组装，是表观遗传信息传递的第一步。北京大学李晴团队发现在 DNA 复制过程中 RPA 能够直接结合组蛋白 H3–H4 并促进 H3–H4 和相邻的 dsDNA 结合，从而促进子链 DNA 上核小体组装，揭示了一条新的将 DNA 复制和核小体组装相偶联的机制[11]。

（2）染色质纤维结构研究

真核生物中染色质是逐级压缩折叠在细胞核中的，而 30nm 染色质纤维作为从核小体串珠结构到高级染色质结构中间一个关键的结构阶段，在诸多 DNA 相关的生命活动中起重要调控功能。对于 30nm 染色质纤维结构长期以来一直存在争论。中国科学院生物物理研究所李国红和朱平团队在接近生理条件下，利用长度 177 bp 与 187 bp 的重复 DNA 片段组装形成核小体串珠结构，并在连接组蛋白 H1 的作用下得到 30nm 染色质纤维；高分辨率冷冻电镜结构显示 30nm 染色质纤维是 two–start 的左手双螺旋结构，且染色质纤维中相邻的四个核小体形成一个结构单元，该工作在理解染色质如何装配问题上迈出了重要的一步[12]。进一步利用单分子磁镊技术对 30nm 染色质纤维动态折叠和去折叠的动力学过程进行研究，发现"四核小体"结构是染色质纤维动态折叠过程中的一个稳定的中间结构单元，而 FACT 复合物可以调控"四核小体"结构单元的稳定性，从而促进基因转录[13]。他们还进一步揭示了 FACT 复合物对单个核小体结构的动态调控机制[14]；发现 CENP-N 只能够与结构开放的 CENP-A 染色质结合，而结构紧密的"双排"CENP-A 染色质则抑制 CENP-N 的结合，提出了着丝粒区染色质结构调节 CENP-N 周期性地装配至着丝粒，进而介导着丝粒的功能[15]；发现 H1 促进染色质紧密压缩形成 30nm 染色质纤维，促进 H2AK119ub1 向邻近染色质区域蔓延[16]。中国科学院生物物理研究所许瑞明团队发现人巨细胞病毒 IE1 蛋白结合核小体并干扰宿主染色质的高级结构，使其处于相对松散的状态，对了解病毒蛋白如何影响宿主染色质结构及基因表达提供证据[17]。北京大学医学部詹启敏团队发现 MTA-1 蛋白能够减弱 H1 与染色质的结合，从而使得染色质变得松散，调控有丝分裂过程染色质高级结构的变化[18]。

（3）染色质高级结构研究

细胞内的染色质经过逐级折叠形成一些特定的染色质结构，并且同一条染色体内部以及染色体之间存在染色质远程相互接触，染色质的三维结构影响了基因的转录以及细胞命运的转变。随着高通量染色体构象捕捉技术（例如 Hi-C 技术）的发展，人们发现染色体可折叠为区室（Compartment）、拓扑关联域（Topologically Associating Domains，TAD）和染色质环（Chromatin Loop）等不同层级的高级结构。国内几个团队开发和改良的 Hi-C 技术，分别对配子生成和早期胚胎发育中染色质三维结构进行研究，帮助人们深入认识生命起源过程。

清华大学颉伟团队利用 sisHi-C 技术检测小鼠卵子发生各个时期以及早期胚胎发育过程中染色质三维结构，发现在原始生殖细胞中，染色体三维结构仍呈现为经典状态，具有清晰的拓扑结构域和区室结构。伴随着卵泡的发育，初级卵母细胞出现了非经典的特殊染色体三维结构，因为与卵细胞中 H3K27me3 标记区域高度吻合而被命名为"PAD（Polycomb Associating Domains）"[19]。颉伟团队还与南京医科大学吴鑫团队合作在分子水平上对哺乳动物减数分裂过程中的染色质三维结构进行研究，发现在灵长类（猕猴）精子发生过程中拓扑结构域 TAD 经历了消失和重建的过程，并且在粗线期初级精母细胞时期出现了一种特殊精细化的区室结构（Refined A/B）[20]。中科院基因组所刘江团队研究发现，受精卵和 2 细胞时期胚胎中染色体高级结构几乎不存在。随着受精卵发育，染色体高级结构逐渐建立起来；受精卵发育过程中，染色质高级结构的建立不依赖于受精卵基因组转录的激活，而是依赖于基因组的复制[21]。刘江团队与山东大学陈子江团队合作对人类胚胎发育进行研究，发现 CTCF 在人类胚胎发生过程中的三维染色质结构建立具有关键作用[22]。同济大学高绍荣团队详细描绘了 SCNT 植入前胚胎染色质高级结构的动态变化过程，颉伟团队也对核移植胚胎发育过程中染色质三维结构的动态重编程过程进行研究，这两项研究绘制了 SCNT 胚胎发育过程中的染色质三维结构重塑图谱，为今后进一步纠正 SCNT 胚胎发育过程中的表观遗传屏障、提高动物克隆效率提供了新的思路[23，24]。

驱动和维持三维基因组结构的关键分子包括 CTCF 和粘连蛋白 Cohesin。上海交通大学吴强团队研究发现了基因组拓扑绝缘子（topological insulator），证明了基因组中串联排列的 CTCF 位点能够平衡基因组的空间接触和增强子与启动子的拓扑性选择[25]。颉伟团队发现 Cohesin 敲除后使得体细胞染色质变得更松散从而促进了核移植早期胚胎的染色质结构重编程[24]。CTCF 和 Cohesin 介导的成环机制也逐渐得以揭示。上海交通大学吴强团队和生物物理所王艳丽团队合作通过解析 CTCF 的串联 ZnF 结构域和 DNA 的晶体结构，阐明了 CTCF 方向性识别原钙粘蛋白启动子和增强子位点的分子机制[26]。美国西南医学中心于洪涛教授（现西湖大学）团队和奥地利维也纳生物中心分子病理学研究所 Jan-Michael Peterst 团队分别在 *Science* 上发文，利用单分子技术证实 Cohesin-NIPBL 通过 ATP 驱动的环挤压方式压缩 DNA[27，28]。随后，于洪涛团队合作解析了 DNA 结合状态的 Cohesin-NIPBL 复合物三维结构，阐明了 Cohesin 激活以及 DNA 装载机制[29]。同时，欧洲分子生物学实验室（EMBL）Kyle W. Muir、荷兰癌症研究所 Elzo de Wit、Benjamin D. Rowland 及 EMBL 的 Daniel Panne 四个团队合作联合解析了 Cohesin-CTCF 作用的核心复合物结构，揭示了 CTCF 控制 Cohesin 环挤出（loop extrusion）的分子机制[30]。

（4）研究染色质结构的新方法

清华大学曾坚阳团队在基于流形学习重构方法的基础上提出了将 FISH 数据和 Hi-C 数据相结合的三维基因组结构重构方法（GEM-FISH），获得了更为准确的三维基因组结构[31]。中国医学科学院血液病医院的程辉团队合作开发了一种少量细胞 Hi-C 技术（tagHi-C）并绘制了小鼠造血谱系分化过程中的十种细胞类型的三维基因组图谱，从染色质紧致程度、染色质环与 GWAS 的数据整合等方面进行研究，为理解小鼠造血谱系染色质构象提供了丰富的数据资源[32]。李国红团队开发了 TC-rMNase-seq 方法对细胞染色质结构进行研究，发现了基因启动子区域染色质状态与基因转录潜能之间的相关性，为探索和发现新的发育调控因子提供了一种新的方法[16]。深圳华大基因和国家基因库的研究人员利用 LiCAT-seq 在微量细胞中同时分析染色质的可及性和基因表达，他们将该技术应用于人类胚胎植入前染色质结构和基因表达的动态分析，揭示了胚胎基因组激活过程中关键的基因调控机制[33]。北京大学季雄团队开发了染色质高级结构解析技术 BAT Hi-C，系统地描绘了 RNA 聚合酶降解前后染色质的三维结构图谱，发现 Pol Ⅰ/Ⅱ/Ⅲ 降解对 TADs 和 Compartments 等较大尺度的染色质结构高级结构影响有限，但是在维持局部的精细染色质结构方面有一定的贡献[34]。清华大学颉伟团队以高灵敏度的方式检测蛋白质如何与基因组 DNA 互作，从而发现了在小鼠早期胚胎发育的过程中 Pol Ⅱ 会以"三步走"的模式，逐步调控启动子活性从而激活合子基因组[35]。上海营养与健康研究所李亦学团队建立了 3DGD（三维基因组数据库），该数据库收集了多个物种的 Hi-C 数据，通过整合组学数据

（例如全基因组蛋白质 –DNA 结合数据），为相关研究人员提供一个数据平台[36]。

2. 染色质修饰研究进展

染色质的基本组分是 DNA 和组蛋白，而 DNA 和组蛋白是可以被化学基团进一步修饰的，这也构成了染色质修饰的两个重要方面。染色质修饰类型和程度的不同，以及时间和空间上的差异性，为细胞提供了更加精准的调控方式。随着质谱技术、高通量测序技术的进步和发展，越来越多的修饰类型和不同位点的修饰被发现，这些不同修饰位点和不同修饰类型组合构成了表观遗传调控网络，动态地参与到细胞生长发育、代谢生理的各个阶段。近些年来我国科学家在染色质修饰领域取得了若干重要成就，下面将从组蛋白修饰、DNA 甲基化修饰、染色质修饰与相分离这三方面做简要总结。

（1）组蛋白修饰

组蛋白翻译后修饰如酰基化、甲基化、磷酸化、泛素化等众多修饰携带着大量的调控信息，被一系列特定的蛋白质所解读，再通过这些蛋白质本身或借助它们募集其他辅助蛋白来改变核小体构象以及染色质的性质从而影响 DNA 的复制和基因表达等过程。近年来，组蛋白修饰领域的重要突破集中在众多新的酰化修饰的鉴定和功能阐释上，如甲酰化（Kfo）[37]、丙酰化（Kpr）[38]、丁酰化（Kbu）[38]、巴豆酰化（Kcr）[39]、琥珀酰化（Ksu）[40]、丙二酰化（Kma）[40]、2- 羟异丁酰化（Khib）[41]、戊二酰化（Kglu）[42]、β –羟基丁酰化（Kbhb）[43]、苯甲酰化（Kbz）[44]、乳酸化（Kla）[45]、异丁酰化（Kib）[46]、以及谷氨酰胺五羟色胺化修饰（Qser）[47]等。

大部分组蛋白酰化修饰主要由芝加哥大学的赵英明教授团队率先鉴定。这些新的酰化修饰的功能探究一直是国际研究的热点。2016 年清华大学李海涛和美国洛克菲勒大学的 David Allis 合作揭示了组蛋白巴豆酰化修饰参与了炎症反应中相关基因表达的激活[48]。北京大学尚永丰团队则阐释了组蛋白巴豆酰化修饰在精子发生中的作用，为进一步明确巴豆酰化的功能提供了新的视角[49]。尚永丰团队同时还发现 SIRT7 介导的 H3K122 的去琥珀酰化促进了染色质压缩和 DNA 损伤修复[50]。2019 年香港大学李祥（Xiang David Li）团队合作发现 H4K91 戊二酰化（Kglu）影响核小体稳定性并对基因转录、DNA 损伤修复和细胞周期具有重要的调控作用[51]。最近新型酰化修饰在病理进程中的重要作用也逐渐得以揭示。上海交通大学医学院附属第九人民医院贾仁兵团队发现 H3K18 乳酸化修饰通过调控 m6A 修饰阅读蛋白 YTHDF2 的表达在眼黑色素瘤发生中起到重要作用，揭示了乳酸化修饰与肿瘤增殖间紧密关联的动态调控网络[52]。中国医学科学院基础医学研究所刘德培团队发现了组蛋白巴豆酰化修饰在心肌肥厚等心血管疾病中发挥的病理作用[53]。这些研究表明新的酰化修饰在体内发挥着重要且各异的生物学功能。

新的酰化修饰的"书写器""擦除器""阅读器"的鉴定和工作机制阐释对于理解这些酰化修饰的功能至关重要。华东师范大学翁杰敏团队鉴定了 MOF、CBP、P300 是组蛋白巴豆酰化"书写器"，并通过一个破坏乙酰化酶活性而不破坏巴豆酰化酶活性的突变验证了巴豆酰化在转录激活中的重要功能[54]；同时该团队发现人源 Class I HDAC 家族和 SIRT1 具有组蛋白去巴豆酰化修饰活性[55]。2017 年 MD 安德森癌症中心吕志民（现浙江大学）团队发现了组蛋白琥珀酰化修饰的转移酶——KAT2A 催化蛋白 H3 K79 位点的琥珀酰化并调节基因转录[56]。清华大学戴俊彪团队（现深圳先进技术研究院）揭示在酿酒酵母中组蛋白 H4K8 的 2- 羟基异丁酰基修饰（Khib）由去乙酰化酶 Rpd3、Hos3 去除[57]；赵英明、戴俊彪和四川大学戴伦治团队合作揭示了哺乳动物中组蛋白 Khib 的主要书写器（Tip60）和主要擦除器（HDAC2，HDAC3）[58]。香港大学李祥团队发现 KAT2A 和 SIRT7 分别介导组蛋白戊二酰化修饰（Kglu）的生成和去除[51]。清华大学李海涛团队揭示了 SIRT3 介导组蛋白去 β- 羟丁酰化（Kbhb）并具有位点偏好性的结构基础[59]；同时，中科院上海药物所的黄河团队和芝加哥大学赵英明团队合作也对组蛋白 β- 羟丁酰化（Kbhb）的修饰酶做了系统鉴定，发现 p300 和 HDAC1/2 分别是 Kbhb 的书写器和擦除器[60]。

组蛋白修饰的"阅读器"则承载着解读组蛋白修饰并传递给相应效应蛋白的重要作用。清华大学李海涛团队主导或者合作揭示了大部分新发现的酰化修饰的阅读器以及若干甲基化修饰的阅读器，并阐释了它们识别相关修饰的结构基础和在转录调控中的重要功能，如发现了 AF9、ENL、GAS41 的 YEATS 结构域是一类新型的组蛋白乙酰化阅读器[61-64]；揭示了 MOZ 和 DPF2 中的 DPF 结构域，AF9 和 YEAT2 中的 YEATS 结构域可以识别组蛋白巴豆酰化[48, 65, 66]；揭示了多个蛋白中的 DPF 和 YEATS 结构域识别组蛋白苯甲酰化修饰的分子机制[67]；揭示了肿瘤抑制因子 ZMYND11 中 Bromo-ZnF-PWWP 结构域特异性识别 H3.3K36me3 进而防止转录延伸过度活化的分子机制[68]；阐明了 ZMYND8 的 PHD-Bromo 结构域识别组蛋白 H3K14ac 以及 H3"K4me1-K14ac"修饰的分子机制，并阐明肿瘤转移抑制功能[69]；发现肿瘤促进因子 Spindlin1 识别组蛋白甲基化组合修饰 K4me3-R8me2a 和 K4me3-K9me3/2 的分子机制[70, 71]。与此同时，复旦大学施扬、蓝斐、郭睿、沈宏杰等研究团队，围绕 ZMYND11 和 ZMYND8 的组蛋白识别功能开展了一系列研究，先后发现了 ZMYND11 识别 H3.3K36me3 调控可变剪接[72]，ZMYND8 与去甲基化酶 KDM5C 互作，防止增强子过度活化进而发挥抑癌功能的分子细胞机制[73]，以及 ZMYND8 的 PHD 锌指结构域识别促癌组蛋白突变 H3.3G34R，调控神经干细胞分化发育及肿瘤形成的机制[74]。围绕五羟色胺化修饰，清华大学李海涛团队合作探究了 H3Q5ser 修饰抑制 H3K4me3 的酶促擦除，而不影响 H3K4me3 的酶促产生并促进其阅读器识别的交叉会话机制，揭示出 HQ5ser 强化 H3K4me3 功能并激活基因表达的分子机制[75]。中国科技大学臧建业发现 WDR5 是 H3Q5ser 的下游效应因子，并揭示了其参与基因表达和促肿瘤发生功能[76]。

组蛋白修饰的功能机制阐释离不开组蛋白修饰酶的结构揭示。我国科学家近年来在组蛋白修饰酶的结构解析上取得了若干重要突破，揭示了这些修饰酶的组装、底物识别、活性调控、招募机制。2016 年中科院分子细胞科学卓越创新中心雷鸣、陈勇和大连化物所李国辉研究组联合解析了催化 H3K4 甲基化的 MLL 家族复合物中 MLL3、MLL1 三元核心复合物的活性结构（包含 MLL1/3、RBBP5 和 ASH2L），揭示了调节蛋白与催化亚基的互作机制和活性调控机制[77]。中科院生物物理所许瑞明团队与美国哥伦比亚大学张志国团队合作解析了真菌特有的组蛋白乙酰转移酶 Rtt109 与活性调节因子 Asf1 以及底物 H3-H4复合物的晶体结构，首次揭示了组蛋白伴侣调节组蛋白修饰酶活性的分子机理[78]。上海交通大学附属第九人民医院的黄晶团队解析了人源 MLL1 复合物和 MLL3 复合物与泛素化修饰核小体及未修饰核小体的近原子分辨率结构，揭示了 MLL 复合物识别底物核小体和H2B 泛素化调控酶活的分子机制[79]。北京师范大学生命科学学院王占新团队和美国斯隆凯特琳癌症研究所的 Dinshaw Patel 实验室以及美国斯坦福大学的 Or Gozani 实验室合作报道了 NSD2 和 NSD3 蛋白分别与核小体形成复合物的高分辨率冷冻电镜结构，揭示了 NSD家族蛋白特异性识别和甲基化组蛋白 H3K36 的分子机制[80]。王占新团队还发现 PCL 家族蛋白的 EH 结构域识别含有非甲基化 CpG 序列的 DNA 元件，揭示了 H3K27 甲基转移酶复合物 PRC2 招募到基因组上重要位点的分子机制[81]。

在新型组蛋白修饰的高灵敏检测和高内涵质谱分析方向，中国科学院大连化学物理研究所的叶明亮研究员发展了一种基于色谱的不依赖抗体的甲基化肽段分离策略[82]，可以实现低丰度甲基化修饰和相关相互作用高灵敏度解析，显著提升了赖氨酸甲基化的分析能力[83]。在组蛋白修饰的时空动态表征方面，中国科学院上海药物研究所谭敏佳、丁健、耿美玉团队联合攻关，发现 MLL1-P300/CBP 复合物介导的 H3K27ac 升高是导致 EZH2 抑制剂耐药的关键因素，发现联合干预 H3K27 甲基化、乙酰化以及 MAPK 磷酸化信号通路能够极大提高 EZH2 抑制剂在实体肿瘤模型中的治疗效果，为表观遗传抑制剂的个性化治疗提供了新策略[84]。

（2）DNA 甲基化修饰

DNA 甲基化在 X 染色体灭活、基因印记、基因长效沉默、细胞分化、外源基因防御等多方面发挥着重要作用。5- 甲基胞嘧啶（5mC）是最常见的一种 DNA 共价修饰，主要有两种形成途径：由 DNA 甲基转移酶 1（DNMT1）催化半甲基化的 DNA 维持性甲基化（maintenance of methylation）、由 DNA 甲基转移酶 3A（DNMT3A）和 DNA 甲基转移酶 3B（DNMT3B）催化未甲基化 DNA 的从头甲基化（*de novo* methylation）。而 5mC 的去甲基化主要由 TET 家族蛋白（TET1，TET2，TET3）通过将 5mC 氧化依次转化为 5- 羟甲基胞嘧啶（5hmC）、5- 醛基胞嘧啶（5fmC），5- 羧基胞嘧啶（5caC）进而通过碱基切除修复而实现。我国科学家近年来在 DNMT 家族和 TET 家族蛋白的功能阐释和结构解析取得了若干标志性成就。

中国科学院生物物理研究所的朱冰团队发现了 Stella 通过抑制 DNMT1 介导的起始性DNA 甲基化，首次证实了在体内 DNMT1 可以作为起始性的 DNA 甲基转移酶；同时揭示了卵子发生过程中 DNA 甲基化模式建立的机制[85]。复旦大学徐彦辉团队解析了从头甲基转移酶 DNMT3A 在抑制状态和激活状态下的三维晶体结构，揭示了组蛋白 H3 诱导其从自抑制构象向激活构象转变的分子机制[86]。清华大学李海涛实验室与美国洛克菲勒大学 David Allis 实验室合作，通过对 DNMTA 的阅读器结构域 ADD 的分子改造，探讨了组蛋白与 DNA 修饰交叉会话，及其在早期发育和基因组稳定维持中的作用[87]。中科院上海药物研究所徐华强团队与美国温安洛研究所 Peter Jones、Karsten Melcher 团队合作解析了 DNMT3A–DNMT3B 复合物与天然底物核小体的冷冻电镜结构，揭示了 DNA 甲基转移酶与核小体的结合模式、在核小体水平上的催化机制，并提出了全基因组 DNA 甲基化的模型[88]。

中科院上海生化细胞研究所徐国良团队多年来在 DNA 氧化去甲基化领域持续探索，继 2011 年揭示 TET 酶催化产生 5caC 并被 TDG 糖苷酶识别后通过碱基切除修复去除 DNA 甲基化的分子机制后，近期通过系统敲除 TET 家族三个成员研究了 TET 家族蛋白在小鼠胚胎发育过程中的重要作用，发现了 TET 介导的 5mC 氧化调控了 Lefty-Nodal 信号通路[89]；和复旦大学唐惠儒团队、中科院水生生物研究所黄开耀团队合作发现莱茵衣藻（Chlamydomonas reinhardtii）中 TET 同源蛋白 CMD1（5-methylcytosine modifying enzyme 1）能够以维生素 C（Vitamin C）为共反应底物，催化 DNA 的 5mC 产生一种全新的 DNA 修饰 5gmC（5-glyceryl-methylcytosine），并在莱茵衣藻的光合作用中发挥重要调节作用[90]。徐彦辉团队则对 TET 家族蛋白的结构开展了较为系统的研究，先后解析 TET2-DNA 复合物的晶体结构并揭示 TET2 介导的 5mC 氧化机理[91]；解析 TET2 和 5hmC，5fC，5caC 修饰的 DNA 结构，揭示 TET2 蛋白介导的氧化反应底物偏好性的分子机制[92]。

近年来，被称为基因组第九碱基的 DNA 甲基化修饰 N^6- 甲基腺嘌呤（6mA）的研究方兴未艾。2015 年，哈佛大学施杨，芝加哥大学何川，中科院动物所陈大华团队分别使用 DIP-seq、SMRT-seq、UHPLC-MS 手段在线虫、衣藻和果蝇中分别鉴定到了 6mA 的存在及进行了初步功能探究[93-95]。紧接着 2016 年耶鲁大学的萧琢教授团队首次在 Alkbh1 缺陷型小鼠胚胎干细胞中鉴定出 DNA 6mA 的存在[96]。我国科学家还合作首次获得了人类基因组中的 DNA-6mA 修饰图谱[97]，以及水稻基因组的 6mA 修饰图谱[98]。虽然 6mA 是否在高等生物中真实存在，目前还存在着一些争议，但对于这种低丰度修饰的功能探究也取得了一些进展。萧琢团队和李海涛团队合作发现 6mA 修饰可以拮抗基因组组织蛋白 SATB1 在 SIDD（压力诱导的 DNA 双螺旋失稳）区结合，从而调控染色质结构并影响早期胚胎发育[99]。两个团队还合作发现了 6mA 的去甲基化酶 ALKBH1 偏好催化"鼓泡"状态的 DNA 6mA 修饰，揭示了 ALKBH1 酶促去除 6mA 修饰的结构基础[100]。

（3）染色质修饰和相分离

生物大分子的液液相分离给人们提供了一个新的视角来看待生物学过程的组织和调控方式。如组蛋白修饰通过促进相分离来调节异染色质形成和染色质区室化[101]，共激活因子在超级增强子处的相分离富集转录机器从而调控转录[102]，相分离在固有免疫信号传递过程中发挥功能[103]等。近年来，蛋白质突变而导致相分离紊乱也用于解释多种人类重大疾病（如神经退行性疾病、肿瘤及自身免疫病等）的发病机制[104]。

组成染色质的核小体和 DNA 上会发生多种翻译后修饰，这些修饰可以与相应的阅读器蛋白或者含有阅读器结构域的蛋白发生相互作用，产生相分离现象，调控基因的转录[105, 106]。反过来，相分离过程同样可以促进核小体修饰（如 H2BK123 泛素化）[107]。染色质修饰对染色质结构的影响最显著的例子是组蛋白 H3K9me3 结合蛋白 HP1。清华大学李丕龙团队与李海涛团队合作发现 H3K9me3 修饰与识别其修饰的 HP1 染色质结构域Chromodomain（CD）的多价态相互作用可导致异染色质的形成，提出了组蛋白标记通过促进相分离来调节染色体区室化的一般机制[101, 108]。同时，两个研究组的研究表明，植物中存在有 HP1 的同源蛋白 ADCP1，通过其特异的三联重复 Agenet 结构域识别 H3K9me，发生相分离，从而介导异染色质的形成并调控转座子的沉默过程[108]。DNA 修饰同样也可能通过相分离调控异染色质组装。来自 MIT 的 Richard A. Young 团队，中国科学院生物物理研究所李国红与清华大学李丕龙合作团队，和遗传与发育生物学研究所陆发隆团队先后独立发现了甲基化 DNA 结合蛋白 MeCP2 可以发生相分离从而组织聚集染色质，Rett 综合征相关的 MeCP2 的突变降低了相分离能力从而导致细胞内异染色质区域的变化和疾病发生[109–111]。

3. 基因转录调控研究进展

转录是遗传信息表达的第一步，是 RNA 聚合酶以 DNA 为模板，利用 NTP 合成 RNA的过程。基因转录是生命活动的核心环节，理解转录过程对于认识生命体的健康发育以及疾病的发生发展举足轻重。近年来，国内基因转录调控领域的研究队伍不断壮大，在转录进程的调控、表观遗传与转录的紧密互作、相分离与转录调控等方面都取得了一系列具有世界先进水平的研究成果。

（1）转录进程的调控

真核生物的转录过程主要分为转录起始（initiation）、暂停（pausing）、延伸（elongation）和终止（termination）这四个关键步骤。Pol II 在转录过程中，受到多种转录因子、辅因子、表观遗传因子及翻译后修饰的调控。mRNA 转录起始的发生通常以 Pol II 为核心的转录前起始复合物（preinitiation complex，PIC）的组装开始，PIC 通过识别基因的启动子区域，响应各种转录调控信号。中介体（Mediator）通过连接 PIC 和众多的转录因子，将不同信号传递到 PIC 上，促进并激活 Pol II 羧基末端结构域（Pol II CTD）的磷酸化，极大地提高了转录效率。近期，复旦大学徐彦辉课题解析了含有 TFIID 的完整 PIC 结构，揭示了 PIC如何识别不同类型的启动子，并完成动态组装的全过程[112]；解析了人源 Mediator 复合物与 PIC 的结构，揭示了 PIC 与 Mediator 动态组装并参与调控 Pol II CTD 磷酸化的具体分子机制[113]。这两篇突破性研究成果全面地解答了转录起始过程中 PIC 对于不同类型启动子的识别与催化机理，以及 PIC 在启动子上组装的过程。此外，徐彦辉团队和陈飞团队合作首次发现 PP2A 磷酸酶可以与 Integrator 复合物形成一个全新的转录调控复合物 INTAC，参与转录的直接调控，通过去除 CTD 的磷酸化从而抑制转录[114]。

在多数后生动物中，转录起始后，Pol Ⅱ在基因的启动子近端区域暂停。Pol Ⅱ启动子近端暂停是转录的限速步骤之一，目前被认为是转录延伸调控的早期检验点，以确保转录的正确运行[115]。一旦受到发育或环境信号的刺激，Pol Ⅱ会从启动子近端释放进行有效延伸。P-TEFb激酶复合体是调控Pol Ⅱ从转录暂停释放进入延伸过程的核心组分。原癌基因蛋白C-MYC可通过P-TEFb对基因转录起到"放大器"调控效应[116]。东南大学林承棋与罗卓娟团队发现锌指蛋白ZFP281可特异地募集C-MYC到启动子，进而调控转录延伸[117]。厦门大学陈瑞川团队的研究发现细胞内多种P-TEFb激酶复合体，以类似信号传递的方式，通过不同的通道被募集到延伸因子上，形成复杂的调控网络，从而调控转录的暂停与延伸[118]。天津医科大学陈宇鹏、张丽荣团队报道了P-TEFb在常染色体显性多囊肾病发病过程中的作用及其分子机理，为治疗该疾病提供了新的靶点[119]。目前在植物中转录暂停因子相关报道较少。近日，山东农业大学卢从明团队发现了mTERF5可以作为转录暂停因了存在于叶绿体中，通过调控叶绿体相关基因的转录暂停，促进其有效转录。该研究揭示转录暂停现象在植物叶绿体里也是普遍存在的，使得我们能够深入认识植物的转录调控[120]。

（2）表观遗传因子与转录调控

转录因子通过与表观遗传调控因子（包括DNA修饰酶、组蛋白修饰酶、染色质重塑复合物及各种非编码RNA）互作，影响染色质的可及性、稳定性以及高级结构的组装，进而决定了基因组的转录模式与图谱。复旦大学叶丹团队发现转录因子ZSCAN与DNA修饰相关蛋白TET2相结合，丰富了人们对TET2如何调控靶基因转录的认知[121]。清华大学李海涛团队报道了一种肿瘤抑制因子ZMYND11，它能够直接识别组蛋白相关变体H3.3在第36位赖氨酸上的三甲基化修饰（H3.3K36me3），并影响基因的转录延伸，参与肿瘤的发生发展[68]。该团队还发现组蛋白H3.3S31磷酸化修饰能够促进SETD2催化H3.3K36me3，并拮抗延伸共抑制因子ZMYND11对转录延伸区的靶向，从而保证刺激诱导型基因快速激活的分子机制[122]。医学科学院曹雪涛等研究者们共同揭示了甲基转移酶SETD2选择性识别并调控特定抗病毒免疫基因的表达机制[123]。在转录的激活和沉默过程中，染色质结构本身发挥着重要的作用。生物物理研究所李国红团队与暨南大学许雪青团队合作，表征了静息状态染色质的结构特征，并揭示了该状态与转录激活的关系[124]。

大量研究提示长链非编码RNA（lncRNA）广泛参与转录调控。武汉大学肖锐团队与美国加州大学圣地亚哥分校合作，利用染色质免疫共沉淀结合二代测序（ChIP-seq）技术，发现了大约60%的细胞核内相关RNA结合蛋白是与染色质广泛结合的，且主要发生在基因的增强子和启动子区域[125]。这一重大发现提示RNA结合蛋白也能直接参与转录调控。清华大学沈晓骅团队的研究首次报道了U1 snRNP能够广泛地调控非编码RNA，从而参与并影响转录调控[126]。另外，该团队还发现胚胎干细胞多能性维持因子WDR43能够将P-TEFb从7SKsnRNP/P-TEFb复合物上释放下来，从而进一步磷酸化Pol Ⅱ，从而调节了 Pol II 的暂停与释放[127]。与 RNA 聚合酶 II 不同，RNA 聚合酶转录核糖体 DNA，但是也被 lncRNA 调控。例如，中科院分子细胞科学卓越创新中心陈玲玲团队发现 lncRNA SLERT 与 RNA 解旋酶 DDX21 互作促进 RNA 聚合酶 I 的转录和肿瘤生成[128]；进一步利用超高分辨率显微镜，她的研究团队揭示了人类细胞核仁中含有几十到上百个 FC/DFC 单元的组成，其中 FC/DFC 边界区域定位具有转录活性的核糖体 DNA（rDNA）[129]。近期，陈玲玲团队与刘珈泉团队合作揭示 SLERT 以低剂量的分子伴侣方式调控 DDX21 多聚状态，进而调节 FC/DFC 的大小和 RNA 聚合酶 I 的转录活性[130]。这些研究表明，非编码 RNA 在转录调控中扮演重要角色。

（3）相分离与转录调控

目前，相分离模型被用来解释 Pol II 所介导的转录的自组织过程。在该模型中，转录因子（如 DNA 序列特异性的结合因子 FUS、EWS 和 TAF15）、辅因子（如 BRD4 和 Mediator）和 Pol II 通过液相分离的驱动可形成一个动态的转录凝聚物，浓缩其他转录机器，促进转录发生。中国科学院分子细胞科学卓越创新中心的陈勇团队的研究从结构生物学的角度揭示了酵母中转录因子 Taf14 参与转录调控的分子机制，表明 Taf14 能以相分离的方式浓缩多种转录机器[131]。另外，BRD4 作为转录过程的关键辅因子，可以被转录因子募集形成相应的蛋白复合体，从而能够结合到基因组的启动子和增强子区域，促进基因的有效转录。吉林大学曾雷研究组与美国伊坎西奈山医学院合作揭示了 BRD4S 短亚型蛋白通过形成相分离液滴，募集相关的转录机器，促进基因的转录，并维持其高活性状态[132]。p300 是转录过程中重要的转录共激活因子。北京大学林一瀚团队利用单细胞成像等实验方法，揭示了 p300 利用其 IDR 与其他转录因子的 AD 相互作用，形成动态的相分离凝聚体，协调目的基因转录的非线性激活，从而控制转录的起始速度和转录爆发的持续时间[133]。

P-TEFb 激酶复合体可促进 Pol II 从启动子近端暂停处释放，进入基因体进行有效转录延伸。P-TEFb 激酶复合体可存在于多种复合物中，例如超级转录延伸复合物（super elongation complex，SEC）、BRD4/P-TEFb 复合物、7SKsnRNP/P-TEFb 复合物等[134]。来自厦门大学药学院、加州大学伯克利分校的周强团队发现激酶 P-TEFb 组分 CCNT1 含有一段组氨酸富集结构域（histidine-rich domain，HRD），可通过相分离发挥着对基因的转录调控作用[135]。东南大学林承棋与罗卓娟团队的研究发现，P-TEFb 可以相分离的方式溶入 SEC 液滴里，促进转录暂停释放进入延伸阶段，行使快速的转录激活功能。SEC 的支架成分 AFF4 和核心组分 ENL 可通过其内在的 IDR 形成相分离液滴，从而动态地从抑制型 7SKsnRNP/P-TEFb 复合物中浓缩出激酶模块 P-TEFb[136]。北京大学孙育杰团队则利用转录组高通量测序和超分辨显微技术，阐明了细胞核内肌动蛋白促进转录凝聚体的形成，并诱导基因有效转录的机制[137]。

4. DNA 损伤修复研究进展

基因组 DNA 每天都会遭受成百上千次的外源性或内源性攻击，造成各种各样的 DNA

损伤，如碱基损伤、单链 DNA 切刻和双链 DNA 断裂等。生命进化出多种类型的损伤修复途径以应对不同的损伤。DNA 损伤修复的研究已经展示了细胞内应对不同损伤的应答和修复的复杂分子网络，并揭示了 DNA 损伤修复功能在发育、细胞癌变等生理病理过程中的重要作用，而基于 DNA 损伤修复研究的药物已经成为肿瘤治疗的一线药物。以下简要总结过去几年中 DNA 损伤修复领域的前沿进展和我国科学家取得的重要突破。

（1）DNA 损伤修复新因子、新调节、新机制的发现

过去几十年的研究针对 DNA 损伤修复分子机制的研究已经勾勒出细胞内 DNA 损伤修复分子网络。近年来，新的因子、新的调控和新的机制被陆续揭示，引领了这一领域的研究。

近年研究发现，基因转录的 RNA 产物等分子直接参与了 DNA 的损伤修复。科学家发现在基因转录区域内存在特殊的 DNA 损伤修复方式，提出了转录偶联修复的概念。早在 20 世纪 80 年代，转录偶联核苷切除修复（transcription coupled nucleotide excision repair，TC-NER）就被揭示[138]。近年，转录相关同源重组修复（transcription associated homologous recombination repair，TA-HRR）等概念[139]也被逐渐提出。RNA 在 DNA 双链损伤修复中的分子机制也愈发清晰。在 2012 年，戚益军团队首先在植物细胞中发现在双链 DNA 损伤处存在一类特殊的小 RNA[140]，并在随后的一系列工作中研究了损伤相关 RNA 产生的分子机制[141]。同时，国际同行也发现了类似的小 RNA，并揭示了小 RNA 处理蛋白在 DNA 双链断裂响应中的潜在功能[142]。这些研究开启了转录产物 RNA 在 DNA 损伤修复中的研究。之后，科学家发现 RNA 可以在同源重组中作为模板介导同源序列比对[143]，在非同源末端连接中 RNA 可以被整合入 DNA 的连接点[144]。2021 年，北京大学孔道春团队发现哺乳动物细胞中在 MRN 复合物的帮助下 RNA 聚合酶Ⅲ可以在双链 DNA 损伤处转录产生 RNA，这一产物能与 DNA 单链结合产生杂交结构，维持了单链 DNA 的稳定性[145]。这一工作解决了非同源末端连接中的长单链 DNA 稳定性的问题，提出了修正的同源重组工作模型。同时，国际同行也发现了类似的 MRN 复合物依赖 RNA 聚合酶Ⅱ转录的机制[146]。

在新机制不断被诠释的同时，新的 DNA 损伤修复因子和新的调节方式也在近年被陆续揭示。例如，Shieldin 复合物的发现和功能解析是近年 DNA 损伤研究的热点之一。在 2015 年科学家通 PARP 抑制剂耐药性产生的解析，发现 REV7 基因突变导致了耐药性的产生[147, 148]。REV7 形成 Shieldin 复合物[149]，作为 53BP1 下游的效应因子抑制了 DNA 末端的切除[150-153]，从而影响了 DNA 双链断裂后同源重组和非同源末端连接通路的抉择。我国科学家利用蛋白质质谱、遗传学筛选等技术，在 DNA 损伤修复网络中发现和报道了多个新的因子。例如，黄俊团队发现了 DNA 链间交联修复中关键核酸酶 FAN1[154]，双链 DNA 响应中 CtIP 结合蛋白[155, 156]、同源重组中的单链 DNA 结合蛋白[157, 158]、结构蛋白 SPIDR[159]；王嘉东团队鉴定了 Mre11/Rad50 相互作用蛋白 C1QBP[160]；徐冬一团队发现

了非同源末端连接中新的因子[161]、锚定蛋白 IFFO1[162] 及孟飞龙团队鉴定了非同源末端连接装载蛋白 ERCC6L2[163] 等。在新的调节方面，我国科学家做了多项系统性发现，如许兴智、朱卫国、高大明、王嘉东等团队分别揭示了 MRE11 的 UFMylation 修饰、ATM 乙酰化、53BP1 乙酰化与 RNF168 磷酸化修饰[164-167] 等调节过程，系统解析了表观遗传修饰与 DNA 损伤修复的交互关系[168] 等。这些工作与国际同行齐头并进[169-171]，促进了这一领域的发展。

（2）不同细胞类型中特殊 DNA 损伤修复机制

DNA 损伤的发生与修复是细胞生命活动的必然产物，又是多种重要生命过程所必需的。例如，程序性 DNA 损伤起始了生殖、免疫系统的发育过程；如神经细胞分化、激活等过程也伴随着 DNA 损伤的产生；又如干细胞中存在着特殊的 DNA 修复机制。在不同的细胞类型中，DNA 损伤修复机制在高效修复的同时，还需兼顾细胞的其他生物学功能。这一过程既具有自身的特性，又与其他的损伤修复具有共性。我国科学家利用生殖细胞、免疫细胞、干细胞等研究了 DNA 损伤修复的特性与共性，取得了重要的进展。

程序性 DNA 损伤是生殖系统配子发生、免疫系统中受体基因多样化等所必需的。在减数分裂中，Ⅱ型拓扑异构酶 SPO11 能够造成 DNA 双链断裂，从而容许不同基因重新组合的发生。这种基因重组是形成生物遗传多样性的重要基础。在减数分裂细胞中，SPO11 及其相互作用蛋白 GM960 能够高效地起始 DNA 切割[172]。但是，SPO11 在基因组上的切割位点并非随机分布，而是更偏好性地作用于一些热点[172]。在哺乳动物细胞中，PRDM9 及其介导的 H3K4me3 修饰在切割热点的选择上发挥着关键作用[173-175]。中科院分子细胞科学卓越创新中心的童明汉等提出了 PRDM9 通过影响局部染色质环境从而影响 SPO11 切割和下游损伤修复的新理论[176]，揭示了染色质表观修饰与 DNA 损伤修复通路抉择的关系。在同源重组频率的研究中，张亮然团队揭示了不同配子细胞中重组频率的异质性和同一配子细胞中交叉重组频率协同变化的现象[177]。

在免疫系统中，免疫细胞受体分子的多样化是其识别各类病原体的分子基础。在淋巴细胞中，程序性 DNA 损伤往往被易错解读为多样化的 DNA 序列。这种易错修复被限制在免疫受体基因簇三维基因组拓扑结构域中。染色体拓扑结构域定义了核酸内切酶切割的边界[178]，保证胞苷脱氨酶在拓扑结构域内的高效发生[179]。淋巴细胞内受体基因的损伤修复具有自身的特性。例如，在抗体类型转换中不同 DNA 末端的连接受到 DNA 方向性的调控，即端粒一侧的断裂总是和中心粒一侧的断裂相连接[180]。这种方向性的调控与三维基因组的高级结构密切相关[181]。中科院分子细胞科学卓越创新中心的孟飞龙团队利用遗传学筛选方法找到了这种方向性重组的因子 ERCC6L2[163]，为研究三维基因组高级结构中 DNA 末端连接提供了新的思路。

DNA 损伤修复在其他系统中可能存在类似的"主动"调控作用。例如，非同源末端连接因子缺陷或单链 DNA 损伤修复因子缺陷，常常会导致神经系统发育的异常与神经系统肿瘤的发生。利用体外培养的神经干细胞，科学家发现许多超长的神经发育相关基因上发生了 DNA 复制和转录的冲撞，从而产生了大量的双链断裂[182]。而自闭症谱系障碍来源的神经干细胞更容易发生这种高频的 DNA 断裂[183]。在成熟神经元中，拓扑异构酶造成的 DNA 损伤能够促进神经元激活基因的表达[184]，单链 DNA 损伤大量发生于增强子等区域[185, 186]。郑萍团队进一步利用动物模型揭示了神经干细胞中 DNA 断裂发生的分子机制[187]。不同于淋巴细胞等体细胞，干细胞中的 DNA 损伤修复具有自身的特点，并涉及特殊的因子。郑萍团队利用小鼠模型发现了干细胞中特有的 DNA 损伤修复因子 Filia[188]，并系统地研究了 Filia 在 DNA 复制和损伤修复中的功能机制[189]。

（3）疾病发生发展中 DNA 损伤修复的调控机制

DNA 损伤修复功能异常会导致 DNA 损伤积累，最终引起基因组不稳定性，导致细胞死亡或癌变等后果。机体衰老、肿瘤的发生与发展过程往往伴随着基因组内关键 DNA 损伤修复基因的突变和异常调控。而另一方面，DNA 损伤修复的研究有助于提出新的治疗策略。例如，肿瘤的放疗和化疗等疗法均利用了 DNA 损伤修复的理论。近年，合成致死等概念被用来指导肿瘤的临床用药和克服单一药物的耐药性。例如，多个 PARP 抑制剂已经被广泛地应用于同源重组基因突变的肿瘤治疗中[190]，而其耐药性的研究也是目前研究的热点。

在细胞衰老中，端粒 DNA 的缩短与基因组突变的积累等会导致基因组不稳定性的产生。我国科学家在细胞衰老与 DNA 损伤修复方向开展了多项系统性工作。例如，周金秋团队利用酵母模式生物模型研究了端粒稳态调控与 DNA 损伤修复在细胞衰老中的功能机制[191-198]；毛志勇、刘宝华等团队聚焦于 Sirtuin 家族分子，研究了这一家族成员 SIRT6、SIRT1、SIRT7 等在 DNA 损伤修复和衰老中的分子机制[199-206]。在肿瘤发生发展中，周斌兵团队研究了 DNA 损伤修复与 DNA 代谢在肿瘤克隆演化中的可能作用，揭示了嘌呤核苷酸代谢关键酶 PRPS1 在儿童急性淋巴细胞白血病的耐药和复发中的重要作用[207]；在肿瘤细胞代谢中，中科院分子细胞科学卓越创新中心高大明团队发现异常代谢信号对于 DNA 损伤修复的调控作用，建立了代谢与基因组稳定性维持的关联[166]。DNA 损伤修复新因子的不断发现也促进了临床肿瘤治疗的发展。中科院分子细胞科学卓越创新中心李林团队发现 CXorf67 蛋白能够通过与 BRCA2 竞争性结合 PALB2，抑制同源重组修复途径[208]。在临床上，这一基因的表达水平可以用来指导 PFA 型室管膜瘤 PARP 抑制剂靶向疗法的生物标志物[208]。

5. 表观遗传与人类健康研究进展

表观遗传学与人类健康息息相关，而表观遗传学信号的异常则可能导致如癌症、发育异常、代谢异常和免疫异常等疾病。这一方面包括环境的异常引起了表观遗传信息的异常，进而影响这一代甚至后代的身体健康；另一方面包括 DNA 突变（如表观遗传因子的突变、顺式或反式作用元件的突变、染色质三维结构的功能元件的突变等）通过表观遗传学信号，引起更多下游基因的表达异常，进而造成健康问题。下面将从这两方面入手介绍我国科学家和国际同行近些年的最新研究进展，另外对基于表观遗传学的药物研究进展也略加介绍。

（1）环境改变与人体健康

环境的异常可以通过表观遗传信号的改变而影响人类健康和导致疾病发生。这一环境既包括外部环境，又包括体内环境。外部环境是指包括空气、饮食等外界因素引起的人体的表观遗传改变。体内环境则主要指机体内环境如代谢中间产物、免疫微环境变化导致的表观遗传信号改变。

大气污染物已被发现可通过表观遗传学异常引起健康问题。2015 年，复旦大学的公共卫生学院阚海东团队发现，大气污染物 $PM_{2.5}$ 暴露一天可导致呼吸道 NOS2A 基因的 DNA 甲基化水平异常下降，进而引起慢性阻塞性肺病人的呼吸道炎症[209]。此外，$PM_{2.5}$ 暴露也被发现可能通过 TLR2 基因的高甲基化提高老年人心律失常发生率[210]。高脂饮食也可以通过表观遗传信息引起后代的代谢异常。2016 年，中科院周琪、段恩奎、翟琦巍团队合作发现，父代小鼠的高脂饮食会通过精子中的 tRNA 片段（tsRNA）的改变遗传给后代，引起后代葡萄糖耐受下降、胰岛素抵抗等代谢紊乱表型[211]。2018 年多个团队的进一步研究发现 RNA 甲基转移酶 DNMT2 参与调控了这一过程[212]。低蛋白质饮食也被发现可改变精子的 tsRNA 信息并遗传给后代，造成后代的肝脏胆固醇合成异常[213]。心理压力也可通过表观遗传信息引起后代的代谢异常，如复旦大学附属中山医院的李小英团队发现，父代小鼠遭受的幽闭压可导致精子的 miR-466b-3p 所在基因启动子的 DNA 甲基化上升，引起后代肝脏的 miR-466b-3p 水平下降，进而导致后代的糖代谢异常[214]。尼古丁暴露也可通过表观遗传信息引起后代的代谢异常。上海交通大学的乔中东团队发现，父代小鼠的尼古丁暴露会引起精子 mmu-miR-15b 基因的 DNA 甲基化上升与后代脑组织中的 mmu-miR-15b 下降，产生多动表型[215]。

在糖尿病、癌症、自身免疫性疾病等疾病的发生发展过程中，人体的内环境会发生变化，而这种变化可能通过调控表观遗传信号，产生更多的下游影响。首先，表观遗传修饰本身就与代谢中间产物拥有紧密的联系。无论是组蛋白甲基化、DNA 甲基化还是 RNA 甲基化，其甲基供体均是 S-腺苷甲硫氨酸（S-adenosylmethionine，SAM），它是甲硫氨酸代谢所产生的代谢中间产物。而组蛋白乙酰化的乙酰基供体乙酰辅酶 A（acetyl-CoA）也是一种重要的代谢中间产物。一些代谢酶的突变往往会引起代谢中间产物的变化，进而引发表观遗传信号的变化，促进疾病的发生发展。例如三羧酸循环中的异柠檬酸脱氢酶 1（IDH1）R132 的突变和异柠檬酸脱氢酶 2（IDH2）R172 的突变改变酶活性，导致优先生成致癌物质 2-羟戊二酸（2-HG）的异柠檬酸盐而不是 α-酮戊二酸（α-KG）盐[216-218]。而 α-KG 是很多重要的去甲基化酶（包括 DNA 去甲基化酶 TET 家族，RNA 去甲基化酶 ABH 家族和 FTO，组蛋白去甲基化酶 JMJD/KDM 家族）的辅助因子。IDH1/2 突变引起的

α-KG 减少和 2-HG 积累会导致 DNA、RNA、组蛋白的过度甲基化，引起表观遗传信号紊乱，促进癌症的发生发展[219, 220]。例如脑胶质瘤中 IDH 突变引起的 2-HG 积累可抑制组蛋白去甲基化酶 KDM4C 的酶活，引起分化基因的启动子 H3K9me3 上升，抑制细胞分化[221]；另一方面，2-HG 也可抑制 TET 蛋白的活性，使粘连蛋白（Cohesin）和 CTCF 结合位点的 DNA 发生超甲基化，改变染色质高级结构，使 PDGFRA 被增强子过度激活，促进脑胶质瘤的发生[222]。然而意外的是，也有临床研究发现 IDH 突变的脑胶质瘤、急性髓系白血病（AML）病人的生存率比 IDH 野生型病人更长。2017 年美国希望之城贝克曼研究所的陈建军团队与芝加哥大学何川团队发现，这可能是由于 2-HG 抑制了 RNA 去甲基化酶 FTO 的酶活，引起 MYC mRNA 的 m6A 上升并促进其降解，从而起到抑癌作用[223]。

另外，疾病中体液环境、免疫微环境的变化也可能引起表观遗传信息的变化，进而影响人体健康。2018 年复旦大学表观遗传团队发现，细胞处于高糖状态下时，AMPK 通路被抑制，DNA 甲基氧化酶 TET2 的磷酸化降低，变得不稳定，引起 DNA 的 5hmC 水平下降，促进了癌症的发生发展；而二甲双胍可以抑制这一过程[224]。该研究提示了糖尿病病人有更高的患癌风险的可能机制。此外，2021 年复旦大学赵世民、徐薇团队合作发现在营养充分时，激活的 mTORC1 信号和细胞周期 G1 期特异性出现的 CDK2 通路会共同调控 HDAC 活性与组蛋白乙酰化信号，使细胞在营养充足的 G1 期激活细胞增殖和原料积累所需的基因，将表观遗传调控与细胞内、外环境紧密地联系了起来[225]。

（2）DNA 突变与人体健康

除了环境因素，众多表观遗传调控因子（如表观遗传修饰的酶类、组蛋白修饰阅读器、染色质重塑复合物、组蛋白变体及分子伴侣、非编码 RNA 等）、转录因子的突变也会改变表观遗传信息或遗传信息的产生、传递和解读，从而对人体健康产生影响。

近年来，组蛋白被发现在很多肿瘤中存在高频突变，尤其在几种儿童癌症中发现了大量组蛋白突变的迹象。由于这些突变具有强烈的致癌效应，它们又被称为"致癌组蛋白（onco-histone）"。例如脑胶质瘤中的 H3K27M 和 H3.3G34R/V[226, 227]，骨巨细胞瘤中的 H3.3G34W/L[228]，头颈癌中的 H3K36M[229]，软骨母细胞瘤中的 H3.3K36M[228] 等。它们可能通过影响组蛋白修饰的建立与识别，可变剪切，核小体组装，染色质相互作用等过程产生下游影响。其致癌机制是近年来的研究热点。具体分子机制来说，H3K27M、H3.3G34R/V、H3K36M 这些突变显著增强了与相应甲基转移酶 EZH2、NSD1/2、SETD2 的结合，只要少量 H3 拷贝发生突变，它就会牢牢结合在相应的甲基转移酶上从而抑制了酶活，降低基因组 H3K27me3 和 H3K36me3 的整体水平，导致基因表达的紊乱而致病[230-233]。

染色质修饰酶的突变在很多疾病中都有报道。近年来发现 KMT2B/MLL2 突变可导致肌张力障碍[234]，NSD2/WHSC1[235]、ASH1L[236] 和 KMT5B/SUV420H1[237] 突变可导致智力障碍。KDM6A/UTX 突变可导致骨髓瘤[238]、泌尿上皮细胞癌[239]、白血病[240, 241]，LSD1 突变可导致智力障碍[242]，KDM6B 突变可导致神经发育异常[243]。复旦大学蓝斐团队与哈佛大学施扬团队合作发现染色质结合蛋白 RACK7/ZMYND8 突变可引起 KDM5C 的招募异常与增强子的过度激活，促进乳腺癌进展[244]；清华大学李海涛、美国 MD 安德森癌症中心 M. Lee、贝勒医学院 W. Li 团队在前列腺癌系统中也发现类似机制[245]。营养与健康所秦骏、肖意传团队合作，在肠道癌症的系统中发现 YAP 通过 ZMYND8 介导的甲羟戊酸途径促进肿瘤的发生[246]。厦门大学药学院刘文团队也阐述了组蛋白去甲基化酶 JMJD6 在雌激素受体阳性乳腺癌细胞中 JMJD6 通过转录调控来影响肿瘤形成与生长的重要作用[247]。

此外，非编码 RNA 的基因突变也被发现与疾病有关。如 2021 年的一项研究发现，lncRNA MAENLI 的缺失导致 EN1 的表达下调，进而导致人体下肢和大脑的发育异常，该研究首次发现了 lncRNA 基因缺失引起的孟德尔遗传性疾病[248]。此外，陈玲玲科研团队也发现 SPAs lncRNA 与 sno-lncRNAs 可能与 Prader-Willi 综合征有关[249]。RNA 的 m6A 修饰是新兴的研究热点。美国希望之城贝克曼研究所陈建军团队首次发现 RNA m6A 去甲基化酶 FTO 在 MLL 重排的 AML 中高表达，具有促癌效应[250]。该团队在 2020 年又报道了两种 FTO 抑制剂，具备在体内抑制 AML 的作用，并且对乳腺癌、胰腺癌以及胶质母细胞瘤（GBM）等实体瘤也具有杀伤作用[251]。除 mRNA 的 m6A 外，2020 年复旦大学蓝斐、中科院田烨、同济大学马红辉团队合作也发现核糖体 18 SrRNA m6A 的甲基转移酶 METTL5 能够调控核糖体翻译，其在多种癌症中表达水平提高，部分癌症拷贝数增加，可促进肿瘤生长[252]。

（3）基于表观遗传学的药物研发进展

表观遗传学的发展为多种疾病提供了新的治疗靶点。截至目前已有四类共 10 种靶向表观遗传靶点的药物问世[253]，分别是 DNA 甲基化抑制剂类药物、赖氨酸去乙酰化酶 HDAC 的抑制剂类药物、IDH 抑制剂类药物和 EZH2 抑制剂类药物。此外还有多类表观遗传学药物处于临床试验阶段。如 H3K4me1/2 的去甲基化酶 LSD1 的抑制剂，包括 6 个苯环丙胺类不可逆性 LSD1 抑制剂（包括 TCP、GSK2879552、IMG-7289、ORY1001、INCB059872 和 ORY-2001）和 2 个可逆性 LSD1 抑制剂（CC-90011 和 SP-2577）[254, 255]；H3K79 的甲基转移酶 DOT1L 的抑制剂（Pinometostat/EPZ-5676）[256]；组蛋白阅读器 BET 家族蛋白（如 BRD4）的多类抑制剂[257]。H3K4me2/3 的去甲基化酶 KDM5 的抑制剂 CPI-455 也被发现可以抑制多种耐药的留存癌细胞的生长[258]。复旦大学蓝斐团队发现 CPI-455 单药可以抑制急性早幼粒细胞白血病（APL）细胞生长，或与全反式维甲酸（ATRA）联用时可极大降低 ATRA 的使用量，提示了表观遗传药物与传统化疗药物联用治疗癌症的潜力[259]。

近年来的一系列研究发现，表观遗传疗法与免疫疗法有很好的联合用药潜力。2018 年，美国哈佛大学施扬团队发现 LSD1 抑制剂可激活内源逆转录病毒元件（endogenous retroviral elements，ERVs）的表达并激活 I 型干扰素（IFN），从而增强肿瘤的免疫原性、增加 T 细胞的肿瘤浸润，激活抗肿瘤的 T 细胞免疫，并可作为靶点配合 anti-PD-1 免疫疗法进行肿瘤治疗[260]。同年，耶鲁大学医学院严钦团队发现 KDM5 抑制剂可以通过激活感应双链 DNA 的 cGAS-STING 通路的基因，激活干扰素信号通路，提高肿瘤组织中的 T 细胞免疫浸润，具备与免疫疗法联用治疗肿瘤的潜力[261]。此外，多类 DNA 甲基化抑制剂、BET 抑制剂、LSD1 抑制剂和 EZH2 抑制剂都显示出可增强 anti-CTLA-4 疗法等免疫疗法的抗肿瘤效果，现已进入临床研究[262]。

三、本学科发展趋势和展望

表观遗传学科已成为生命科学发展的重要生长点，这些领域的成果将极大地促进对生命的理解和对疾病的研究。由于表观遗传调控本身是一项高信息量、高有序度、多层次的复杂精细的生命活动，全面解析其调控机制以及其在生命健康领域的转化应用，到目前为止仍然是一项艰巨的挑战。在本文所述基因组结构、染色质修饰、基因转录调控、DNA损伤修复等多方面还存在着众多关键科学问题和技术瓶颈亟待解决和突破。

目前在基因组结构领域仍然有几个关键问题尚待解决。首先，驱动和维持三维基因组层次结构的分子机制尚未完全阐明。其次，体内 30nm 染色质结构的折叠分布规律还不明确。虽然我国在体外染色质 30nm 领域已经取得了领先，但体内 30nm 层级的染色质结构折叠及分布特征还存在争议，我们应该大力发展与改进针对性的技术，使得这一重要问题得到早日解决。最后，新兴的单细胞 Hi-C 技术为研究疾病样本中高阶染色质的结构和功能的异质性提供了独特的机会，但单细胞 Hi-C 也面临着重要的技术挑战。希望未来单细胞、高通量、多组学的染色质结构研究方法能够便捷地应用到疾病样本中，使人们获得更深入的信息来了解在正常和患病条件下染色质结构的基态和动态结构。

虽然目前对于染色质修饰的研究较为深入，但还是存在着诸多科学问题或争议。是否存在新的组蛋白修饰和 DNA 修饰？一些已知的组蛋白或 DNA 修饰，尤其是丰度较低的修饰，它们在体内的真实功能是什么？未来的研究中需要发展和提升探测修饰的新技术，进一步发现新的化学修饰，揭示在不同细胞状态下修饰类型和丰度的动态变化，并与功能表征密切联系起来。另外，染色质修饰和相分离的密切联系的分子机制，以及如何利用调控相分离来进行疾病治疗，均是有待进一步解决的重要科学问题。

虽然过去几十年的研究加深了我们对转录调控的理解，然而许多复杂的现象背后的机制仍需探索。例如转录调控的共同原理以及细型 / 组织特异性原理是什么？基因组三维结构如何影响基因表达的？转录引起的染色质结构和功能变化及动态调节机制是什么？基因如何平衡激活和沉默过程的？转录与微环境之间的时空关系是什么？转录因子的进化过程？转录因子的生物化学特性以及如何具备准确的基因搜索效率？因此，我们需要开发出新的研究工具，结合基因组学方法、数学建模和计算机算法，从静态描述转录的进程转向动态分析，并提出原创理论。

DNA 损伤修复机制的基础研究仍有多个谜题尚未解决。比如新因子、新通路和新机制仍有待全面地发现和阐释。在不同的细胞类型中，细胞如何抉择高保真或易错修复通路，遗传信息突变与跨代稳定传递如何达到微妙的平衡？近年多项研究证实多细胞生物的体细胞基因组上存在不同程度的基因组变异。这些低频的基因组变异的来源、生理功能、研究方法等理论和技术问题都将是 DNA 损伤修复领域面临的挑战。

随着我们对表观遗传学的认识不断加深，人类基因组这一本"天书"也将不断被我们破译。表观遗传学会帮助我们认识到基因如何被调控，它与环境如何交互，它所蕴含的信息如何被展开。当我们终能理解这本"天书"之时，希望我们也能获取生命与健康的奥秘，让治疗精准，让健康常伴。

参考文献

[1] Luger K, Mader AW, Richmond RK, et al. Crystal structure of the nucleosome core particle at 2.8 Å resolution [J]. Nature, 1997, 389 (6648): 251–260.

[2] Mao Z, Pan L, Wang W, et al. Anp32e, a higher eukaryotic histone chaperone directs preferential recognition for H2A. Z [J]. Cell Research, 2014, 24 (4): 389–399.

[3] Liang X, Shan S, Pan L, et al. Structural basis of H2A.Z recognition by SRCAP chromatin–remodeling subunit YL1 [J]. Nature Structural & Molecular Biology, 2016, 23 (4): 317–323.

[4] Wang Y, Liu S, Sun L, et al. Structural insights into histone chaperone Chz1–mediated H2A. Z recognition and histone replacement [J]. PLoS Biology, 2019, 17 (5): e3000277.

[5] Xia X, Liu XY, Li T, et al. Structure of chromatin remodeler Swi2/Snf2 in the resting state [J]. Nature Structural & Molecular Biology, 2016, 23 (8): 722–729.

[6] Li MJ, Xia X, Tian YY, et al. Mechanism of DNA translocation underlying chromatin remodelling by Snf2 [J]. Nature, 2019, 567 (7748): 409–413.

[7] Yan LJ, Wu H, Li XM, et al. Structures of the ISWI–nucleosome complex reveal a conserved mechanism of chromatin remodeling [J]. Nature Structural & Molecular Biology, 2019, 26 (4): 258–266.

[8] Gharibi S, Tabatabaei B E S, Saeidi G, et al. The effect of drought stress on polyphenolic compounds and expression of flavonoid biosynthesis related genes in Achillea pachycephala Rech. f [J]. Phytochemistry, 2019, 162: 90–98.

[9] He S, Wu Z, Tian Y, et al. Structure of nucleosome–bound human BAF complex [J]. Science, 2020, 367 (6480): 875–881.

[10] Yu Y, Liang Z, Song X, et al. BRAHMA–interacting proteins BRIP1 and BRIP2 are core subunits of Arabidopsis SWI/SNF complexes [J]. Nature Plants, 2020, 6 (8): 996–1007.

[11] Liu S, Xu Z, Leng H, et al. RPA binds histone H3–H4 and functions in DNA replication–coupled nucleosome assembly [J]. Science, 2017, 355 (6323): 415–420.

[12] Song F, Chen P, Sun D, et al. Cryo–EM study of the chromatin fiber reveals a double helix twisted by tetranucleosomal units [J]. Science, 2014, 344 (6182): 376–380.

［13］ Li W, Chen P, Yu J, et al. FACT remodels the tetranucleosomal unit of chromatin fibers for gene transcription ［J］. Molecular cell, 2016, 64（1）：120–133.

［14］ Chen P, Dong L, Hu M, et al. Functions of FACT in breaking the nucleosome and maintaining its integrity at the single–nucleosome level ［J］. Molecular Cell, 2018, 71（2）：284–293.

［15］ Fang JN, Liu YT, Wei Y, et al. Structural transitions of centromeric chromatin regulate the cell cycle–dependent recruitment of CENP–N ［J］. Genes & Development, 2015, 29（10）：1058–1073.

［16］ Zhao J, Wang M, Chang L, et al. RYBP/YAF2–PRC1 complexes and histone H1–dependent chromatin compaction mediate propagation of H2AK119ub1 during cell division ［J］. Nature Cell Biology, 2020, 22（4）：439–452.

［17］ Fang Q, Chen P, Wang M, et al. Human cytomegalovirus IE1 protein alters the higher–order chromatin structure by targeting the acidic patch of the nucleosome ［J］. Elife, 2016, 5：e11911.

［18］ Liu J, Wang H, Ma F, et al. MTA1 regulates higher–order chromatin structure and histone H1–chromatin interaction in–vivo ［J］. Molecular Oncology, 2015, 9（1）：218–235.

［19］ Du Z, Zheng H, Kawamura Y K, et al. Polycomb Group Proteins Regulate Chromatin Architecture in Mouse Oocytes and Early Embryos ［J］. Molecular Cell, 2020, 77（4）：825–839.

［20］ Wang Y, Wang H, Zhang Y, et al. Reprogramming of Meiotic Chromatin Architecture during Spermatogenesis ［J］. Molecular Cell, 2019, 73（3）：547–561.

［21］ Ke Y, Xu Y, Chen X, et al. 3D Chromatin Structures of Mature Gametes and Structural Reprogramming during Mammalian Embryogenesis ［J］. Cell, 2017, 170（2）：367–381.

［22］ Chen X, Ke Y, Wu K, et al. Key role for CTCF in establishing chromatin structure in human embryos ［J］. Nature, 2019, 576（7786）：306–310.

［23］ Chen M, Zhu Q, Li C, et al. Chromatin architecture reorganization in murine somatic cell nuclear transfer embryos ［J］. Nature Communications, 2020, 11（1）：1813.

［24］ Zhang K, Wu DY, Zheng H, et al. Analysis of Genome Architecture during SCNT Reveals a Role of Cohesin in Impeding Minor ZGA ［J］. Molecular Cell, 2020, 79（2）：234–250.

［25］ Jia Z, Li J, Ge X, et al. Tandem CTCF sites function as insulators to balance spatial chromatin contacts and topological enhancer–promoter selection ［J］. Genome Biology, 2020, 21（1）：75.

［26］ Yin M, Wang J, Wang M, et al. Molecular mechanism of directional CTCF recognition of a diverse range of genomic sites ［J］. Cell Research, 2017, 27（11）：1365–1377.

［27］ Davidson I F, Bauer B, Goetz D, et al. DNA loop extrusion by human cohesin ［J］. Science, 2019, 366（6471）：1338–1345.

［28］ Kim Y, Shi Z, Zhang H, et al. Human cohesin compacts DNA by loop extrusion ［J］. Science, 2019, 366（6471）：1345–1349.

［29］ Shi Z, Gao H, Bai XC, et al. Cryo–EM structure of the human cohesin–NIPBL–DNA complex ［J］. Science, 2020, 368（6498）：1454–1459.

［30］ Li Y, Haarhuis JHI, SEDENO CACCIATORE A, et al. The structural basis for cohesin–CTCF–anchored loops ［J］. Nature, 2020, 578（7795）：472–476.

［31］ Abbas A, He X, Niu J, et al. Integrating Hi–C and FISH data for modeling of the 3D organization of chromosomes ［J］. Nature Communications, 2019, 10（1）：2049.

［32］ Zhang C, Xu Z, Yang S, et al. tagHi–C Reveals 3D Chromatin Architecture Dynamics during Mouse Hematopoiesis ［J］. Cell Reports, 2020, 32（13）：108206.

［33］ Liu LQ, Leng LZ, Liu CY, et al. An integrated chromatin accessibility and transcriptome landscape of human pre–implantation embryos ［J］. Nature Communications, 2019, 10（1）：364.

［34］ Jiang Y, Huang J, Lun K, et al. Genome-wide analyses of chromatin interactions after the loss of Pol I, Pol II, and Pol III ［J］. Genome Biology, 2020, 21（1）: 158.

［35］ Liu B, Xu Q, Wang Q, et al. The landscape of RNA Pol II binding reveals a stepwise transition during ZGA ［J］. Nature, 2020, 587（7832）: 139-144.

［36］ Li C, Dong X, Fan H, et al. The 3DGD: a database of genome 3D structure ［J］. Bioinformatics, 2014, 30（11）: 1640-1642.

［37］ Jiang T, Zhou X, Taghizadeh K, et al. N-formylation of lysine in histone proteins as a secondary modification arising from oxidative DNA damage ［J］. Proceedings of the National Academy of Sciences of the United States of America 2007, 104（1）: 60-65.

［38］ Chen Y, Sprung R, Tang Y, et al. Lysine propionylation and butyrylation are novel post-translational modifications in histones ［J］. Molecular & Cellular Proteomics, 2007, 6（5）: 812-819.

［39］ Tan M, Luo H, Lee S, et al. Identification of 67 histone marks and histone lysine crotonylation as a new type of histone modification ［J］. Cell, 2011, 146（6）: 1016-1028.

［40］ Xie Z, Dai J, Dai L, et al. Lysine succinylation and lysine malonylation in histones ［J］. Molecular & Cellular Proteomics, 2012, 11（5）: 100-107.

［41］ Dai LZ, Peng C, Montellier E, et al. Lysine 2-hydroxyisobutyrylation is a widely distributed active histone mark ［J］. Nature Chemical Biology, 2014, 10（5）: 365-373.

［42］ Tan MJ, Peng C, Anderson KA, et al. Lysine Glutarylation Is a Protein Posttranslational Modification Regulated by SIRT5 ［J］. Cell Metabolism, 2014, 19（4）: 605-617.

［43］ Xie ZY, Zhang D, Chung DJ, et al. Metabolic Regulation of Gene Expression by Histone Lysine beta-Hydroxybutyrylation ［J］. Molecular Cell, 2016, 62（2）: 194-206.

［44］ Huang H, Zhang D, Wang Y, et al. Lysine benzoylation is a histone mark regulated by SIRT2 ［J］. Nature Communications, 2018, 9（1）: 3374.

［45］ Zhang D, Tang Z, Huang H, et al. Metabolic regulation of gene expression by histone lactylation ［J］. Nature, 2019, 574（7779）: 575-580.

［46］ Zhu ZS, Han Z, Halabelian L, et al. Identification of lysine isobutyrylation as a new histone modification mark ［J］. Nucleic Acids Research, 2021, 49（1）: 177-189.

［47］ Farrelly LA, Thompson RE, Zhao S, et al. Histone serotonylation is a permissive modification that enhances TFIID binding to H3K4me3 ［J］. Nature, 2019, 567（7749）: 535-539.

［48］ Li Y, Sabari BR, Panchenko T, et al. Molecular Coupling of Histone Crotonylation and Active Transcription by AF9 YEATS Domain ［J］. Molecular Cell, 2016, 62（2）: 181-193.

［49］ Liu SM, Yu HJ, Liu YQ, et al. Chromodomain Protein CDYL Acts as a Crotonyl-CoA Hydratase to Regulate Histone Crotonylation and Spermatogenesis ［J］. Molecular Cell, 2017, 67（5）: 853-866.

［50］ Li L, Shi L, Yang SD, et al. SIRT7 is a histone desuccinylase that functionally links to chromatin compaction and genome stability ［J］. Nature Communications, 2016, 7: 12235.

［51］ Bao XC, Liu Z, Zhang W, et al. Glutarylation of Histone H4 Lysine 91 Regulates Chromatin Dynamics ［J］. Molecular Cell, 2019, 76（4）: 660-675.

［52］ Yu J, Chai PW, Xie MY, et al. Histone lactylation drives oncogenesis by facilitating m（6）A reader protein YTHDF2 expression in ocular melanoma ［J］. Genome Biology, 2021, 22（1）: 85.

［53］ Tang XQ, Chen XF, Sun X, et al. Short-Chain Enoyl-CoA Hydratase Mediates Histone Crotonylation and Contributes to Cardiac Homeostasis ［J］. Circulation, 2021, 143（10）: 1066-1069.

［54］ Liu XG, Wei W, Liu YT, et al. MOF as an evolutionarily conserved histone crotonyltransferase and transcriptional activation by histone acetyltransferase-deficient and crotonyltransferase-competent CBP/p300 ［J］. Cell

Discovery, 2017, 3: 17016.

[55] Wei W, Liu XG, Chen JW, et al. Class I histone deacetylases are major histone decrotonylases: evidence for critical and broad function of histone crotonylation in transcription [J]. Cell Research, 2017, 27 (7): 898-915.

[56] Wang Y, Guo YR, Liu K, et al. KAT2A coupled with the α-KGDH complex acts as a histone H3 succinyltransferase [J]. Nature, 2017, 552 (7684): 273-277.

[57] Huang J, Luo ZQ, Ying WT, et al. 2-Hydroxyisobutyrylation on histone H4K8 is regulated by glucose homeostasis in Saccharomyces cerevisiae [J]. Proceedings of the National Academy of Sciences of the United States of America, 2017, 114 (33): 8782-8787.

[58] Huang H, Luo ZQ, Qi SK, et al. Landscape of the regulatory elements for lysine 2-hydroxyisobutyrylation pathway [J]. Cell Research, 2018, 28 (1): 111-125.

[59] Zhang X, Cao R, Niu J, et al. Molecular basis for hierarchical histone de-beta-hydroxybutyrylation by SIRT3 [J]. Cell Discovery, 2019, 5: 35.

[60] Huang H, Zhang D, Weng YJ, et al. The regulatory enzymes and protein substrates for the lysine beta-hydroxybutyrylation pathway [J]. Science Advances, 2021, 7 (9): eabe2771.

[61] Li YY, Wen H, Xi YX, et al. AF9 YEATS Domain Links Histone Acetylation to DOT1L-Mediated H3K79 Methylation [J]. Cell, 2014, 159 (3): 558-571.

[62] Li YY, Sabari BR, Panchenko T, et al. Molecular Coupling of Histone Crotonylation and Active Transcription by AF9 YEATS Domain [J]. Molecular Cell, 2016, 62 (2): 181-193.

[63] Hsu C C, Zhao D, Shi J J, et al. Gas41 links histone acetylation to H2A.Z deposition and maintenance of embryonic stem cell identity [J]. Cell Discovery, 2018, 4: 28.

[64] Wan L L, Wen H, Li YY, et al. ENL links histone acetylation to oncogenic gene expression in acute myeloid leukaemia [J]. Nature, 2017, 543 (7644): 265-269.

[65] Xiong XZ, Panchenko T, Yang S, et al. Selective recognition of Histone crotonylation by double PHD fingers of MOZ and DPF2 [J]. Nature Chemical Biology, 2016, 12 (12): 1111-1118.

[66] Mi WY, Guan HP, Lyu J, et al. YEATS2 links histone acetylation to tumorigenesis of non-small cell lung cancer [J]. Nature Communications, 2017, 8 (1): 1088.

[67] Ren XL, Zhou Y, Xue ZY, et al. Histone benzoylation serves as an epigenetic mark for DPF and YEATS family proteins [J]. Nucleic Acids Research, 2021, 49 (1): 114-126.

[68] Wen H, Li Y, Xi Y, et al. ZMYND11 links histone H3.3K36me3 to transcription elongation and tumour suppression [J]. Nature, 2014, 508 (7495): 263-268.

[69] Li N, Li YY, Lv J, et al. ZMYND8 Reads the Dual Histone Mark H3K4me1-H3K14ac to Antagonize the Expression of Metastasis-Linked Genes [J]. Molecular Cell, 2016, 63 (3): 470-484.

[70] Su XN, Zhu GX, Ding XZ, et al. Molecular basis underlying histone H3 lysine-arginine methylation pattern readout by Spin/Ssty repeats of Spindlin1 [J]. Genes & Development, 2014, 28 (6): 622-636.

[71] Zhao F, Liu YN, Su XN, et al. Molecular basis for histone H3 "K4me3-K9me3/2" methylation pattern readout by Spindlin1 [J]. Journal of Biological Chemistry, 2020, 295 (49): 16877-16887.

[72] Guo R, Zheng L, Park JW, et al. BS69/ZMYND11 reads and connects histone H3.3 lysine 36 trimethylation-decorated chromatin to regulated pre-mRNA processing [J]. Molecular Cell, 2014, 56 (2): 298-310.

[73] Shen HF, Zhang WJ, Huang Y, et al. The Dual Function of KDM5C in Both Gene Transcriptional Activation and Repression Promotes Breast Cancer Cell Growth and Tumorigenesis [J]. Advanced Science, 2021, 8 (9): 2004635.

[74] Jiao F, Li Z, He C, et al. RACK7 recognizes H3.3G34R mutation to suppress expression of MHC class II complex

components and their delivery pathway in pediatric glioblastoma [J]. Science Advances, 2020, 6 (29): eaba2113.

[75] Zhao S, Chuh KN, Zhang B, et al. Histone H3Q5 serotonylation stabilizes H3K4 methylation and potentiates its readout [J]. Proceedings of the National Academy of Sciences of the United States of America, 2021, 118 (6): e2016742118.

[76] Zhao J, Chen WBA, Pan Y, et al. Structural insights into the recognition of histone H3Q5 serotonylation by WDR5 [J]. Science Advances, 2021, 7 (25): eabf4291.

[77] Li YJ, Han JM, Zhang YB, et al. Structural basis for activity regulation of MLL family methyltransferases [J]. Nature, 2016, 530 (7591): 447–452.

[78] Zhang L, Serra-Cardona A, Zhou H, et al. Multisite Substrate Recognition in Asf1-Dependent Acetylation of Histone H3 K56 by Rtt109 [J]. Cell, 2018, 174 (4): 818–830.

[79] Xue H, Yao T H, Cao M, et al. Structural basis of nucleosome recognition and modification by MLL methyltransferases [J]. Nature, 2019, 573 (7774): 445–449.

[80] Li W Q, Tian W, Yuan G, et al. Molecular basis of nucleosomal H3K36 methylation by NSD methyltransferases [J]. Nature, 2020, 590 (7846): 498–503.

[81] Li HJ, Liefke R, Jiang J Y, et al. Polycomb-like proteins link the PRC2 complex to CpG islands [J]. Nature, 2017, 549 (7671): 287–291.

[82] Wang K, Dong M, Mao J, et al. Antibody-Free Approach for the Global Analysis of Protein Methylation [J]. Analytic Chemistry, 2016, 88 (23): 11319–11327.

[83] Wang Q, Liu Z, Wang KY, et al. A new chromatographic approach to analyze methylproteome with enhanced lysine methylation identification performance [J]. Analytica Chimica Acta, 2019, 1068: 111–119.

[84] Huang X, Yan J, Zhang M, et al. Targeting Epigenetic Crosstalk as a Therapeutic Strategy for EZH2-Aberrant Solid Tumors [J]. Cell, 2018, 175 (1): 186–199.

[85] Li YF, Zhang ZQ, Chen JY, et al. Stella safeguards the oocyte methylome by preventing de novo methylation mediated by DNMT1 [J]. Nature, 2018, 564 (7734): 136–140.

[86] Guo X, Wang L, Li J, et al. Structural insight into autoinhibition and histone H3-induced activation of DNMT3A [J]. Nature, 2015, 517 (7536): 640–644.

[87] Noh KM, Wang H, Kim HR, et al. Engineering of a Histone-Recognition Domain in Dnmt3a Alters the Epigenetic Landscape and Phenotypic Features of Mouse ESCs [J]. Molecular Cell, 2015, 59 (1): 89–103.

[88] Xu TH, Liu MM, Zhou XE, et al. Structure of nucleosome-bound DNA methyltransferases DNMT3A and DNMT3B [J]. Nature, 2020, 586 (7827): 151–155.

[89] Dai HQ, Wang BA, Yang L, et al. TET-mediated DNA demethylation controls gastrulation by regulating Lefty-Nodal signalling [J]. Nature, 2016, 538 (7626): 528–532.

[90] Xue JH, Chen GD, Hao FH, et al. A vitamin-C-derived DNA modification catalysed by an algal TET homologue [J]. Nature, 2019, 569 (7757): 581–585.

[91] Hu LL, Li Z, Cheng JD, et al. Crystal Structure of TET2-DNA Complex: Insight into TET-Mediated 5mC Oxidation [J]. Cell, 2013, 155 (7): 1545–1555.

[92] Hu LL, Lu JY, Cheng JD, et al. Structural insight into substrate preference for TET- mediated oxidation [J]. Nature, 2015, 527 (7576): 118–122.

[93] Greer EL, Blanco MA, Gu L, et al. DNA Methylation on N6-Adenine in C. elegans [J]. Cell, 2015, 161 (4): 868–878.

[94] Wang X, Zhao BS, Roundtree IA, et al. N (6) -methyladenosine Modulates Messenger RNA Translation Efficiency [J]. Cell, 2015, 161 (6): 1388–1399.

［95］ Zhang G，Huang H，Liu D，et al. N6-methyladenine DNA modification in Drosophila［J］. Cell, 2015, 161（4）: 893-906.

［96］ Wu TP，Wang T，Seetin MG，et al. DNA methylation on N（6）-adenine in mammalian embryonic stem cells［J］. Nature, 2016, 532（7599）: 329-333.

［97］ Xiao CL，Zhu S，He M，et al. N（6）-Methyladenine DNA Modification in the Human Genome［J］. Molecular Cell, 2018, 71（2）: 306-318.

［98］ Zhou C，Wang C，Liu H，et al. Identification and analysis of adenine N（6）-methylation sites in the rice genome ［J］. Nature Plants, 2018, 4（8）: 554-563.

［99］ Li Z，Zhao S，Nelakanti RV，et al. N（6）-methyladenine in DNA antagonizes SATB1 in early development［J］. Nature, 2020, 583（7817）: 625-630.

［100］ Zhang M，Yang S，Nelakanti R，et al. Mammalian ALKBH1 serves as an N（6）-mA demethylase of unpairing DNA ［J］. Cell Research, 2020, 30（3）: 197-210.

［101］ Wang L，Gao Y，Zheng X，et al. Histone Modifications Regulate Chromatin Compartmentalization by Contributing to a Phase Separation Mechanism［J］. Molecular Cell, 2019, 76（4）: 646-659.

［102］ Sabari BR，Dall'agnese A，Boija A，et al. Coactivator condensation at super-enhancers links phase separation and gene control［J］. Science, 2018, 361（6400）: eaar3958.

［103］ Du M，Chen ZJ. DNA-induced liquid phase condensation of cGAS activates innate immune signaling［J］. Science, 2018, 361（6403）: 704-709.

［104］ Alberti S，Dormann D. Liquid-Liquid Phase Separation in Disease［J］. Annual Review of Genetics, 2019, 53: 171-194.

［105］ Strom AR，Emelyanov AV，Mir M，et al. Phase separation drives heterochromatin domain formation［J］. Nature, 2017, 547（7662）: 241-245.

［106］ Ries RJ，Zaccara S，Klein P，et al. m（6）A enhances the phase separation potential of mRNA［J］. Nature, 2019, 571（7765）: 424-428.

［107］ Gallego LD，Schneider M，Mittal C，et al. Phase separation directs ubiquitination of gene-body nucleosomes［J］. Nature, 2020, 579（7800）: 592-597.

［108］ Zhao S，Cheng L，Gao Y，et al. Plant HP1 protein ADCP1 links multivalent H3K9 methylation readout to heterochromatin formation［J］. Cell Research, 2019, 29（1）: 54-66.

［109］ Wang L，Hu M，Zuo MQ，et al. Rett syndrome-causing mutations compromise MeCP2-mediated liquid-liquid phase separation of chromatin［J］. Cell Research, 2020, 30（5）: 393-407.

［110］ Fan C，Zhang H，Fu L，et al. Rett mutations attenuate phase separation of MeCP2［J］. Cell Discovery, 2020, 6（1）: 38.

［111］ Li CH，Coffey EL，Dall'agnese A，et al. MeCP2 links heterochromatin condensates and neurodevelopmental disease［J］. Nature, 2020, 586（7829）: 440-444.

［112］ Chen X，Qi Y，Wu Z，et al. Structural insights into preinitiation complex assembly on core promoters［J］. Science, 2021, 372（6541）: eaba8490.

［113］ Chen X，Yin X，Li J，et al. Structures of the human Mediator and Mediator-bound preinitiation complex［J］. Science, 2021, 372（6546）: eabg0635.

［114］ Zheng H，Qi Y，Hu S，et al. Identification of Integrator-PP2A complex（INTAC），an RNA polymerase II phosphatase［J］. Science, 2020, 370（6520）: eabb5872.

［115］ Levine M. Paused RNA polymerase II as a developmental checkpoint［J］. Cell, 2011, 145（4）: 502-511.

［116］ Rahl PB，Lin CY，Seila AC，et al. c-Myc regulates transcriptional pause release［J］. Cell, 2010, 141（3）: 432-445.

［117］ Luo Z, Liu X, Xie H, et al. ZFP281 Recruits MYC to Active Promoters in Regulating Transcriptional Initiation and Elongation ［J］. Molecular Cell Biology, 2019, 39（24）: e00329-00319.

［118］ Lu X, Zhu X, Li Y, et al. Multiple P-TEFbs cooperatively regulate the release of promoter-proximally paused RNA polymerase II ［J］. Nucleic Acids Research, 2016, 44（14）: 6853-6867.

［119］ Sun Y, Liu Z, Cao X, et al. Activation of P-TEFb by cAMP-PKA signaling in autosomal dominant polycystic kidney disease ［J］. Science Advances, 2019, 5（6）: eaaw3593.

［120］ Ding S, Zhang Y, Hu Z, et al. mTERF5 Acts as a Transcriptional Pausing Factor to Positively Regulate Transcription of Chloroplast psbEFLJ ［J］. Molecular Plant, 2019, 12（9）: 1259-1277.

［121］ Cheng Z L, Zhang ML, Lin HP, et al. The Zscan4-Tet2 Transcription Nexus Regulates Metabolic Rewiring and Enhances Proteostasis to Promote Reprogramming ［J］. Cell Reports, 2020, 32（2）: 107877.

［122］ Armache A, Yang S, Martinez de Paz A, et al. Histone H3.3 phosphorylation amplifies stimulation-induced transcription ［J］. Nature, 2020, 583（7818）: 852-857.

［123］ Chen K, Liu J, Liu S, et al. Methyltransferase SETD2-Mediated Methylation of STAT1 Is Critical for Interferon Antiviral Activity ［J］. Cell, 2017, 170（3）: 492-506.

［124］ Yu J, Xiong C, Zhuo B, et al. Analysis of Local Chromatin States Reveals Gene Transcription Potential during Mouse Neural Progenitor Cell Differentiation ［J］. Cell Reports, 2020, 32（4）: 107953.

［125］ Xiao R, Chen JY, Liang Z, et al. Pervasive Chromatin-RNA Binding Protein Interactions Enable RNA-Based Regulation of Transcription ［J］. Cell, 2019, 178（1）: 107-121.

［126］ Yin Y, Lu JY, Zhang X, et al. U1 snRNP regulates chromatin retention of noncoding RNAs ［J］. Nature, 2020, 580（7801）: 147-150.

［127］ Bi X, Xu Y, Li T, et al. RNA Targets Ribogenesis Factor WDR43 to Chromatin for Transcription and Pluripotency Control ［J］. Molecular Cell, 2019, 75（1）: 102-116.

［128］ Xing YH, Yao RW, Zhang Y, et al. SLERT Regulates DDX21 Rings Associated with Pol I Transcription ［J］. Cell, 2017, 169（4）: 664-678.

［129］ Yao RW, Xu G, Wang Y, et al. Nascent Pre-rRNA Sorting via Phase Separation Drives the Assembly of Dense Fibrillar Components in the Human Nucleolus ［J］. Molecular Cell, 2019, 76（5）: 767-783.

［130］ Wu M, Xu G, Han C, et al. lncRNA SLERT controls phase separation of FC/DFCs to facilitate Pol I transcription ［J］. Science, 2021, 373（6554）: 547-555.

［131］ Chen G, Wang D, Wu B, et al. Taf14 recognizes a common motif in transcriptional machineries and facilitates their clustering by phase separation ［J］. Nature Communications, 2020, 11（1）: 4206.

［132］ Han X, Yu D, Gu R, et al. Roles of the BRD4 short isoform in phase separation and active gene transcription ［J］. Nature Structural & Molecular Biology, 2020, 27（4）: 333-341.

［133］ Ma L, Gao Z, Wu J, et al. Co-condensation between transcription factor and coactivator p300 modulates transcriptional bursting kinetics ［J］. Molecular Cell, 2021, 81（8）: 1682-1697.

［134］ Luo Z, Lin C, Shilatifard A. The super elongation complex（SEC）family in transcriptional control ［J］. Nature Reviews Molecular Cell Biology, 2012, 13（9）: 543-547.

［135］ Lu H, Yu D, Hansen A S, et al. Phase-separation mechanism for C-terminal hyperphosphorylation of RNA polymerase II ［J］. Nature, 2018, 558（7709）: 318-323.

［136］ Guo C, Che Z, Yue J, et al. ENL initiates multivalent phase separation of the super elongation complex（SEC）in controlling rapid transcriptional activation ［J］. Science Advances, 2020, 6（14）: eaay4858.

［137］ Wei M, Fan X, Ding M, et al. Nuclear actin regulates inducible transcription by enhancing RNA polymerase II clustering ［J］. Science Advances, 2020, 6（16）: eaay6515.

［138］ Bohr VA, Smith CA, Okumoto DS, et al. DNA repair in an active gene: removal of pyrimidine dimers from the

DHFR gene of CHO cells is much more efficient than in the genome overall［J］. Cell, 1985, 40（2）: 359–369.

［139］ Yasuhara T, Kato R, Hagiwara Y, et al. Human Rad52 Promotes XPG–Mediated R–loop Processing to Initiate Transcription–Associated Homologous Recombination Repair［J］. Cell, 2018, 175（2）: 558–570.

［140］ Wei W, Ba Z, Gao M, et al. A role for small RNAs in DNA double–strand break repair［J］. Cell, 2012, 149（1）: 101–112.

［141］ Ba Z, Qi Y. Small RNAs: emerging key players in DNA double–strand break repair［J］. Science China Life Sciences, 2013, 56（10）: 933–936.

［142］ Francia S, Michelini F, Saxena A, et al. Site–specific DICER and DROSHA RNA products control the DNA–damage response［J］. Nature, 2012, 488（7410）: 231–235.

［143］ Keskin H, Shen Y, Huang F, et al. Transcript–RNA–templated DNA recombination and repair［J］. Nature, 2014, 515（7527）: 436–439.

［144］ Pryor JM, Conlin MP, Carvajal–Garcia J, et al. Ribonucleotide incorporation enables repair of chromosome breaks by nonhomologous end joining［J］. Science, 2018, 361（6407）: 1126–1129.

［145］ Liu S, Hua Y, Wang J, et al. RNA polymerase III is required for the repair of DNA double–strand breaks by homologous recombination［J］. Cell, 2021, 184（5）: 1314–1329.

［146］ Sharma S, Anand R, Zhang X, et al. MRE11–RAD50–NBS1 Complex Is Sufficient to Promote Transcription by RNA Polymerase II at Double–Strand Breaks by Melting DNA Ends［J］. Cell Reports, 2021, 34（1）: 108565.

［147］ Xu G, Chapman JR, Brandsma I, et al. REV7 counteracts DNA double–strand break resection and affects PARP inhibition［J］. Nature, 2015, 521（7553）: 541–544.

［148］ Boersma V, Moatti N, Segura–Bayona S, et al. MAD2L2 controls DNA repair at telomeres and DNA breaks by inhibiting 5' end resection［J］. Nature, 2015, 521（7553）: 537–540.

［149］ Gupta R, Somyajit K, Narita T, et al. DNA Repair Network Analysis Reveals Shieldin as a Key Regulator of NHEJ and PARP Inhibitor Sensitivity［J］. Cell, 2018, 173（4）: 972–988.

［150］ Dev H, Chiang T W, Lescale C, et al. Shieldin complex promotes DNA end–joining and counters homologous recombination in BRCA1–null cells［J］. Nature Cell Biology, 2018, 20（8）: 954–965.

［151］ Ghezraoui H, Oliveira C, BECKER J R, et al. 53BP1 cooperation with the REV7–shieldin complex underpins DNA structure–specific NHEJ［J］. Nature, 2018, 560（7716）: 122–127.

［152］ Mirman Z, Lottersberger F, Takai H, et al. 53BP1–RIF1–shieldin counteracts DSB resection through CST– and Polalpha–dependent fill–in［J］. Nature, 2018, 560（7716）: 112–116.

［153］ Noordermeer SM, Adam S, Setiaputra D, et al. The shieldin complex mediates 53BP1–dependent DNA repair［J］. Nature, 2018, 560（7716）: 117–121.

［154］ Liu T, Ghosal G, Yuan J, et al. FAN1 acts with FANCI–FANCD2 to promote DNA interstrand cross–link repair［J］. Science, 2010, 329（5992）: 693–696.

［155］ Dong S, Han J, Chen H, et al. The human SRCAP chromatin remodeling complex promotes DNA–end resection［J］. Current Biology, 2014, 24（18）: 2097–2110.

［156］ Lou J, Chen H, Han J, et al. AUNIP/C1orf135 directs DNA double–strand breaks towards the homologous recombination repair pathway［J］. Nature Communications, 2017, 8（1）: 985.

［157］ Liu T, Wan L, Wu Y, et al. hSWS1.SWSAP1 is an evolutionarily conserved complex required for efficient homologous recombination repair［J］. Journal of Biological Chemistry, 2011, 286（48）: 41758–41766.

［158］ Mu Y, Lou J, Srivastava M, et al. SLFN11 inhibits checkpoint maintenance and homologous recombination repair［J］. EMBO Reports, 2016, 17（1）: 94–109.

［159］ Wan L, Han J, Liu T, et al. Scaffolding protein SPIDR/KIAA0146 connects the Bloom syndrome helicase with homologous recombination repair ［J］. Proceedings of the National Academy of Sciences of the United States of America 2013, 110（26）: 10646–10651.

［160］ Bai Y, Wang W, Li S, et al. C1QBP Promotes Homologous Recombination by Stabilizing MRE11 and Controlling the Assembly and Activation of MRE11/RAD50/NBS1 Complex ［J］. Molecular Cell, 2019, 75（6）: 1299–1314.

［161］ Gao S, Feng S, Ning S, et al. An OB-fold complex controls the repair pathways for DNA double-strand breaks ［J］. Nature Communications, 2018, 9（1）: 3925.

［162］ Li W, Bai X, Li J, et al. The nucleoskeleton protein IFFO1 immobilizes broken DNA and suppresses chromosome translocation during tumorigenesis ［J］. Nature Cell Biology, 2019, 21（10）: 1273–1285.

［163］ Liu X, Liu T, Shang Y, et al. ERCC6L2 promotes DNA orientation-specific recombination in mammalian cells ［J］. Cell Research, 2020, 30（9）: 732–744.

［164］ Wang Z, Gong Y, Peng B, et al. MRE11 UFMylation promotes ATM activation ［J］. Nucleic Acids Research, 2019, 47（8）: 4124–4135.

［165］ Tang M, Li Z, Zhang C, et al. SIRT7-mediated ATM deacetylation is essential for its deactivation and DNA damage repair ［J］. Science Advances, 2019, 5（3）: eaav1118.

［166］ Xie X, Hu H, Tong X, et al. The mTOR-S6K pathway links growth signalling to DNA damage response by targeting RNF168 ［J］. Nature Cell Biology, 2018, 20（3）: 320–331.

［167］ Guo X, Bai Y, Zhao M, et al. Acetylation of 53BP1 dictates the DNA double strand break repair pathway ［J］. Nucleic Acids Research, 2018, 46（2）: 689–703.

［168］ Yang Q, Zhu Q, Lu X, et al. G9a coordinates with the RPA complex to promote DNA damage repair and cell survival ［J］. Proceedings of the National Academy of Sciences of the United States of America 2017, 114（30）: E6054–E6063.

［169］ Francica P, Mutlu M, Blomen VA, et al. Functional Radiogenetic Profiling Implicates ERCC6L2 in Non-homologous End Joining ［J］. Cell Reports, 2020, 32（8）: 108068.

［170］ Olivieri M, Cho T, Alvarez-Quilon A, et al. A Genetic Map of the Response to DNA Damage in Human Cells ［J］. Cell, 2020, 182（2）: 481–496.

［171］ Qin B, Yu J, Nowsheen S, et al. UFL1 promotes histone H4 ufmylation and ATM activation ［J］. Nature Communications, 2019, 10（1）: 1242.

［172］ Hunter N. Meiotic Recombination: The Essence of Heredity ［J］. Cold Spring Harbor Perspectives in Biology, 2015, 7（12）: a016618.

［173］ Parvanov ED, Petkov PM, Paigen K. Prdm9 controls activation of mammalian recombination hotspots ［J］. Science, 2010, 327（5967）: 835.

［174］ Myers S, Bowden R, Tumian A, et al. Drive against hotspot motifs in primates implicates the PRDM9 gene in meiotic recombination ［J］. Science, 2010, 327（5967）: 876–879.

［175］ Baudat F, Buard J, Grey C, et al. PRDM9 is a major determinant of meiotic recombination hotspots in humans and mice ［J］. Science, 2010, 327（5967）: 836–840.

［176］ Chen Y, Lyu R, Rong B, et al. Refined spatial temporal epigenomic profiling reveals intrinsic connection between PRDM9-mediated H3K4me3 and the fate of double-stranded breaks ［J］. Cell Research, 2020, 30（3）: 256–268.

［177］ Wang S, Veller C, Sun F, et al. Per-Nucleus Crossover Covariation and Implications for Evolution ［J］. Cell, 2019, 177（2）: 326–338.

［178］ Hu J, Zhang Y, Zhao L, et al. Chromosomal Loop Domains Direct the Recombination of Antigen Receptor Genes ［J］.

Cell, 2015, 163（4）: 947-959.

［179］ Senigl F, Maman Y, Dinesh RK, et al. Topologically Associated Domains Delineate Susceptibility to Somatic Hypermutation［J］. Cell Reports, 2019, 29（12）: 3902-3915.

［180］ Dong J, Panchakshari RA, Zhang T, et al. Orientation-specific joining of AID-initiated DNA breaks promotes antibody class switching［J］. Nature, 2015, 525（7567）: 134-139.

［181］ Zhang X, Zhang Y, Ba Z, et al. Fundamental roles of chromatin loop extrusion in antibody class switching［J］. Nature, 2019, 575（7782）: 385-389.

［182］ Wei PC, Chang AN, Kao J, et al. Long Neural Genes Harbor Recurrent DNA Break Clusters in Neural Stem/Progenitor Cells［J］. Cell, 2016, 164（4）: 644-655.

［183］ Wang M, Wei PC, Lim CK, et al. Increased Neural Progenitor Proliferation in a hiPSC Model of Autism Induces Replication Stress-Associated Genome Instability［J］. Cell Stem Cell, 2020, 26（2）: 221-233.

［184］ Madabhushi R, Gao F, Pfenning AR, et al. Activity-Induced DNA Breaks Govern the Expression of Neuronal Early-Response Genes［J］. Cell, 2015, 161（7）: 1592-1605.

［185］ Wu W, Hill SE, Nathan WJ, et al. Neuronal enhancers are hotspots for DNA single-strand break repair［J］. Nature, 2021, 593（7859）: 440-444.

［186］ Reid DA, Reed PJ, Schlachetzkij CM, et al. Incorporation of a nucleoside analog maps genome repair sites in postmitotic human neurons［J］. Science, 2021, 372（6537）: 91-94.

［187］ Li J, Shang Y, Wang L, et al. Genome integrity and neurogenesis of postnatal hippocampal neural stem/progenitor cells require a unique regulator Filia［J］. Science Advances, 2020, 6（44）: eaba0682.

［188］ Zhao B, Zhang WD, Duan YL, et al. Filia Is an ESC-Specific Regulator of DNA Damage Response and Safeguards Genomic Stability［J］. Cell Stem Cell, 2015, 16（6）: 684-698.

［189］ Wang X, Liu D, He D, et al. Transcriptome analyses of rhesus monkey preimplantation embryos reveal a reduced capacity for DNA double-strand break repair in primate oocytes and early embryos［J］. Genome Research, 2017, 27（4）: 567-579.

［190］ Oconnor MJ. Targeting the DNA Damage Response in Cancer［J］. Molecular Cell, 2015, 60（4）: 547-560.

［191］ Wu ZJ, Liu JC, Man X, et al. Cdc13 is predominant over Stn1 and Ten1 in preventing chromosome end fusions ［J］. Elife, 2020, 9: e53144.

［192］ Liu JC, Li QJ, He MH, et al. Swc4 positively regulates telomere length independently of its roles in NuA4 and SWR1 complexes［J］. Nucleic Acids Research, 2020, 48（22）: 12792-12803.

［193］ He MH, Liu JC, Lu YS, et al. KEOPS complex promotes homologous recombination via DNA resection［J］. Nucleic Acids Research, 2019, 47（11）: 5684-5697.

［194］ Zhang LL, Wu Z, Zhou JQ. Tel1 and Rif2 oppositely regulate telomere protection at uncapped telomeres in Saccharomyces cerevisiae［J］. Journal of Genetics and Genomics, 2018, 45（9）: 467-476.

［195］ Wu Z, He MH, Zhang LL, et al. Rad6-Bre1 mediated histone H2Bub1 protects uncapped telomeres from exonuclease Exo1 in Saccharomyces cerevisiae［J］. DNA Repair（Amst）, 2018, 72: 64-76.

［196］ Liu Y Y, He MH, Liu JC, et al. Yeast KEOPS complex regulates telomere length independently of its t（6）A modification function［J］. Journal of Genetics and Genomics, 2018, 45（5）: 247-257.

［197］ Wu Z, Liu J, Zhang QD, et al. Rad6-Bre1-mediated H2B ubiquitination regulates telomere replication by promoting telomere-end resection［J］. Nucleic Acids Research, 2017, 45（6）: 3308-3322.

［198］ Liu J, He MH, Peng J, et al. Tethering telomerase to telomeres increases genome instability and promotes chronological aging in yeast［J］. Aging（Albany NY）, 2016, 8（11）: 2827-2847.

［199］ Geng A, Tang H, Huang J, et al. The deacetylase SIRT6 promotes the repair of UV-induced DNA damage by targeting DDB2［J］. Nucleic Acids Research, 2020, 48（16）: 9181-9194.

［200］ Chen Y, Chen J, Sun X, et al. The SIRT6 activator MDL–800 improves genomic stability and pluripotency of old murine–derived iPS cells ［J］. Aging Cell, 2020, 19（8）: e13185.

［201］ Chen Y, Zhang H, Xu Z, et al. A PARP1–BRG1–SIRT1 axis promotes HR repair by reducing nucleosome density at DNA damage sites ［J］. Nucleic Acids Research, 2019, 47（16）: 8563–8580.

［202］ Chen W, Liu N, Zhang H, et al. Sirt6 Promotes DNA End Joining in iPSCs Derived from Old Mice ［J］. Cell Reports, 2017, 18（12）: 2880–2892.

［203］ Li Z, Zhang W, Chen Y, et al. Impaired DNA double–strand break repair contributes to the age–associated rise of genomic instability in humans ［J］. Cell Death and Differentiation, 2016, 23（11）: 1765–1777.

［204］ Xu Z, Zhang L, Zhang W, et al. SIRT6 rescues the age related decline in base excision repair in a PARP1–dependent manner ［J］. Cell Cycle, 2015, 14（2）: 269–276.

［205］ Shi L, Tang X, Qian M, et al. A SIRT1–centered circuitry regulates breast cancer stemness and metastasis ［J］. Oncogene, 2018, 37（49）: 6299–6315.

［206］ Tang X, Shi L, Xie N, et al. SIRT7 antagonizes TGF–beta signaling and inhibits breast cancer metastasis ［J］. Nature Communications, 2017, 8（1）: 318.

［207］ Li B, Li H, Bai Y, et al. Negative feedback–defective PRPS1 mutants drive thiopurine resistance in relapsed childhood ALL ［J］. Nature Medicine, 2015, 21（6）: 563–571.

［208］ Han J, Yu M, Bai Y, et al. Elevated CXorf67 Expression in PFA Ependymomas Suppresses DNA Repair and Sensitizes to PARP Inhibitors ［J］. Cancer Cell, 2020, 38（6）: 844–856.

［209］ Chen R, Qiao L, Li H, et al. Fine Particulate Matter Constituents, Nitric Oxide Synthase DNA Methylation and Exhaled Nitric Oxide ［J］. Environmental Science & Technology, 2015, 49（19）: 11859–11865.

［210］ Zhong J, Colicino E, Lin X, et al. Cardiac autonomic dysfunction: particulate air pollution effects are modulated by epigenetic immunoregulation of Toll–like receptor 2 and dietary flavonoid intake ［J］. Journal of the American Heart Association, 2015, 4（1）: e001423.

［211］ Chen Q, Yan M, Cao Z, et al. Sperm tsRNAs contribute to intergenerational inheritance of an acquired metabolic disorder ［J］. Science, 2016, 351（6271）: 397–400.

［212］ Zhang Y, Zhang X, Shi J, et al. Dnmt2 mediates intergenerational transmission of paternally acquired metabolic disorders through sperm small non–coding RNAs ［J］. Nature Cell Biology, 2018, 20（5）: 535–540.

［213］ Sharma U, Conine CC, Shea JM, et al. Biogenesis and function of tRNA fragments during sperm maturation and fertilization in mammals ［J］. Science, 2016, 351（6271）: 391–396.

［214］ Wu L, Lu Y, Jiao Y, et al. Paternal Psychological Stress Reprograms Hepatic Gluconeogenesis in Offspring ［J］. Cell Metabolism, 2016, 23（4）: 735–743.

［215］ Dai J, Wang Z, Xu W, et al. Paternal nicotine exposure defines different behavior in subsequent generation via hyper–methylation of mmu–miR–15b ［J］. Scientific Reports, 2017, 7（1）: 7286.

［216］ Dang L, White DW, Gross S, et al. Cancer–associated IDH1 mutations produce 2–hydroxyglutarate ［J］. Nature, 2009, 462（7274）: 739–744.

［217］ Ward PS, Patel J, Wise DR, et al. The Common Feature of Leukemia–Associated IDH1 and IDH2 Mutations Is a Neomorphic Enzyme Activity Converting alpha–Ketoglutarate to 2–Hydroxyglutarate ［J］. Cancer Cell, 2010, 17（3）: 225–234.

［218］ Xu W, Yang H, Liu Y, et al. Oncometabolite 2–hydroxyglutarate is a competitive inhibitor of α–ketoglutarate–dependent dioxygenases ［J］. Cancer Cell, 2011, 19（1）: 17–30.

［219］ Figueroa ME, Abdel–Wahab O, Lu C, et al. Leukemic IDH1 and IDH2 Mutations Result in a Hypermethylation Phenotype, Disrupt TET2 Function, and Impair Hematopoietic Differentiation ［J］. Cancer Cell, 2010, 18（6）: 553–567.

［220］ Ye D, Ma S, Xiong Y, et al. R-2-hydroxyglutarate as the key effector of IDH mutations promoting oncogenesis ［J］. Cancer Cell, 2013, 23（3）: 274-276.

［221］ Lu C, Ward PS, Kapoor GS, et al. IDH mutation impairs histone demethylation and results in a block to cell differentiation ［J］. Nature, 2012, 483（7390）: 474-478.

［222］ Flavahan WA, Drier Y, Liau BB, et al. Insulator dysfunction and oncogene activation in IDH mutant gliomas ［J］. Nature, 2016, 529（7584）: 110-114.

［223］ Su R, Dong L, Li C, et al. R-2HG Exhibits Anti-tumor Activity by Targeting FTO/m（6）A/MYC/CEBPA Signaling ［J］. Cell, 2018, 172（1-2）: 90-105.

［224］ Wu D, Hu D, Chen H, et al. Glucose-regulated phosphorylation of TET2 by AMPK reveals a pathway linking diabetes to cancer ［J］. Nature, 2018, 559（7715）: 637-641.

［225］ Zhang JJ, Fan TT, Mao YZ, et al. Nuclear dihydroxyacetone phosphate signals nutrient sufficiency and cell cycle phase to global histone acetylation ［J］. Nat Metab, 2021, 3（6）: 859-875.

［226］ Schwartzentruber J, Korshunov A, Liu XY, et al. Driver mutations in histone H3.3 and chromatin remodelling genes in paediatric glioblastoma ［J］. Nature, 2012, 482（7384）: 226-231.

［227］ Wu G, Broniscer A, Mceachron TA, et al. Somatic histone H3 alterations in pediatric diffuse intrinsic pontine gliomas and non-brainstem glioblastomas ［J］. Nature Genetics, 2012, 44（3）: 251-253.

［228］ Behjati S, Tarpey PS, Presneau N, et al. Distinct H3F3A and H3F3B driver mutations define chondroblastoma and giant cell tumor of bone ［J］. Nature Genetics, 2013, 45（12）: 1479-1482.

［229］ Papillon-Cavanagh S, Lu C, Gayden T, et al. Impaired H3K36 methylation defines a subset of head and neck squamous cell carcinomas ［J］. Nature Genetics, 2017, 49（2）: 180-185.

［230］ Lewis PW, Müller MM, Koletsky MS, et al. Inhibition of PRC2 activity by a gain-of-function H3 mutation found in pediatric glioblastoma ［J］. Science, 2013, 340（6134）: 857-861.

［231］ Chan KM, Fang D, Gan H, et al. The histone H3.3K27M mutation in pediatric glioma reprograms H3K27 methylation and gene expression ［J］. Genes & Development, 2013, 27（9）: 985-990.

［232］ Yang S, Zheng X, Lu C, et al. Molecular basis for oncohistone H3 recognition by SETD2 methyltransferase ［J］. Genes & Development, 2016, 30（14）: 1611-1616.

［233］ Shi L, Shi J, Shi X, et al. Histone H3.3 G34 Mutations Alter Histone H3K36 and H3K27 Methylation In Cis ［J］. Journal of Molecular Biology, 2018, 430（11）: 1562-1565.

［234］ Meyer E, Carss KJ, Rankin J, et al. Mutations in the histone methyltransferase gene KMT2B cause complex early-onset dystonia ［J］. Nature Genetics, 2017, 49（2）: 223-237.

［235］ Zollino M, Doronzio PN. Dissecting the Wolf-Hirschhorn syndrome phenotype: WHSC1 is a neurodevelopmental gene contributing to growth delay, intellectual disability, and to the facial dysmorphism ［J］. Journal of Human Genetics, 2018, 63（8）: 859-861.

［236］ Okamoto N, Miya F, Tsunoda T, et al. Novel MCA/ID syndrome with ASH1L mutation ［J］. American Journal of Medical Genetics Part A, 2017, 173（6）: 1644-1648.

［237］ Faundes V, Newman WG, Bernardini L, et al. Histone Lysine Methylases and Demethylases in the Landscape of Human Developmental Disorders ［J］. American Journal of Human Genetics, 2018, 102（1）: 175-187.

［238］ Zheng L, Xu L, Xu Q, et al. Utx loss causes myeloid transformation ［J］. Leukemia, 2018, 32（6）: 1458-1465.

［239］ Lang A, Yilmaz M, Hader C, et al. Contingencies of UTX/KDM6A Action in Urothelial Carcinoma ［J］. Cancers（Basel）, 2019, 11（4）: 481.

［240］ Van der Meulen J, Sanghvi V, Mavrakis K, et al. The H3K27me3 demethylase UTX is a gender-specific tumor suppressor in T-cell acute lymphoblastic leukemia ［J］. Blood, 2015, 125（1）: 13-21.

［241］ Gozdecka M, Meduri E, Mazan M, et al. UTX-mediated enhancer and chromatin remodeling suppresses myeloid leukemogenesis through noncatalytic inverse regulation of ETS and GATA programs ［J］. Nature Genetics, 2018, 50（6）: 883-894.

［242］ Pilotto S, Speranzini V, Marabelli C, et al. LSD1/KDM1A mutations associated to a newly described form of intellectual disability impair demethylase activity and binding to transcription factors ［J］. Human Molecular Genetics, 2016, 25（12）: 2578-2587.

［243］ Stolerman ES, Francisco E, Stallworth JL, et al. Genetic variants in the KDM6B gene are associated with neurodevelopmental delays and dysmorphic features ［J］. American Journal of Medical Genetics - Part A, 2019, 179（7）: 1276-1286.

［244］ Shen H, Xu W, Guo R, et al. Suppression of Enhancer Overactivation by a RACK7-Histone Demethylase Complex ［J］. Cell, 2016, 165（2）: 331-342.

［245］ Li N, Li Y, Lv J, et al. ZMYND8 Reads the Dual Histone Mark H3K4me1-H3K14ac to Antagonize the Expression of Metastasis-Linked Genes ［J］. Molecular Cell, 2016, 63（3）: 470-484.

［246］ Pan Q, Zhong S, Wang H, et al. The ZMYND8-regulated mevalonate pathway endows YAP-high intestinal cancer with metabolic vulnerability ［J］. Molecular Cell, 2021, 81（13）: 2736-2751.

［247］ Gao WW, Xiao RQ, Zhang WJ, et al. JMJD6 Licenses ERalpha-Dependent Enhancer and Coding Gene Activation by Modulating the Recruitment of the CARM1/MED12 Co-activator Complex ［J］. Molecular Cell, 2018, 70（2）: 340-357.

［248］ Allou L, Balzano S, Magg A, et al. Non-coding deletions identify Maenli lncRNA as a limb-specific En1 regulator ［J］. Nature, 2021, 592（7852）: 93-98.

［249］ Wu H, Yin QF, Luo Z, et al. Unusual Processing Generates SPA LncRNAs that Sequester Multiple RNA Binding Proteins ［J］. Molecular Cell, 2016, 64（3）: 534-548.

［250］ Li Z, Weng H, Su R, et al. FTO Plays an Oncogenic Role in Acute Myeloid Leukemia as a N（6）-Methyladenosine RNA Demethylase ［J］. Cancer Cell, 2017, 31（1）: 127-141.

［251］ Su R, Dong L, Li Y, et al. Targeting FTO Suppresses Cancer Stem Cell Maintenance and Immune Evasion ［J］. Cancer Cell, 2020, 38（1）: 79-96.

［252］ Rong B, Zhang Q, Wan J, et al. Ribosome 18S m（6）A Methyltransferase METTL5 Promotes Translation Initiation and Breast Cancer Cell Growth ［J］. Cell Reports, 2020, 33（12）: 108544.

［253］ Bates S E. Epigenetic Therapies for Cancer ［J］. New England Journal of Medicine, 2020, 383（7）: 650-663.

［254］ Dai XJ, Liu Y, Xue LP, et al. Reversible Lysine Specific Demethylase 1（LSD1）Inhibitors: A Promising Wrench to Impair LSD1 ［J］. Journal of Medicinal Chemistry, 2021, 64（5）: 2466-2488.

［255］ Dai XJ, Liu Y, Xiong XP, et al. Tranylcypromine Based Lysine-Specific Demethylase 1 Inhibitor: Summary and Perspective ［J］. Journal of Medicinal Chemistry, 2020, 63（23）: 14197-14215.

［256］ Stein EM, Garcia-Manero G, Rizzieri DA, et al. The DOT1L inhibitor pinometostat reduces H3K79 methylation and has modest clinical activity in adult acute leukemia ［J］. Blood, 2018, 131（24）: 2661-2669.

［257］ Bechter O, Schöffski P. Make your best BET: The emerging role of BET inhibitor treatment in malignant tumors ［J］. Pharmacology & Therapeutics, 2020, 208: 107479.

［258］ Vinogradov AM, Gehling VS, Gustafson A, et al. An inhibitor of KDM5 demethylases reduces survival of drug-tolerant cancer cells ［J］. Nature Chemical Biology, 2016, 12（7）: 531-538.

［259］ Xu S, Wang S, Xing S, et al. KDM5A suppresses PML-RARalpha target gene expression and APL differentiation through repressing H3K4me2 ［J］. Blood Advances, 2021, 5（17）: 3241-3253.

［260］ Sheng W, Lafleur MW, Nguyen TH, et al. LSD1 Ablation Stimulates Anti-tumor Immunity and Enables

Checkpoint Blockade ［J］. Cell, 2018, 174（3）: 549–563.

［261］ Wu L, Cao J, Cai WL, et al. KDM5 histone demethylases repress immune response via suppression of STING ［J］. PLoS Biology, 2018, 16（8）: e2006134.

［262］ Hogg SJ, Beavis PA, Dawson MA, et al. Targeting the epigenetic regulation of antitumour immunity ［J］. Nature Reviews Drug Discovery, 2020, 19（11）: 776–800.

撰稿人： 胡　杰　李国红　冯　帆　李海涛　罗卓娟　刘　文

林承棋　王司清　蓝　斐　孟飞龙　陈玲玲　陈　勇

核糖核酸学科研究进展

　　21 世纪伊始，人类基因组计划的完成，揭示了在以人类为代表的高等生物基因组中蕴藏着巨大的"暗物质"——非蛋白质编码序列。人类基因组约有 2 万个编码蛋白质的基因，仅占基因组序列的 2%，而 98% 的基因组序列都是非蛋白质编码序列。由此提出两个问题：①比低等生物稍多的蛋白质基因数目如何调控高等生物的复杂性状？②占人类基因组 98% 的非编码序列的结构与功能是什么？ 2005 年，《科学》（Science）杂志在纪念创刊 125 周年的专刊中公布了 21 世纪要解决的 125 个最具挑战性的科学问题，"人类基因为什么这么少""遗传变异与人类健康的相关程度如何""什么基因的改变造就了独特的人类"等 3 个问题都被列入前 25 个最重要的问题之列。由此可见，全面解析人类等高等生物中非编码序列的结构与功能，不仅涉及生命本质的解析，而且与人类健康直接相关，这是分子生物学核酸领域当前最重要的任务，也是 21 世纪上半叶生命科学面临的重大机遇与挑战。

　　2006 年以来，核酸测序技术取得了重大突破，新一代测序技术能够快速测定数百万个标签序列，从而能够高通量的获得细胞中的 DNA 和 RNA 序列，这使 RNA 研究从数据匮乏进入数据爆炸的"大数据"新时代。借助于高通量测序技术，人们发现人类基因组中 80% 以上的序列都可以被转录，产生海量的非编码 RNA 转录本，极大地拓宽了对人类基因组结构与功能的认识。基于高通量测序的各种组学新技术的建立，许多非编码 RNA 与蛋白质的相互作用及其在细胞生理和遗传中的功能机制也正在被迅速解析。近五年来，非编码 RNA 研究作为国际分子生物学的前沿领域正在迅猛发展，我国 RNA 科学家奋力开拓创新，在基因组"暗物质"挖掘、第二套遗传密码解析、RNA 医学和农业等方面取得了一系列重要突破和进展，使我国的 RNA 科学走向国际前列。下面我们将从国内外 RNA 研究重大计划、RNA 文献分析以及非编码 RNA 研究重要成果等方面综述 2015—2020 RNA 学科研究进展与发展趋势。

一、国内外 RNA 研究相关重大计划及进展

非编码 RNA 作为 21 世纪生命科学的前沿，得到许多国际重大科学计划的支持。在人类基因组计划完成以后，由美国国立卫生研究院（NIH）下属的国家人类基因组研究所（NHGRI）发起的"DNA 元件百科全书（Encyclopedia of DNA Elements，ENCODE）"国际计划于 2003 年启动，目标旨在解析 1% 的人类基因组非编码序列中的功能元件，但很快就拓展到人类全基因组序列，因此，ENCODE 是国际上最为系统的人类非编码序列研究计划。2017 年，该计划已实施完成前 3 个阶段的任务，取得了大量重要成果[1]，目前已经进入第四阶段（ENCODE 4）。该计划正在大力扩展所分析的细胞类型和组织，在人、小鼠、线虫和果蝇等多种模式生物中绘制详尽的转录因子和 RNA 结合蛋白的结合区域。截至 2021 年 2 月底，ENCODE 计划已经资助了各类课题 18905 项。美国 NIH 还通过内部研究计划（The NIH intramural program）、"胞外 RNA 通信计划"（ExRNA communication program）、院长开拓者奖、新创新者奖等资助 RNA 生物学研究，包括阐明 RNA 生物合成通路、确定 RNA 结构、识别各类 RNA 的功能、阐明 RNA 在疾病中的作用，探索基于 RNA 的新疗法或靶向 RNA 的疗法等。

在人类基因组计划完成后，欧盟提出"RNA 调控网络与健康和疾病"计划分工协调发展欧盟整体的 RNA 基础与应用研究，通过"欧盟框架计划"与最新的"地平线 2020 计划"[2]对该领域展开资助。欧盟 Horizon2020 计划资助了许多 RNA 领域的研究项目，内容涉及 RNA 基础研究和各类 RNA 在医学和农业领域中的应用，重视 RNA 生物标志物等相关新技术开发应用。日本理化研究所领导的哺乳动物基因组功能注释（Functional Annotation Of the Mammalian genome，FANTOM）计划，从 2000 年开始，经过前面 5 期的实施，目前已到第 6 期（FANTOM6），其目标是系统地阐明人类基因组中长非编码 RNA（lncRNA）的功能。

除了直接资助 RNA 的国际计划，国际基因组计划也包含了大量 RNA 组学的内容，2005 年，美国国家癌症和肿瘤所（NCI）和国家人类基因组研究所（NHGRI）共同发起"癌症基因组图谱计划"（The Cancer Genome Atlas，TCGA）。随后，由美国、英国、中国等多国科学家参与并分工合作的"国际癌症基因组联盟"（International Cancer Genome Consortium，ICGC）在更大的规模上展开泛癌基因组图谱的研究。这些计划主要定位在发现和鉴定与人类主要癌症相关的基因组突变和基因表达异常等遗传和表观遗传学变化，其中非编码 DNA、转录组和非编码 RNA 的功能及其表达调控都是癌症基因组图谱计划的重要内容。十余年来，这些计划持续的实施，有力地推动了功能基因组学的发展及其在肿瘤精准医疗中的应用。

2017 年，美国和英国科学家共同发起了"人类细胞图谱计划"（The Human Cell Atlas，HCA）[3]。该计划旨在全面解析人体所有细胞的类型、数目、位置、相互关联和分子组成等，绘制人体单细胞分辨率的基因表达及细胞功能图谱。随后，美国 NIH 于 2019 年公布了"人类生物分子图谱计划"（Human Biomolecular Atlas Program，HuBMAP），该计划拟通过生命组学及质谱和影像等先进技术将 DNA、RNA、蛋白质和代谢物等各种生物分子信息整合，形成完整图谱，推动从分子组学到生物学功能的研究。

从 ENCODE/TCGA 到 HCA/HuBMAP，这些引领现代生命科学前沿的国际分子和细胞生物学计划，反映了 21 世纪以来，现代生命科学研究从分子到细胞、从基因到表型的发展方向。在这些国际重大计划中都把非编码基因和基因表达的表观遗传调控作为核心内容，表明 RNA 研究在阐明生命本质和健康机制中的重要地位。

我国也非常重视非编码 RNA 研究，我国科学家在 1998 年"面向 21 世纪的 RNA 研究"109 次香山科学会议上，提出了 RNA 组学和 RNA 计划[4]。非编码 RNA 作为生命科学的前沿问题被写入 2006—2020 国家中长期科学和技术发展规划纲要，得到科技部"863"计划、"973"计划和国家自然科学基金委（NSFC）重点和面上项目的持续资助。为了推动 RNA 科学研究，我国科学家陈润生、施蕴渝、王恩多、屈良鹄等人在 2012 年和 2018 年先后主持召开了两次香山科学会议："非编码 RNA 在重大生物学过程中的功能和机制"（第 426 次）和"核糖核酸与生命调控及健康"（第 632 次）。2013 年，施蕴渝院士在中国科学院学部与 NSFC 联合资助下，组织了中国 RNA 发展战略研讨会，并于 2017 年出版了"RNA 研究中的若干重大科学问题"的研讨报告。这些工作为中国 RNA 领域健康、快速发展提供了指南[5]，同时也有力地推动了我国新的 RNA 重大计划的立项。2014 年，国家自然科学基金委生命科学部实施了"基因信息传递过程中非编码 RNA 的调控作用机制重大研究计划"，重点资助 RNA 领域基础研究；2015 年，国家自然科学基金委医学部实施了"长非编码 RNA 调控网络在恶性肿瘤转移中的功能和机制研究重大项目"，重点资助 RNA 医学应用研究。2016 年和 2021 年，科技部先后启动"蛋白质机器与生命过程调控"和"生物大分子与微生物组"等国家重点研发计划重点专项，其中部署了非编码 RNA 和 RNA 结合蛋白等重要研究方向和内容。此外，国家自然科学基金委还通过国家杰出青年科学基金资助了一批 RNA 领域的年轻研究人员。中国 RNA 研究在这些项目的支持下，得到了迅猛的发展。

二、RNA 领域的文献分析

以 RNA 等关键词检索 Web of Science 数据库，2015—2020 年 RNA 领域的论文量

279067 篇 [①]。全球每年发表的论文量从 2015 年的 39310 篇上升到 2020 年的 55818 篇，增长了 41.99%。2019 年开始，每年发表 5 万多篇论文（图 1）。

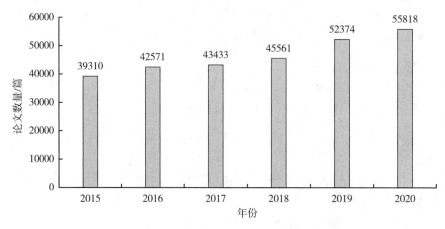

图 1　2015—2020 年 RNA 领域论文量年度趋势

中国论文量高达 124587 篇，占全球论文总量的 44.64%，远高于排名第二的美国 58594 篇，这得益于科技部和国家自然科学基金委（NSFC）等机构资助的大型计划与项目的实施（图 2）。

从年度论文量趋势看，我国的论文量快速增长，美国、日本、德国和韩国的论文量保持稳定（图 3）。

从高水平论文量看，我国的 ESI 高水平论文量排名第二，CNS 论文量 [②] 排名第四，但 ESI 高水平论文量占国家论文总量的比例、CNS 论文量占比都排名第 9 位，仅高于印度（表 1）。

---

① 检索式：ts=（mRNA\$ or tRNA\$ or rRNA\$ or ncRNA\$ or "non coding RNA\$" or microRNA\$ or miRNA\$ or lncRNA\$ "long non-coding RNA\$" or atRNA\$ or snRNA\$ or snoRNA\$ or miscRNA\$ or scRNA\$ or piRNA\$ or siRNA\$ or lincRNA\$ or "long intergenic non-coding RNA\$" or sno-lncRNA\$ or eRNA\$ or vlincRNA\$ or Braveheart or Bvht or Fendrr or ciRNA\$ or "circular RNA\$" or circRNA\$ or Kcnq1ot1 or HOTAIRM1 or Evf2 or HSR1 or "Metastasis-associated lung adenocarcinoma transcript 1" or LincRNA-p21 or "nuclear enriched abundant transcript 1" or "growth arrest specific 5" or lincRNA-Up6 or "HOXA transcript at the distal tip" or "inactive X specific transcript\$" or "X-inactive specific transcript\$" or "Xi-specific transcript\$" or ecCEBPA or ncRNACCND1 or lincRNA-RoR or 1/2-sbsRNA or "terminal differentiation-induced ncRNA\$" or "Sox2 overlapping transcript\$" or "P21 associated ncRNA DNA damage activated" or "lncRNA H19" or "HOXA transcript at the distal tip" or Tsix or Xite or linc-MD1 or CCAT1-L or "lincRNA NRON" or "lincRNA-NRON" or tmRNA\$ or scaRNA\$ or "Small Cajal body-specific Ribonucleic Acid\$"），文献类型：Article+Review，检索日期：2021-03-16；数据库更新日期：2021-03-15.

② 基本科学指标数据库（Essential Science Indicators，ESI）根据文献对应领域和出版年中的高引用阈值，把某一学术领域中最优秀的 1% 的论文定义为"ESI 高被引论文"，把过去 2 年内发表，引用的次数是某一学术领域中最优秀的 0.1% 之列的论文定义为"ESI 热点论文"。Web of Science 数据库把"ESI 高被引论文"和"ESI 热点论文"统称"ESI 高水平论文"；CNS 论文是指发表在《细胞》（*Cell*）、《自然》（*Nature*）、《科学》（*Science*）三大刊上的论文。

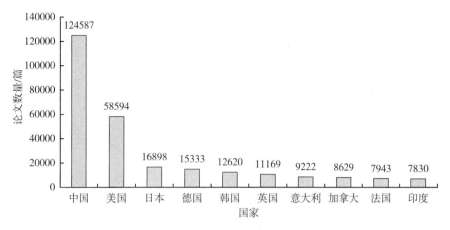

图2　2015—2020年RNA领域论文量排名前十位的国家

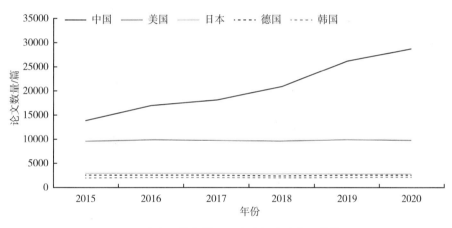

图3　论文量排名前五国家的年度论文量趋势

表1　论文量排名前十位国家中的高水平论文量及其占比情况

国家	ESI高水平论文量	ESI高水平论文量占比	CNS论文量	CNS论文量占比
中国	1055	0.85%	92	0.07%
美国	1084	1.85%	434	0.74%
日本	94	0.56%	30	0.18%
德国	221	1.44%	107	0.70%
韩国	59	0.47%	17	0.13%
英国	210	1.88%	94	0.84%
意大利	110	1.19%	20	0.22%
加拿大	131	1.52%	47	0.54%
法国	111	1.40%	40	0.50%
印度	51	0.65%	3	0.04%

注：全球被引次数排名前十位的论文列表及中国被引次数排名前30位的论文列表。

三、RNA 研究进展及重要成果

参照《RNA 研究中的重大科学问题》[6]定义的 RNA 研究领域，我们分别对 RNA 信息学、RNA 生成与代谢、RNA 生理与遗传、RNA 结构生物学、RNA 与医学、RNA 与农学以及 RNA 研究中的新技术与新方法等七个方向的研究进展及代表性成果进行介绍。

1. RNA 信息学

在过去的 5 年时间里，RNA 与计算科学、信息技术等多学科交叉的研究日新月异。大量新的算法和平台被开发用于从海量的生物医学数据进行大规模的非编码 RNA 鉴定和功能网络研究，为非编码 RNA 基因资源的转化应用等提供了坚实的技术平台和奠定了理论基础。

（1）表观转录组研究的软件和资源

虽然已经有超过 150 种 RNA 修饰类型被鉴定，但是绝大多数修饰类型的功能、机制和在 RNA 上的分布规律仍有待阐明。随着高通量的表观转录组测序技术的发展和应用，产生了海量的 RNA 修饰测序数据。为了研究这些海量的表观转录组测序数据，一系列应用于表观转录组研究的软件和资源应运而生。

1）RNA 修饰的注释和分布分析工具

为了全面研究 RNA 修饰的在基因组的分布规律，一系列生物信息学工具被开发了。RNAmod[7]是一个交互式、一站式的基于 web 的分析平台，可以对 21 个物种（包括脊椎动物、昆虫、线虫和植物）的 mRNA 修饰进行自动分析、注释和可视化，包括 RNA 修饰的分布、不同基因特征的修饰覆盖范围、motif 分析、metagene 分布分析、被修饰的 mRNA 的功能注释和不同组或特定基因集之间的比较。Guitar[8]是一个 R/Bioconductor 软件包，用于展示用基因组坐标表示的 RNA 相关生物学特征的转录组视图。由于基于基因组坐标和基于 RNA 坐标之间的转换困难，使得检查与 RNA 相关的基因组特征和 RNA 转录物标记之间的关系可能变得异常烦琐。Guitar 包的开发解决了以上难题，它通过提取与 RNA 转录标记相关的标准化 RNA 坐标，有效地分析 RNA 相关的基因组特征。为了勾画基因组特征的转录组视图，Guitar 将坐标与基因组特征进行比较，然后分别对 mRNA 和 lncRNA 上重叠的特征进行计数和标准化。最后，用 ggplot2 对基因组特征在 RNA 上的分布进行总结和可视化，也可以使用 GuitarPlot 函数以不同格式快速可视化各种基因组特征。MetaPlotR[9]是基于 Perl 和 R 的工具包，用于绘制 RNA 修饰位点和其他转录组位点的 metagene 分布图谱。具体来讲，MetaPlotR 首先将位点坐标从基因组坐标转换成转录组坐标，然后识别转录本中出现这些位点的区域，并将这些位点投影到一个虚拟转录空间（metagene 坐标），最后将 metagene 坐标绘制成直方图或密度图。

2）RNA 修饰位点预测工具

为了准确地在基因组或转录组上鉴定各类型的 RNA 修饰位点，各种 RNA 修饰位点预测工具也被开发了，包括 iRNA-methyl[10]、SRAMP[11]、WHISTLE[12]、Deepm6Aseq[13]、m6APred-EL[14] 等。iRNA-methyl 是一个基于 m6A 位点的序列特征的预测方法，它采用"伪二核苷酸组成"的 RNA 序列，将焓、熵和自由能这三种 RNA 的物理化学性质纳入其中[10]，引入支持向量机（SVM）去构建预测模型，并在线提供 m6A 修饰位点预测的服务。SRAMP 是一种基于序列特征，利用三种随机森林分类器进行 m6A 修饰位点预测的 web 服务器，分别是核苷酸序列位置的二进制编码模式、k- 最近邻信息（K-nearest neighbors，KNN）编码和位置独立的核苷酸对谱特征编码[11]。WHISTLE[12] 是一个全转录组 m6A 位点预测平台，它基于 35 个基因组衍生特征和常规序列衍生特征。WHISTLE 提供了一个在线平台来存储预测人类 m6A 表观转录组，并根据 "guilt-by-association" 原则，用基因表达数据、RNA 甲基化数据和蛋白质相互作用数据对单个 RNA 甲基化位点进行功能性注释。Deepm6Aseq 是一种基于深度学习的计算模型，用于预测含有 m6A 修饰的序列，并表征 m6A 位点周围的生物特征[13]。该模型的主要结构由两层卷积神经网络（convolutional neural network，CNN）、一层双向长短时记忆（bidirectional long short-term memory，BLSTM）和一层全连接（FC）组成。该方法可以从 miCLIP 数据中以单碱基分辨率检测 m6A 位点，也可以从 m6A-seq 中鉴定含有 m6A 的基因组区域。m6APred-EL 是一种基于集成学习的预测平台，通过训练三个支持向量机分类器来鉴定 m6A 修饰位点，从位置特异性 k-mer 核苷酸倾向、物理化学性质和环功能氢化学性质（ring-function-hydrogen-chemical properties）探索位置特异性信息和物理化学信息[14]。该研究比较发现 m6APred-EL 在准确性（Acc）、敏感性（Sn）、特异性（Sp）和 MCC 四方面的性能都是最优的。

3）RNA 修饰相关数据库

为了提供各种 RNA 修饰的全面信息，各种新的 RNA 修饰相关的数据库也不断涌现，包括 RMBase[15]、MODOMICS[16]、MeT-DB[17]、REPIC[18] 等。RMBase 是一个用于解析各种 RNA 修饰的生成机制和功能的综合性数据库[15]。它整合了几乎所有表观转录组高通量测序数据，用于鉴定 RNA 修饰位点，并探索 RNA 修饰的分布特征及其与 miRNA 靶标、RBP、SNP 和 SNV 之间的关系。此外，RMBase 还提供了两个工具，modMetagene 和 modAnnotation 工具用于绘制 RNA 修饰的 metagene 和转录模型及对用户提供的 RNA 修饰 peak 或位点进行注释。RMBase 为研究人员提供了一个全面而强大的平台来发现 RNA 修饰的机制和潜在的功能作用。MODOMICS 是最先被构建的 RNA 修饰数据库，也是含有 RNA 修饰种类最多的数据库[16]。MODOMICS 提供了发生修饰的核糖核苷的化学结构、生物合成途径、在 RNA 序列中的位置和 RNA 修饰酶的信息。MODOMICS 中包含六个主要的模块，在"修饰"部分，展示了每个 RNA 修饰的详细信息，包括分子图像、化学结构、基本化学性质、质谱和液相色谱（LC-MS）信息、三维分子结构、所含的化学基团和反应产物等。MeT-DB 是第一个用于研究 m6A 甲基转录组的综合数据库[17]，专注于阐释序列特异的 m6A 的功能，并首次提供了一系列专门为解析 m6A 功能的工具。此外，MeT-DB 还提供了两个工具，Guitar plot 用于可视化 m6A 在转录组水平分布，并比较不同条件下 m6A 分布的差异；而 m6A-Driver 则是从用户自定义数据样本中预测 m6A 驱动的基因及其相关网络。MeT-DB 对解析 m6A 的生物学机制和功能提供了丰富的有价值的资源。REPIC 是一个研究细胞、组织特异性的 m6A 修饰以及探索其与组蛋白标记或染色质可及性之间潜在相互作用的数据库[18]，整合了来源于 11 种生物的 61 个细胞系或组织的大约 1000 万个 m6A 峰，以及来自 ENCODE 的 1418 个组蛋白数据和 118 个 DNase-seq 数据。REPIC 为 m6A 模式的细胞类型或组织特异性提供了新的见解，并揭示了它们在影响染色质状态和转录调控中的直接或间接作用。

（2）非编码 RNA 研究的软件和资源

1）环形 RNA 的全长鉴定与定量

环状 RNA 的检测和定量面临着几个重大挑战，包括高错误发现率、不均匀的 rRNA 去除和 RNase R 处理效率以及对反向剪接位点读段的低估。CIRIquant[19] 通过重构具有反向剪接特征的环形 RNA 参考序列，简化复杂的反向剪接位点比对问题，并结合测序读段比对到参考基因组和环形序列的结果，筛选出了高置信度的来自环形 RNA 的读段，同时可以进行环状 RNA 的差异表达分析。CIRIquant 在纠正了实验和计算偏差后，提供了一种准确、高效的 circRNA 表征和差异表达分析的定量方法，将极大地提高我们对 circRNA 多样性和功能的理解。最近中国科学院北京生命科学研究院赵方庆团队开发了基于纳米孔测序技术的环形 RNA 全长识别流程 CIRI-long[20]，通过结合滚环反转录扩增和纳米孔长读长测序技术，可以直接测定环形 RNA 的全长序列，实现了对环形 RNA 的高灵敏度检测和内部结构重构。与传统的二代测序方法相比，CIRI-long 大幅提升了环形 RNA 全长重构能力，并可实现与二代测序相近的分析成本。同时，CIRI-long 提供了样本间整合分析的工具，并针对纳米孔测序的高错误率建立了有效校正方法，为环形 RNA 的功能研究提供了重要的方法学工具，具有很高的应用价值。同时，费城儿童医院的邢毅教授团队近期开发的 IsoCir[21] 也实现了基于三代测序对环形 RNA 全长的高效重构。这些方法提升了环形 RNA 的检测效率，并能有效地重构环形 RNA 的全长结构，为后续环形 RNA 的功能机制及转化应用等方面的研究打下了坚实的基础。

2）非编码 RNA 高级结构预测

众所周知，ncRNA 的功能与其结构密切相关，而非其一级序列，因此准确分析 ncRNA 的结构有助于阐明其功能。通过研究 RNA 配对中的成对共变异，可进一步推断进化上保守的 RNA 二级结构。R-scape[22] 通过分析多 RNA 序列比对，对每个序列对进行成对的共变异量化与统计，统计上显著的共变异对被解释为保守的 RNA 碱基对。R-scape 的出现进一步改进了结构注释，代表了基于系统发育预期的 RNA 结构共变异进行 RNA 结构预测的重大进步。

清华大学张强锋课题组使用 icSHAPE[23] 实验解析了七种常用细胞类型的 RNA 二级结构图谱，并开发人工智能算法整合实验获得的细胞内 RNA 结构以及对应细胞环境的 RBP 结合信息，建立了基于细胞内 RNA 结构信息预测细胞内 RBP 动态结合的新方法 PrismNet。该模型在 168 个人类 RBP 结合的 CLIP 数据集上进行了训练学习和检验，发现其预测准确率显著高于之前仅仅利用 RNA 序列以及整合基于序列预测得到的 RNA 结构的方法，预测和CLIP实验结果的吻合度甚至达到或超过同一条件下两个CLIP实验的吻合度。显然，细胞内 RNA 结构信息对于预测准确率的提高起到了重要作用。

3）非编码 RNA 相关数据库资源

RNA 的研究涵盖多个方面，包括 RNA 基因的注释，RNA 的各个生命阶段包括转录、加工和降解，以及 RNA 的功能和与疾病的联系。RNA 全部方面的研究有对应的内容丰富的数据库的支持。中山大学屈良鹄教授与杨建华教授课题组合作率先整合了涵盖80 种正常组织和50 种癌症类型的超过67620 个测序数据，开发了新的交互与可视化的非编码 RNA 分析平台 deepBase v3.0[24]。此外，deepBase 提供了交互的分析工具去预测这些 RNA 修饰相关的各类非编码 RNA 的 Pan-Cancer 图谱与生物学功能。为了研究各类非编码 RNA 的功能与调控网络，中山大学屈良鹄教授与杨建华教授再次合作构建了 RNA 互作组百科全书平台 ENCORI[25]，ENCORI 整合了 CLIP-seq 数据、降解组测序数据、RNA-RNA 互作测序数据，为人类中以 miRNA 为主的各种类型的 RNA 与其他类型的 RNA 的互作和 RNA 和 RNA 结合蛋白的互作提供了详细的信息，包含了 110 万条 miRNA-ncRNA 互作、250 万条 miRNA-mRNA 互作、210 万条 RBP-RNA 和 150 万条 RNA-RNA 互作。此外 ENCORI 还提供了 miRNA 的潜在靶标信息、RBP 的基序信息和 RBP-RNA 互作与疾病的关联信息。RNA 特别是非编码 RNA 的功能与其二级结构密切相关，清华大学的张强锋教授课题组开发的 RASE 数据库[26] 收集了 18 个物种的 161 个二级结构探测测序数据集，为 RNA 二级结构的研究提供了全面的参考。RNA 通常通过与 RNA、DNA 或蛋白质相互作用来受到调控或发挥功能，近年来出现了众多用于探测 RNA-RNA 互作、RNA-DNA 互作和 RNA-蛋白质互作的高通量测序方法，多个数据库被开发用于整合这些测序方法探测得到的 RNA 相关互作。RISE 数据库[27] 整合了转录组范围的 RNA-RNA 互作测序方法，例如 PARIS、SPLASH、LIGR-seq 和 MARIO 等，以及靶向特定蛋白质的 RNA-RNA 互作测序方法，例如 RIA-seq、RAP-RNA 和 CLASH 等，和其他数据库和文章中记录的 RNA-RNA 互作信息，提供了多个物种中的 RNA-RNA 互作详尽而全面的展示。中科院生物物理所陈润生院士课题组开发了 NPInter[28] 对公开的 CLIP 测序数据和 ChIRP-seq 数据使用自建的统一流程分析，并且整合了 RISE 数据库和文献挖掘，提供了较为完善的蛋白质-RNA、RNA-DNA 和 RNA-RNA 互作信息的展示。RNAInter 数据库[29] 中整合了超过 94 个物种包含 31000 篇已发表文章、24 个基于实验数据库和 14 个基于预测数据库的共计 4000 万条 RNA-RNA、RNA-蛋白质、RNA-DNA、RNA-化合物互作信息，并且通过来源为这些互作的可信度打分。RNA 的定位与其功能密切相关，RNALocate 数据库[30]收录了 37700 条人工确认的 RNA 亚细胞定位信息及其实验证据，涵盖主要为人类、小鼠和酵母的 65 个物种和 42 类亚细胞定位，为非编码 RNA 的功能研究提供了参考。MNDR 数据库[31]提供了在哺乳动物中非编码 RNA 与疾病的关联信息，综合了文献挖掘、其他的非编码 RNA 疾病数据库和非编码 RNA 疾病关联预测算法，MNDR 为研究非编码 RNA 相关的疾病提供了便利。

许多数据库和分析工具专注于特定种类的非编码 RNA，特别是当下较为广泛研究的 lncRNA 和 miRNA。对于 lncRNA 研究，国内外近年来发表或更新的数据库包括中科院生物物理所陈润生院士课题组开发的 ncRNA 基因注释综合数据库 NONCODE[32]、低通量验证的 lncRNA 数据库 EVLncRNAs[33]、lncRNA 基因注释整合数据库 LNCipedia[34]、lncRNA 表达数据库 LncExpDB[35]、lncRNA 碱基编辑数据库 LNCediting[36]、lncRNA 实验验证的 ceRNA 互作数据库 LncACTdb[37]和 LncTarD[38]、lncRNA 敲除或过表达效应数据库 LncRNA2Target[39]、lncRNA 疾病关联数据库 LncRNADisease[40]以及 lncRNA 癌症关联数据库 Lnc2Cancer[41]。对于 miRNA 的研究，近期更新 miRBase[42]收集了来自 271 个物种的 miRNA 前体序列和成熟体序列，并通过文献挖掘收集了 miRNA 的功能注释。此外，还有 miRNA 在癌症中差异表达数据库 dbDEMC[43]、miRNA 转录因子调控数据库 TransmiR[44]、miRNA 靶标预测数据库和在线工具 mirDIP[45]和 miRDB[46]、miRNA 实验验证靶标数据库 miRTarBase[47]、miRNA 作用通路数据库 miRPathDB[48]、miRNA 疾病关联数据库 HMDD[49]。

tRNA 最经典的功能是在蛋白质合成过程中将开放阅读框上的密码子转换为对应的氨基酸，近年来的研究发现 tRNA 也可以进一步被加工成一类新型小分子 tsRNA[50, 51]。这类小分子 RNA 广泛地存在于从细菌到人类的物种中[52]，参与翻译调控和基因表达沉默等重要功能[53]。然而，tsRNA 研究面临数据不充分、缺少在线工具、命名混乱等问题，需要建立专门的数据库及在线分析工具对海量测序数据中的 tsRNA 进行准确鉴定、分类存储、统一命名，并寻找共同规律。中山大学屈良鹄教授及郑凌伶副教授开发的 tRF2Cancer[54]工具是国际上首个从高通量小 RNA 测序数据中进行 tsRNA 挖掘的网络服务工具，针对研究人员的多样性需求开发了不同在线分析模块：①针对用户高通量 small-RNA 测序数据进行在线 tsRNA 鉴定及表达评估；②针对用户 CLIP、CLASH/CLEAR 数据在线挖掘 tsRNA 潜在靶标分子及 tsRNA-miRNA-Mrna 潜在调控网络；③针对 TCGA 泛癌样本提供 tsRNA 表达图谱；④针对特异性 tsRNA 分子进行在线多通路富集及功能分析。此外，多个各有侧重的数据库被开发用于协助 tsRNA 的研究。MINTbase 整合了包含 TCGA 数据集的人类正常组织和癌症组织中挖掘得到的共 26531 个 tsRNA，并提供这些 tsRNA 在各种类型的样本中的表达量[55]。tsRBase[56]记录挖掘于公共测序数据的来自 20 个物种的共 121942 个 tsRNA，并提供 tsRNA 的表达水平、相关文献研究、蛋白结合情况、潜在靶标等多层次的信息。tRFtarget[57]数据库记录了从两种靶标预测工具 RNAhybrid 和 IntaRNA 分析得到的多个物种的 tsRNA 共计 13.5 万条靶标预测信息。

综上所述，近年来 RNA 信息学关于 RNA 的不同层面的数据产生及各类数据库的完善，为生物信息技术的发展提供前所未有的机遇和挑战。现有的信息学工具的更新，以及全新的信息分析方法的开发，将有助于加深我们对 RNA 在生物体内的重要作用的理解。

2. RNA 代谢与加工

随着高通量测序技术的发展，越来越多的 RNA 种类及其修饰种类被发现，极大地丰富了人们对 RNA 世界的认识，全面系统地解析 RNA 的生成与代谢及其调控，已成为 RNA 研究的一个热点。近 5 年来在 RNA 代谢方面的研究中，特别是非编码 RNA 与 RNA 修饰的生成、加工与降解等方面取得许多重要进展。

（1）m6A 修饰的生物生成

m6A 修饰的甲基化酶和去甲基化酶的发现，表明 RNA 上 m6A 修饰的添加与去除是一个动态可逆的过程。2019 年，陈建军教授、杨建华教授与何川教授课题组合作发现，组蛋白修饰 H3K36me3 精确指导 m6A 修饰在转录组中特异性且动态沉积的分子机制[58]。当去除细胞内 H3K36me3 修饰时，细胞内 m6A 修饰整体减少。H3K36me3 与 m6A 甲基化酶复合物中 METTL14 直接结合，进而促进 m6A 甲基化酶与邻近的 RNA 聚合酶 II 紧密结合，从而将 m6A 甲基化酶复合物引导至新生的 RNA 序列上，最终完成 m6A 修饰的添加。该研究揭示了 H3K36me3 和 METTL14 在确定 m6A 在 mRNA 上的位置特异性和动态沉积中的重要作用；并揭示了另一新层面，即涉及组蛋白修饰和 RNA 甲基化的基因表达机制及其调控网络。

研究者们发现，改变 m6A 甲基转移酶 METTL3 的表达水平不仅可以影响 mRNA 的稳态，还会干扰若干 miRNA 等稳定性，如 let-7e、miR-25、miR-93、miR126、miR-221/222 和 miR-4485。进一步的研究表明，METTL3 通过 m6A 修饰标记 miRNA 初级转录本（pri-miRNA），允许双链 RNA 结合蛋白 DGCR8 识别并结合至特定的底物处，而不是转录本中其他的二级结构，随后招募核酸内切酶 DROSHA，促进 primiRNA 加工成前体 miRNA（pre-miRNA），这在 miRNA 加工成熟的过程中是不可缺少的。上述结果表明了 m6A 修饰对 miRNA 生物发生具有重要且复杂的作用[59]。除了上述途径，METTL3 还被证明可以通过增加 pre-miRNA 的 Dicer 剪接来促进 miRNA 的生物发生。在非小细胞肺癌脑转移的组织中，miR-143-3p 表达水平的上调对于肿瘤的发生发展起着至关重要的作用。这一 miRNA 主要通过 VASH-1 调控 VEGF 的降解和微管蛋白的解聚，从而触发血脑屏障的侵袭以及促进恶性肿瘤的血管生成。进一步研究表明，pre-miR-143-3p 的加工剪切是 m6A 修饰依赖的，miR-143-3p/VASH1 均可受到 METTL3 的正调控作用，这一发现亦首次揭示了 m6A 在 pre-RNA 加工中的作用[60]。

（2）非编码 RNA 的生物生成

1）新生 RNA 的相关研究

基因组的普遍转录产生稳定的 RNA 和不稳定的 RNA（瞬时 RNA）。对新生转录组进行测序，可以评估 RNA 合成和降解速率，解析 RNA 的生物生成过程和动态调控。在 2015—2020 年，研究者开发了一系列技术策略，对 RNA 聚合酶的转录过程及 RNA 的生物生成进行解析。如，mNET-seq 使用抗体对 RNA 聚合酶 II 进行免疫沉淀，并对其中的 RNA 进行 RNA-seq 测序分析，解析 RNA 聚合酶 II 的共转录剪接行为和共转录 pre-miRNA 的生物生成[61]；PRO-seq 是在体外模拟转录过程，将新生转录本的 3' 末端加上生物素标记后构建测序文库并进行测序，在全基因组范围内以高分辨率定位转录起始位点[62]。TT-seq[63]、GRO-seq[64]、TimeLapse[65] 和 TUC-seq[66] 等则将核苷类似物（4sU 或 BrU）掺入新生的 RNA 序列中，实现对 RNA 的转录过程的监测和解析。

2）RNA 加工过程产生的新非编码 RNA

在 RNA 的剪接加工过程中，不同水解过程或酶的催化作用导致剪接中间产物末端具有各种各样的化学修饰，包括 5'-OH，5'-P，或者 3'-OH，3'-P 和 2'，3'-cP 等[67]，这些剪接中间产物有的会被迅速降解，有的末端结合 RNA 结合蛋白而受到保护，或形成高级稳定结构，从而可以稳定存在并具有一定的功能[68]。目前，国际上研究者通过对酿酒酵母 RNA-seq 数据分析，发现一类稳定存在的线性内含子 RNA。不同于那些一经从前体 RNA（pre-mRNA）中剪接下来就被迅速降解的内含子，这类内含子 RNA 是一类新型的非编码 RNA，在酵母细胞中稳定存在。在饥饿应激条件下，线性内含子 RNA 迅速累积去调控酵母的生存[69, 70]。然而，在人体内是否稳定存在这样的功能性内含子 RNA 仍不清楚。

3）环状 RNA 的生成、加工与降解

环状 RNA（circRNAs）是真核生物中以共价闭合环状结构存在的内源性生物分子，具有组织特异性和细胞特异性的表达模式。环状 RNA 主要是通过 pre-mRNA 在选择性剪接的过程中进行的非经典剪接——反向剪接（back splicing）或是内含子剪接过程中形成的套索 RNA 经过核酸外切酶处理形成的稳定环状结构[71]。反向剪接的发生和经典的线性 RNA 可变剪接一样需要 3' 和 5' 剪接位点，不依赖于特殊的基序。尽管通过对酵母剪接体 E 复合物的结构分析，研究者发现经典的跨内含子的线性 RNA 的剪接与形成环状 RNA 的反向剪接可以由同一个剪接体完成[72]，但可能是由于下游 5' 剪接位点与上游 3' 剪接位点的空间位阻，大多数环状 RNA 的反向剪接效率比经典的线性 RNA 剪接效率低得多（≤ 1%）[71]。通过外显子两侧的内含子互补序列（Intronic complementary sequences，ICS）在紧邻剪接位点的位置互补配对形成 RNA 双链可以减小下游 5' 剪接位点与上游 3' 剪接位点的空间距离，从而促进反向剪接的发生。此外，RNA 结合蛋白也可以通过结合外显子两侧的内含子序列，将 pre-mRNA 的下游 5' 剪接供体位点与上游剪接受体位点拉近，增强外显子环化效率。例如，QKI（quaking）可以分别结合在侧翼内含子上，随着 QKI 的二聚化拉近剪接位点间的距离促进环状 RNA 的形成[73]。在小鼠胚胎干细胞来源的运动神经元中，FUS 与反向剪接位点附近的内含子相互作用，影响了大量环状 RNA 的表达，但对同源线性 mRNA 影响不大[74]。

尽管反向剪接效率很低，但由于环状结构对核酸外切酶的抗性，环状 RNA 比 mRNA 的半衰期长[75]，能够在某些类型的细胞中比如增值缓慢的神经细胞中积累到很高的水平，甚至比其同源线性 RNA 高。与 mRNA 主要的 5′–3′ RNA 降解或 3′–5′ RNA 降解方式不同，环状 RNA 通过与 miRNA 互补配对招募 Argonaute 2，利用其核酸内切酶的活性使环状 RNA 断裂并进行后续的降解[76]。2019 年陈玲玲的研究团队首次阐述了环形 RNA 在细胞受病毒感染时的降解机制，及其通过形成分子内双链结构结合天然免疫因子参与天然免疫应答调控的重要新功能。当细胞被病毒感染时，细胞早期免疫反应激活核酸内切酶 RNase L 并大范围内降解环状 RNA[77]。Joseph W.Fischer 等人在 2020 年发表的研究论文则指出高度结构化的环状 RNA 也有可能通过 RNA 解旋酶 UPF1 和核酸内切酶 G3BP1 介导的 SRD（structure-mediated RNA decay）进行降解[78]。

值得注意的是，环状 RNA 上带有大量的 m6A 修饰[79]，且与 mRNA 上的 m6A 修饰一样能够由 METTL3 催化生成，被 YTHDF1/YTHDF2 识别并结合。众所周知，m6A 修饰在 RNA 代谢的多个阶段都扮演着重要的角色，包括 mRNA 的定位、剪接、翻译和降解，进而调节重要的生物学过程，如干细胞分化，其对环状 RNA 也有着某些类似的作用。比如中国科学院—马普学会计算生物学伙伴研究所研究员王泽峰发现 m6A 可以和 m6A 读码器 YTHDF3 以及翻译起始因子 eIF4G2 和 eIF3A 结合，起始不依赖于 m7GPPPN 帽子结构的蛋白质翻译过程[80]；Park, O.H. 等人发现带 m6A 修饰的环状 RNA 可以被读码器蛋白 YTHDF2 及其配体 HRSP12 识别，从而与核酸内切酶 RNase P/MRP 复合物相互作用促进环状 RNA 的降解[81]。

4）RNA 加工 – 递归剪接

Pre-mRNA 的加工成熟由剪接体蛋白催化完成。Pre-mRNA 中的长内含子（一般 >10kb）如何实现正确的剪接去除？早期，研究者在果蝇的 pre-mRNA 长内含子中首次观察到递归剪接的现象。2015 年，国际上研究者在果蝇的 35 个组织样本和 35 个果蝇细胞系产生的 109 亿条读取中分析鉴定到 160 个潜在的递归剪接位点[82]；在人脑 12 个分区的数十个样本产生的 15 亿条读取到的 RNA-seq 数据中鉴定到 9 个发生递归剪接的基因[83]，研究分析所使用的起始样本和数据量巨大，但鉴定到的递归剪接位点却极少，这提示传统 RNA-seq 在鉴定递归剪接这种低频的 RNA 剪接方式时灵敏度很低。

（3）RNA 修饰与 RNA 的命运决定

近年来，高通量测序技术的发展揭示了 mRNA 修饰和 mRNA 核苷酸序列在调控 mRNA 命运决定发挥了重要作用。迄今，已有 170 多种 RNA 修饰被鉴定出来。其中，一些 RNA 修饰，包括 m6A、m6Am、8-oxoG、ψ、m5C 和 ac4C 等，已被证明可调控 mRNA 的稳定性，从而影响不同的细胞和生物学过程。

1）m6A 修饰调控 RNA 的命运决定

在 2014 年，何川团队发现 m6A 读码器 YTHDF2 识别并结合 RNA 上的 m6A 修饰后，促进 RNA 降解这一现象[84]。而 Yoon Ki Kim 团队于 2020 年解析了 YTHDF2 影响 RNA 稳定性的具体机制，即 YTHDF2 优先识别 m6A 修饰，并招募 RNA 降解酶或适配器蛋白来触发含有 m6A 修饰的 mRNA 的快速降解。依赖具有 m6A 修饰的 mRNA 上的 HRSP12 结合位点，YTHDF2 选择以下两种路径中的一种行使功能：① YTHDF2/CCR4/NOT 去腺苷化酶复合物的去腺苷化作用；②通过 YTHDF2–HRSP12–RNase P/MRP 复合物进行核内裂解[85]。

2017 年，何川团队基于全面且系统的质谱技术在不同细胞类型和序列中筛选 m6A 互作蛋白质组。其中，G3BP1 作为 m6A 修饰排斥的蛋白，以 m6A 调控的方式维持靶 mRNA 的稳定[86]。杨运桂团队研究发现定位于细胞质的 m6A 读码器 YTHDF3 协同 YTHDF1，通过与 m6A 修饰的 mRNA 结合，并与核糖体亚基 40S 和 60S 发生互作，促进 mRNA 的翻译过程[87]。杨团队还在小鼠中鉴定一种新的 m6A 读码器 Prrc2a，它通过与下游靶基因 Olig2 CDS 中的 GGACU 基序以 m6A 修饰依赖的方式结合，稳定 Olig2 mRNA。有趣的是，研究者还发现 m6A 去甲基化酶 Fto 可以消除 Olig2 mRNA 上的 m6A 修饰，促进其降解[88]。此外，陈建军教授、杨建华教授和何川教授团队发现 IGF2BP 家族的 IGF2BP1/2/3 作为新的 m6A 读码器家族，依赖 m6A 修饰与 RNA 结合，促进 RNA 的稳定性和翻译效率，进而影响靶基因的表达输出[89]。

2）m5C 修饰调控 RNA 的稳定性

杨运桂团队发现在人膀胱尿路上皮癌中，YBX1 作为 m5C 读码器，通过 W65 的冷休克域的吲哚环识别 m5C 修饰的 mRNA。YBX1 通过招募 ELAVL1 来维持其靶 mRNA 的稳定性[90]。同期，通过对斑马鱼早期胚胎中 m5C 修饰的全基因组分析，发现 m5C 修饰的母体 mRNA 在 MZT（maternal–to–zygotic transition）期间比非 m5C 修饰的 mRNA 表现出更高的稳定性，具体机制为：Ybx1 通过与 Ybx1 冷休克结构域（CSD）中的关键残基 Trp45 的 π–π 相互作用，优先识别 m5C 修饰的 mRNA，该残基在斑马鱼母体 mRNA 的稳定性和早期胚胎发生中发挥重要作用。Ybx1 与 mRNA 稳定剂 Pabpc1a 一起，以 m5C 依赖的方式促进其靶 mRNA 的稳定性[91]。

（4）RNA 修饰与肿瘤发生及发展

1）ALKBH5 维持了肿瘤干细胞的致瘤性

何川教授与美国安德森癌症中心黄素云课题组发现 m6A 甲基转移酶 ALKBH5 在胶质瘤干细胞 GSC 中通过长非编码 RNA（lncRNA）FOXM1–AS 促进与 FOXM1 转录本的互作进行去甲基化修饰，从而促进了 GSC 的增殖以及肿瘤的发生[92]。研究通过结合生物信息学技术与实验验证，首先发现了 ALKBH5 差异表达条件下影响的大部分基因主要涉及细胞周期、细胞增殖、DNA 复制等，同时在 R2、TCGA、Freije 等肿瘤相关的数据库，预测了 ALKBH5 与患者预后相关。通过 siRNA、shRNA 等手段下调表达 ALKBH5，在体内外证明了 ALKBH5 的下调对 GSC 细胞增殖造成了抑制。研究者在 m6A–seq 数据中发现了

FOXM1 3' UTR 独特地都参与了 FOXM1-ALKBH5 的调控过程，及其反义链上的 FOXM1-AS 促进了 ALKBH5 和 FOXM1 初级转录本的相互作用，揭示了 m6A 去甲基化酶 ALKBH5 在胶质瘤中发挥重要作用。

2）去甲基化酶 FTO 对急性髓系白血病发生发展过程的促癌作用

去甲基化酶 FTO 以 m6A 为底物，进行去甲基化活动调控 m6A 修饰水平。早在 2011 年，陈建军教授与何川教授团队在 Cancer Cell 发表 FTO 通过介导 m6A 去甲基化参与白血病进程的研究[93]。而在 2017 年，两位教授的合作团队再次在急性髓系白血病 AML 中解释了 FTO 对癌细胞发生发展产生的促癌作用[94]。通过对病人数据的分析发现，部分 AML 中 FTO 的表达具有显著上升的趋势，利用小鼠模型验证了 FTO 对白血病恶化的促进作用，辅以 m6A-seq 高通量测序及信息学分析发现 m6A 修饰水平在 FTO 的过表达下显著下调，证明了 FTO 在白血病细胞中通过去甲基化调节基因表达从而达到促癌作用。研究者同时发现涉及造血功能正常以及用反式维甲酸（ATRA）治疗的白血病细胞中表达上升的 ASB2 和 RARA 是 FTO 去甲基化修饰的调控靶标，并利用 FTO 的敲低实验阐述了 FTO 介导的 ASB2 和 RARA 调控白血病发生和耐药机制，为白血病的治疗提供了潜在靶标。

（5）tsRNA 调控基因表达的新功能

在应激条件下，tRNA 被不对称切割加工产生一类新的非编码 RNA 最早在原生动物贾第虫分化中发现，并被命名为 sitRNA（stress induced tRNA derived RNA）[50]。随后在多个物种都发现了这类 tRNA 切割产物，并被命名为"tRNA 衍生片段"（tRNA-derived fragment，tRF）或 tsRNA（transfer RNA-derived small RNA）[51]。

由经典的高丰度非编码 RNA 加工产生功能小 RNA 揭示了基因表达的新机制，各类 tsRNA 的代谢及功能也成了近年来的研究热点，已发现 tsRNA 通过蛋白质或 RNA 的相互作用参与到基因组稳定性维持、转录后调控、mRNA 代谢以及翻译过程等多个方面来调控基因的表达[95]。Andrea 等人发现不同长度的 tRF（18 nt 和 22 nt）能通过阻断反转录（18 nt 的 tRF-3）或 miRNA-like 转录后沉默（22 nt 的 tRF-3）的方式沉默长末端重复反转录转座子（long terminal repeat retrotransposons，LTR-RTs）[96]。Ramanuj DasGupta 团队在小鼠胚胎干细胞模型中发现了分化依赖富集的 tsRNA，并通过与 RNA 结合蛋白 IGF2BP1 的互作调节了 cMyc 的翻译，揭示了组织特异的 tsRNA 在调节细胞命运的机制基础[97]。陆剑研究组[98]在果蝇细胞中报道 tsRNA 通过减少 tRNA 合成影响翻译活动以及利用进化保守的序列进行互补配对，并依赖于 AGO2 蛋白作用于靶标 mRNA 进行翻译抑制的方式在胁迫条件下调控细胞翻译水平。tsRNA 的修饰也影响着它们行使生物学功能，王红胜团队[99]在对 ALKBH3 蛋白的 m1A 和 m3C 去甲基化功能进行研究时，发现 ALKBH3 降低 tRNA 的 m1A 甲基化修饰促进了 tsRNA 的生成，并且利用 polysome-profiling 佐证了 ALKBH3 敲除诱导的 tRFs 能够和核糖体 40S 亚基结合，进而参与到翻译调控活动以及抑制细胞凋亡，研究清晰阐述了通过修饰水平调控 tsRNA 生成的原理，同时也为癌细胞不死性研究提供了新方向。

综上所述，每一种类型的 RNA 或 RNA 修饰都具有不同的代谢机制，解析不同细胞类型中 RNA 转录后剪接、修饰、转运与定位以及降解等代谢过程，揭示 RNA 的功能及调控机制是 RNA 研究的重要内容。近年来，RNA 生成及代谢的研究不仅在加工及修饰的层面发现基因的新功能，同时也揭示出基因编码的复杂性及其表达调控的新机制。

3. RNA 生理与遗传

RNA 在细胞命运决定、生殖、发育和遗传等生命活动中发挥着重要的生物学功能。近五年来，针对 piRNA 的新功能、RNA 修饰对基因组的调节作用、小 RNA 在跨代调控中的作用、调控发育过程的 RNA 以及发挥免疫调控作用的 lncRNA 方面取得了一系列研究成果，现将代表性成果总结如下：

（1）piRNA 的新功能与机制

piRNA 是与 Piwi 蛋白相互作用的 RNA（Piwi-interacting RNA，piRNA），其长度约为 27nt，从昆虫、线虫到小鼠和人类等哺乳动物的基因组中都含有大量的 piRNA 分子。近年来，关于 piRNA 的研究取得了多项重要成果。

芝加哥大学分子遗传学与细胞生物学的研究者发现了秀丽隐杆线虫的生殖系统细胞产生的 piRNA 识别靶标基因的机制[100]，发现 piRNA 能够通过基因序列上的特殊信号识别内源性的"自我"或外源的入侵基因产生的 RNA，比如病毒或被称为转座子的基因组寄生元件，从而将它们准确识别出来并进行切割。科研人员一方面揭示了一种能够影响动物生育的基本机制，另一方面也可以利用这一机制将外源 DNA 插入到生殖细胞中，并避免被 piRNA 关闭，从而研究这些基因在生殖系统中的功能。

2019 年底，中国科学院分子细胞科学卓越创新中心的刘默芳教授及其合作者报道了 MIWI/piRNA 激活小鼠精子细胞中 mRNA 的翻译，从而保障功能性精子的生成。刘默芳研究组此前在男性不育症患者中鉴定到一类拮抗人 PIWI 蛋白泛素化修饰的 Piwi 基因突变，并证明此类突变通过影响精子形成后期组蛋白 – 鱼精蛋白交换而导致精子形成受阻，首次证明了 Piwi 基因突变与男性不育相关。当前这项研究工作发现 MIWI/piRNA 介导精子细胞中翻译激活，不仅为解析精子形成过程中"转录 – 翻译解偶联"这个重要生物学问题提供了新线索，还将有助于揭示精子形成障碍的致病机理，并为相关男性不育症的相关诊断治疗提供理论依据和方法与技术[101]。

美国卡耐基研究所胚胎系张钊组建立了在机体水平上精确检测转座子跳跃的系统方法，揭示了跳跃基因如何利用卵子发生过程实现自己的扩增并导致突变和生殖障碍，为我们理解遗传性基因突变和生物生殖障碍提供了新的方向[102]。张钊组的科研成果表明，如果没有 piRNA 的保护，转座子在一套基因组上能够实现成千次跳跃，产生大量的基因组损伤，从而导致卵子死亡。因而该研究很好地解释了动物为什么要进化出一套特定的 piRNA 系统来保持生殖细胞基因组的稳定性和完整性。该研究创立了研究转座子跳跃的系统工具，发现了转座子能够高效地利用生物机体的发育过程来实现大量的细胞选择性的扩增，为深层次的理解生物进化，遗传疾病的发生及生殖障碍提供了新的方向。

（2）RNA修饰对基因组的调节功能

RNA修饰研究在最近几年中得到了爆炸式发展。它影响着一系列生物学过程，包括学习和记忆，昼夜节律，甚至干细胞是分化为血细胞还是分化为神经元之类的基础过程。中国科学院北京基因组研究所的韩大力博士及其合作者发现RNA本身可以调节DNA的转录方式，而不是遗传指令从DNA到RNA再到蛋白的单向流动[103]。这些研究人员发现一组称为染色体相关调控RNA（chromosome-associated regulatory RNA, carRNA）的分子使用相同的RNA甲基化过程，但是它们并不编码蛋白，也不直接参与蛋白表达。但是，它们控制着DNA本身如何存储和转录。这对基础生物学有重大影响。这直接影响基因转录，而且不仅仅是影响少数几个基因的转录。它可以诱导染色质全局性变化，并影响这些研究人员研究的细胞系中6000个基因的转录。这一发现对我们理解人类疾病和药物设计具有重要意义。

（3）小RNA在跨代调控中的作用

小RNA是近30年前在线虫中发现的。从那时起，人们发现它们参与了许多生物过程。此外，小RNA可以从一代传到下一代，这揭示了一种非基于DNA的可遗传基因沉默形式。近年来，关于小RNA的跨代调控功能有了更深入的发现：

来自美国哈佛医学院、威斯康星大学和中国南京农业大学的研究人员发现线虫体内的蛋白RDE-3将pUG尾巴添加到RNA干扰（RNAi）和转座子RNA的靶标上[104]。之前的研究工作已表明，小RNA通过附着在Argonaute/Piwi蛋白上，然后控制mRNA切割，从而启动mRNA沉默。在这项新的研究发现，受到切割的mRNA被RDE-3酶结合，并且RDE-3酶在mRNA上添加了一个尾巴，这个尾巴是由尿苷（U）和鸟嘌呤（G）核苷酸组成的。这样的pUG尾巴作为RNA聚合酶的模板发挥作用，因而它接着合成了次级小RNA。他们认为这些次级小RNA发挥着与起始小RNA相同的作用，维持mRNA沉默。他们进一步提出，切割和合成的循环是跨代基因沉默的驱动因素。从实际意义上说，他们认为这种循环是线虫让后代免受寄生虫感染的一种方式。这些发现可能为研究携带pUG尾巴的RNA是否在其他物种中发挥同样的作用铺平道路。

研究发现父系的某些获得性的遗传疾病可通过表观遗传的方式通过精子遗传给下一代，这对人类繁衍具有深远的影响。2016年，我国遗传与发育所周琪、段恩奎等基于父系高脂饮食小鼠模型，发现在精子中存在一类来源于tRNA的小RNA（tsRNAs）[105]。在高脂饮食下，这类RNA的表达谱和修饰谱均发生显著改变。当将这些高脂小鼠精子中的tsRNAs片段注射到正常受精卵内，可诱导子代产生代谢性疾病。进一步的研究发现，精子中的tsRNAs进入受精卵后可导致早期胚胎及后代小鼠胰岛中代谢通路基因发生显著改变。这项研究提出精子tsRNAs是一类新型的父本表观遗传因子，可介导获得性代谢疾病的跨代遗传；为获得性性状跨代遗传疾病的研究开拓了全新的视角，具有深远意义。

（4）长非编码 RNA 调控发育和 DNA 修复新功能

人类的 DNA 中有一半是由"转座因子"或者说"转座子"组成的。作为病毒样遗传物质，转座子具有复制自我和将自我重新插入到基因组中的不同位置的特殊能力，这导致科学家们称之为遗传上的寄生物。在进化过程中，一些转座子已将数百或数千个自我分散在基因组中。虽然这些转座子中的大多数被认为是惰性的和无活性的，但其他的转座子却通过改变或破坏细胞的正常遗传程序而造成破坏，并且已与某些癌症等疾病相关联。来自美国加州大学旧金山分校、中国清华大学和英国爱丁堡大学的研究人员发现一种人们长期认为是垃圾或有害寄生物的"跳跃基因"LINE1 实际上是胚胎发育初始阶段的一种关键的调节因子[106]。研究人员观察到胚胎干细胞和早期的胚胎表达高水平的 LINE1，这对被认为危险的致病性寄生物的基因来说似乎是自相矛盾的。进一步的实验表明，尽管 LINE1 基因在早期胚胎和干细胞中表达，但是它的作用并不是将它自身插入到基因组的其他地方。相反，它的 RNA 被捕获在细胞核内，在那里它与基因调节蛋白 Nucleolin 和 Kap1 形成复合物。这种复合物对关闭一种协调胚胎的两细胞状态的主要遗传程序（由基因 Dux 控制着）和启动胚胎进行进一步分裂和发育所必需的基因是必要的。

人类基因组 40% 是逆转录病毒元件或衍生物，其中 LTR 逆转座子约占 10%。虽然大部分 LTR 逆转座子都可以转录出长链非编码 RNA，但是其在细胞重大活动中的功能及机制尚未被阐明。中山大学屈良鹄团队首次揭示 LTR-lncRNA 作为 DNA 同源重组修复体（HR repairosome）的 RNA 组分，调控人类细胞 DNA 同源重组的功能及效率[107]。该研究发现：从 LTR12C 家族衍生的长非编码 RNA—PRLH1 与同源重组修复蛋白 RNF169 特异性结合，生成稳定的功能复合物；并通过与非同源重组关键蛋白 53BP1 竞争，启动 DNA同源重组修复。研究还发现，p53 通过 NF-Y 通路抑制 PRLH1 的表达及其介导的 DNA 同源重组修复，而 p53 突变将导致癌细胞同源重组激活，成为癌细胞抵抗凋亡及耐药性的基础。该研究发现 LTR-lncRNA 参与 DNA 同源重组修复体的生成及调控机制，揭示 LTR 逆转座子元件对细胞重要活动调控的新功能及其对人类基因组进化的重要意义。

中国科技大学单革教授实验室发表论文报道通过优化的 CRISPR-cas9 系统对秀丽线虫中 155 个基因间的长链非编码 RNA（lincRNA）进行逐一敲除（秀丽线虫已知的全部 lincRNA 共 170 个），系统地研究了秀丽线虫中 lincRNA 的功能[108]。这也是第一篇在多细胞动物中利用 CRISPR-cas9 技术、在全基因组水平上、对一种特定类型长非编码 RNA进行敲除并系统分析其生理功能及功能机理的研究。通过对秀丽线虫不同发育时期近 300个转录因子的 ChIP-seq 分析来探究转录因子在线虫不同发育阶段对 lincRNA 的调控，进而研究了这 23 个 lincRNA 行使其生理调控功能的机理。本研究系统地探索了 lincRNA在多细胞动物中的生理功能，一定程度拓宽了 lincRNA 研究领域，同时该研究获得的 lincRNA 敲除线虫株为后续进一步研究长链非编码 RNA 在衰老和疾病等中的作用提供了有力支持。

对人类纹状体发育的分子机制的理解受到了限制，这是因为相关的胎儿组织很少，而且在大多数基因鉴定研究中只使用了有限的一组蛋白编码基因。来自意大利、英国和美国的研究人员构建出人类早期胎儿发育过程中该区域的综合单细胞图谱，同时考虑了蛋白编码转录物和长基因间非编码 RNA（long intergenic noncoding RNA，lincRNA）[109]。随后，这些作者根据编码 RNA 和新发现的 lincRNA，对 LGE 的 96789 个单细胞进行分析。这使他们能够发现 15 种不同细胞状态的转录谱，其中包括在整个进化过程中获得的 lincRNA。他们的第一个目标是利用批量 RNA 测序（bulk RNA sequencing）确定这个区域的新鉴定的 lincRNA 目录。这个目录应该有助于澄清人类发育的具体特征，因为 lincRNA 表现出加速进化，具有高度的细胞特异性，并且是大脑发育所需要的。他们的第二个目标是了解中棘神经元（medium spiny neuron，MSN）——纹状体的主要细胞类型——是如何分化和多样化的，以及哪些基因是命运决定的主要调节因子。MSN 分化为 D1 和 D2 类型，因其表达人类多巴胺受体的两个变体之一（D1 和 D2）而得名。他们使用单细胞 RNA 测序来推断MSN 的发育状况，并确定和验证它们的命运标志物。

（5）m6A 甲基化修饰调控脊椎动物造血干细胞命运决定

N6－甲基腺苷（N6-Methyladenosine，m6A）RNA 修饰是近年来出现的一种新的调控真核生物基因表达的机制。m6A 影响被修饰 RNA 分子的命运，在包括造血系统、代谢疾病、癌症等几乎所有重要疾病进程中都发挥着重要作用。而其中，在造血干细胞中的研究成果是近年最大的亮点之一。造血干细胞是血液系统中各种血细胞的祖细胞，在维持血液系统的长期稳定以及骨髓移植治疗中发挥重要的作用，然而，其来源匮乏却是制约临床疾病治疗的瓶颈。因此，人类造血干细胞的体内发育和体外诱导扩增一直是生物医学领域的热点课题。2017 年，我国科学家刘峰和杨运桂团队通过合作研究，首次发现 m6A 甲基化修饰通过介导 notch1a mRNA 稳定性调节内皮－造血转化过程中的基因表达平衡，从而促进造血干细胞发育[110]。该工作从崭新的视角揭示了 RNA 的表观修饰在造血干细胞命运决定的重要作用，具有重大理论创新，还将为进一步实现造血干细胞体外扩增提供新思路。

（6）非编码 RNA 与免疫调控

南开大学曹雪涛团队发现一种能够增强抗病毒天然免疫功能的新型长非编码 RNA 分子（lncRNA）——Lnczc3h7a，并揭示了其发挥免疫调控作用的分子机制[111]。该新型RNA 分子及其独特免疫调控方式的发现，拓宽了人们对自身 RNA 维持机体免疫平衡的认识，为自身免疫性炎症疾病的机制探索与防治策略提供了新的研究思路和潜在的干预靶点。该团队还报道了非编码 RNA lncRNA-ACOD1 在体内外均能显著地促进多种病毒的复制[112, 113]。lncRNA-ACOD1 通过不依赖干扰素的一条新作用模式促进病毒感染，表达谱检测显示代谢通路受到 lncRNA-ACOD1 的明显调控。分子机制上，lncRNA-ACOD1 在细胞浆中结合代谢中重要的氨基转移酶 GOT2，在分子构象上靠近酶底物结合位点，有利于其催化反应。体外酶活性实验和体内 LC-MS 质谱代谢物检测证实 lncRNA-ACOD1 能够促进 GOT2 的代谢活性，且 GOT2 缺失则 lncRNA-ACOD1 促进病毒复制的功能丧失，补充 GOT2 或其催化底物能够逆转 lncRNA-ACOD1 缺失造成的病毒复制减弱。这证实 lncRNA-ACOD1 通过促进 GOT3 酶活性影响代谢，促进了病毒复制的作用模式。先天性 RNA 传感器 RIG-I 在识别"非自身"病毒 RNA 时，抗病毒 I 型干扰素（IFN）的产生中起关键作用。2018 年，该团队首次鉴定了一种在宿主中衍生的、IFN 诱导的长链非编码 RNA lnc-Lsm3b[114]。研究表明，lnc-Lsm3b 可以在 RIG-I 单体的结合中与病毒 RNA 竞争，并在先天反应的后期反馈使 RIG-I 先天功能失活。进一步研究发现，lnc-Lsm3b 的结合限制了 RIG-I 蛋白的构象转移，阻止了下游信号传导，从而终止了 I 型 IFN 的产生。多价结构基序和长茎结构是 lnc-Lsm3b 与 RIG-I 结合和抑制的关键特征。这项研究首次揭示了免疫反应调节中的一种非典型的自我识别模式，以限制"非自我"RNA 诱导的先天免疫反应的持续时间，维持免疫稳态，在炎症性疾病管理中具有潜在的应用价值。这些系列研究成果将非编 RNA、代谢调控和病毒感染三者联系在了一起，为免疫调控机制的研究提供了新的思路。

中山大学屈良鹄团队首次阐明 miR-122 在肝细胞天然免疫生成中的关键作用及调控机制，提出 miR-122-RTKs/STAT3-IRF1-IFNs 信号通路决定肝细胞抵御病毒入侵的天然免疫核心基因 – 干扰素的激活[115]。这一发现揭示了非免疫细胞的天然免疫生成的表观遗传调控机制，对理解病毒入侵和肿瘤发生的原理及其防治具有重要的意义。

4. RNA 结构生物学

RNA 结构生物学的主要研究内容包括 RNA 的三维结构与动力学、RNA 与蛋白质 /DNA/ 小分子复合物的三维结构及功能意义等方面。近年来，RNA 结构生物学的发现主要集中在：早期胚胎发生过程中丰富的 RNA 结构、解析 RNA 剪接复合物的结构、解析 RNase 复合物的结构以及解析 CRISPR 复合物的详细分子结构等。

（1）早期胚胎发生过程中丰富的 RNA 结构

中国科学院北京基因组研究所杨运桂研究组、清华大学张强锋研究组，以及中科院动物研究所刘峰研究组合作，通过小分子修饰结合深度测序的 icSHAPE（in vivo click selective 2'-hydroxyl acylation and profiling experiment）技术，绘制斑马鱼早期胚胎发育中 4 碱基分辨率的 RNA 二级结构图谱，发现 RNA 结构在 0 h.p.f.(fertilized egg) 至 6 h.p.f.(shield stage) 之间呈现高度动态性[116]。研究团队进一步分析发现，RNA 结构动态区域富集了包含 Elavl1a 在内的大量母源 – 合子转换调控元件，提示 RNA 结构的动态变化在母源 – 合子转换过程中可能发挥一定作用。

（2）RNA 剪接复合物结构

清华大学施一公教授研究组一直致力于捕捉 RNA 剪接过程中处于不同动态变化的剪接体结构，从而从分子层面阐释 RNA 剪接的工作机理，取得了一系列重要成果，主要包括：①报道了 RNA 剪接循环中剪接体最后一个状态的高分辨率三维结构，为阐明剪接体完成催化功能后受控解聚的分子机制提供了结构基础，从而将对 RNA 剪接（RNA Splicing）分子机理的理解又推进了一步[117]；②首次揭示了啤酒酵母中该完整复合物的冷冻电镜结构，分辨率达到 2.5Å（是目前完整剪接体的最高分辨率），从而可以在原子层面鉴定 12 种新蛋白质，包括 Prp2 和 Spp2，结构以及生化分析阐明了 Spp2 激活 Prp2 的机制；③报道了酿酒酵母剪接体处于被激活前阶段的两个完全组装的关键构象——预催化剪接体前体（precursor pre-catalytic spliceosome，定义为"pre-B 复合物"）和预催化剪接体（pre-catalytic spliceosome，定义为"B 复合物"）[118]。这两个关键状态剪接体结构的解析，为揭示剪接体组装初期如何识别 5' 剪接位点和分支点、如何进行结构重组以及如何完成剪接体的激活等问题的机理提供了最直接、有效的结构证据，也将为更高等真核生物可变剪接的研究提供结构基础与理论依据。

（3）RNase 复合物结构

RNaseP 催化的底物主要是 tRNA 前体，催化切割 pre-tRNA5' leader 进而促进 tRNA 的成熟。RNaseP 是通过"doubleanchor"机制来识别 tRNA 的 acceptorstem 结构，不具有序列特异性。上海交通大学雷鸣团队于 2018 年、2019 年先后解析了酵母、古细菌以及人源 RNaseP 的全酶及其底物复合物结构，详尽阐释了 RNaseP 的底物识别和催化机制，并为这一类地球上所有生物中都存在的核酶提供了进化上新的见解[119]。相较于 RNaseP，RNaseMRP 催化的底物主要为核糖体 rRNA 前体，催化切割 pre-rRNA 中 ITS1 区域的 A3 位点，进而促进核糖体的加工成熟。2020 年雷鸣团队从酵母中成功提取 RNase MRP 复合物，利用冷冻电镜单颗粒重构技术，分别解析了 RNase MRP 全酶和带有底物的复合物高分辨率结构，该结构清晰揭示了 RNaseMRP 是如何由 RNaseP 衍化而来并获得了全新的不同的底物特异性[120]。该项研究工作为理解 RNaseMRP 的催化机理以及突变导致的致病机理提供了坚实的基础。

（4）CRISPR-Cas 系统的详细分子结构

CRISPR/Cas 系统是目前发现存在于大多数细菌与所有的古菌中的一种免疫系统，被用来识别和摧毁抗噬菌体和其他病原体入侵的防御系统。在 CRISPR/Cas 系统中，CRISPR 是规律间隔性成簇短回文重复序列（clustered regularly interspaced short palindromic repeats）的简称，涉及细菌基因组中的独特 DNA 区域，也是储存病毒 DNA 片段从而允许细胞能够识别任何试图再次感染它的病毒的地方，CRISPR 经转录产生的 RNA 序列（被称作 crRNA）识别入侵性病毒的遗传物质。Cas 是 CRISPR 相关蛋白（CRISPR-associated proteins，Cas）的简称，Cas 蛋白像一把分子剪刀那样切割细菌基因组上的靶 DNA。CRISPR-Cas 系统分为两大类。第一大类 CRISPR-Cas 系统由多亚基组成的效应复合物（如 Cascade、Csm complex 等）发挥功能；第二大类是由单个效应蛋白（如 Cas9、Cas12、Cas13 等）来发挥功能。

2016 年 6 月，Broad 研究所成员张锋等人首次描述了一种靶向 RNA 的 CRISPR 相关酶

（之前被称作 C2c2，如今被称作 Cas13a），而且能够经编程后切割细菌细胞中的特定 RNA 序列[121]。不同于靶向 DNA 的 CRISPR 相关酶（如 Cas9 和 Cpf1），Cas13a 能够在切割它的靶 RNA 之后保持活性，而且可能表现出不加区别的切割活性，而且在一种被称作"附带切割（collateral cleavage）"的过程当中，继续切割其他的非靶 RNA。

为了理解 Cas13a 如何被激活和切割靶 RNA，中科院生物物理所王艳丽与合作者解析出来自口腔纤毛菌（Leptotrichia buccalis）的 Cas13a（以下称 LbuCas13a）结合到 crRNA 和它的靶 RNA 上时的晶体结构，以及 LbuCas13a–crRNA 复合物的冷冻电镜结构。他们证实 crRNA– 靶 RNA 双链结合到 LbuCas13a 中的核酸酶叶（nuclease lobe，NUC）的一种带正电荷的中心通道内，而且一旦结合靶 RNA，LbuCas13a 和 crRNA 经历显著的构象变化。这种 crRNA– 靶 RNA 双链形成促进 LbuCas13a 的 HEPN1 结构域移向 HEPN2 结构域，从而激活 LbuCas13a 的 HEPN 催化位点，随后 LbuCas13a 就以一种非特异性的方式切割单链靶 RNA 和其他的 RNA[122]。

2018 年，来自美国沙克生物研究所的研究人员首次解析出 CRISPR–Cas13d 的详细分子结构[123]。CRISPR–Cas13d 是新兴的 RNA 编辑技术中的一种有希望的酶。他们能够利用低温电镜技术（cryo-EM）可视化观察这种酶，其中 cryo-EM 是一种前沿的技术，让人们能够以前所未有的细节捕捉复杂分子的结构。为了了解 Cas13d 功能的分子基础并解释其紧凑的分子结构，他们将 Cas13d-guide RNA 二元复合物和 Cas13d-guide-target RNA 三元复合物的冷冻电子显微镜结构解析为 3.4Å 和 3.3 Å 分辨率。

（5）相变相关的 RNA 分子

细胞区室和细胞器是组织生物物质的基本形式。大多数熟知的细胞器通过膜结构与周围环境隔开。另外还有许多无膜结构的细胞器。最新研究表明这些无膜细胞器是蛋白质和 RNA 的超分子组装体，通过相变（phase transition）而形成的。

Clifford P. Brangwynne 和 Anthony A. Hyman 等利用生物物理学的方法，证明在模式生物秀丽线虫中已被发现的 P granules 是由相变形成的无膜细胞器，从而开创了相变和无膜细胞器这个领域[124]。随后 Carolyn M. Phillips、Gary Ruvkun 和 Scott Kennedy 在秀丽线虫中又发现了 SIMR-1 foci、Mutator foci 和 Z granules 等一批液滴状无膜细胞器[125-127]。有趣的是，这些无膜细胞器空间上毗邻，而且秀丽线虫的小 RNA 信号通路分别位于这些无膜细胞器中，比如结合 piRNA 的 PRG-1 位于 P granules 中，抑制 DNA 转座子的 Mutator 基因位于 Mutator foci，介导小 RNA 跨代表观遗传的部分基因位于 Z granules，提示这些无膜细胞器协调不同的小 RNA 信号通路。这些无膜细胞器位于核孔复合体附近，监控着细胞内合成的 RNA 分子，决定着细胞内 RNA 的命运。

短核苷酸重复 – 扩张（short nucleotide repeat expansion）指一段有核苷酸重复序列的 DNA 扩张为原来的几倍。很多常见的遗传性神经疾病与短核苷酸重复 – 扩张有关。当这种重复扩张发生在非编码区的时候，被剪切下来不翻译的重复 RNA 序列会异常积累，称为 RNA 团簇（RNA foci）[128]。异常聚集的 RNA 发生相变，具有类似固体的行为，成为 RNA 凝胶。只有当核苷酸重复数目达到一定阈值，才会发生 RNA 团簇。但这种 RNA 聚集的分子机制还不明朗。来自美国霍华德休斯医学研究所的两位科学家 Ankur Jain 与 Ronald D. Vale 的研究表明，短序列重复 RNA 特殊的物化性质导致 RNA 相变，形成团簇，可能通过隔离细胞内相关蛋白，导致神经疾病[129]。文章揭示了 RNA 可以自身发生凝胶化，RNA 分子内碱基配对促使其在核内形成聚集团簇，可能通过在核小斑中招募并隔离相关蛋白因子影响细胞功能，导致神经疾病。因此，阻断 RNA 自身碱基配对可能是治疗神经疾病的新靶点。

5. RNA 与医学

在过去的 5 年时间里，RNA 在医学领域的研究日新月异，分别在重大疾病的发病机制、RNA 的检测技术、RNA 的临床前及临床等研究都取得了长足的发展。更值得一提的是，siRNA 药物被 FDA 批准，标志着 RNA 分子作为治疗药物的理念从概念走向了临床现实。

（1）非编码 RNA 在重大疾病发生发展中的调控新机制

R-环（R-loop）是生物体在转录过程中形成的特殊的三链核酸结构，转录过程中新合成的 RNA 链与模板 DNA 链互补配对，形成的 DNA：RNA 杂合双链与非模板 DNA 链一起被称为 R-环。R-环在生物体内普遍存在，并参与了许多生物学过程。R-环的异常导致多种人类疾病的发生，包括很多神经以及神经退行性疾病和癌症的形成。因此，对 R-loop 的形成以及功能方面的研究有助于我们对疾病的认识。带有多层玫瑰花结的胚胎肿瘤（ETMRs）是一种侵袭性的儿童胚胎脑肿瘤，预后普遍较差。研究者发现，肿瘤患者中，R-环结构的广泛出现，显示了普遍的基因组不稳定性，这种不稳定性是由 DICER1 功能的丧失引起[130]。利用拓扑异构酶和 PARP 抑制剂靶向 R 环可能是治疗这种致命疾病的有效策略。

环状 RNA（circRNA）是一类封闭环状结构，不受 RNA 外切酶影响的特殊 RNA 分子，是当前 RNA 领域最新的研究热点。我国科学家陈玲玲团队前期系统解析了环形 RNA 生成及加工的分子机制；然而，大部分环形 RNA 的功能以及作用机制至今未被阐明。2019 年，该团队发现环形 RNA 在细胞受病毒感染时被核糖核酸酶 RNase L 降解的过程，并解析了环形 RNA 形成 16-26 bp 的双链 RNA 茎环结构具有结合天然免疫因子 PKR 的特性。在系统性红斑狼疮患者来源的外周血单核细胞的研究发现，在患者体内环形 RNA 普遍低表达且 PKR 异常激活；而增加环形 RNA 则可以显著抑制病人来源外周血单核细胞和 T 细胞中的 PKR 及其下游免疫信号通路的过度激活[131]。这些发现不仅首次揭示了环形 RNA 的降解途径及其特殊二级结构特征，并发现环形 RNA 发挥天然免疫炎症反应调控的全新功能，同时也为炎症性自身免疫病系统性红斑狼疮的临床治疗提供了新策略。

中山大学宋尔卫、苏士成教授团队发现长链非编码 RNA NKILA 能调控肿瘤免疫逃逸的新功能，揭示了 NKILA 通过调控 T 细胞亚群的凋亡敏感性，从而改变肿瘤微环境中 T

细胞亚群的平衡，造成肿瘤免疫逃逸的新机制。同时研究指出通过靶向 NKILA LncRNA，能够保护 T 细胞顺利识别肿瘤细胞，从而为过继细胞免疫治疗提供了新的思路[132]。

中山大学屈良鹄提出"肿瘤核心信号通路"猜想，并以慢性白血病（CML）为模式，采用药物诱导微 RNA 重编程和靶向 c-Myc 通路技术解析了 CML 致病与耐药的两条不同的核心信号通路及其相互关系，为解决"成瘾性癌基因"理论中关键的耐药机制问题提供了新的方法。该研究还发现隐丹参酮等天然抗癌化合物可以同时抑制 CML 致癌与耐药两条信号通路，揭示了天然抗癌化合物的巨大医学应用潜力[133]。

（2）基于向导 RNA 的 CRISPR 技术应用于治疗重大疾病

CRISPR 技术自诞生之初，就引起了科学界的广泛关注，为生物学与医学领域带来了新一轮革命，为重大疾病的治疗带来了曙光，并摘得 2020 年诺贝尔化学奖的桂冠。CRISPR 技术是通过人工设计的单一向导 RNA（single guide RNA，sgRNA）将核酸内切酶 Cas9 蛋白定位到特定的 DNA 序列进行切割产生双链断裂，从而高效敲除靶基因，获得一系列的生物学功能。2019 年，David Liu 提出一项新型编辑技术——"先导编辑"（Prime 编辑），在体内直接支持靶向点突变、精准插入、精准删除及其各种组合，而不造成 DNA 双链断裂。作者将 Cas9 酶和逆转录酶结合起来使用。所得的编辑机器和 sgRNA 结合在一起后，既能搜索特定 DNA 位点，又能直接让包含了预期编辑的新遗传信息替换靶 DNA 序列。与单一的碱基编辑相比，Prime 编辑提供了更高的效率和更纯的产品，并且显示出更低的脱靶率。Prime 编辑更高效地扩展了基因组的编辑范围和能力，并且原则上可以纠正约 89% 的已知致病性人类遗传变异[134]。另一方面，我国科学家建立了新一代基因编辑工具脱靶检测技术——GOTI，并且该技术的脱靶检测范围扩大至 RNA 水平，通过对单碱基编辑工具进行精确改造，筛选到既保留高效的单碱基编辑活性又不会造成额外脱靶[135]。GOTI 的高保真单碱基编辑特性，为单碱基编辑应用于临床治疗提供了重要的基础。

近些年，由于各种 CRISPR 技术实现跨越式发展，使之具有极高的基因编辑效率、灵活性和可操作性，促使多项临床前或者临床研究取得了成功。2015 年，中山大学黄军就团队首次利用 CRISPR/Cas9 技术编辑人类胚胎 DNA，用于改造了导致一种潜在致命血液疾病——β-地中海贫血的基因，为该类疾病的治疗提供了新的策略[136]。而另一项关于 β-地中海贫血（β 地贫）与镰刀状贫血（镰贫）的临床实验更值得关注。2020 年，美国科学家团队利用 CRISPR 技术靶向调控区域为转录抑制因子 BCL11A 的红系细胞增强子位点，对于该位点的编辑能够特异性地关闭 BCL11A 在红系细胞中的表达，从而阻止其对 γ 珠蛋白的沉默[137]。对患者的造血干细胞进行了基因编辑，并重新回输至患者体内。临床实验结果显示，β 地贫患者与镰贫患者已经分别能够自主完成造血 22 个月与 17 个月，在临床表现上已经被治愈[137]。2020 年 7 月，湘雅医学院和华东师范大学团队同样报道用 CRISPR 技术治疗 2 例中国儿童地贫患者，包括世界首例重度地贫患者（beta0/beta0），并在短期内摆脱了输血依赖。与此同时，2019 年我国科学家通过非病毒转染的方式将 Cas9-

gRNA 核糖核成功治疗了一位罹患 HIV 与急性淋巴细胞白血病的患者，初步证明了基因编辑造血干细胞的安全性与可行性，并为未来艾滋病的治疗做了初步的探索[138]。

此外，由 SARS-CoV-2 病毒引起的全球大流行凸显了抗病毒方法的必要性。一种基于 CRISPR-cas13 的策略，PAC-MAN（人类细胞预防性抗病毒 CRISPR）可以有效降解来自 SARS-CoV-2 序列和甲型流感病毒（IAV）的 RNA。基于针对病毒保守区域的 CRISPR RNA（crRNAs），筛选并鉴定了针对 SARS-CoV-2 的功能性 crRNAs[139]。这种方法设计一组仅由 6 种 crRNA 的组合可以针对 90% 以上的冠状病毒。随着一种安全有效的呼吸道输送系统的发展，PAC-MAN 有可能成为一种重要的泛冠状病毒抑制策略。

因此，基于 sgRNA 的 CRISPR 技术在基因编辑的基础和临床汇总的研究具有划时代的意义。这标志通过编辑基因达到精确治疗各种疑难疾病的目的，为很多遗传疾病如帕金森病、疟疾以及癌症等重大疾病的临床治疗提供了新方向。

（3）基于 siRNA 基因沉默机制的药物研发

RNAi 是指与靶基因 mRNA 互补的短双链 RNA 诱导的序列特异性的转录后基因沉默现象。狭义的小核酸是指介导 RNAi 的短双链 RNA 片段（siRNA）。基于 RNAi 技术可以特异性沉默特定基因的表达，已被广泛应用于探索基因功能，病毒性疾病、恶性肿瘤的基因治疗领域。虽然发现 siRNA 作用机制的两位科学家早已获得了诺贝尔奖，但是近 20 年的临床研究均宣告失败。直到 2008 年，Alnylam Pharmaceuticals 公司解决了 siRNA 呈递的难题。他们发明出一种脂质纳米颗粒，它可以保护基因沉默 RNA，并将其运送到肝脏，用于治疗一种被称为遗传性转甲状腺素蛋白淀粉样变性的罕见疾病。直到 2018 年 8 月，FDA 正式宣布批准了第一款基于 RNA 干扰（RNAi）技术的治疗药物，这预示着靶向致病性基因的新药物的开发将推进到新的时代。这项研究是自 20 年前 RNAi 技术被发现以来，首个被证实有临床价值并获批上市的 RNAi 药物，正式宣告 RNA 的临床研究走向了现实，具有重要意义。

我国的苏州圣诺生物公司、苏州瑞博生物、中南大学、华侨大学、广州市香雪制药股份有限公司等众多机构都在改进基于 siRNA 基因沉默的 RNAi 技术，并运用其开展药物研发。

（4）RNA 病毒 SARS-CoV-2 结构鉴定与 mRNA 疫苗开发

严重急性呼吸系统综合征冠状病毒 2（Severe acute respiratory syndrome coronavirus 2，SARS-CoV-2）引起的 2019 冠状病毒病（COVID-19）现已成为全球人流行[140]。我国科学家率先分离新冠病毒，并鉴定该病毒是典型的正链 RNA 病毒，并于 2020 年 1 月 11 日在国际上共享病毒的基因组测序数据，为全球正在进行的 COVID-19 的基础和临床研究做出了卓越的贡献[141]。COVID-19 的复制及转录依赖于 RNA 的 RNA 聚合酶（RdRp），也被称为 nsp12，它是目前研究治疗新冠病毒的主要靶点。2020 年，我国科学家饶子和团队首次揭示了 COVID-19 病毒全长 nsp12 与辅助因子 nsp7 和 nsp8 在 2.9 Å 分辨率的复合物的低温电子显微镜结构。除了病毒聚合酶家族聚合酶核心的保守结构外，nsp12 还在其 N 端拥有一个新发现的 β - 发夹结构域[142]。通过进一步比较分析模型精确显示瑞德西韦与这种聚合酶结合。该结构的报道为设计新的靶向 nsp12 的抗病毒药物提供了基础。清华大学张强锋研究组利用 PrismNet 模型，使用新冠病毒 SARS-CoV-2 在宿主细胞内的 RNA 基因组结构信息，预测了多个新冠病毒的宿主结合蛋白[143]；从这些宿主蛋白出发，找到了一些对抑制新冠传播有效的重定位药物。

在临床研究上，必须积极开发安全有效的疫苗以控制 COVID-19 大流行，消除其传播。各个主流国家几乎都在积极地研究和应用抗 COVID-19 病毒疫苗。新冠疫苗通常分为以下几种类型：非活性疫苗、病毒载体、蛋白基、基于 DNA 和 mRNA 的疫苗等。我们国家自主开发的非活性 COVID-19 颗粒疫苗、腺病毒载体疫苗以及蛋白质疫苗的开发已经走在了国际前列，而且进行了大规模的接种，很好控制了 COVID-19 在国内的流行。但是，由于 COVID-19 是正链 RNA 病毒，其序列具有较大的变异性，迄今为止，至少在英国（B.1.1.1）、南非（B.1.351）和巴西（P.1）中发现了三个高传播性质的变体。因此，开发预防 COVID-19 的新型疫苗仍任重而道远。在所有方法中，以信使 RNA（mRNA）为基础的疫苗已成为快速应对这一挑战的快速和通用平台。我国科学家开发了一种编码 COVID-19 受体结合域（RBD）的脂质纳米颗粒载体，能够包裹 mRNA（mRNA-lnp），作为候选疫苗（称为 ARCoV）。在小鼠和非人类灵长类动物中，ARCoV mRNA-LNP 肌内免疫诱导了大量抗体以消除 COVID-19，并且引起了很强的 th1 细胞免疫反应。对小鼠进行两剂 ARCoV 免疫，完全保护小鼠免受 COVID-19 鼠适应毒株的攻击。此外，ARCoV 为液体制剂，可在室温下至少保存 1 周，具有较强的稳定性[144]。目前 ARCoV 正在进行 1 期临床试验评估。

6. RNA 与农学

作物育种研究直接影响了国计民生。作物的产量受到多种因素的影响，例如水稻中产量常常由粒型、粒重、穗分支、分蘖数、对生物和非生物逆境的抗性等因素共同决定。解析调控这些作物性状的分子机理，鉴定其中的调控基因，不仅是植物发育研究领域的重要基础研究，而且也能为作物育种提供理论基础和指导思路。作物分子生物学研究将是未来作物育种的重要发展方向之一。

作物性状的调控通常由多种基因共同调控的。长久以来，鉴定调控性状的基因大多是通过图位克隆的方式对重要数量性状位点（Quantitative Trait Locus，QTL）中的主效基因进行定位，该方法较为耗时耗力。至今能够鉴定到主效基因的 QTL 还是十分有限的，并且有些 QTL 在前期研究中无法定位到主效的蛋白编码基因。随着测序技术的发展和人们对基因组的解析，占了基因组中绝大部分的非编码区域逐渐被意识到其不可或缺的调节功能。在这些区域里含有大量非编码 RNA，它们参与到各个生命过程的调控中，然而作物中的非编码 RNA 的功能研究还刚处于起步阶段，大多数的研究还停留在鉴定阶段。近年来不断有报道显示了非编码 RNA 对作物性状的调控及其潜在的应用价值。

（1）非编码 RNA 调控作物性状的机制研究

研究发现，microRNA、植物中特有的 phasiRNA、长非编码 RNA 等非编码 RNA 在作物生长、发育、开花、结实等过程中都发挥着重要作用。

1）microRNA 在调控作物性状中的功能和机制研究

近五年来，作物中的非编码 RNA 的功能研究报道逐年上升。其中研究最多的是小分子非编码 RNA，主要是 microRNA 在作物性状调控中的作用。多个团队报道了 miR156 通过调节靶基因 SPL 家族成员而参与调控水稻的粒型、穗型和分蘖，最终影响水稻产量。例如，苗雪霞研究组筛选得到一个水稻 T–DNA 多蘖矮秆（cd）突变体。T–DNA 插入位置非常接近 miR156f 基因并造成其上调表达。过表达 miR156f 的植株的株型与 cd 突变体类似。相比而言，过表达 miR156f 靶向模拟物（MIM156fOE）的植株分蘖数减少，株高增加。遗传分析表明，OsSPL7 是 miR156f 的靶标，可调节植物株型。过表达 OsSPL7 的植株分蘖数减少，而 OsSPL7 RNAi 植株的分蘖数增加，株高降低[145]。此外，朱健康团队还发现一个 MIR156 亚家族的突变会导致种子休眠增强，并且能够在不影响水稻株型结构和籽粒大小的情况下抑制种子收获前萌芽的现象，而另外一个 MIR156 亚家族则会改变水稻的株型结构，增加籽粒大小，但对于种子休眠的影响不大。具体来说，mir156 突变体能够解除对于 miR156 靶基因 IPA1 的抑制，而 IPA1 基因能够直接调控多个赤霉素 GA 通路上的基因，因此 mir156 突变体能够通过抑制 GA 通路来增加种子休眠，该发现提供了一个不影响产量的情况下抑制水稻种子收获前萌芽的有效办法，这将会促进优良水稻品种的育种进程[146]。同时，番茄中 miR156 的过表达也可以调节果实的大小。

来自中山大学的陈月琴团队报道了多个调控水稻性状的 microRNA 分子。例如，除了该团队早期报道的调控蓝铜蛋白通路的 miR397 外，miR408 也靶向蓝铜蛋白 UCL8 基因而调节光合作用通路和水稻产量[147]。而 miR528 则通过 UCL23 蛋白通路调控了水稻花粉粒后期的发育，参与水稻结实率调控。植物的花粉壁是由内壁和外壁构成，其中花粉外壁的发育调控机制相对清楚，然而人们对花粉粒内壁（intine）的组成和发育调控仍所知甚少。花粉内壁的发育是花粉粒成熟及花粉管萌发和植物双受精作用所必需的，对于作物育种及产量都具有重要的意义。miR528 在二孢花粉期的花粉粒中表达并抑制 UCL23 的表达，促进花粉内壁在该时期的发育。UCL23 通过与 POT 蛋白在 PVC/MVBs 中互作，影响黄酮类物质的运输和积累参与花粉内壁发育调控[148]。李文学团队还报道了 miR528 在玉米中通过调控木质素合成影响高氮条件下玉米倒伏性[149]。还有其他一些 microRNA 在作物性状调控中的功能被陆续报道，如 miR160 通过调控生长素响应因子 ARFs 而调控水稻种子萌发等[150]。

2）phasiRNA 与花粉粒发育及结实率调控

近期，另一类小分子非编码 RNA 也被证明参与了作物的生殖发育，即在水稻、玉米等单子叶作物的花粉母细胞形成期和减数分裂前期特异表达的 21nt 长的 phasiRNA。植物 phasiRNA（phased，secondary，small interfering RNA）是一类内源性的、起调控作用的非编码小 RNA（sRNA），它在植物的生长、发育、生殖以及抗病中发挥着重要作用。在水稻里，此类生殖期表达的 phasiRNA 结合在 AGO5 蛋白家族成员 MEL1 上。MEL1 的缺失则造成了花粉粒的完全败育和水稻不育。陈月琴团队发现，在水稻中，生殖期 phasiRNA 通过 "group work" 的方式高效靶向并切割特定类群的基因。并且生殖期 phasiRNA 整体或部分缺失均会造成减数分裂的异常及花粉不育；而单一 phasiRNA 前体 PHAS 位点的序列突变也会造成 phasiRNA 靶向关系的改变以及花粉败育[151]。此外，该团队还进一步解析了 MEL1 的精准调控的机制和在花粉发育过程中的生物学意义。研究发现 MEL1 在减数分裂后期开始被体内泛素化修饰并降解，该过程被一个新鉴定的单子叶特有的 E3 蛋白 XBOS36 介导。MEL1 的清除失败会造成水稻花粉粒的败育和结实率的下降[152]。

除了 21nt 的 phasiRNA 外，植物中还有一类 24nt 长的 phasiRNA，它的功能和 21nt phasiRNA 有所不同。夏瑞课题组发现，24-nt phasiRNAs 在双子植物中也是广泛存在的，而且产生机理和时空表达模式与单子叶中的类似。通过分析荔枝的小 RNA 数据，他们发现荔枝中 miR2275 和 24-nt phasiRNA 均明显表现出减数分裂时期的特异高表达，随后快速下降。这表明，从时间序列来看，在荔枝与玉米中，这一通路保守地表达在减数分裂时期。miR2275-24nt phasiRNAs 通路在其他四个双子叶植物（葡萄、草莓、甜橙和棉花）中也存在，说明其具有重要生物学功能[153]。

3）长非编码 RNA 与作物性状调控

除了小分子非编码 RNA 外，还有其他种类的非编码 RNA 也参与到作物性状调控中。例如，张启发团队最早发现的水稻育性相关 QTL 的主效长非编码 RNA（lncRNA）基因的 PSM1T 和 LDMAR 均参与水稻的光敏雄性不育调控。虽然其调控机制还有待进一步发掘，但有证据显示它们的功能可能与 phasiRNA 有关。杨金水课题组报道了另一个 lncRNA LAIR 在作物产量调控中的作用。该研究从一个水稻产量性状相关基因簇 LRK（leucine-rich repeat receptor kinase）上游鉴定到一例长链非编码转录物，命名为 LAIR（LRK cluster intergenic antisense RNA）。水稻中 LAIR 的过表达可以引起 LRK 基因簇部分基因的转录上调，改变 LRK1 基因组位点的组蛋白修饰状态，并在植株水平产生显著的增产表型。该课题组早在 2006 年就在水稻中定位到一个 QTL 位点，可以显著提高田间产量。精细定位最终锁定一个含有 8 个 LRR（leucine-rich repeat）-Kinase 编码基因的基因簇，命名为水稻产量基因 LRK 基因家族。在此基础上，研究团队进一步从 LRK 基因簇上游 5' 端区域，位于 LRK1 座位处，鉴定到一例反义链转录物 LAIR。LRK1 位于 LAIR 第一个内含子中，两者之间没有序列重叠区。LAIR 过表达能够激活部分 LRK 基因表达水平，并在水稻植株水平表现出产量性状显著改良表型。基因组表观遗传分析发现，过表达 LAIR 的株系中在转录激活的 LRK1 基因染色质区域存在组蛋白 H3K4me3 和 H4K16ac 修饰富集信号。此外，染色质修饰蛋白 OsMOF 和 OsWDR5 也富集于 LRK1 基因组区域。与此同时，研究团队还发现，LAIR 能够在水稻细胞内结合染色质修饰蛋白 OsMOF 和 OsWDR5，并可与 LRK1 基因的 5'- 和 3'- 非翻译区特异互作[154]。除了 lncRNA 外，环状 RNA（circRNA）作为研究很少的新型非编码 RNA，也有少量功能研究证明其和作物性状的关系。如水稻里环状 RNA Os08circ16546 的过表达会导致 AK064900 的下调，影响颖花和花器官的[155]。但目前关于 circRNA 的研究还大多停留在鉴定层面，有待进一步的功能研究扩展。

（2）非编码 RNA 调控作物天然免疫及应用于高抗性作物培育

除了直接调控作物发育和性状的基因外，由于作物种植过程中常常会遭遇各种天气异常、病虫害侵染而导致的减产，因此作物抗性的改良也是遗传育种的一大重要方向。非编码 RNA 是一类主要的响应各种逆境胁迫的因子。自非编码 RNA 发现以来，在各种作物中都报道了大量响应各种生物或非生物胁迫的非编码 RNA 基因，例如干旱、温度、病菌侵染等，虽然其功能几乎都还有待进一步发掘。近五年来也有一些功能研究的实例证明了非编码 RNA 在作物抗性中的重要作用。例如，曹晓风研究组和李毅课题组阐明了 miR528 可以通过抑制靶 mRNA AO 的表达，进而改变植物体内活性氧（ROS）积累水平而参与水稻抗病反应[156, 157]。此外，该课题组还从转录水平和转录后水平对水稻 miR528 的表达调控机制进行了系统性的研究。他们发现昼夜节律和植物发育时序通过影响 MIR528 基因的转录或 MIR528 转录本的可变剪切，在转录和转录后层面上对特定时期水稻体内成熟 miR528 的积累水平进行精细调控。研究者还发现 MIR528 启动子区在水稻籼、粳亚种和野生稻中存在典型的分化，其中 MIR528-A1 等位主要存在于野生稻和籼稻中，而 MIR528-A2 等位主要存在于粳稻中。进一步分析发现，转录因子 OsSPL9 可以直接结合 MIR528 基因启动子区的 CuRE 元件，并激活 MIR528 转录；而且 OsSPL9 对不同水稻品系 MIR528 启动子区结合能力的差异，是导致籼稻中 miR528 积累水平要高于粳稻的重要原因。最后，研究者还发现 miR528 是通过抑制靶 mRNA OsRFI2 的表达，从而影响水稻开花时间[158]。番茄里，miR482/2118 的靶标类似物通过影响该 miRNA 生成的 phasiRNA，而对 NLR 基因调控并影响对病原菌的抗性[159]。水稻 miR444 在 RSV 诱导下上调，通过下调 MAD23、27a 和 57，参与 RDR1 依赖的抗病毒 RNA 干扰[160]。番茄里 lncRNA16397 在疫霉侵染时诱导 GLUTAREDOXIN22 表达，通过顺势调控作用增强植株抗性[161]。

7. RNA 方法与技术

近五年，围绕 RNA 相关的新方法及其应用取得了很大的发展。以下从 RNA 互作分子的鉴定，RNA 修饰的分析，RNA 编辑以及 RNA 可视化等方向进行简述。

（1）RNA 互作分子的鉴定

细胞中 RNA 并不是单独存在的，它通过与 RNA、蛋白质和 DNA 等相互作用，发挥重要的调控功能。

1）RNA-DNA 互作鉴定

RNA 与 DNA 可以通过碱基互补配对形成 RNA-DNA 杂合链，例如转录过程中新生 RNA 与模板 DNA，复制过程中 RNA 引物与 DNA 模板，DNA 损伤修复过程中 RNA 与 DNA，以及非编码 RNA（例如 lncRNA 和 circRNA 等）介导的转录调控过程中非编码 RNA 与 DNA。这些 RNA-DNA 互作对于细胞正常生命活动的维持与应激环境的适应具有极其重要的作用，因此系统解析 RNA-DNA 互作尤为重要。近 5 年来，国内外学者在系统鉴定 RNA-DNA 互作的新方法上取得了很大的进展。例如，基于缺失 RNA 内切酶活性的 RNASEH1 突变体的特异性识别 R-loop 中 RNA-DNA 杂合链的特征，研究者开发了 R-ChIP 技术，通过富集 R-loop 和文库的建立与测序，即可绘制细胞内 R-loop 的全基因组图谱[162, 163]。而针对 RNA-DNA 杂合链中 ssDNA 的富集与测序方法 ssDRIP-seq[164]，同样可以在全基因组范围内鉴定 RNA-DNA 的互作。此外，利用 RNA/DNA 双价接头（可以一端与 RNA 连接，另一端与 DNA 连接的接头），研究者开发了 GRID-seq[165]、MARGI[166, 167]、ChAR-seq[168]、RADICL-seq[169] 等能够捕获全基因组范围内 DNA-RNA 相互作用的方法。

2）RNA-RNA 互作鉴定

RNA-RNA 互作可以发生在分子内（intermolecular），也可以发挥在分子间（intramolecular）。分子内的 RNA-RNA 互作对于 RNA 二级结构与三级结构的形成以及 RNA 功能的发挥具有重要作用；而分子间的 RNA-RNA 互作则是 RNA 介导其调控功能的重要方式。如何系统而精确地鉴定 RNA-RNA 互作，对于解析 RNA 结构与功能具有重要意义。例如，使用双链 RNA（dsRNA）交联剂进行互作 RNA 的捕获和测序的方法 LIGR-seq[170]、PARIS[171]、SPLASH[172] 和 COMRADES[173]，可以在全转录组范围内解析分子间和分子内的 RNA-RNA 互作。使用与核糖核苷酸反应的化学探针标记结构化或非结构化的核苷酸，结合逆转录过程中被标记核苷酸造成的阻断或者突变信息，可以实现对 RNA 结构的解析。例如 DMS-MaPseq[174] 使用 DMS 标记未参与配对的腺嘌呤和胞嘧啶，SHAPE-MaP[175] 则基于 1M7 标记未配对核苷酸。结合被标记核苷酸在逆转录过程中造成的突变信息，可以直接推断细胞内 RNA 分子内的互作情况，进而解析 RNA 的二级结构。针对互作 RNA 的原位相邻的特征，研究者开发了 RIC-seq 技术进行原位互作 RNA 的捕获[176]，该方法可以同时解析分子内和分子间的 RNA-RNA 互作。此外，针对分子内 RNA-RNA 互作形成的特殊结构，如 G 四联体（G-quadruplexes），也有 rG4-seq[177] 和 FOLDeR[178] 等方法进行全转录组或者单个 RNA 分子层的 G4 结构鉴定。

3）RNA-RBP 互作鉴定

在细胞内，绝大多数 RNA 需要与 RNA 结合蛋白（RNA-binding protein，RBP）互作。RNA-RBP 的互作一方面可以介导 RBP 对 RNA 代谢的调控，例如转录、加工、转运、定位、降解等；另一方面，RNA 同样可以参与调控 RBP 的细胞定位、修饰、降解以及功能复合物的组装等。因此，全面而准确地解析 RNA-RBP 的互作，对于解析 RNA 以及 RBP

的功能机制具有重要意义。近 5 年来，研究者在以往开发的诸如 CLIP、RIP 等 RNA-RBP 互作鉴定技术的基础上，进一步优化和开发了一系列新方法和新技术。例如，为改善 CLIP-seq 中 RNA 接头连接效率低下而改进的 eCLIP 技术[179]；为优化 CLIP 实验中免疫共沉淀 RNA 的可视化而开发的 irCLIP[180]；为降低 CLIP-seq 数据中假阳性和简化实验流程而开发的 Gold-CLIP[181] 和 dCLIP[182] 等。除了基于 RNA-RBP 交联鉴定 RBP 的靶 RNA 外，TRIBE 则是将脱氨酶 ADAR 的催化区域融合到目标 RBP 上，通过识别被编辑的碱基来找到与 RBP 相互作用的靶 RNA[183]。

上述研究 RNA-RBP 的新方法主要是以 RBP 为中心，系统鉴定与 RBP 互作的 RNA；而除此之外，还存在另一类以 RNA 为中心，鉴定与 RNA 互作的 RBP 的新方法。例如，RICK[184] 和 CARIC[185] 等技术利用核苷酸类似物进行 RNA 标记，结合核苷酸类似物捕获技术可以实现细胞内 RNA 的捕获，进而系统鉴定 polyA+ RNA 和 non-polyA+ RNA 互作的 RBP。而基于 RNA-RBP 互作形成的复合体在有机溶剂中有别于单独 RNA 的分布特性，研究者开发了 OOPS[186]、XRNAX[187] 和 PTex[188] 等方法进行 RNA 互作 RBP 的系统鉴定。除了以上针对全转录组 RNA 的 RBP 的系统鉴定外，RaPID[189] 和 CARPID[190] 等则可以实现对特定 RNA 互作 RBP 的捕获与系统鉴定。

（2）RNA 修饰鉴定

目前发现的 RNA 修饰超过 170 种，已有的研究表明，一些 RNA 修饰对 RNA 的结构，功能和代谢具有重要的调控功能。而以往针对 RNA 修饰的鉴定主要依靠质谱或者化学转化，这种策略不仅通量低并且无法实现对 RNA 修饰位点的精确判断。而随着第二代测序技术的快速发展和针对 RNA 上 N6- 甲基腺苷（m6A）修饰全转录组高通量鉴定进展，研究者陆续开发一系列针对诸如 m6A、m6Am、m1A、m7G、ψ 和 2'-O-methylation 等修饰的高通量鉴定方法。例如，RNA m6A 修饰的鉴定，研究者利用 m6A 修饰对 RNA 核酸内切酶（MazF）的耐受性开发了不依赖于抗体的检测方法，包括 m6A-REF-seq[191] 和 MAZTER-seq[192]。而 DART-seq[193] 则是利用 m6A 的特异性识别功能域（YTH domain）将胞嘧啶脱氨酶 APOBEC1 招募至 m6A 修饰位点附近，依靠 APOBEC1 的 C-U 的嘧啶转化，结合 RNA-seq 技术，通过鉴定 C 到 U 的突变也可以实现不依赖于抗体的 m6A 修饰位点鉴定。此外，m6A-label-seq[194] 通过细胞自身代谢对全转录组 RNA m6A 位点进行标记，转化为 N6- 烯丙基腺嘌呤（a6A），a6A 进一步通过化学处理转化为 1, 6 位环化腺嘌呤（cyc-A），依靠 cyc-A 在逆转录过程中引入的碱基突变，进而实现不依赖抗体的 m6A 单碱基分辨率检测。m6A-SEAL-seq[195] 则通过 m6A 消码器 FTO 将 m6A 转化为 N6- 羟甲基腺嘌呤（hm6A），进一步通过化学反应，在 m6A 位点上标记生物素（Biotin），通过链霉亲和素磁珠捕获，从而富集含有 m6A 修饰的 RNA 片段，结合高通量测序技术进行不依赖抗体的 m6A 检测。

针对 RNA 上 m1A 修饰位点的检测，有依赖于 m1A 特异性抗体的 m1A-seq[196, 197]，结合 m1A 去甲基化酶（AlkB）处理可以进一步提高检测可靠性的 m1A-ID-seq[198]，基于逆转录酶 TGIRT 或者定向进化的逆转录酶 HIV-1RT 在 m1A 位点逆转录时引入突变的特性而开发的 m1A-MAP[199] 和 m1A-IP-seq[200]。

针对 RNA 内部的 m7G 修饰，有利用 m7G 特异抗体富集 RNA 的 m7G-MeRIP-seq[201] 和 m7G-miCLIP-seq[202]；有依靠 m7G 修饰位点在 NaBH4 和苯胺处理下发生断裂，结合高通量测序技术进行断裂位点检测的 TRAC-seq[201]；也有将 m7G 修饰位点进行生物素标记的 BoRed-seq[203] 和 m7G-seq[204]。

RNA 核糖上的 2'-O- 甲基化修饰（2'-O-methylation）赋予了其对碱水解的耐受，基于此特性，研究者开发了 RiboMeth-seq[205-207]，可以进行全转录组范围内的 2'-O- 甲基化修饰；而根据高碘酸钠特异性氧化未发生 2'-O- 甲基化位点，而甲基化位点对其是耐受的这一特点，研究者开发了 Nm-seq[208] 和 RibOxi-seq[209] 进行单碱基水平的 2'-O- 甲基化修饰鉴定；此外，利用 2'-O- 甲基化修饰位点在低浓度 dNTP 环境下的逆转录容易停顿的特点，开发了 2OMe-seq[210] 进行 2'-O- 甲基化修饰位点检测。

针对假尿嘧啶修饰的检测，已经开发了 Ψ-seq、Pseudo-seq、CeU-seq 和 PSI-seq 等高通量测序方法；而针对单一位点的假尿嘧啶修饰，以往一般依赖于 CMC 标记修饰位点结合放射性同位素标记的引物延伸方法，而基于 CMC 标记的修饰位点在逆转录过程中容易引起突变的特点，研究者新开发了一种不需要同位素标记，基于 qPCR 的特定位点假尿嘧啶修饰检测方法[211]。

针对 RNA N4 位乙酰胞嘧啶（N4-acetylcytidine，ac4C）修饰位点的鉴定，有基于特异识别 ac4C 位点的抗体，结合 RNA 免疫共沉淀和高通量测序技术而开发的 acRIP-seq[212]，可以实现全转录组范围内 ac4C RNA 的鉴定；而 ac4C-seq 则是基于 ac4C 和 NaCNBH3 在酸性条件下反应形成还原的 N4- 乙酰四氢胞苷，这种特殊形式的胞苷在逆转录过程中会形成突变，通过对突变的检测可以实现对 ac4C 的单碱基分辨率检测[213]。

（3）RNA 编辑方法

随着 CRISPR/Cas9 的飞速发展，研究者在原核生物系统中发现了一类 RNA 依赖的靶向 RNA 的 CRISPR 系统。通过改造优化，目前已经开发出了一系列用于 RNA 编辑以及检测的方法。例如，CRISPR/Cas13 系统可以用于进行细胞内源 RNA 的沉默[121, 214] 和编辑[215, 216]；并且 CRISPR/Cas13 系统还被开发用于病毒 RNA 的检测[217-219]；而 CRISPR/CasRx 系统也被开发用于 RNA 的沉默，并在借助高通量测序技术，可以实现靶向 RNA 或者 circRNA 的大规模筛选[220]。

除了基于 CRISPR 系统的 RNA 编辑方法的开发应用外，研究者也开发了可以"劫持"细胞内源 RNA 编辑酶 ADAR 进行 RNA 碱基编辑的 RSTORE 方法[221]。

（4）RNA 可视化

Single molecule FISH（smFISH）作为 RNA 可视化的重要手段，备受研究者青睐，传统的 smFISH 由于需要大量的荧光标记探针，面临高成本的问题。smiFISH（single molecule inexpensive FISH）则是在不同的探针中引入"共性"，只需要合成一种通用型带修饰的探针，就可以实现批量的 RNA 荧光原位杂交[222]。而基于 SELEX 策略筛选的能与特殊染料结合并发光的 RNA aptamer（称为荧光 RNA），则可以实现活细胞内 RNA 的标记与无背景成像[223, 224]。此外，利用 CRISPR/Cas 系统可以特异性识别 RNA 的特性，研究者也开发了 RCas9-GFP[225]、RCasFISH[226]、dCas13-GFP[227] 等用于 RNA 可视化的方法。

四、本学科发展趋势和展望

总结 2015—2020 年 RNA 的研究进展可以看到，我国在非编码 RNA 结构功能与表达调控等方面开展了深入系统的研究，在新的非编码 RNA 家族及其结合蛋白的发现，如环状 RNA 的结构与功能、DNA 同源重组修复体的 LTR-lncRNA 组分、小胖威利征的 SPA lncRNA 新家族、piRNA 的新功能、tsRNA 跨代遗传的功能及其机制、新类型的 m6A 读码器等方面取得了开创引领的成果。在 RNA 复合物高级结构解析及催化机理方面如酵母 90S 核糖体前体的结构、CRISPR 和第二类 CRISPR 基因编辑系统的功能机制等方面取得了前沿突破；在 RNA 研究的关键技术，如单碱基分辨率的多种核酸修饰测序方法、基于染色质远程互作的长非编码 RNA 靶基因鉴定、新一代基因编辑体系等取得重要的创新，在解决医学与农学重大问题的学科交叉如 piRNA 结合蛋白 PIWI 与男性不育、发现具有特殊非编码 RNA 谱系的淋巴细胞亚型、基于血清 miRNA 分类器的肝癌预警方法、水稻光敏雄性不育和水稻生殖发育与产量的 RNA 调控机制等取得了重大进展。这些成果表明我国在新的非编码 RNA 发现、功能解析及资源利用等若干重要领域已进入国际领跑和并跑行列，我国的非编码 RNA 研究体量已达到较大的规模，论文数目及质量已在居于世界先进水平，RNA 科学正在走向国际科学的前沿[5]。

由于核酸高通量测序技术的突破与 ENCODE 等一系列国际重大计划的持续及 HCA 等新计划的启动，推动了 RNA 研究进入了生命组学时代。一大批组学数据及其相关的生物学功能及机制等结果已在 2015—2020 年陆续发表，并呈现出迅猛的发展趋势。2020 年 7 月，ENCODE 计划发布第三期的研究结果，揭示了人类及小鼠基因组中数以万计的非编码 RNA 基因、数百万开放染色质区域和转录因子足迹图谱，以及近百万 RNA 结合蛋白区域等，该计划还公布了定义人类主要细胞类型 RNA 测序数据集[1]。2018 年，国际癌症基因组联盟发布了 33 种最普遍的癌症类型的泛癌症图谱（Pan-Cancer Atlas），包括数目宏大的基因突变和重复、癌细胞转录组和甲基化修饰组学数据等。2020 年 2 月，全基因组泛癌分析研究计划（Pan-Cancer Analysis of Whole Genomes Project，PCAWG）公布迄今最全面的癌症全基因组图谱，包括 38 种癌症中 2658 个肿瘤及其相关细胞的全基因组以及 4700 万个遗传突变等，为全面和深入揭示驱动肿瘤发生和发展的非编码基因突变及基因表达的 RNA 调控机制提供了大量的数据。2017 年以来，人类细胞图谱计划（HCA）已收录 70 个组织、1300 位供体、1380 万个单细胞的测序数据，并在持续更新中。如 2020 年 9 月，HCA 发布对健康人心脏的近 50 万个单细胞转录组测序分析等，构建了迄今为止最为广泛的人类心脏细胞图谱[3]。由此可见，5 年来非编码 RNA 组学作为生命组学的重要组成部分，在解析基因组功能元件、细胞的功能图谱以及人类重大疾病调控机制等方面取得了重大进展，为生命科学和医学提供了丰富的遗传和表观遗传数据资源，其中与癌症驱动基因及其表达等机制性突破，正在为精准医学提供未来的治疗方法和策略。

21 世纪的前 20 年，分子生物学最重要的发现是：非编码 RNA 及基因是高等生物主要的遗传物质，是决定细胞功能及命运的调控分子，也是新发现的生物基因资源。这些发现拓宽和革新了我们对生命本质和健康机制的认识。非编码核酸曾被誉为生命基因组中的"暗物质"，经过近年来的深度挖掘，以海量非编码 RNA 基因为代表的"暗物质"正在变成细胞中的"大数据"，率先进入生物大数据的 RNA 科学在细胞功能图谱、精准医学、天然药物研发以及动植物育种中都具有重要的应用。展望未来，大数据时代的非编码 RNA 研究，不仅能够继续带来新的生命科学概念和理论的重大突破，而且能够为解决生命健康、医药发展和粮食安全甚至国家安全（如重大病毒性疾病 COVID-19 的控制）等国家重大需求提供颠覆性技术。我国的非编码 RNA 研究已进入国际前列，如何利用 RNA 为核心的生物大数据引领生命科学发展，在与医学、农学等多学科交叉中酝酿产生新的颠覆性理论与技术，已成为当今我国生命科学所面临的重大机遇与挑战。

参考文献

［1］ Consortium EP, Snyder MP, Gingeras TR, et al. Perspectives on ENCODE［J］. Nature，2020, 583: 693-698.

［2］ Kinkorova J. Horizon 2020, new EU Framework programme for research and innovation, 2014-2020［J］. Cas Lek Cesk, 2014, 153: 254-256.

［3］ Regev A, Teichmann SA, Lander ES, et al. The Human Cell Atlas［J］. Elife, 2017, 6.

［4］ 金由辛. 109 次香山学术讨论会——面向 21 世纪的 RNA 研究简况［J］. 生物化学与生物物理学报，1999，31: 119-123.

［5］ 郑凌伶，戚益军，屈良鹄. 走向国际科技前沿的中国 RNA 研究［J］. 中国科学：生命科学，2019, 49: 1323-1335.

［6］ 中国科学院. 中国学科发展战略·RNA 研究中的重大科学问题［M］. 北京：科学出版社，2017.

［7］ Liu Q, Gregory RI. RNAmod: an integrated system for the annotation of mRNA modifications［J］. Nucleic acids research, 2019, 47: W548-W555.

［8］ Cui X, Wei Z, Zhang L et al. Guitar: An R/Bioconductor Package for Gene Annotation Guided Transcriptomic Analysis of RNA-Related Genomic Features［J］. BioMed Research International, 2016, 2016: 8367534.

［9］ Olarerin-George AO, Jaffrey SR. MetaPlotR: a Perl/R pipeline for plotting metagenes of nucleotide modifications and other transcriptomic sites［J］. Bioinformatics (Oxford, England), 2017, 33: 1563-1564.

［10］ Chen W, Feng P, Ding H, et al. IRNA-Methyl: Identifying N6-methyladenosine sites using pseudo nucleotide composition［J］. Analytical biochemistry, 2015, 490.

［11］ Zhou Y, Zeng P, Li YH，et al. SRAMP: prediction of mammalian N6-methyladenosine (m6A) sites based on sequence-derived features［J］. Nucleic acids research, 2016, 44: e91-e91.

［12］ Chen K, Wei Z, Zhang Q, et al. WHISTLE: a high-accuracy map of the human N6-methyladenosine (m6A) epitranscriptome predicted using a machine learning approach［J］. Nucleic acids research, 2019, 47: e41.

［13］ Zhang Y, Hamada M. DeepM6ASeq: prediction and characterization of m6A-containing sequences using deep learning［J］. BMC Bioinformatics . 2018, 19: 524.

［14］ Wei L, Chen H, Su R. M6APred-EL: A Sequence-Based Predictor for Identifying N6-methyladenosine Sites Using Ensemble Learning, Molecular therapy［J］. Nucleic acids, 2018, 12: 635-644.

［15］ Xuan JJ, Sun WJ, Lin PH, et al. RMBase v2.0: deciphering the map of RNA modifications from epitranscriptome sequencing data［J］. Nucleic Acids Res, 2018, 46: D327-D334.

［16］ Boccaletto P, Machnicka MA, Purta E et al. MODOMICS: a database of RNA modification pathways. 2017 update ［J］. Nucleic Acids Res, 2018, 46: D303-D307.

［17］ Liu H, Wang H, Wei Z, et al. MeT-DB V2.0: elucidating context-specific functions of N6-methyl-adenosine methyltranscriptome［J］. Nucleic acids research, 2018, 46: D281-D287.

［18］ Liu S, Zhu A, He C, et al. REPIC: a database for exploring the N(6)-methyladenosine methylome［J］. Genome Biol, 2020, 21: 100.

［19］ Zhang J, Chen S, Yang J, et al. Accurate quantification of circular RNAs identifies extensive circular isoform switching events［J］. Nat Commun, 2020, 11: 90.

［20］ Zhang J, Hou L, Zuo Z, et al. Comprehensive profiling of circular RNAs with nanopore sequencing and CIRI-long ［J］. Nat Biotechnol, 2021, 39: 836-845.

［21］ Xin R, Gao Y, Gao Y, et al. isoCirc catalogs full-length circular RNA isoforms in human transcriptomes［J］. Nat Commun, 2021, 12: 266.

［22］ Rivas E, Clements J, Eddy SR. A statistical test for conserved RNA structure shows lack of evidence for structure in lncRNAs［J］. Nat Methods, 2017, 14: 45-48.

［23］ Flynn RA, Zhang QC, Spitale RC, et al. Transcriptome-wide interrogation of RNA secondary structure in living cells with icSHAPE［J］. Nat Protoc, 2016, 11: 273-290.

［24］ Xie F, Liu S, Wang J, et al. deepBase v3.0: expression atlas and interactive analysis of ncRNAs from thousands of deep-sequencing data［J］. Nucleic Acids Res, 2021, 49: D877-D883.

［25］ Li JH, Liu S, Zhou H, et al. starBase v2.0: decoding miRNA-ceRNA, miRNA-ncRNA and protein-RNA interaction networks from large-scale CLIP-Seq data［J］. Nucleic Acids Res, 2014, 42: D92-97.

［26］ Li P, Zhou X, Xu K, et al. RASP: an atlas of transcriptome-wide RNA secondary structure probing data［J］. Nucleic Acids Res, 2021, 49: D183-D191.

［27］ Gong J, Shao D, Xu K, et al. RISE: a database of RNA interactome from sequencing experiments［J］. Nucleic Acids Res, 2018, 46: D194-D201.

［28］ Teng X, Chen X, Xue H, et al. NPInter v4.0: an integrated database of ncRNA interactions［J］. Nucleic Acids Res, 2020, 48: D160-D165.

［29］ Lin Y, Liu T, Cui T, et al. RNAInter in 2020: RNA interactome repository with increased coverage and annotation［J］. Nucleic Acids Res, 2020, 48: D189-D197.

［30］ Zhang T, Tan P, Wang L, et al. RNALocate: a resource for RNA subcellular localizations［J］. Nucleic Acids Res,

2017, 45: D135–D138.

[31] Cui T, Zhang L, Huang Y, et al. MNDR v2.0: an updated resource of ncRNA–disease associations in mammals [J]. Nucleic Acids Res, 2018, 46: D371–D374.

[32] Zhao L, Wang J, Li Y, et al. NONCODEV6: an updated database dedicated to long non–coding RNA annotation in both animals and plants [J]. Nucleic Acids Res 2021, 49: D165–D171.

[33] Zhou B, Zhao H, Yu J, et al. EVLncRNAs: a manually curated database for long non–coding RNAs validated by low–throughput experiments [J]. Nucleic Acids Res, 2018, 46: D100–D105.

[34] Volders PJ, Anckaert J, Verheggen K, et al. LNCipedia 5: towards a reference set of human long non–coding RNAs [J]. Nucleic Acids Res, 2019, 47: D135–D139.

[35] Li Z, Liu L, Jiang S, et al. LncExpDB: an expression database of human long non–coding RNAs [J]. Nucleic Acids Res, 2021, 49: D962–D968.

[36] Gong J, Liu C, Liu W, et al. LNCediting: a database for functional effects of RNA editing in lncRNAs [J]. Nucleic Acids Res, 2017, 45: D79–D84.

[37] Wang P, Li X, Gao Y, et al. LncACTdb 2.0: an updated database of experimentally supported ceRNA interactions curated from low– and high–throughput experiments [J]. Nucleic Acids Res, 2019, 47: D121–D127.

[38] Zhao H, Shi J, Zhang Y, et al. LncTarD: a manually–curated database of experimentally–supported functional lncRNA–target regulations in human diseases [J]. Nucleic Acids Res, 2020, 48: D118–D126.

[39] Cheng L, Wang P, Tian R, et al. LncRNA2Target v2.0: a comprehensive database for target genes of lncRNAs in human and mouse [J]. Nucleic Acids Res, 2019, 47: D140–D144.

[40] Bao Z, Yang Z, Huang Z, et al. LncRNADisease 2.0: an updated database of long non–coding RNA–associated diseases [J]. Nucleic Acids Res, 2019, 47: D1034–D1037.

[41] Ning S, Zhang J, Wang P, et al. Lnc2Cancer: a manually curated database of experimentally supported lncRNAs associated with various human cancers [J]. Nucleic Acids Res, 2016, 44: D980–985.

[42] Kozomara A, Birgaoanu M, Griffiths–Jones S. miRBase: from microRNA sequences to function [J]. Nucleic Acids Res, 2019, 47: D155–D162.

[43] Yang Z, Wu L, Wang A, et al. dbDEMC 2.0: updated database of differentially expressed miRNAs in human cancers [J]. Nucleic Acids Res, 2017, 45: D812–D818.

[44] Tong Z, Cui Q, Wang J, et al. TransmiR v2.0: an updated transcription factor–microRNA regulation database [J]. Nucleic Acids Res, 2019, 47: D253–D258.

[45] Tokar T, Pastrello C, Rossos AEM, et al. mirDIP 4.1–integrative database of human microRNA target predictions [J]. Nucleic Acids Res, 2018, 46: D360–D370.

[46] Chen Y, Wang X. miRDB: an online database for prediction of functional microRNA targets [J]. Nucleic Acids Res, 2020, 48: D127–D131.

[47] Huang HY, Lin YC, Li J, et al. miRTarBase 2020: updates to the experimentally validated microRNA–target interaction database [J]. Nucleic Acids Res, 2020, 48: D148–D154.

[48] Kehl T, Kern F, Backes C, et al. miRPathDB 2.0: a novel release of the miRNA Pathway Dictionary Database [J]. Nucleic Acids Res, 2020, 48: D142–D147.

[49] Huang Z, Shi J, Gao Y, et al. HMDD v3.0: a database for experimentally supported human microRNA–disease associations [J]. Nucleic Acids Res, 2019, 47: D1013–D1017.

[50] Li Y, Luo J, Zhou H, et al. Stress–induced tRNA–derived RNAs: a novel class of small RNAs in the primitive eukaryote Giardia lamblia [J]. Nucleic Acids Res, 2008, 36: 6048–6055.

[51] Lee YS, Shibata Y, Malhotra A, et al. A novel class of small RNAs: tRNA–derived RNA fragments (tRFs) [J]. Genes Dev, 2009, 23: 2639–2649.

［52］ Kumar P, Anaya J, Mudunuri SB, et al. Meta-analysis of tRNA derived RNA fragments reveals that they are evolutionarily conserved and associate with AGO proteins to recognize specific RNA targets［J］. BMC Biol, 2014, 12: 78.

［53］ Su Z, Wilson B, Kumar P, et al. Noncanonical Roles of tRNAs: tRNA Fragments and Beyond［J］. Annu Rev Genet, 2020, 54: 47-69.

［54］ Zheng LL, Xu WL, Liu S, et al. tRF2Cancer: A web server to detect tRNA-derived small RNA fragments (tRFs) and their expression in multiple cancers［J］. Nucleic Acids Res, 2016, 44: W185-193.

［55］ Pliatsika V, Loher P, Magee R, et al. MINTbase v2.0: a comprehensive database for tRNA-derived fragments that includes nuclear and mitochondrial fragments from all The Cancer Genome Atlas projects［J］. Nucleic Acids Res, 2018, 46: D152-D159.

［56］ Zuo Y, Zhu L, Guo Z, et al. tsRBase: a comprehensive database for expression and function of tsRNAs in multiple species［J］. Nucleic Acids Res, 2021, 49: D1038-D1045.

［57］ Li N, Shan N, Lu L, et al. tRFtarget: a database for transfer RNA-derived fragment targets［J］. Nucleic Acids Res, 2021, 49: D254-D260.

［58］ Huang H, Weng H, Zhou K, et al. Histone H3 trimethylation at lysine 36 guides m(6)A RNA modification co-transcriptionally［J］. Nature, 2019, 567: 414-419.

［59］ Alarcon CR, Lee H, Goodarzi H, et al. N6-methyladenosine marks primary microRNAs for processing. Nature. 2015, 519: 482-485.

［60］ Wang H, Deng Q, Lv Z, et al. N6-methyladenosine induced miR-143-3p promotes the brain metastasis of lung cancer via regulation of VASH1［J］. Mol Cancer, 2019, 18: 181.

［61］ Nojima T, Gomes T, Grosso ARF, et al. Mammalian NET-Seq Reveals Genome-wide Nascent Transcription Coupled to RNA Processing［J］. Cell, 2015, 161: 526-540.

［62］ Mahat DB, Kwak H, Booth GT, et al. Base-pair-resolution genome-wide mapping of active RNA polymerases using precision nuclear run-on (PRO-seq)［J］. Nat Protoc, 2016, 11: 1455-1476.

［63］ Schwalb B, Michel M, Zacher B, et al. TT-seq maps the human transient transcriptome［J］. Science, 2016, 352: 1225-1228.

［64］ Gardini A. Global Run-On Sequencing (GRO-Seq)［J］. Methods Mol Biol, 2017, 1468: 111-120.

［65］ Schofield JA, Duffy EE, Kiefer L, et al. TimeLapse-seq: adding a temporal dimension to RNA sequencing through nucleoside recoding［J］. Nat Methods, 2018, 15: 221-225.

［66］ Lusser A, Gasser C, Trixl L, et al. Thiouridine-to-Cytidine Conversion Sequencing (TUC-Seq) to Measure mRNA Transcription and Degradation Rates［J］. Methods Mol Biol, 2020, 2062: 191-211.

［67］ Shigematsu M, Kawamura T, Kirino Y. Generation of 2', 3'-Cyclic Phosphate-Containing RNAs as a Hidden Layer of the Transcriptome［J］. Front Genet, 2018;9: 562.

［68］ Shigematsu M, Morichika K, Kawamura T, et al. Genome-wide identification of short 2', 3'-cyclic phosphate-containing RNAs and their regulation in aging［J］. PLoS Genet 2019, 15: e1008469.

［69］ Morgan JT, Fink GR, Bartel DP. Excised linear introns regulate growth in yeast［J］. Nature, 2019, 565: 606-611.

［70］ Parenteau J, Maignon L, Berthoumieux M, et al. Introns are mediators of cell response to starvation［J］. Nature, 2019, 565: 612-617.

［71］ Chen LL. The expanding regulatory mechanisms and cellular functions of circular RNAs［J］. Nature Reviews Molecular Cell Biology, 2020, 21: 475-490.

［72］ Li X, Liu S, Zhang L, et al. A unified mechanism for intron and exon definition and back-splicing［J］. Nature, 2019, 573: 375.

［73］ Conn SJ, Pillman KA, Toubia J, et al. The RNA Binding Protein Quaking Regulates Formation of circRNAs［J］.

Cell, 2015, 160: 1125–1134.

［74］Errichelli L, Modigliani SD, Laneve P, et al. FUS affects circular RNA expression in murine embryonic stem cell–derived motor neurons［J］. Nature Communications, 2017, 8.

［75］Enuka Y, Lauriola M, Feldman ME, et al. Circular RNAs are long–lived and display only minimal early alterations in response to a growth factor［J］. Nucleic Acids Research, 2016, 44: 1370–1383.

［76］Hansen TB, Wiklund ED, Bramsen JB, et al. miRNA–dependent gene silencing involving Ago2–mediated cleavage of a circular antisense RNA［J］. Embo Journal, 2011, 30: 4414–4422.

［77］Liu CX, Li X, Nan F et al. Structure and Degradation of Circular RNAs Regulate PKR Activation in Innate Immunity［J］. Cell, 2019, 177: 865.

［78］Fischer JW, Busa VF, Shao Y, et al. Structure–Mediated RNA Decay by UPF1 and G3BP1［J］. Molecular Cell, 2020, 78: 70.

［79］Zhou C, Molinie B, Daneshvar K, et al. Genome–Wide Maps of m6A circRNAs Identify Widespread and Cell–Type–Specific Methylation Patterns that Are Distinct from mRNAs［J］. Cell Rep, 2017, 20: 2262–2276.

［80］Yang Y, Fan X, Mao M, et al. Extensive translation of circular RNAs driven by N–6–methyladenosine［J］. Cell Research, 2017, 27: 626–641.

［81］Park OH, Ha H, Lee Y, et al. Endoribonucleolytic Cleavage of m(6)A–Containing RNAs by RNase P/MRP Complex［J］. Molecular Cell, 2019, 74: 494.

［82］Duff MO, Olson S, Wei X, et al. Genome–wide identification of zero nucleotide recursive splicing in Drosophila［J］. Nature, 2015, 521: 376–379.

［83］Sibley CR, Emmett W, Blazquez L, et al. Recursive splicing in long vertebrate genes［J］. Nature, 2015, 521: 371–375.

［84］Wang X, Lu Z, Gomez A, et al. N6–methyladenosine–dependent regulation of messenger RNA stability［J］. Nature, 2014, 505: 117–120.

［85］Lee Y, Choe J, Park OH, et al. Molecular Mechanisms Driving mRNA Degradation by m(6)A Modification［J］. Trends Genet, 2020, 36: 177–188.

［86］Edupuganti RR, Geiger S, Lindeboom RGH, et al. N(6)–methyladenosine (m(6)A) recruits and repels proteins to regulate mRNA homeostasis［J］. Nat Struct Mol Biol, 2017, 24: 870–878.

［87］Li A, Chen YS, Ping XL, et al. Cytoplasmic m(6)A reader YTHDF3 promotes mRNA translation［J］. Cell Res, 2017, 27: 444–447.

［88］Wu R, Li A, Sun B, et al. A novel m(6)A reader Prrc2a controls oligodendroglial specification and myelination［J］. Cell Res, 2019, 29: 23–41.

［89］Huang H, Weng H, Sun W, et al. Recognition of RNA N(6)–methyladenosine by IGF2BP proteins enhances mRNA stability and translation［J］. Nat Cell Biol, 2018, 20: 285–295.

［90］Chen X, Li A, Sun BF, et al. 5–methylcytosine promotes pathogenesis of bladder cancer through stabilizing mRNAs［J］. Nat Cell Biol, 2019, 21: 978–990.

［91］Yang Y, Wang L, Han X, et al. RNA 5–Methylcytosine Facilitates the Maternal–to–Zygotic Transition by Preventing Maternal mRNA Decay［J］. Mol Cell, 2019, 75: 1188–1202 e1111.

［92］Zhang S, Zhao BS, Zhou A, et al. m(6)A Demethylase ALKBH5 Maintains Tumorigenicity of Glioblastoma Stem–like Cells by Sustaining FOXM1 Expression and Cell Proliferation Program［J］. Cancer Cell, 2017, 31: 591–606 e596.

［93］Jia G, Fu Y Fau – Zhao X, Zhao X Fau – Dai Q, et al. N6–methyladenosine in nuclear RNA is a major substrate of the obesity–associated FTO.

［94］Li Z, Weng H, Su R, et al. FTO Plays an Oncogenic Role in Acute Myeloid Leukemia as a N(6)–Methyladenosine RNA Demethylase.

［95］ Krishna S, Raghavan S, DasGupta R, et al. tRNA-derived fragments (tRFs): establishing their turf in post-transcriptional gene regulation.

［96］ Schorn AJ, Gutbrod MJ, LeBlanc C, et al. LTR-Retrotransposon Control by tRNA-Derived Small RNAs ［J］. Cell, 2017, 170: 61-71 e11.

［97］ Krishna S, Yim DG, Lakshmanan V et al. Dynamic expression of tRNA-derived small RNAs define cellular states ［J］. EMBO Rep, 2019, 20: e47789.

［98］ Luo S, He F, Luo J, et al. Drosophila tsRNAs preferentially suppress general translation machinery via antisense pairing and participate in cellular starvation response ［J］. Nucleic Acids Res, 2018, 46: 5250-5268.

［99］ Chen ZJ, Qi MJ, Shen B, et al. Transfer RNA demethylase ALKBH3 promotes cancer progression via induction of tRNA-derived small RNAs ［J］. Nucleic Acids Research, 2019, 47: 2533-2545.

［100］ Zhang D, Tu S, Stubna M, et al. The piRNA targeting rules and the resistance to piRNA silencing in endogenous genes ［J］. Science, 2018, 359: 587-592.

［101］ Dai P, Wang X, Gou LT, et al. A Translation-Activating Function of MIWI/piRNA during Mouse Spermiogenesis ［J］. Cell, 2019, 179: 1566-1581.e1516.

［102］ Wang L, Dou K, Moon S, et al. Hijacking Oogenesis Enables Massive Propagation of LINE and Retroviral Transposons ［J］. Cell, 2018, 174: 1082-1094.e1012.

［103］ Liu J, Dou X, Chen C, et al. N (6)-methyladenosine of chromosome-associated regulatory RNA regulates chromatin state and transcription ［J］. Science, 2020, 367: 580-586.

［104］ Shukla A, Yan J, Pagano DJ, et al. poly(UG)-tailed RNAs in genome protection and epigenetic inheritance ［J］. Nature, 2020, 582: 283-288.

［105］ Chen Q, Yan M, Cao Z, et al. Sperm tsRNAs contribute to intergenerational inheritance of an acquired metabolic disorder ［J］. Science, 2016, 351: 397-400.

［106］ Percharde M, Lin CJ, Yin Y, et al. A LINE1-Nucleolin Partnership Regulates Early Development and ESC Identity ［J］. Cell, 2018, 174: 391-405.e319.

［107］ Deng B, Xu W, Wang Z, et al. An LTR retrotransposon-derived lncRNA interacts with RNF169 to promote homologous recombination ［J］. EMBO Rep, 2019, 20: e47650.

［108］ Wei S, Chen H, Dzakah EE, et al. Systematic evaluation of C. elegans lincRNAs with CRISPR knockout mutants ［J］. Genome Biol, 2019, 20: 7.

［109］ Bocchi VD, Conforti P, Vezzoli E, et al. The coding and long noncoding single-cell atlas of the developing human fetal striatum ［J］. Science, 2021, 372.

［110］ Zhang C, Chen Y, Sun B, et al. m(6)A modulates haematopoietic stem and progenitor cell specification ［J］. Nature, 2017, 549: 273-276.

［111］ Lin H, Jiang M, Liu L, et al. The long noncoding RNA Lnczc3h7a promotes a TRIM25-mediated RIG-I antiviral innate immune response ［J］. Nat Immunol, 2019, 20: 812-823.

［112］ Wang P, Xu J, Wang Y, et al. An interferon-independent lncRNA promotes viral replication by modulating cellular metabolism ［J］. Science, 2017;358: 1051-1055.

［113］ Kotzin JJ, Mowel WK, Henao-Mejia J. Viruses hijack a host lncRNA to replicate ［J］. Science, 2017, 358: 993-994.

［114］ Jiang M, Zhang S, Yang Z, et al. Self-Recognition of an Inducible Host lncRNA by RIG-I Feedback Restricts Innate Immune Response ［J］. Cell, 2018, 173: 906-919 e913.

［115］ Xu H, Xu SJ, Xie SJ, et al. MicroRNA-122 supports robust innate immunity in hepatocytes by targeting the RTKs/STAT3 signaling pathway ［J］. Elife, 2019, 8: e41159.

［116］ Shi B, Zhang J, Heng J, et al. RNA structural dynamics regulate early embryogenesis through controlling transcriptome fate and function ［ J ］． Genome Biol, 2020, 21: 120.

［117］ Wan R, Yan C, Bai R, et al. Structure of an Intron Lariat Spliceosome from Saccharomyces cerevisiae ［ J ］． Cell, 2017, 171: 120–132.e112.

［118］ Bai R, Wan R, Yan C, et al. Structures of the fully assembled Saccharomyces cerevisiae spliceosome before activation ［ J ］． Science, 2018, 360: 1423–1429.

［119］ Lan P, Tan M, Zhang Y, et al. Structural insight into precursor tRNA processing by yeast ribonuclease P ［ J ］． Science, 2018, 362.

［120］ Lan P, Zhou B, Tan M, et al. Structural insight into precursor ribosomal RNA processing by ribonuclease MRP ［ J ］． Science, 2020, 369: 656–663.

［121］ Abudayyeh OO, Gootenberg JS, Konermann S, et al. C2c2 is a single–component programmable RNA–guided RNA–targeting CRISPR effector ［ J ］． Science, 2016, 353: aaf5573.

［122］ Liu L, Li X, Ma J, et al. The Molecular Architecture for RNA–Guided RNA Cleavage by Cas13a ［ J ］． Cell, 2017, 170: 714–726 e710.

［123］ Zhang C, Konermann S, Brideau NJ, et al. Structural Basis for the RNA–Guided Ribonuclease Activity of CRISPR–Cas13d ［ J ］． Cell, 2018, 175: 212–223.e217.

［124］ Brangwynne CP, Eckmann CR, Courson DS, et al. Germline P granules are liquid droplets that localize by controlled dissolution/condensation ［ J ］． Science, 2009, 324: 1729–1732.

［125］ Manage KI, Rogers AK, Wallis DC, et al. A tudor domain protein, SIMR–1, promotes siRNA production at piRNA–targeted mRNAs in C. elegans ［ J ］． Elife 2020，9.

［126］ Phillips CM, Montgomery TA, Breen PC, et al. MUT–16 promotes formation of perinuclear mutator foci required for RNA silencing in the C. elegans germline ［ J ］． Genes Dev, 2012, 26: 1433–1444.

［127］ Wan G, Fields BD, Spracklin G, et al. Spatiotemporal regulation of liquid–like condensates in epigenetic inheritance ［ J ］． Nature, 2018, 557: 679–683.

［128］ Wojciechowska M, Krzyzosiak WJ. Cellular toxicity of expanded RNA repeats: focus on RNA foci ［ J ］． Hum Mol Genet, 2011, 20: 3811–3821.

［129］ Jain A, Vale RD. RNA phase transitions in repeat expansion disorders ［ J ］． Nature, 2017, 546: 243–247.

［130］ Lambo S, Grobner SN, Rausch T, et al. The molecular landscape of ETMR at diagnosis and relapse ［ J ］． Nature, 2019，576: 274–280.

［131］ Liu CX, Li X, Nan F, et al. Structure and Degradation of Circular RNAs Regulate PKR Activation in Innate Immunity ［ J ］． Cell, 2019;177: 865–880 e821.

［132］ Huang D, Chen J, Yang L, et al. NKILA lncRNA promotes tumor immune evasion by sensitizing T cells to activation–induced cell death ［ J ］． Nat Immunol, 2018, 19: 1112–1125.

［133］ Dong B, Liang Z, Chen Z, et al. Cryptotanshinone suppresses key onco–proliferative and drug–resistant pathways of chronic myeloid leukemia by targeting STAT5 and STAT3 phosphorylation ［ J ］． Sci China Life Sci, 2018, 61: 999–1009.

［134］ Anzalone AV, Randolph PB, Davis JR, et al. Search–and–replace genome editing without double–strand breaks or donor DNA ［ J ］． Nature, 2019, 576: 149–157.

［135］ Zuo E, Sun Y, Wei W, et al. Cytosine base editor generates substantial off–target single–nucleotide variants in mouse embryos ［ J ］． Science, 2019, 364: 289–292.

［136］ Liang P, Xu Y, Zhang X, et al. CRISPR/Cas9–mediated gene editing in human tripronuclear zygotes ［ J ］． Protein Cell, 2015, 6: 363–372.

［137］ Frangoul H, Altshuler D, Cappellini MD, et al. CRISPR–Cas9 Gene Editing for Sickle Cell Disease and beta–Thalassemia ［ J ］． N Engl J Med, 2021, 384: 252–260.

［138］ Xu L, Wang J, Liu Y, et al. CRISPR-Edited Stem Cells in a Patient with HIV and Acute Lymphocytic Leukemia ［J］. N Engl J Med, 2019, 381: 1240-1247.

［139］ Abbott TR, Dhamdhere G, Liu Y, et al. Development of CRISPR as an Antiviral Strategy to Combat SARS-CoV-2 and Influenza ［J］. Cell, 2020, 181: 865-876 e812.

［140］ Wang C, Horby PW, Hayden FG, et al. A novel coronavirus outbreak of global health concern ［J］. Lancet, 2020;395: 470-473.

［141］ Lu R, Zhao X, Li J, et al. Genomic characterisation and epidemiology of 2019 novel coronavirus: implications for virus origins and receptor binding ［J］. Lancet, 2020, 395: 565-574.

［142］ Gao Y, Yan L, Huang Y, et al. Structure of the RNA-dependent RNA polymerase from COVID-19 virus ［J］. Science, 2020, 368: 779-782.

［143］ Sun L, Li P, Ju X, et al. In vivo structural characterization of the SARS-CoV-2 RNA genome identifies host proteins vulnerable to repurposed drugs ［J］. Cell, 2021, 184: 1865-1883 e1820.

［144］ Zhang NN, Li XF, Deng YQ, et al. A Thermostable mRNA Vaccine against COVID-19 ［J］. Cell, 2020, 182: 1271-1283 e1216.

［145］ Dai Z, Wang J, Yang X, et al. Modulation of plant architecture by the miR156f-OsSPL7-OsGH3.8 pathway in rice ［J］. J Exp Bot, 2018, 69: 5117-5130.

［146］ Miao C, Wang Z, Zhang L, et al. The grain yield modulator miR156 regulates seed dormancy through the gibberellin pathway in rice ［J］. Nat Commun, 2019, 10: 3822.

［147］ Zhang F, Zhang YC, Zhang JP, et al. Rice UCL8, a plantacyanin gene targeted by miR408, regulates fertility by controlling pollen tube germination and growth ［J］. Rice (N Y), 2018, 11: 60.

［148］ Zhang YC, He RR, Lian JP, et al. OsmiR528 regulates rice-pollen intine formation by targeting an uclacyanin to influence flavonoid metabolism ［J］. Proc Natl Acad Sci U S A, 2020;117: 727-732.

［149］ Sun Q, Liu X, Yang J, et al. MicroRNA528 Affects Lodging Resistance of Maize by Regulating Lignin Biosynthesis under Nitrogen-Luxury Conditions ［J］. Mol Plant, 2018, 11: 806-814.

［150］ Das SS, Karmakar P, Nandi AK, et al. Small RNA mediated regulation of seed germination, Front Plant Sci, 2015, 6: 828.

［151］ Zhang YC, Lei MQ, Zhou YF, et al. Reproductive phasiRNAs regulate reprogramming of gene expression and meiotic progression in rice ［J］. Nat Commun, 2020, 11: 6031.

［152］ Lian JP, Yang YW, He RR, et al. Ubiquitin-dependent Argonaute protein MEL1 degradation is essential for rice sporogenesis and phasiRNA target regulation ［J］. Plant Cell, 2021.

［153］ Xia R, Chen C, Pokhrel S, et al. 24-nt reproductive phasiRNAs are broadly present in angiosperms ［J］. Nat Commun, 2019, 10: 627.

［154］ Wang Y, Luo X, Sun F, et al. Overexpressing lncRNA LAIR increases grain yield and regulates neighbouring gene cluster expression in rice ［J］. Nature Communications, 2018, 9: 3516.

［155］ Lu T, Cui L, Zhou Y, et al. Transcriptome-wide investigation of circular RNAs in rice ［J］. RNA, 2015, 21: 2076-2087.

［156］ Wu J, Yang R, Yang Z, et al. ROS accumulation and antiviral defence control by microRNA528 in rice ［J］. Nat Plants, 2017, 3: 16203.

［157］ Yao S, Yang Z, Yang R, et al. Transcriptional Regulation of miR528 by OsSPL9 Orchestrates Antiviral Response in Rice ［J］. Mol Plant, 2019.

［158］ Yang R, Li P, Mei H, et al. Fine-Tuning of MiR528 Accumulation Modulates Flowering Time in Rice ［J］. Mol Plant, 2019.

［159］ Canto-Pastor A, Santos B, Valli AA, et al. Enhanced resistance to bacterial and oomycete pathogens by short tandem target mimic RNAs in tomato.Proc Natl Acad Sci U S A, 2019, 116: 2755–2760.

[160] Wang H, Jiao X, Kong X, et al. A Signaling Cascade from miR444 to RDR1 in Rice Antiviral RNA Silencing Pathway [J]. Plant Physiol, 2016, 170: 2365–2377.

[161] Cui J, Luan Y, Jiang N, et al. Comparative transcriptome analysis between resistant and susceptible tomato allows the identification of lncRNA16397 conferring resistance to Phytophthora infestans by co–expressing glutaredoxin [J]. Plant J., 2017, 89: 577–589.

[162] Chen L, Chen JY, Zhang X, et al. R–ChIP Using Inactive RNase H Reveals Dynamic Coupling of R–loops with Transcriptional Pausing at Gene Promoters [J]. Mol Cell, 2017, 68: 745–757 e745.

[163] Chen JY, Zhang X, Fu XD, et al. R–ChIP for genome–wide mapping of R–loops by using catalytically inactive RNASEH1 [J]. Nature Protocols, 2019, 14: 1661–1685.

[164] Xu W, Xu H, Li K, et al. The R–loop is a common chromatin feature of the Arabidopsis genome [J]. Nature plants, 2017, 3: 704–714.

[165] Li X, Zhou B, Chen L, et al. GRID–seq reveals the global RNA–chromatin interactome [J]. Nat Biotechnol, 2017, 35: 940–950.

[166] Sridhar B, Rivas–Astroza M, Nguyen TC, et al. Systematic Mapping of RNA–Chromatin Interactions In Vivo [J]. Curr Biol, 2017, 27: 602–609.

[167] Yan Z, Huang N, Wu W, et al. Genome–wide colocalization of RNA–DNA interactions and fusion RNA pairs [J]. Proceedings of the National Academy of Sciences of the United States of America, 2019, 116: 3328–3337.

[168] Bell JC, Jukam D, Teran NA, et al. Chromatin–associated RNA sequencing (ChAR–seq) maps genome–wide RNA–to–DNA contacts [J]. Elife, 2018, 7.

[169] Bonetti A, Agostini F, Suzuki AM, et al. RADICL–seq identifies general and cell type–specific principles of genome–wide RNA–chromatin interactions [J]. Nature Communications, 2020, 11: 1018.

[170] Sharma E, Sterne–Weiler T, O'Hanlon D, et al. Global Mapping of Human RNA–RNA Interactions [J]. Mol Cell, 2016, 62: 618–626.

[171] Lu Z, Zhang QC, Lee B, et al. RNA Duplex Map in Living Cells Reveals Higher–Order Transcriptome Structure [J]. Cell, 2016, 165: 1267–1279.

[172] Aw JG, Shen Y, Wilm A, et al. In Vivo Mapping of Eukaryotic RNA Interactomes Reveals Principles of Higher–Order Organization and Regulation [J]. Mol Cell, 2016, 62: 603–617.

[173] Ziv O, Gabryelska MM, Lun ATL, et al. COMRADES determines in vivo RNA structures and interactions [J]. Nat Methods, 2018, 15: 785–788.

[174] Zubradt M, Gupta P, Persad S, et al. DMS–MaPseq for genome–wide or targeted RNA structure probing in vivo [J]. Nat Methods, 2017, 14: 75–82.

[175] Mustoe AM, Busan S, Rice GM, et al. Pervasive Regulatory Functions of mRNA Structure Revealed by High–Resolution SHAPE Probing [J]. Cell, 2018, 173: 181–195 e118.

[176] Cai Z, Cao C, Ji L et al. RIC–seq for global in situ profiling of RNA–RNA spatial interactions [J]. Nature, 2020, 582: 432–437.

[177] Kwok CK, Marsico G, Sahakyan AB, et al. rG4–seq reveals widespread formation of G–quadruplex structures in the human transcriptome [J]. Nat Methods, 2016, 13: 841–844.

[178] Weldon C, Behm–Ansmant I, Hurley LH, et al. Identification of G–quadruplexes in long functional RNAs using 7–deazaguanine RNA [J]. Nat Chem Biol, 2017, 13: 18–20.

[179] Van Nostrand EL, Pratt GA, Shishkin AA, et al. Robust transcriptome–wide discovery of RNA–binding protein binding sites with enhanced CLIP (eCLIP)[J]. Nat Methods, 2016, 13: 508–514.

[180] Zarnegar BJ, Flynn RA, Shen Y, et al. irCLIP platform for efficient characterization of protein–RNA interactions

［J］. Nat Methods, 2016, 13: 489–492.

［181］ Gu J, Wang M, Yang Y, et al. GoldCLIP: Gel–omitted Ligation–dependent CLIP, Genomics ［J］. Proteomics Bioinformatics, 2018, 16: 136–143.

［182］ Rosenberg M, Blum R, Kesner B, et al. Denaturing CLIP, dCLIP, Pipeline Identifies Discrete RNA Footprints on Chromatin–Associated Proteins and Reveals that CBX7 Targets 3' UTRs to Regulate mRNA Expression ［J］. Cell Systems, 2017, 5.

［183］ McMahon AC, Rahman R, Jin H, et al. TRIBE: Hijacking an RNA–Editing Enzyme to Identify Cell–Specific Targets of RNA–Binding Proteins ［J］. Cell, 2016, 165: 742–753.

［184］ Bao X, Guo X, Yin M, et al. Capturing the interactome of newly transcribed RNA ［J］. Nat Methods, 2018, 15: 213–220.

［185］ Huang R, Han M, Meng L, et al. Transcriptome–wide discovery of coding and noncoding RNA–binding proteins ［J］. Proc Natl Acad Sci U S A, 2018, 115: E3879–E3887.

［186］ Queiroz RML, Smith T, Villanueva E, et al. Comprehensive identification of RNA–protein interactions in any organism using orthogonal organic phase separation (OOPS)［J］. Nat Biotechnol, 2019, 37: 169–178.

［187］ Trendel J, Schwarzl T, Horos R, et al. The Human RNA–Binding Proteome and Its Dynamics during Translational Arrest ［J］. Cell, 2019, 176: 391–403 e319.

［188］ Urdaneta EC, Vieira–Vieira CH, Hick T, et al. Purification of cross–linked RNA–protein complexes by phenol–toluol extraction ［J］. Nature Communications, 2019, 10: 990.

［189］ Ramanathan M, Majzoub K, Rao DS, et al. RNA–protein interaction detection in living cells ［J］. Nat Methods, 2018, 15: 207–212.

［190］ Yi W, Li J, Zhu X, et al. CRISPR–assisted detection of RNA–protein interactions in living cells ［J］. Nature Methods, 2020, 17: 685–688.

［191］ Zhang Z, Chen LQ, Zhao YL, et al. Single–base mapping of m(6)A by an antibody–independent method ［J］. Sci Adv, 2019, 5: eaax0250.

［192］ Garcia–Campos MA, Edelheit S, Toth U, et al. Deciphering the "m(6)A Code" via Antibody–Independent Quantitative Profiling ［J］. Cell, 2019, 178: 731–747 e716.

［193］ Meyer KD. DART–seq: an antibody–free method for global mA detection ［J］. Nature Methods, 2019, 16: 1275–1280.

［194］ Shu X, Cao J, Cheng M, et al. A metabolic labeling method detects mA transcriptome–wide at single base resolution ［J］. Nature Chemical Biology, 2020, 16: 887–895.

［195］ Wang Y, Xiao Y, Dong S, et al. Antibody–free enzyme–assisted chemical approach for detection of N–methyladenosine ［J］. Nature Chemical Biology, 2020, 16: 896–903.

［196］ Dominissini D, Nachtergaele S, Moshitch–Moshkovitz S, et al. The dynamic N(1)–methyladenosine methylome in eukaryotic messenger RNA ［J］. Nature, 2016;530: 441–446.

［197］ Safra M, Sas–Chen A, Nir R, et al. The m1A landscape on cytosolic and mitochondrial mRNA at single–base resolution, Nature, 2017, 551: 251–255.

［198］ Li X, Xiong X, Wang K, et al. Transcriptome–wide mapping reveals reversible and dynamic N(1)–methyladenosine methylome ［J］. Nature Chemical Biology, 2016, 12: 311–316.

［199］ Li X, Xiong X, Zhang M et al. Base–Resolution Mapping Reveals Distinct m(1)A Methylome in Nuclear– and Mitochondrial–Encoded Transcripts ［J］. Mol Cell, 2017, 68: 993–1005 e1009.

［200］ Zhou H, Rauch S, Dai Q et al. Evolution of a reverse transcriptase to map N–methyladenosine in human messenger RNA ［J］. Nature Methods, 2019, 16: 1281–1288.

［201］ Lin S, Liu Q, Lelyveld VS, et al. Mettl1/Wdr4–Mediated m(7)G tRNA Methylome Is Required for Normal mRNA

Translation and Embryonic Stem Cell Self–Renewal and Differentiation［J］. Mol Cell, 2018, 71: 244–255 e245.

［202］ Malbec L, Zhang T, Chen Y–S, et al. Dynamic methylome of internal mRNA N–methylguanosine and its regulatory role in translation［J］. Cell research, 2019, 29: 927–941.

［203］ Pandolfini L, Barbieri I, Bannister AJ et al. METTL1 Promotes let–7 MicroRNA Processing via m7G Methylation ［J］. Mol Cell, 2019, 74: 1278–1290 e1279.

［204］ Zhang LS, Liu C, Ma H, et al. Transcriptome–wide Mapping of Internal N(7)–Methylguanosine Methylome in Mammalian mRNA［J］. Mol Cell, 2019, 74: 1304–1316 e1308.

［205］ Krogh N, Jansson MD, Hafner SJ et al. Profiling of 2'–O–Me in human rRNA reveals a subset of fractionally modified positions and provides evidence for ribosome heterogeneity［J］. Nucleic Acids Res, 2016, 44: 7884–7895.

［206］ Marchand V, Blanloeil–Oillo F, Helm M, et al. Illumina–based RiboMethSeq approach for mapping of 2'–O–Me residues in RNA［J］. Nucleic Acids Res, 2016, 44: e135.

［207］ Gumienny R, Jedlinski DJ, Schmidt A, et al. High–throughput identification of C/D box snoRNA targets with CLIP and RiboMeth–seq［J］. Nucleic Acids Res, 2017, 45: 2341–2353.

［208］ Dai Q, Moshitch–Moshkovitz S, Han D et al. Nm–seq maps 2'–O–methylation sites in human mRNA with base precision［J］. Nat Methods, 2017, 14: 695–698.

［209］ Zhu Y, Pirnie SP, Carmichael GG. High–throughput and site–specific identification of 2'–O–methylation sites using ribose oxidation sequencing (RibOxi–seq)［J］. RNA, 2017, 23: 1303–1314.

［210］ Incarnato D, Anselmi F, Morandi E, et al. High–throughput single–base resolution mapping of RNA 2–O–methylated residues［J］. Nucleic Acids Res, 2017, 45: 1433–1441.

［211］ Lei Z, Yi C. A Radiolabeling–Free, qPCR–Based Method for Locus–Specific Pseudouridine Detection［J］. Angew Chem Int Ed Engl, 2017, 56: 14878–14882.

［212］ Arango D, Sturgill D, Alhusaini N, et al. Acetylation of Cytidine in mRNA Promotes Translation Efficiency［J］. Cell, 2018, 175: 1872–1886 e1824.

［213］ Sas–Chen A, Thomas JM, Matzov D, et al. Dynamic RNA acetylation revealed by quantitative cross–evolutionary mapping［J］. Nature, 2020;583: 638–643.

［214］ Abudayyeh OO, Gootenberg JS, Essletzbichler P, et al. RNA targeting with CRISPR – Cas13, Nature 2017.

［215］ Cox DBT, Gootenberg JS, Abudayyeh OO, et al. RNA editing with CRISPR–Cas13［J］. Science, 2017, 358: 1019–1027.

［216］ Abudayyeh OO, Gootenberg JS, Franklin B, et al. A cytosine deaminase for programmable single–base RNA editing ［J］. Science, 2019, 365: 382–386.

［217］ Gootenberg JS, Abudayyeh OO, Lee JW, et al. Nucleic acid detection with CRISPR–Cas13a/C2c2［J］. Science, 2017, 356: 438–442.

［218］ Gootenberg JS, Abudayyeh OO, Kellner MJ, et al. Multiplexed and portable nucleic acid detection platform with Cas13, Cas12a, and Csm6［J］. Science, 2018, 360: 439–444.

［219］ Myhrvold C, Freije CA, Gootenberg JS, et al. Field–deployable viral diagnostics using CRISPR–Cas13［J］. Science, 2018, 360: 444–448.

［220］ Li S, Li X, Xue W, et al. Screening for functional circular RNAs using the CRISPR–Cas13 system［J］. Nat Methods, 2021, 18: 51–59.

［221］ Merkle T, Merz S, Reautschnig P, et al. Precise RNA editing by recruiting endogenous ADARs with antisense oligonucleotides［J］. Nat Biotechnol, 2019, 37: 133–138.

［222］ Tsanov N, Samacoits A, Chouaib R, et al. smiFISH and FISH–quant – a flexible single RNA detection approach with super–resolution capability［J］. Nucleic Acids Res, 2016, 44: e165.

［223］ Chen X, Zhang D, Su N, et al. Visualizing RNA dynamics in live cells with bright and stable fluorescent RNAs

［J］. Nature Biotechnology, 2019, 37: 1287-1293.

［224］ Wirth R, Gao P, Nienhaus GU, et al. SiRA: A Silicon Rhodamine-Binding Aptamer for Live-Cell Super-Resolution RNA Imaging［J］. Journal of the American Chemical Society, 2019, 141: 7562-7571.

［225］ Nelles David A, Fang Mark Y, O' Connell Mitchell R, et al. Programmable RNA Tracking in Live Cells with CRISPR/Cas9［J］. Cell, 2016.

［226］ Wang M, Chen K, Wu Q, et al. RCasFISH: CRISPR/dCas9-Mediated in Situ Imaging of mRNA Transcripts in Fixed Cells and Tissues［J］. Analytical chemistry, 2020, 92: 2468-2475.

［227］ Yang LZ, Wang Y, Li SQ, et al. Dynamic Imaging of RNA in Living Cells by CRISPR-Cas13 Systems［J］. Mol Cell, 2019, 76: 981-997 e987.

撰稿人：郑凌伶　杨建华　李　斌　陈月琴　张玉婵　王文涛　阮梅花　屈良鹄

蛋白质科学研究进展

一、引言

蛋白质是由基因编码、多种氨基酸通过肽键聚合而成的生物大分子，是所有生命形式与生命活动的主要物质基础和功能执行者。蛋白质科学研究蛋白质的时空分布、结构、功能及其相互作用，其研究成果能够完善和加深我们对生命现象的本质和活动规律的认识，从根本上阐明人类重大疾病的致病机理，为临床诊治提供新的方法和途径，揭示农作物生长发育规律，为优质高产农作物的新品种的选育提供技术储备，从而对医药健康、农业、食品工业、环境生态、国家安全（生物安全与疾病控制）等重大问题产生重要影响。

进入 21 世纪，作为生命科学不断取得重大突破的热点领域，蛋白质科学与其他学科的交叉研究也日益显著。蛋白质研究技术也继续取得飞速发展，在各相关领域的基础研究和实际应用中均发挥着重要作用。因此，蛋白质科学一直是发达国家激励争夺的制高点，也是我国进入新世纪后生命科学研究的重点支持领域，例如《国家中长期科学与技术发展规划纲要（2006—2020 年）》将"蛋白质研究"列为四项重大科学研究计划之一。

近五年来，中国科学家在蛋白质科学的各个领域均取得了重要进展，在一大批领域取得了重大突破，参与了一系列国际重大研究计划，培养了一批具有开创精神的青年科学家。但由于蛋白质科学的研究内容跨度非常大，同时由于篇幅限制，本专题报告很难对我国过去五年来取得的所有重要进展做全部的总结。因此在本报告中，我们选取生命过程中关键生物大分子机器、重要膜蛋白、先天性免疫防御、新型冠状病毒及中和抗体、蛋白质组学、蛋白质研究方法和技术、国家蛋白质科学研究设施七个方面，简述中国科学家在最近五年中的国际领先和亮点工作，并进一步展望未来蛋白质科学的发展趋势。

二、我国近年来在蛋白质科学领域的代表性重要成果

1. 生命过程中关键生物大分子机器

（1）"中心法则"相关生物大分子机器

1）转录起始复合物

为实现复杂的基因表达调控，人体细胞中进化出以 RNA 聚合酶Ⅱ（Pol Ⅱ，以下简称聚合酶）为核心的转录前起始复合物（preinitiation complex，PIC），识别几乎所有编码基因和大部分非编码基因的启动子区，响应各种转录调控信号，起始基因转录。完整 PIC 包含 50 余个蛋白质，分子量达 2.6 MDa，具有高度的复杂性和动态性，对其进行结构解析一直是领域内的难题。在 PIC 中，TFIID 复合物是最关键的因子，由 TATA 框结合蛋白（TATA box-binding protein，TBP）和 13 个 TBP- 相关蛋白（TBP-associated factor，TAF1-13）所组成，分子量达到 1.3 MDa，识别启动子并参与整个 PIC 组装过程。在 20 世纪 90 年代，科学家们发现一个功能非常重要的转录共激活因子，命名为中介体（Mediator）。顾名思义，Mediator 可以将不同信号通路的转录激活信号，传递到 PIC 上激活转录。人体中绝大多数活跃基因都需要 Mediator 才能够实现高表达。Mediator 由 26 个蛋白所组成，分子量1.5 兆道尔顿（MDa）。基于 TFIID 的完整 PIC 与 Mediator 组成转录起始超级复合物（称为PIC-Mediator），具备转录起始过程所有因子和完整的基本转录活性（basal transcription）。几乎所有转录因子及转录调控因子都是通过作用在 PIC-Mediator 复合物上激活转录起始。复旦大学徐彦辉实验室 2021 年分别报道了包含 TFIID 的完整 PIC 以及 PIC-Mediator 复合物结构，较为全面地回答了转录起始过程的重要科学问题，是分子生物学领域的重大突破性成果。

徐彦辉首次报道了包含 TFIID 的完整 PIC 结构，揭示了 PIC 如何识别不同类型启动子并完成多步组装的完整动态过程[1]。该研究发现 TFIID 含有多个 DNA 结合区，具有较高的序列包容度，可识别各种不同类型的基因启动子。TFIID 招募聚合酶和多个通用转录因子逐步装配成完整 PIC 复合物。令人意外的是，在 PIC 复合物中，TBP 以同样的方式弯折 TATA box（存在于 ~15% 基因）和 TATA-less（存在于 ~85% 基因）启动子，很好解释了 PIC 装配和基因转录为何可发生在几乎所有类型启动子上。针对不同类型启动子，PIC 通过两种方式将启动子推动至聚合酶催化中心上方准备转录，提出 two-track promoter deposition 模型。第一种为"三步到位"，即 PIC 装配过程产生 Park、Neutral、Drive 三种启动子构象逐步到位。第二种为"直接到位"，即在装配早期就形成 Drive 构象启动子并一直维持到装配完成。"三步到位"方式有可能作为检查点以避免非必要情况下的转录发生。组装完成的 PIC，为转录起始做好了两方面准备。CDK7 激酶磷酸化聚合酶的 C 端结构域（CTD），是转录起始的关键调控步骤。启动子到位后可通过 PIC 中解旋酶使模板链

DNA 进入聚合酶催化中心开始转录。该项工作是近年来转录领域的重要突破，在分子水平上展示了高度动态的转录起始过程，为后续研究基因表达调控奠定了理论基础。

徐彦辉实验室随后报道了首个结构与功能完整的 PIC-Mediator 复合物，揭示了 PIC-Mediator 的动态组装过程以及 Mediator 调控 Pol Ⅱ CTD 磷酸化的分子机制[2]。解析了人源 Mediator 复合物近原子分辨率的冷冻电镜结构，发现 Mediator 的 Tail 模块可呈现延展构象（Extended）和弯折构象（Bent），表明 Mediator 本身的动态性。发现结合 PIC 时 Mediator 发生模块重排（modular reorganization），头部的 HB1 亚模块和 Knob 亚模块夹住 Pol II CTD 的两段多肽链，形成"三明治"结构，稳定 Pol Ⅱ CTD 并将其送至 CDK7 活性中心进行磷酸化反应，提出"CTD 磷酸化门控"模型，使 CTD 结合在 Mediator 上，保证有效且持续地被磷酸化，而完全磷酸化后又使 PIC 与 Mediator 解离。TFIID 赋予了 PIC-Mediator 结构和功能的完整性。在 PIC-Mediator 整体结构中，Mediator 和 TFIID 分别位于 TFIIH 的上下两面，两者共同结合并稳定 TFIIH，使 TFIIH 中 CDK7 激酶和 XPB 移位酶在 PIC-Mediator 中正确定位并发挥活性。其中 XPB 推动启动子 DNA 进入 Pol Ⅱ 催化中心开始转录，CDK7 磷酸化 Pol Ⅱ 的 CTD 允许 Pol II 聚合酶离开启动子区进入转录延伸，二者的活性是转录起始所必须的。说明 TFIID 在 PIC-Mediator 超大转录起始复合物的组装和发挥功能中的关键作用。

2）剪接体

RNA 剪接的执行者是一个组分十分复杂且高度动态变化的分子机器——剪接体，它催化 RNA 剪接反应顺利进行是建立在对底物的正确识别、其自身的正确组装激活及精确调控、解聚等多个步骤之上的。在一轮剪接反应过程中，组成剪接体的众多蛋白质－核酸复合物及剪接因子按照高度精确的顺序进行结合和解聚，并伴随大规模的结构重组，组装成一系列具有不同组分和构象的统称为剪接体的分子机器，根据它们在 RNA 剪接过程中的组装次序和生化性质，依次被为区分为 E、A、pre-B、B、Bact、B*、C、C*、P、ILS 等若干状态，其中，从 pre-B 复合物开始为完全组装的状态。剪接体机器十分复杂，在催化 RNA 剪接过程中，不同工作状态的剪接体均具有分子量大（大于 2MDa）、组分繁多（超过百种）、构象动态多变等特点，很难捕获并解析固定状态构象的剪接体三维结构。因此，对于剪接体的结构研究，尤其是完整剪接体的高分辨率结构解析工作，一直是世界公认的难题，也是领域内的一大瓶颈。

2015 年，在剪接体被发现的 30 年后，清华大学施一公课题组率先取得突破，解析了世界首个完整剪接体近原子分辨率三维结构——裂殖酵母剪接体分辨率高达 3.6 埃的三维结构[3, 4]，首次揭示了这个包含 37 个蛋白亚基和 4 条 RNA、分子量高达 2MDa 以上的分子机器整体结构及内部复杂的相互作用关系，更是将剪接体完全由 RNA 所组成的催化活性中心构象向世人展示出来。这一重大研究成果对 RNA 剪接机理的研究产生革命性影响，此后 5 年，围绕中心法则关键一步的重要执行者——剪接体的结构研究进入黄金时代。

剪接体是一个高度动态的超复杂分子机器，它需要经过复杂的组装、激活完成对长度、序列不同的各种 pre-mRNA 的特异性识别及剪接，在此过程中，组成 U1、U2、U4、U5、U6 snRNPs、NTC、NTR 等亚复合物以及剪接因子的超过百种蛋白质组分参与其中，共同推进 RNA 剪接。概括来讲，剪接体的工作可分为 4 个阶段，组装、激活、催化和解聚，在此期间，对 pre-mRNA 上 3 个保守位点，即 5' 剪接位点、3' 剪接位点、分支点，逐步进行识别、传递和切割。在组装阶段，U1、U2 snRNP 先后结合至 pre-mRNA，依次形成 E、A 复合物，随后，募集预组装的 U4/U6.U5 tri-snRNP，完成组装，形成完全组装的 pre-B 复合物；在激活阶段，U1 snRNP 首先从 pre-B 复合物上解离，形成 B 复合物，随后 U4 snRNP 解离，剪接体招募 NTC、NTR，形成 Bact 复合物，之后 U2 snRNP 中的 SF3a、SF3b 解离，进一步形成 B* 复合物；B* 复合物后剪接体进入催化反应的阶段，RNA 剪接的分支反应及外显子连接两步反应均发生于此阶段，剪接体依次形成 C、C*、P 复合物；最后，剪接体将解聚，首先释放成熟的 mRNA，形成 ILS 复合物，最后剪接体解聚成亚复合物，进入下一次工作循环。在剪接体的结构研究领域，主要可根据研究体系的不同划分为酵母源剪接体结构和人源剪接体结构研究两大部分。

2016 年 1 月，清华大学施一公研究组解析了来自酿酒酵母的预组装复合物 U4/U6.U5 tri-snRNP 近原子分辨率的冷冻电镜三维结构[5]，这一结构清晰地揭示了催化两步剪接反应的 U6 snRNA 因与 U4 snRNA 的碱基互补配对以及蛋白因子 Prp3 的保护作用被稳定在失活构象的机理，也揭示了催化反应中心形成 U6 snRNA 所需的构象变化。同年 2 月，英国 MRC 分子生物学实验室的 Kiyoshi Nagai 研究组报道了同样来自酿酒酵母的 tri-snRNP 的近原子分辨率三维结构[6]。同年 3 月，德国马克斯·普朗克生物物理研究所的 Reinhard Luhrmann 研究组解析了人源 U4/U6.U5 tri-snRNP 分辨率约为 7 埃的三维结构[7]，该结构展示出酵母与人源 tri-snRNP 构象的重要差异，为揭示低等与高等真核生物 tri-snRNP 的组装提供了重要依据。

2016 年 7 月，施一公研究组同时解析了来自酿酒酵母的 Bact 和 C 复合物结构，分辨率分别为 3.5、3.4Å[8, 9]。在 Bact 复合物的结构中，位于剪接体中心的催化反应中心已经形成，由来自 U2、U6、U5 snRNA 的三个短片段折叠缠绕而成，pre-mRNA 的 5' 外显子、5' 剪接位点和分支点分别被 U5 snRNA、U6 snRNA 和 U2 snRNA 所识别，其中，在第一步剪接反应即分支反应中即将断裂的 5' 剪接位点已经进入催化中心，但是由于 Cwc24 等蛋白质的保护作用，分支反应所需的两个基团间尚存在 50 埃的间距，故无法发生反应；在 C 复合物的结构中，U2 snRNP 的 SF3a、SF3b 亚复合物已经解离，分支反应已经发生，刚刚形成的内含子套索 T 型接口仍然结合在剪接体催化反应中心，该构象被剪接因子 Yju2、Cwc25 所稳定，这两个结构间构象的变化，大大推进了对于分支反应机理的理解，预测了 C* 复合物状态的存在，也为预测剪接体催化两步反应的机理奠定了基础。随后，在 2016 年 7 月底和 8 月底，英国 Kiyoshi Nagai 组和德国 Reinhard Luhrmann 组分别解析了同样来自酿酒酵母的分辨率为 3.8Å 的 C 复合物结构以及分辨率为 5.8Å 的

Bact 复合物结构[10, 11]。

2016 年 12 月，施一公研究组解析了来自酿酒酵母的 C* 复合物结构，分辨率为 4.1Å。在此结构中，剪接体的催化反应中心构象几乎没有发生变化，5' 外显子也仍被 U5 snRNA 识别而留在催化反应中心，但是分支反应发生后所形成的内含子套索 T 型接口已经被移出催化反应中心，第二步剪接反应即外显子连接反应所需的 3' SS 似乎被运送进入催化反应中心，该结构的解析揭示了分支反应后剪接体准备外显子连接反应的机理。

2017 年 5 月，施一公研究组解析了分辨率为 3.8Å 的人源 C* 复合物结构，这是首个分辨率进入近原子分辨率水平的人源剪接体结构，该结构与酵母源结构的比较也揭示了高等真核生物特有的剪接体组分。随后的 5 月底，英国（Kiyoshi Nagai）研究组解析了酿酒酵母 B 复合物的三维结构，在该结构中，5' 外显子尚未被 U5 snRNA 识别，U6 snRNA 也尚未与 5' 剪接位点配对，催化反应中心尚未形成，揭示了 tri-snRNP 和 U2 snRNP 之间的瞬时作用界面，该结构为剪接体催化中心形成的机理提供了思路。同年 8 月，德国赖因哈德（Reinhard Luhrmann）研究组解析了人源 B 复合物的三维结构，该结构的解析揭示了酵母及人源剪接体早期激活过程的重要差异[12]。2017 年 9 月，施一公研究组解析了酿酒酵母 ILS 复合物的高分辨率三维结构，该结构中信使 RNA 已经被释放，代表了剪接体濒临解聚的构象，并提出了剪接体解聚的 2 种可能机制。

2017 年末，清华大学施一公组、英国 MRC 分子生物学实验室的 Kiyoshi Nagai 组、科罗拉多丹佛分校赵瑞与加利福尼亚大学洛杉矶分校周正洪合作研究组，同时报道了酿酒酵母 P 复合物的高分辨率三维结构，三者展现出基本一致的构象。在 P 复合物的结构中，外显子连接反应刚刚发生，成熟的信使 RNA 仍被 U5 snRNA 结合在剪接体催化反应中心，3' 剪接位点因与内含子自身的 5' 剪接位点和分支点间形成复杂的互配对而稳定，这一结构的解析是揭示外显子连接反应发生机理、剪接位点保守性的重要证据。

2018 年 1 月，施一公组分别解析了人源 C 复合物及人源 Bact 复合物的三维结构[13]，这两个结构与酵母源结构在核心区展现出较高的保守性，为揭示人源剪接体两步剪接反应间的构象变化提供了重要结构基础，是人源剪接体结构研究中的重要成果。同样也是 1 月，德国 Reinhard Luhrmann 组也解析了人源 Bact 复合物的高分辨率结构[14]。

2018 年 5 月，施一公组同时解析了酿酒酵母完全组装的 pre-B 复合物及发生第一步激活后的 B 复合物结构[15]。pre-B 结构是剪接体工作过程中最大的复合物，它完整包含 5 个 snRNPs，其中 5' 剪接位点被 U1 snRNA 通过互补配对识别，分支点被 U2 snRNA 识别，U4、U5、U6 以 tri-snRNP 的状态刚刚被招募到剪接体中来，它与 U1、U2 snRNPs 之间形成极为松散的相互作用界面；剪接体的第一步激活源于 U1 snRNP 的解离，形成 B 复合物，原本由 U1 所识别的 5' 剪接位点被运送至 U6 snRNA 附近。因此这两个结构的解析为剪接体早期对 5' 剪接位点的识别机制、初步激活过程中 5' 剪接位点的传递机理提供了重要证据，也为预测 tri-snRNP 招募前 A 复合物的解析提供了依据。随后，2018 年 7 月，英国

MRC 分子生物学实验室的 Kiyoshi Nagai 研究组解析了酿酒酵母 A 复合物的结构，在该结构中观测到了 U1、U2 snRNPs 之间的弱相互作用[16]。同年 10 月，施一公组又揭示了人源 pre-B 及 B 复合物的三维结构[17]。

2019 年 1 月，英国 Kiyoshi Nagai 解析了人源 P 复合物的高分辨率三维结构，并鉴定了 4 个新蛋白组分，从而揭示了人源特异性剪接因子的功能提供了重要依据[18]。随后在 2019 年 2 月，施一公组解析了人源 P 复合物及 ILS 复合物的两个动态状态的三维结构，揭示了人源剪接体释放成熟 mRNA 的机理[19]。

2019 年 3 月，施一公组报道了酿酒酵母完全组装的剪接体状态中的最后一个未被捕获的剪接体状态——B* 复合物的 4 个不同构象的高分辨率三维结构，该结构不仅填补了完全组装的剪接体工作过程的最后一个空白，充分揭示了分支反应的发生的分子机理，也展现了剪接体组装的底物特异性[20]。2019 年 4 月，英国 Kiyoshi Nagai 报道了人源 pre-B 复合物的高分辨率三维结构，该结构较为清楚的展示了在解离 U1 snRNP 中起重要作用的 PRP28 蛋白的位置及作用，从而为人源剪接体的激活机理提供新见解[21]。随后在 2019 年 9 月，科罗拉多丹佛分校赵瑞与加利福尼亚大学洛杉矶分校周正洪合作解析了剪接体组装第一步 E 复合物的结构，该结构结合生化实验为剪接体组装早期的两种通路提供依据[22]。

至此，一轮 RNA 剪接中剪接体的基本构象已完全被揭示，但是尚有许多问题仍不清晰。2020 年底，施一公组捕获了酿酒酵母 Bact 复合物分辨率高达 2.5Å 的超高分辨率三维结构，此外还解析了 ATP 水解酶 / 解旋酶 Prp2 游离状态、Prp2 结合激活因子 Spp2 复合物的电镜结构，并结合大量生化实验，阐明了解旋酶 Prp2 在前体信使 RNA 上单向移动、并在 Spp2 辅助下发挥重塑剪接体的功能的分子机理，是剪接体重塑研究中的一大力作[23]。2021 年 1 月，施一公组解析了首个次要剪接体，即仅存在于高等真核生物中的 U12 型剪接体的高分辨率三维结构，整体分辨率高达 2.9Å，并且通过结构解析鉴定了次要剪接体的全新蛋白组分、揭示了它们对次要剪接体及罕见内含子剪接的重要作用等一系列重要科学问题，是剪接体研究领域的又一重要成果。

3）核糖体

核糖体解读信使 RNA（mRNA）携带的遗传密码信息，进行蛋白质的合成，称为翻译过程。近五年，我国科学家在核糖体翻译领域取得了丰硕的研究成果。

在翻译过程中，核糖体遇到 mRNA 上的终止密码子时，翻译终止，新生肽链释放，核糖体解聚为大小亚基并参与其他 mRNA 的翻译。翻译终止时核糖体回收的分子机制是该领域的重要问题。复旦大学林金钟课题组解析了一个细菌核糖体完整回收复合物的晶体结构，包含核糖体大小亚基、EF-G、RRF 以及两个脱酰 tRNA，首次在原子水平揭示了它们之间丰富的相互作用，使我们对核糖体回收过程有了清晰的答案[24]。转录或 mRNA 加工异常会导致部分 mRNA 缺少终止密码子，称为 non-stop mRNA。这类 mRNA 无法进行正常的翻译终止，从而产生细胞毒性。真核生物和原核生物都进化出了相应的质量控制体系来回收这些核糖体。北京大学高宁课题组解析了大肠杆菌中 non-stop mRNA 在核糖体上的翻译终止状态复合物的高分辨冷冻电镜结构，并揭示了依赖于小蛋白 ArfA 的挽救系统在 non-stop mRNA 翻译终止过程中的作用机制[25]。核糖体可以串行在一条 mRNA 链上同时进行翻译，以提高翻译效率。当 mRNA 上存在核糖体的停滞，停滞的核糖体可能被上游核糖体追赶并发生"碰撞"，形成串联双核糖体（disome）。中国科学院遗传与发育生物学研究所钱文峰研究组通过对串联双核糖体保护的 mRNA 片段进行高通量测序（disome-seq），发现核糖体碰撞在酿酒酵母细胞中广泛存在，并鉴定出一系列诱发翻译延伸暂停的 mRNA 序列特征。同时，与北京大学高宁课题组合作，通过冷冻电镜实验发现由串联双核糖体碰撞所反映出的翻译延伸暂停可以促进新生肽链的共翻译折叠[26]。多种核糖体 rRNA 修饰参与蛋白质翻译的调控过程。复旦大学蓝斐课题组研究了大亚基 18S rRNA 甲基转移酶 METTL5 的底物序列特异性，证明该酶参与核糖体翻译调控，能够促进乳腺癌细胞的生长，在线虫中可以调控压力应激、寿命等代谢反应[27]。

mRNA 本身的序列或二级结构是翻译过程重要的调控手段之一。在翻译过程中，mRNA 的二级结构能够阻碍核糖体在 mRNA 上的移动，并是诱导核糖体发生 –1 位的程序性移码的必要元件之一。清华大学陈春来课题组利用单分子荧光共振能量转移技术（single-molecule FRET）证明 mRNA 下游二级结构主要阻碍核糖体移位过程后期的反应速率，揭示了 mRNA 二级结构的构象可塑性对核糖体翻译和程序核糖体移码的调控机制[28, 29]。mRNA 5' 非翻译区（5' UTR）上游的开放阅读框（uORF）可以通过竞争性的结合核糖体来抑制下游编码区的翻译，对翻译过程进行调控。北京大学陆剑课题组结合核糖体图谱实验、高通量测序和演化基因组学分析方法系统解析了真核生物 uORF 在不同物种以及不同基因之间的差异分布形成的驱动力，以及 uORF 的序列演化特征；揭示了 uORF 在果蝇不同发育阶段中起到的调控作用[30]。中国科学院遗传与发育生物学研究所钱文峰课题组和杜苗课题组合作，利用线虫的反式剪接系统，揭示了 5' UTR 调控翻译的分子机制，为进一步研究翻译水平的调控奠定了基础[31]。真核生物 mRNA poly（A）尾对 mRNA 具有关键的调控功能，是其稳定性的重要决定元件。中国科学院遗传与发育生物学研究所曹晓风课题组和钱文峰课题组合作应用改进的 poly（A）测序下游的生物信息学算法，发现模式植物拟南芥的 poly（A）尾中存在非 A 核苷酸，且 G 的比例最高，进一步的研究发现 G 含量的差别可导致 poly（A）结合蛋白对不同 mRNA 的差异结合，而 G 能够抑制这种结构从而下调翻译效率[32]。

核糖体的大小亚基都是由大量的核糖体蛋白和核糖体 rRNA（rRNA）紧密折叠在一起组成的。细菌核糖体包含 50 种以上蛋白质和 3 条 rRNA（共 4000 个以上核苷酸），而真核核糖体更为复杂，包含近 80 种核糖体蛋白质和 4 条 rRNA（近 7000 个核苷酸）。核糖体的生物生成本身也是翻译过程调控机制的重要组成部分。北京大学高宁课题组和中国科学院生物物理研究所叶克穷课题组在核糖体组装领域都有十多年的研究积累，近五年更是取得多项重要的研究成果。叶克穷课题组主要关注核糖体在核仁中早期的生物生成过程。结合结构生物学方法和功能研究实验手段对真核生物核糖体小亚基核仁时期组装前体 90S 的组装分子机制以及参与的组装因子的功能机制进行了深入的阐释[33-39]。此外，叶克穷课题组还解析了酵母 90S 早期前体向中晚期前体转化过程的一系列过渡状态的高分辨率结构，首次观察到该转化的动态分子过程，这对理解核糖体组装这个基本生命过程有重要意义[40]。叶克穷课题组也对核糖体大亚基在核仁时期的早期前体进行了组成成分的鉴定和结构解析[41]。高宁课题组研究成果集中在核糖体生物生成过程的中晚期。高宁课题组利用组装因子 Nog2 为诱饵蛋白从酵母细胞核内纯化出大亚基核内组装晚期一系列组成上和结构上不同的前体复合物，并解析了其高分辨率电镜结构，其中一个状态是国际在核糖体组装研究领域当时分辨率最高的结构。丰富结构信息为详细阐释真核核糖体装配过程中的多种装配因子功能和分子机制提供了重要基础[42]。高宁课题组以大亚基的出核转运接头蛋白 NMD3 为诱饵，分别从人源和酵母细胞体内纯化并解析了一系列出核前后的大亚基组装前体（组装晚期）内源复合物的结构，揭示了酵母及人源核糖体大亚基晚期组装的分子机制以及几种组装因子在核糖体组装过程中的功能机理，其中人源复合物的结构是当时人源核糖体大亚基前体的唯一结构工作[43, 44]。高宁课题组还与国外课题组合作，揭示了真核生物核糖体大亚基功能中心在细胞核内的组装机制以及它们之间的关联[45, 46]。此外，高宁课题组在原核大亚基生物生成过程的研究上也有重要进展，揭示了核糖体大亚基 23S rRNA 上的甲基化修饰对核糖体的生物生成的效率和蛋白质翻译速度的重要影响[47]。

病原微生物的核糖体是很多抗菌药物的天然靶点，临床上应用的抗生素药物一半以上作用于核糖体，对病原微生物核糖体以及与抗菌药物形成的复合物的结构生物学研究，能够为抗生物抗菌机制、病原微生物耐药性以及新的抗菌药物的开发提供依据和新的思路。浙江大学周杰课题组首次解析了抗菌肽紫霉素 Viomycin 与原核核糖体复合物的高分辨结构，揭示了 Viomycin 在核糖体上新的结合位点，全面阐明了 Viomycin 抑制病原菌蛋白质翻译的分子机制[48]。北京大学高宁课题组先后解析了人类寄生虫阴道毛滴虫和刚地弓形虫，以及结核分枝杆菌的核糖体的高分辨结构，发现了多种潜在的抗菌药物的作用靶标[49, 50]。

（2）呼吸链蛋白质机器

能量代谢是生命活动最基本的特征之一，地球上绝大部分生物进行生命活动的直接能量来源是 ATP，氧化磷酸化是生物体产生 ATP 的主要途径，是需氧细胞生命活动的主要能量来源，是生物体最为基础、最为重要的能量代谢过程。真核生物的电子传递和氧化磷酸化都是在细胞的线粒体内膜发生的作用。氧化磷酸化系统由五个功能较为独立的呼吸复合物组成。包括复合物 I：NADH 脱氢酶、复合物 II：琥珀酸脱氢酶、复合物 III：细胞色素 c 氧化还原酶、复合物 IV：细胞色素 c 氧化酶，以及复合物 V：ATP 合成酶。其中，以复合物 I、II、III、VI 及可移动电子载体辅酶 Q 和细胞色素 C 为主体的多种组分被称为呼吸链，电子从氧化还原电位较低的传递体依次通过氧化还原电位更高的传递体，最终流向氧分子。这些复合物既可以以单体形式存在，也可以结合为不同形式的超级复合物，被称为呼吸链超级复合物或呼吸体。近年来，清华大学、上海科技大学、中国科学院生物物理研究所等多所研究单位在线粒体呼吸链复合物和超级复合物的结构、组装、功能及调控，以呼吸链为靶点的药物设计与研发等方面开展了大量研究工作。

饶子和院士团队多年来致力于破解结核分枝杆菌能量代谢奥秘。自 2005 年率先解析了线粒体膜蛋白复合物Ⅱ的精细晶体结构，填补了线粒体结构生物学和细胞生物学领域的空白以来，2018 年，其基于分枝杆菌能量代谢系统呼吸链超级复合物Ⅲ$_2$Ⅳ$_2$SOD$_2$ 的高分辨率（3.5 Å）冷冻电镜结构，揭示了生命体内一种新的醌氧化与氧还原相偶联的电子传递机制[51]。同时，这也是首次通过结构生物学的研究，发现超氧化物歧化酶直接参与呼吸链系统氧化还原酶超级复合体的组装并协同工作的现象，揭示了电子从复合物Ⅲ到复合物Ⅳ之间的完整传递路径，以及两个复合物的串联反应机制[52]。2020 年，与南开大学科研团队合作运用单颗粒冷冻电镜技术解析了耻垢分枝杆菌呼吸链复合物琥珀酸脱氢酶（succinate dehydrogenase 1，Sdh1）天然状态及与底物结合状态的两种高分辨率的结构[53]。

2016 年以来，清华大学杨茂君研究组对哺乳动物氧化磷酸化系统，尤其是呼吸链超级复合物进行了系统性的研究，取得了一系列重要成果。2016 年率先利用冷冻电镜单颗粒三维重构方法解析了猪源呼吸链超级复合物Ⅰ$_1$Ⅲ$_2$Ⅳ$_1$ 的高分辨率三维结构，将呼吸体结构的分辨率提升至原子分辨率级别，并在此基础上提出了全新的电子传递机理，揭示了复合物Ⅰ各亚基之间细致的相互作用，鉴定出新的连接各单独复合物的蛋白亚基，以及发现了磷脂分子在呼吸体结构中发挥的重要作用[54, 55]。2017 年，研究组首次阐述了人源线粒体复合物Ⅰ（3.4~3.7Å），复合物Ⅲ$_2$（3.4 Å），复合物Ⅳ（5.2 Å），超级复合物Ⅰ$_1$Ⅲ$_2$Ⅳ$_1$（3.9 Å）和超超级复合物Ⅰ$_2$Ⅲ$_2$Ⅳ$_2$（17.2 Å）的结构，第一次直接证明了高于呼吸体的呼吸链超超级蛋白复合物的组织形式的存在[56]。

杨茂君研究组同时对呼吸链各复合物结构进行了深入研究，2018 年，首次取得了人源呼吸链复合物Ⅳ包含完整 14 个亚基的复合物Ⅳ的 3.3 Å 结构，探明了复合物Ⅳ第 14 个亚基 NDUFA4 的位置和构象，阐述了这一亚基稳定复合物Ⅳ单体的机制[57]。同年，研究组发表了对哺乳动物复合物Ⅲ的研究成果，与传统的同源二聚形式不同，杨茂君课题组认为，在二聚的复合物Ⅲ中，只存在一个 UQCRFS1N 亚基，其 N 端和 C 端分别处于两个复合物Ⅲ单体基质侧中，使得复合物Ⅲ两个单体形成一个有机的整体。2019 年，杨茂君课题组将研究范围扩展至整个氧化磷酸化系统，取得了哺乳动物 ATP 合成酶（复合物Ⅴ）四聚体 6.2Å 的结构，同时解析了包含完整 19 种亚基的 ATP 合酶单体的两种不同构象的 3.34Å、3.45Å 的结构。通过对结构的分析，阐释了高等哺乳动物 ATP 合酶的结构组成样式、发挥功能的分子机理、复合物之间协同关系以及对线粒体嵴的形态的影响[58]。

2019 年，中国科学院生物物理研究所孙飞课题组与德国马普研究所合作，首次报道了来自超嗜热菌的呼吸链复合物 III 天然状态和结合抑制剂后的高分辨率冷冻电镜结构，鉴定出一系列能显著增强蛋白稳定性的新型结构特征，从而在原子水平上揭示了呼吸链复合物在极端环境下仍能稳定发挥生理功能的结构基础[59]。现任职于华中科技大学的于洪军博士分别于 2018 年和 2020 年报道了来自古菌 *P. furiosus* 的新型呼吸复合物 –MBH、MBS 的冷冻电镜结构，重点阐明了三种呼吸复合物（Complex I、MBH 和 MBS）在电子传递和底物还原、离子转运等方面的区别和联系，为深入认识电子传递链的复杂机制，进化来源等关键问题提供了全新的角度和依据[60, 61]。

（3）光合作用蛋白质机器

光合生物通过将光能转化为生物可利用的化学能，为生物圈中的大多数生命活动提供能量来源。植物、藻类和蓝细菌属于放氧型的光合生物，通过光合作用过程将水和二氧化碳转化为有机化合物并放出氧气。紫细菌和绿色硫细菌等非放氧型的光合生物可利用硫化氢等作为电子供体进行光合作用。光合作用过程涉及光能的吸收和传递、反应中心电荷分离和电子传递过程、跨膜质子转运、ATP 合成以及 CO_2 同化过程。光能的吸收和传递主要是由捕光复合物介导，而电荷分离和电子传递过程则是在光合反应中心复合物中进行的。植物、藻类和蓝细菌等放氧光合生物中含有两个光合反应中心，分别包含在光系统 II（PSII）和光系统 I（PSI）中，二者之间的电子传递由中间电子载体复合体细胞色素 b6f 和质体醌和质体蓝素介导。紫细菌和绿色硫细菌通常只含有一种反应中心复合物（I 型或 II 型反应中心），并由细胞色素 bc1 复合物或备用复合物 III（alternative complex III，ACIII）参与电子传递过程。

1）高等植物和绿藻光合蛋白质机器

2016 年，中科院生物物理所柳振峰研究组、章新政组和常文瑞 / 李梅组合作通过单颗粒冷冻电镜方法解析了植物 PSII 与捕光复合物 II（LHCII）组成的 PSII-LHCII 超分子复合体的近原子分辨率三维结构，在国际上首次报道了三种不同的外周捕光复合物向 PSII 反应中心传递激发能的途径；进而，该团队通过解析弱光下发挥捕光功能的 PSII-LHCII 超复合体的三维结构，发现了外周中度结合的捕光复合体通过次要捕光复合物（CP29 和 CP24）与 PSII 装配的原理，并揭示了从外周天线向 PSII 反应中心传递激发能的途径[62, 63]。状态转换是植物和藻类等响应环境光质（波长）的变化调节光能在两个光系统之间平衡分配的动态机制，该过程是通过对捕光复合物 LHCII 进行可逆的磷酸化修饰而调控 LHCII 与 PSII 和 PSI 的装配。章新政组和常文瑞 / 李梅组合作研究结果发现了磷酸化 LHCII 与 PSI 之间的装配原理和能量传递途径，为理解植物通过状态转换机制调节捕光过程的原理提供了分子水平的信息[64]。中科院植物研究所刘成和杨春虹等通过生物化学和生物物理学相结合的方法发现类胡萝卜素新黄质有助于稳定植物 PSII-LHCII 超复合物的装配，并可调节状态转换的动态过程[65]。

苔藓是现存最早的陆生植物，是植物进化过程中从水生到陆生的过渡类群。2021 年，中国科学院植物研究所沈建仁/匡廷云研究团队、清华大学隋森芳研究团队及济南大学秦晓春研究组合作解析了小立碗藓的 PSI-LHCI 超分子复合物的冷冻电镜结构，为阐明苔藓 PSI-LHCI 的捕获和转移机制提供了结构基础，也为研究着陆后 PSI-LHCI 的演变提供了重要线索[66]。

绿藻是陆生植物的近亲，也是地球生态系统中的重要原初生产者。为了深入理解绿藻捕光过程的超分子基础，柳振峰研究组与日本国立基础生物学研究组皆川纯（Jun Minagawa）组合作解析了莱茵衣藻 PSII-LHCII 超复合体的三维结构，发现了三种不同类型 LHCII 与 PSII 组装的原理和能量传递途径[67]；中科院植物所沈建仁组与浙江大学张兴组合作同期报道了衣藻 PSII-LHCII 超复合体的冷冻电镜结构[68]；常文瑞/李梅组与章新政组合作解析了莱茵衣藻 PSI-LHCI 超复合体的组装原理并发现了 LHCI 向 PSI 传递能量的途径[69]；同期，清华大学隋森芳研究组与中科院植物所匡廷云研究组合作解析了绿藻（Bryopsis corticulans）来源的 PSI 与 LHCI 的组装方式和能量传递途径[70]；中科院生物物理所李梅组、柳振峰组与皆川纯组合作发现了与衣藻 PSI-LHCII 组装相关的两个不同磷酸化 LHCII 的亚基组成、动态及其向 PSI 传递激发能的途径[71]。中科院植物所沈建仁研究组和浙江大学张兴研究组合作同期报道了衣藻 PSI-LHCI-LHCII 超复合物的冷冻电镜结构研究进展[72]。

中国科学院分子植物科学卓越创新中心郭房庆研究组通过遗传工程方法在拟南芥、烟草和水稻中创建全新的 PSII 核心 D1 蛋白合成途径，通过核基因编码的 PsbA 蛋白来补充植物对于 D1 蛋白的需求，进而提高作物光合作用的效率和生物量[73]。中科院植物研究所/河南大学张立新研究组发现拟南芥 STT1 和 STT2 蛋白参与介导叶绿体中双精氨酸转运（twin arginine translocation）途径中的类囊体蛋白分选过程，提出叶绿体内的货物分选过程受液-液相分离的驱动[74]。华南农业大学彭新湘研究组通过在水稻中引入编码乙醇酸氧化酶、草酸氧化酶和过氧化氢酶的三个基因来创建一条新的光呼吸支路，并将其导入叶绿体中形成类似 C4 植物的 CO_2 浓缩机制，有效提高了水稻的光合效率、生物量和籽粒产量[75]。中国科学院分子植物科学卓越创新中心朱新广研究组发现通过敲除光合作用相关的一个负调控转录因子可以提高水稻的光合作用效率和生物质产量[76]。

2）红藻光合作用相关蛋白质机器

红藻是一类原始的真核藻，其光合系统代表着蓝细菌和真核光合生物之间的过渡状态。红藻中存在着两种类型的捕光复合体，一种镶嵌在类囊体膜里，多以低聚物分子存在，称为 LHC（light-harvesting complex）；还有另一类型为水溶性的捕光蛋白复合物——藻胆体。藻胆体主要存在于红藻和蓝细菌中，是迄今已知的最大的捕光蛋白复合物，它位于类囊体膜朝向基质一侧的表面，能捕获光能并以接近 100% 的效率将能量传递给膜内的光合反应中心。

2017 年，清华大学隋森芳研究组解析了来源于海洋红藻太平洋凋毛藻藻胆体的冷冻电镜结构，整体分辨率为 3.5 Å，核心区域分辨率达到 3.2 Å。这是第一个完整藻胆体的近原子分辨率三维结构，揭示了藻胆蛋白和连接蛋白的精密组装机制。通过该结构，人们第一次观察到太平洋凋毛藻藻胆体中所有 72 个连接蛋白在功能组装状态下的结构，以及由这些连接蛋白所形成的超分子复合体的骨架。该骨架为色素蛋白的精密组装及高效率的能量传递提供了结构基础。研究结果首次确定了太平洋凋毛藻藻胆体中全部 2048 个色素的排布，推测出了多条新的能量传递途径，为进一步理解藻胆体内的能量传递机制提供了详细的信息。2020 年，该研究组又解析了模式藻盐泽红藻的藻胆体结构，分辨率提高至 2.8 Å，是该领域中取得的又一项重大研究成果。研究人员发现连接蛋白主要通过芳香族氨基酸与色素分子相互作用，从而对色素的能级状态进行微调，以促进能量的高效单向传递。研究结果为阐明藻胆体独特的光能捕获和传递机制提供了基础数据。

2018 年，匡廷云 / 沈建仁课题组与隋森芳研究组合作，首次解析了红藻 PSI-LHCR 复合体的冷冻电镜结构，揭示了红藻 PSI-LHCR 的独特结构和能量传递途径，以及从原核生物向真核生物进化过程中 PSI 的结构变化[77]。

3）硅藻光合作用相关蛋白质机器

硅藻是一种真核藻类，约贡献了全球原初生产力的 20%，其捕光天线为岩藻黄素 - 叶绿素 a/c 蛋白复合体（FCP）。2019 年，中国科学院植物研究所沈建仁和匡廷云研究团队首次解析了 FCP 二聚体的晶体结构[78]。该结果展示了叶绿素 c 和岩藻黄素在光合膜蛋白中的结合细节和空间排布；揭示了叶绿素 c 和岩藻黄素捕获蓝绿光并高效传递能量的结构基础；首次揭示了 FCP 二聚体的结合方式，对几十年来硅藻主要捕光天线蛋白的聚合状态研究提供了第一个明确的实验证据。进而，匡廷云 / 沈建仁研究组与隋森芳研究组合作解析了硅藻 PSII-FCPII 超复合体的冷冻电镜结构[79]。这是国际上首次报道的硅藻光系统 - 捕光天线超复合体的结构，为阐明硅藻 PSII-FCPII 超复合体中独特的光能捕获、传递和转化以及高效的光保护机制提供了重要基础，也为理解 PSII 复合体的进化提供了线索。2020 年，该合作团队又发表了硅藻 PSI-FCPI 超复合物的冷冻电镜结构，这是目前发现结合捕光天线最多的单体光系统[80]。

4）蓝细菌光合作用相关蛋白质机器

在蓝细菌中，PSI 存在不同形式的寡聚体，如单体、三聚体或四聚体。2019 年，北京大学赵进东课题组、高宁课题组及中国科学院大连化学物理研究所李国辉研究组解析了蓝细菌 PSI 四聚体的超高分辨冷冻电镜结构，结合分子动力学模拟及生化生理实验，揭示了脂类在 PSI 四聚体组装过程中的重要作用和光系统 I 的寡聚化在环式电子传递和类囊体膜重排过程中的重要功能[80]。2020 年，常文瑞 / 李梅课题组与章新政课题组合作发表了蓝细菌 Synechococcus sp. PCC 7942 在缺铁条件下的 PSI-IsiA 和 PSI-IsiA-Fld（黄素氧还蛋白）两种超复合物的冷冻电镜结构[81]。研究结果揭示了蓝细菌 PSI 三聚体核心与 18 个 IsiA 天线蛋白之间精确的装配原理和复杂的能量传递途径，发现了 Fld 蛋白与 PSI 结合的具体位置及相互作用细节，解释了在缺铁胁迫状态下 PSI 维持其有效电子传递的结构基础。一些蓝细菌光系统中的色素组成特殊（如 Chl d 或 Chl f），可以吸收并利用远红光，以适应不同的环境。2021 年，中科院植物所匡廷云 / 沈建仁研究组与浙江大学张兴研究组合作发表了蓝藻（*Acaryochloris marina*）的 PSI 冷冻电镜结构，发现了一个独特的电子传递体和色素排列方式以及一个新的亚基 Psa27，为理解远红光驱动的光合作用提供了结构基础[82]。

NDH–1 是光系统 I 循环电子传递途径（PSI–CET）的重要组成部分。2020 年，常文瑞 / 李梅研究组、章新政研究组与中国科学院分子植物科学卓越创新中心米华玲研究组合作解析了嗜热蓝细菌（*Thermosynechococcus elongatus*）来源的 NDH–1L 的冷冻电镜结构，提供了完整的 NDH–1L 结构模型，为阐明从 Fd 到 PQ 的电子传递以及 NDH–1L 中的质子转移过程提供了深入的见解[83]。同期，上海交通大学附属上海精准医学研究院雷鸣研究组和上海师范大学马为民研究组合作发表了蓝细菌光合 NDH–1L 的冷冻电镜结构，发现了电子供体 Fd 和放氧光合生物特有的调控亚基 NdhV 和 NdhO 的结合位点，并在结构和功能研究的基础上提出了蓝细菌应对高光胁迫的抗氧化机制[84]。

在 CO_2 同化相关研究方面，中国科学技术大学周从照与陈宇星研究组通过生物化学与结构生物学相结合的方法揭示了蓝细菌中的分子伴侣 Raf1 协助核酮糖 –1，5– 二磷酸羧化酶 / 加氧酶（RuBisCO）组装的分子机理[85]；中国科学院分子植物科学卓越创新中心张鹏研究组在解析蓝细菌碳酸氢根转运复合体 SbtA–SbtB 三维结构的基础上，揭示了 HCO_3^- 跨膜转运的机制[86]。中国科学院武汉病毒所门冬研究组与生物物理所张先恩研究组合作，在大肠杆菌中重构了具有 CO_2 同化能力的蓝细菌羧酶体，为进一步的 CO_2 同化机制研究和合成生物学方面的应用打下了基础[87]。

5）光合细菌中的光合蛋白质机器

2018 年，中科院生物物理所孙飞研究组与杭州师范大学徐晓玲、辛越勇研究组合作报道了光合玫瑰菌中光合反应中心与捕光天线形成的核心复合体 RC–LH 的冷冻电镜结构[88]。研究结果揭示了光合绿丝菌吸收、传递和转换光能的结构基础。2020 年，该团队又解析了 ACIII 复合体在氧化和还原两种状态下的精细结构，通过比较和分析提出了一种新的电子传递 – 质子转运偶联机制[89]。

2020 年，张兴研究组与匡廷云 / 沈建仁研究组合作，首次报道了绿硫细菌内周捕光天线 FMO– 反应中心复合体（FMO–GsbRC）的冷冻电镜结构，为理解该蛋白质家族成员如何从一个共同的 RC 祖先分化而来提供了有价值的见解[90]。

2. 重要膜蛋白

（1）转运蛋白

位于细胞膜上的转运蛋白使细胞得以完成吐故纳新的基本功能，如对于营养物质的摄取、有害物质的外排以及作为储能介质或者信息载体的各类离子的定向泵浦。转运蛋白的失调或者突变与多种疾病发生密切相关，相关结构的研究对于揭示疾病发生机理以及新型药物的研发提供了重要的结构基础和理论指导；在农林业领域，转运蛋白与植物的抗逆能力、品系改进、抑制有害微生物等方面的研究有关。

2016 年，清华大学颜宁实验室解析了 4.4 Å 分辨率人源胆固醇胞内转运蛋白 NPC1 冷冻电镜结构[90]。NPC1 和 NPC2 的突变与 C 型 Niemann-Pick 病（NPC）有关，它们的基因产物在低密度脂蛋白衍生胆固醇的内吞体及溶酶体转运过程中发挥关键作用。NPC1 结构的解析对理解该类疾病的致病机制具有重要意义。NPC1 同时也是埃博拉病毒（EBOV）在细胞内吞体中的受体蛋白，可以特异性地结合埃博拉病毒裂解糖蛋白（EBOV-GPcl），介导病毒与细胞的膜融合。该研究同时也获得了 NPC1 结合 EBOV-GPcl 的 6.6 Å 分辨率结构。

2017 年，清华大学颜宁组解析了人源胆固醇逆向转运蛋白 ABCA1 结构，这是第一个 ABCA 亚家族的高分辨率结构[91]。之前报道的所有 ABC 外向转运蛋白在未结合核酸时均处于内向开放的状态。而在该结构中，尽管 ABCA1 的核酸结合结构域（NBD）仍处于未结合核酸的状态，但是它的跨膜区却意外地处于外向开放的状态；ABCA1 的胞外区形成了一个独特的结构，其中包含了一条长的疏水孔道，为进一步的功能研究提供了关键的线索。基于结构分析，该研究针对 ABCA1 介导的磷脂外向转运提出了一个侧向进入（lateral access）的转运模型。

2017 年，中国科学院生物物理研究所黄亿华实验室解析了革兰氏阴性菌脂多糖转运蛋白 LptB2FG 的结构[92]。脂多糖（LPS）是革兰氏阴性细菌外膜的主要组成成分，它们形成阻止大多数疏水性抗生素进入细菌的天然屏障，保障细菌在恶劣环境下的生存。同时，LPS 会引起人体的强烈的天然免疫反应。细菌脂多糖主要由三部分组成：lipid-A、核心寡糖和 O 抗原多糖。它的跨膜转运以及在外膜上的组装主要由七个脂多糖转运蛋白（LptA~G）负责完成。其中，LptB、LptF 和 LptG 组成的四聚体 ABC 转运蛋白 LptB2FG 位于内膜上，负责从内膜外小叶抽提 LPS 分子，并通过 LptC 和 LptA 将 LPS 传递给位于外膜上的 LptDE 复合体，并由后者完成 LPS 的跨外膜转运。在 LptB2FG 复合体结构中，LptF 和 LptG 各包含一个跨膜结构域（TMD）、一个周质侧 β-jellyroll 结构域和一根与 LptB 相互作用的偶联螺旋。内膜上的 LptF 和 LptG 的跨膜结构域形成一个较大的向外"V"形空腔，结构分析和功能实验初步表明 LPS 可能从 LptF 和 LptG 跨膜结构域的侧向间隙进入"V"形空腔。进而，LptB 结合和水解 ATP，为转运过程提供能量，驱动 LptFG 复合体的构象变化，将 LPS 分子转运到 β-jellyroll 结构域中，进而完成 LPS 从内膜的抽提过程。

2017 年，中国科学院生物物理研究所张凯实验室解析了拟南芥蔗糖转运蛋白 AtSWEET13 晶体结构[93]。在植物体中，二糖或单糖分子依赖自身浓度梯度，借助 SWEET 家族转运蛋白进行细胞之间的被动运输。该项研究获得了 AtSWEET13 在与底物类似物 2'-脱氧胞苷 5'-单磷酸复合体的内向构象下的 2.8 Å 分辨率晶体结构，并对底物专一性的结构基础进行了深入分析。

2018 年，中国科技大学周丛照实验室解析了肺炎链球菌的 MacAB 样外排泵蛋白 Spr0694-0695 和 Spr0693 的晶体结构[94]。该结构是首个在革兰氏阳性菌中解析的 MacAB

样外排泵蛋白结构。Spr0694-0695 和 Spr0693 分别对应于大肠杆菌（革兰氏阴性菌）中的 MacA 和 MacB 蛋白，组成潜在的 ABC 转运蛋白，参与对抗生素以及抗菌肽的抵抗。该研究的结构分析显示，Spr0694-0695 具有非典型的 ABC 转运蛋白的结构特征，其中包含一根门控螺旋来控制底物从侧面进入。此外，Spr0693 也形成了一个六聚体纳米管道，并与转运蛋白 Spr0694-0695 对接，形成一条跨越周质空间的外排系统。该项研究为 ABC 转运蛋白家族的组装以及底物侧向进入机制提供了新见解。

2019 年，西湖大学周强课题组利用冷冻电镜技术解析了人源 LAT1-4F2hc 复合体整体 3.3 Å 分辨率结构，以及 LAT1-4F2hc 与抑制剂 BCH 结合的 3.5 Å 分辨率结构[95]。LAT1 属于 L 型氨基酸转运蛋白，4F2hc 是细胞表面抗原重链糖蛋白，二者通过二硫键共价连接形成 LAT1-4F2hc 复合体。该项研究的结构分析表明，LAT1 呈现向内型构象，抑制剂 BCH 结合在转运路径的中心。除了通过二硫键结合外，LAT1 还在细胞外、膜内以及细胞内与 4F2hc 形成广泛的相互作用。进一步的生化数据分析证明，4F2hc 对复合体的转运活性至关重要。该研究为了解 LAT1 生理功能及其致病机理提供了新见解。

2019 年，上海科技大学饶子和实验室与杨海涛实验室合作解析了分枝杆菌膜蛋白 MmpL3 以及与四个潜在抗结核药物的复合体晶体结构[96]。MmpL3 是近年来发现的最重要的治疗性抗结核药物靶点之一，它在分枝杆菌的复制和生存方面发挥着至关重要的作用。同时，它也参与外排多种抗结核药物，因此与病原体的耐药性有关。这一转运过程由跨膜质子电化学势驱动。该项研究表明，MmpL3 由一个位于周质腔的"帽子"结构域和一个 12 次跨膜螺旋束组成。位于跨膜结构域中心的两个 Asp-Tyr 对可能是作为驱动物质的质子的关键结合位点。MmpL3 相关的结构研究对促进新型抗结核病药物的研发具有极其重要的意义。

2019 年，浙江大学郭江涛实验室与合作者解析了人源钾 - 氯共转运蛋白 KCC1 2.9 Å 的高分辨冷冻电镜结构。阳离子 - 氯离子共转运蛋白（CCCs）介导 Na^+ 等阳离子与氯离子的同向跨膜转运。它们主要在肾脏和神经系统中表达，并且在多种生理过程中发挥重要作用。因此，CCCs 家族蛋白已成为重要的药物靶点。作为 CCCs 家族的一员，KCCs 参与调节细胞体积，负责肾小管的重吸收，调控神经元细胞内部氯离子浓度和神经元的兴奋性。该项研究表明 KCC1 以二聚体的形式存在，每个亚基包含胞外结构域和跨膜结构域，二者均参与二聚化。此外，该研究鉴定出了 KCC1 中的钾离子和氯离子结合位点，阐明了 KCC1 以 1:1 的化学计量比同向转运钾离子和氯离子的机理。该项研究为临床上治疗癫痫等相关神经性疾病提供了结构信息，对于相关新型药物的研发具有重要意义。2020 年，该团队又解析了人源 KCC2、KCC3 和 KCC4 的 2.9~3.6 Å 高分辨率冷冻电镜结构，揭示了 KCC 家族保守的 N 端肽段自抑制现象，提出了 KCC 家族蛋白被激活的潜在机制，相关研究为设计 KCC 激动剂提供了思路。

2020 年，清华大学杨茂君实验室与中国科学院上海药物研究所李扬实验室以及同济大学附属第一妇婴保健院刘志强研究组合作，通过冷冻电镜解析了 CLC-7 与辅助亚基 Ostm1 的复合体结构，并且通过结构分析和电生理实验，详尽阐明了该复合体的门控机制，该项研究将为骨硬化病临床治疗策略的研发提供了新的思路[97]。

2020 年，清华大学颜宁实验室与尹航实验室合作，解析了疟原虫己糖转运蛋白 PfHT1 分别结合天然底物葡萄糖和抑制剂 C3361 的冷冻电镜结构[98]。结构表明，C3361 的结合导致了 PfHT1 发生显著的构象变化，衍生出一个全新的空腔结构，可以用来作为靶点进行抑制剂的设计和优化。在此基础上，该研究团队筛选出了一系列具有高亲和力的选择性抑制剂；并且在抑制实验中确认它们可以有效杀死疟原虫，却对人源细胞无害，从而为开发新型抗疟药物开辟了道路。

2020 年，上海科技大学饶子和实验室和张兵实验室合作，运用单颗粒冷冻电镜技术解析了分枝杆菌中特异性海藻糖摄取机器 LpqY-SugABC 处于四种不同转运状态的高分辨率三维结构[99]，揭示了海藻糖跨膜转运进入胞内的精确分子机制。该工作为理解革兰氏阳性菌中 ABC 转运蛋白的工作机理和海藻糖类抗结核药物的研发奠定了结构基础。

2020 年，四川大学董浩浩实验室、浙江大学医学院张兴实验室以及英国东安格利亚大学董长江团队结合 FRET 和 TLC 等技术，首次在体外构建了 MlaFEDB-MlaC-MlaA/OmpF（C）7 个蛋白亚基组成的转运体系，模拟革兰氏阴性菌体内磷脂转运途径，揭示了其转运机制[100]。进而，该团队又解析了 MlaFEDB 蛋白复合体及其与不同底物结合的高分辨冷冻电镜结构，从结构层面上对其转运机制进行阐释，并通过体内突变实验，确定了 MlaFEDB 蛋白复合体的多个关键功能位点。该项研究对于研发新型抗菌药物具有十分重要的指导意义。

2020 年，清华大学闫创业实验室和澳大利亚新南威尔士大学蒋鑫研究组共同解析了 MCT1 和其伴侣蛋白 Basigin-2 复合体在结合天然底物乳酸的单颗粒冷冻电镜结构[101]。通过外向型构象的野生型 MCT1 与模拟持续质子化的 D309N 突变体的内向开口构象的结构比较，阐明了 MCT1 的底物识别、质子偶联转运和交替开放的机理。该项研究进一步解析了 MCT1/Basigin-2 蛋白复合体与三个代表性小分子抑制剂 AZD3965、BAY-8002 以及 7ACC2 的结构，在近原子分辨率下阐明了不同构象下小分子抑制剂与 MCT1 蛋白的结合模式，为进一步开展靶向 MCTs 的药物研发奠定了基础。

（2）离子通道

离子的跨膜转运是通过离子通道蛋白来完成的。据统计，在 FDA 批准的小分子药物中，有 50% 以上直接与膜蛋白相互作用，其中总数的 33% 作用于 GPCR(G 蛋白偶联受体)，18% 作用于离子通道蛋白。由此可见，离子通道蛋白结构与功能关系研究具有非常重要的意义，将为离子通道蛋白突变引起的疾病，如癫痫、偏头痛、重症肌无力、心律失常或者猝死、剧痛不止等的致病机理和治疗给出理论基础，为以这些通道蛋白为靶点的药物设计提供模板，也为药物优化提供必要线索。

离子通道蛋白受很多因素的调控，包括电压门控（如 Nav/Cav/Kv）、温度门控（如 TRPV1、TRPM8）、配体门控（如兰尼碱受体 RyR、烟碱乙酰胆碱受体通道 nAchR 等），还有机械力门控（Piezo）等。早在 1945 年 Hodgkin 和 Huxley 就在枪乌贼的巨大神经上记录了静息和动作电位，但是在长达半个世纪的生化研究和生理研究之后才有了电压门控钾通道的结构生物学研究成果，科学家麦金农也因此获得了 2003 年的诺贝尔化学奖。但其他的离子通道受蛋白表达量低，多种翻译后修饰，以及多柔性区域等蛋白质自身性质的限制，以及冷冻电镜当时的技术水平的影响，使得它们的结构生物学研究一直没有获得重大突破。2013 年底，加州大学旧金山分校的华人科学家程亦凡首次利用冷冻电镜技术解析在痛觉感知中起重要作用、受温度控制开关的阳离子通道 TRPV1 近原子分辨率的结构，也是领域内第一次利用冷冻电镜技术获取分子量小于 400 kDa 样品的高分辨结构[102, 103]。这不仅在冷冻电镜领域内引起了很大的轰动，更代表着结构生物学领域的一场技术革命。

清华大学颜宁教授团队历经十年对电压门控钙通道和钠通道进行了结构生物学研究。细胞质钙离子作为一类重要的第二信使，参与到细胞的增殖、生长、迁移和凋亡等生命过程中。2016 年颜宁团队通过内源提取的方法纯化了兔源 Cav1.1 蛋白，利用单颗粒冷冻电镜手段获得了分辨率为 3.6 Å 的结构，揭示了孔道形成亚基 α1 与各辅助性亚间的相互作用方式，鉴定出了 α1 亚基四个同源结构域的排布形式，对离子透过路径的结构特征进行了详细分析[104]。通过分类，获得了 β 亚基与 α1 亚基上邻近区域的两种构象。为理解 Cav 通道的工作机制及 Cav1.1 介导的兴奋收缩偶联过程提供了重要的结构信息。并在接下来的研究中报道了 Cav1.1 与三类临床药物：DHP 类（nifedipine、Bay K 8644）、BTZ 类（diltiazem）、PAA 类（verapamil）分子的复合物结构，对这些分子结合 Cav 通道的分子机制进行了阐释，并提出了 DHP 类拮抗剂分子和激活剂分子可能的变构调节机制[105]。此外，2020 年颜宁团队获得了人源 Cav3.1 的 3.3 Å 的冷冻电镜结构，分析了离子通透路径的特点，并通过与 Cav1.1 的构象对比阐释了 Cav3.1 不与辅助性亚基 α2δ 结合的结构基础。并获得了 Cav3.1 与 II 期临床试验小分子 Z944 的复合物结构，并通过对 Z944 结合位点的分析，阐释了对 Cav3 通道高度特异性识别的分子机制[106]，至此颜宁团队对高电压和低电压激活的电压门控钙通道都进行了结构的解析，处于世界领先地位。

电压门控钠通道负责动作电位的起始和延伸，是所有神经信号的启动者，广泛存在于可兴奋细胞和组织中。目前统计钠通道有 1000 多种突变会导致各种疾病，比如癫痫、惊厥、心律不齐和剧痛不止等。钠通道是历史上发现最早的离子通道，却是结构解析最困难的膜蛋白之一。2017 年，颜宁团队在世界上首次在线报道了来自美洲蟑螂的电压门控钠离子通道 NavPaS 的结构，为理解其作用机制和疾病相关的致病机理打下了一定的分子基础[247]。在接下来的研究中，自 2018 年 9 月至 2021 年 3 月，颜宁团队先后解析了人源的 Nav1.4-β1 复合物、Nav1.2-β2-KIIIA 复合物、Nav1.7-β1β2-HuwentoxinIV/ProTxII 复合物、Nav1.5-qunidine 复合物、Nav1.1-β4 复合物的冷冻电镜结构，分辨率在 3.0~3.3 Å，为深入理解钠通道的电压感受机制、离子筛选机制、电－机械耦联机制以及钠通道特有的快速失活机制提出了分子基础，为疾病相关突变的致病机理的理解提供了可靠模板。

Cav 与 RyR 相互作用，涉及肌肉的兴奋收缩耦联。位于心肌细胞肌质网膜上的 RyR2 控制着胞浆钙离子浓度，对心肌细胞的节律性收缩舒张控制起着重要作用。颜宁团队于 2016 年率先获得 RyR2 的开放和关闭两个构象[107]，并在接下来的结构研究中分析了不同调控因子对 RyR2 通道开关的影响，包括体内生理环境下的调控因子如 FKBP12.6 和钙调蛋白 Calmodulin（CaM）、ATP 和钙离子，还有常见环境小分子咖啡因和 PCB95[108, 109]。该研究借助结构生物学手段，深入解析了 RyR2 激活剂和抑制剂对于蛋白门控的调节机制，为药物开发、疾病治疗甚至污染治理提供参考和建议。

机械转导是原核细胞和真核细胞将机械力转化为电化学信号的一种进化保守的信号转导机制。在哺乳动物中，许多基本的机械转导过程，如身体触觉、机械疼痛和血压调节，都依赖于机械门控阳离子通道的激活。科学家们早在 1979 年就提出了机械敏感阳离子通道介导机械转导的概念，直到 2010 年才发现小鼠 Piezo1 和 Piezo 2 是介导机械激活阳离子电流的充分必要条件。近年来国内外学者综合利用生化结构、电生理膜片钳、高通量药物筛选、转基因小鼠模型以及人类遗传学等多学科研究手段，聚焦解答机械门控 Piezo 如何将机械力转化为电化学信号，以及如何利用自身机械敏感性和通道特性来决定相关的生理病理功能这两方面的关键科学问题。清华大学肖百龙团队与杨茂君团队、李雪明团队合作率先解析了 Piezo1 与 Piezo2 的高分辨率结构[110, 111]，精确了 Piezo 单体包含 38 次跨膜螺旋的完整拓扑结构和组装规律，发现其以三聚体共计 114 次跨膜螺旋的方式组装成目前已知的含跨膜螺旋最多的膜蛋白。

（3）G 蛋白偶联受体

G 蛋白偶联受体（G protein coupled receptors，GPCRs）是广泛分布于真核细胞膜上的一类膜蛋白超家族，由其介导的细胞信号转导通路在人体的整个生理系统中发挥重大作用。目前批准上市的小分子药物中，超过 30% 作用于 GPCR，主要用于糖尿病、心脑血管疾病、癌症、神经退行性疾病、代谢以及免疫等相关疾病的治疗。对 GPCR 蛋白三维结构的解析和基于其结构阐明 GPCR 与配体及 GPCR 与下游信号蛋白之间相互选择性识别结合的分子机制，对 GPCR 的功能研究和相关重要疾病的发生、发展机制的探索、相关治疗药物的研发都具有非常重要的科学意义和应用价值。

随着科学家对 GPCR 结构研究中各项技术上的创新，以及冷冻电子显微成像技术的突破性进展，GPCR 的结构与功能研究也得到了飞速的发展。据 GPCRdb 统计，截至 2021 年 5 月，已成功解析 101 个独特的 GPCR 结构（557 个 GPCR 结构），其中 70 个独特的 GPCR 结构（412 个 GPCR 结构）是过去五年内完成的。我国科学家在其中也做出了重要贡献。2016—2020 年期间，上海科技大学刘志杰课题组对人体内源性大麻素系统中的细胞信号转导进行了系统和深入的研究。分别解析了大麻素的两个重要受体，大麻素受体 1

（CB1）和受体2（CB2）分别在拮抗状态、类激活态和激活态的复合物结构，系统性揭示了大麻素受体的信号转导机制[112-115]。研究成果为针对内源性大麻素受体的精准调控以及基于大麻素受体的精准药物设计提供了坚实的理论和实验基础。2017年，上海科技大学雷蒙德C.史蒂文斯、王明伟和刘志杰教授联合研究团队解析了胰高血糖素样肽-1受体（GLP-1R）的分子结构。GLP-1R是B型GPCR家族成员之一，是2型糖尿病的重要治疗靶点。该结构是GLP-1R与负别构调节分子的复合物结构，为替代治疗2型糖尿病的肽类药物的口服小分子药物的研发提供了重要的结构信息[116]。随后，中国科学院上海药物研究所吴蓓丽和赵强团队联合王明伟和蒋华良团队成功解析了人源胰高血糖素受体（GCGR）全长蛋白的三维结构，揭示了该受体蛋白不同结构域对其活化的调控机制[117]。

2018年初，刘志杰研究团队成功解析5-HT2C分别与激动剂和拮抗剂复合物的晶体结构[118]，揭示两种药物分子获得多重药理学和高选择性的分子基础，为设计具有多重药理学特性药物打下了坚实基础。随后，吴蓓丽和赵强等团队发表了胰高血糖素受体GCGR分别与激动剂和拮抗剂结合的复合物晶体结构[119, 120]。同年，上海科技大学徐菲课题组成功破解了首个人源卷曲受体（Frizzled-4）三维精细结构，揭示了卷曲受体在无配体结合情况下特有的"空口袋"结构特征以及其有别于以往解析的GPCR的激活机制[121]。

2019年，中国科学院上海药物所徐华强团队联合浙江大学张岩、上海药物所王明伟团队解析了1型人源甲状旁腺激素受体（PTH1R）与Gs蛋白复合物的三维结构[122]，揭示了其长效激活状态下的分子动力学机制，为创制治疗骨质疏松症、甲状旁腺功能减退症和恶病质等疾病的新药奠定了坚实基础。同年，徐华强、余学奎、丛尧联合团队解析了神经降压素受体1（NTSR1）结合Arr2的复合物结构，该结构揭示了一个整体组装，与Arr2相对于受体旋转90°明显不同于视觉抑制素-视紫红质复合物，为研究arrestin蛋白和GPCR相互作用提供了另一种模板[123]。清华大学刘翔宇和Brian Kobilka实验室，分别于2017年和2019年鉴定出β₂肾上腺素受体的首个胞内别构激动剂结合位点和首个胞内别构拮抗剂拮抗位点，阐明了别构药物调节β₂肾上腺素受体功能的分子机理，为GPCR的别构药物研发提供了结构基础和理论指导[124, 125]。2019年，揭示GPCR和G蛋白复合物形成过程中可能的中间状态结构，提出了GPCR-G蛋白复合物形成过程的动态模型，并在同一工作中开发了一种通过融合G蛋白羧基端肽段来稳定GPCR激活态结构的新方法[126]。

2020年，吴蓓丽和赵强团队解析了GCGR分别与下游信号蛋白Gs和Gi复合物的冷冻电镜结构，揭示了该受体对细胞信号分子的特异性识别及其活化调控机制，促进了对B类GPCR信号识别和调控机制的认识。同年该研究团队解析了抗肥胖药物靶点神经肽Y受体Y1R分别与两种抑制剂结合的高分辨率三维结构，揭示了该受体与多种药物分子的相互作用机制，为治疗肥胖和糖尿病等疾病的药物研发提供了重要依据。同年，徐菲课题组联合上海交通大学医学院附属第九人民医院精准医学研究院雷鸣课题组合作成功解析了首个人源孤儿受体（GPR52）三维精细结构[127]，揭示了孤儿受体在无配体、有配体以及与下游信号转导分子 G 蛋白复合物结合的各功能状态的结构特征，首次解密了有趣的 GPCR 自激活现象及其结构基础。雷蒙德 C. 史蒂文斯研究团队又破解了与肥胖症密切相关的靶点，黑素皮质素受体 4（melanocortin 4 receptor，MC4R）的三维结构，意外发现钙离子对 MC4R 的调控作用。为更好地治疗肥胖和其他代谢类疾病打开了大门。随后，刘志杰和华甜研究团队成功解析了趋化因子受体 CXCR2（CXC chemokine receptor 2）与趋化因子白细胞介素 IL8（Interleukin 8）及下游信号转导分子 G 蛋白三元复合物的冷冻电镜结构。同时还解析了 CXCR2 与潜在癌症治疗药物分子复合物的晶体结构。该项研究首次揭示内源性蛋白配体激活 G 蛋白偶联受体（GPCR）的新机制，为精准的新型抗癌药物设计开启新篇章。同年，浙江大学张岩团队与中科院药物研究所谢欣团队、山东大学于晓和孙金鹏团队通力合作首次解析了胆汁酸受体 GPBAR 在合成配体 P395 以及胆汁酸类似物 INT-777 作用下与 Gs 蛋白三聚体形成的复合物的高分辨率结构，明确了 GPBAR 对两亲性配体的识别机制，揭示了 GPBAR 识别多种胆汁酸的指纹图谱，为深入理解胆汁酸的作用机理以及针对于 GPBAR 的药物设计提供了理论基础[128]。

2021 年初，山东大学孙金鹏课题组首次解析了黏附类 GPCR 家族中 GPR97 在糖皮质激素的激活作用下与 Go 蛋白复合物的结构，从而在原子分辨率上详细阐释了糖皮质激素结合并激活 GPR97 受体以及该受体与 G 蛋白偶联的作用机制，对于研究黏附类 GPCR 的激活机制起到了很重要的推动和示范作用[129]。同年 4 月，华中科技大学刘剑峰联合团队突破性地鉴定了 class C 家族 GPCR 代谢型 γ-氨基丁酸受体（GABAB）异源二聚体与 G 蛋白复合物的高分辨率冷冻电镜结构，首次揭示了二聚体 GPCR 非对称激活 G 蛋白的独特模式[130]。随后，上海药物所徐华强和四川大学邵振华等研究团队，在多巴胺受体领域取得新的突破，成功解析了 D1R 和 D2R 的三维结构[131, 132]，为高血压、帕金森综合征、肾损伤等疾病的药物开发和治疗带来新的曙光。随后，徐华强研究团队解析了三种 5- 羟色胺受体的近原子分辨率结构，揭示了磷脂和胆固醇如何调节受体功能以及抗抑郁药物的分子调节机制[133]。紧接着，徐华强和蒋轶团队，联合浙江大学张岩团队，报道了 5-HT 受体 -G 蛋白复合物的五种结构，揭示了 5-HT 如何作为一种泛激动剂，并确定了 5-HT 受体中药物识别的决定因素[134]。6 月，上海药物所吴蓓丽研究组、赵强研究组、王明伟研究组和柳红研究组联合中国科学院生物物理研究所孙飞研究组和华中科技大学刘剑峰研究组在 C 类 GPCR 结构与功能的研究领域取得了一系列重要进展：解析了多种人源代谢型谷氨酸受体处于不同功能和不同二聚化状态下的三维结构[135, 136]。为深入认识该类受体在中枢神经系统中的功能调控机理提供了重要的依据，对于全面认识 C 类 GPCR 的信号转导机制具有重大意义。2021 年这些代表性研究成果，表明我国科学家在 GPCR 的结构生物学研究领域起着重要的作用。

3. 先天性免疫防御

（1）细胞焦亡

细胞焦亡是机体拮抗和清除病原体感染的重要天然免疫反应。在过去的十几年间，这个领域的研究取得了长足的进展，多个不同的炎症小体被鉴定出来。尤其是北京生命科学研究所邵峰实验室近几年在该领域深耕，极大地推动了人们对细胞焦亡机制的理解，引领了这个领域的发展。

邵峰研究组和加州大学伯克利分校的拉塞尔·万斯（Russell Vance）研究组的两项独立研究发现，NLR 家族的 NAIPs 蛋白作为不同 PAMP（病原体相关分子模式）的直接受体，决定了 NLRC4 炎症小体对不同配体反应的特异性，回答了该领域的诸多未解之谜[137]。C57BL/6 小鼠有 7 个 NAIPs，其中 NAIP5 和 NAIP6 与鞭毛素蛋白直接结合，NAIP2 结合 T3SS 基座蛋白。邵峰研究组还进一步发现，鼠的 NAIP1 结合一个以前未知的细菌 PAMP—T3SS 针状孔道蛋白，而人类编码的唯一的 hNAIP1 只响应 T3SS 针状孔道蛋白的刺激，推测 T3SS 的保守蛋白对宿主来说是更加特异的 PAMP，因为它只存在于病原菌中，而鞭毛素蛋白在病原菌和非病原菌中都存在[138]。清华大学柴继杰研究组首次解析了小鼠 NLRC4 蛋白处于自抑制状态下的晶体结构[139]，随后柴继杰教授和隋森芳院士研究组又合作解析了带有配体的炎症小体结构[140]，从结构和生化角度揭示了 NAIP 激活NLRC4 的具体分子机制。这些研究清晰地阐明宿主天然免疫系统利用不同的 NAIP 蛋白识别细菌的各 PAMPs，启动宿主的天然免疫应答的分子机制。

2015 年，邵峰研究组和 Dixit 研究组两项独立的研究鉴定出来同一个蛋白 gasdermin D（GSDMD），Dixit 研究组发现 GSDMD 在 LPS 诱导的非典型炎症小体的激活中起关键作用，而邵峰研究组利用当时刚刚建立 CRISPR/Cas9 基因编辑技术[141]，在细胞系中分别对caspase-11 和 caspase-1 诱导的细胞焦亡通路进行了全基因组筛选，发现 GSDMD 是所有炎症性 caspase 的底物，是细胞焦亡的真正执行者，这两项工作首次揭开了细胞焦亡分子机制的神秘面纱。随后厦门大学韩家淮等课题组也发现了 GSDMD 在细胞焦亡中的重要作用[142, 143]。邵峰研究组和哈佛大学吴浩研究组进一步利用晶体结构和冷冻电子显微结构分析证明，GSDMD 被活化的 caspase 切割之后，其具有细胞膜打孔活性的 N 端结构域被释放，插膜进而发生寡聚并组装成孔道[144, 145]。孔道的形成破坏了细胞内外的渗透压，造成细胞涨大和裂解，这是典型细胞焦亡的生化特征。邵峰研究组还进一步获得了 caspase与 GSDMD 的复合物结构[146]，也是 caspase 从发现至今首次获得与生理底物复合物的三维结构，为 caspase 酶活机制和底物识别机制研究提供了全面深入的理解。该研究揭示了天然免疫中 caspase 自剪切活化和特异地识别 GSDMD 介导细胞焦亡的完整分子机理，并且该研究发现的独立于酶活中心的全新底物识别位点，为针对 caspase 和 GSDMD 开发自身炎症性疾病和败血症的药物提供了一个重要的新方向。

邵峰研究组发现 gasdermin 家族蛋白 GSDME 的 N 端和 C 端结构域之间包含一个经典的 caspase-3 切割位点，可以被 caspase-3 切割活化进而诱发细胞焦亡[147]。由于细胞癌化过程中表观遗传的重编程作用，GSDME 的表达在绝大部分癌细胞中都被沉默了，但在小肠和其他许多正常组织和细胞中有较高的表达。因此，临床上广泛使用的导致 DNA 损伤的抗肿瘤化疗药物在通过线粒体通路激活 caspase-3 后，一般导致癌细胞发生凋亡，但在表达 GSDME 的正常组织中则会诱导非癌化的细胞发生 GSDME 介导的细胞焦亡，而细胞焦亡会导致组织水平的炎性损伤，这正是化疗药物产生毒副作用的一个重要原因。鉴于 Gasdermin 家族成员都具有诱导细胞焦亡的活性，以及细胞焦亡不一定依赖于炎症性 caspase 的切割的特性，邵峰研究组将细胞焦亡的概念重新定义为由 gasdermin 介导的细胞程序性死亡，开辟了一个全新的细胞死亡和炎症免疫研究的新领域[148]。此外，邵峰研究组最新研究发现在细胞毒性淋巴细胞杀伤靶细胞的过程中，细胞毒性淋巴细胞来源的 Granzyme A 蛋白能够特异地高效激活 Gasdermin B（GSDMB）蛋白，从而导致靶细胞发生细胞焦亡，一系列肿瘤实验结果表明 Granzyme A-GSDMB 通路在机体抗肿瘤的免疫过程中发挥着重要作用，为肿瘤免疫提供了新思路[149]。

鉴于多项研究表明 Gasdermin 家族蛋白的表达在肿瘤细胞中往往被沉默，暗示其在肿瘤发生或肿瘤清除方面可能发挥重要作用。此外，临床上多数肿瘤病人对肿瘤免疫治疗不响应的一个原因是肿瘤微环境里免疫反应受到抑制，细胞焦亡作为一种强烈的促炎性细胞死亡，是否能够改善肿瘤微环境的免疫反应非常值得探究。邵峰研究所和北京大学刘志博研究组合作开发了基于三氟化硼脱硅反应介导的碳酸酯基团断裂反应实现肿瘤内释放和激活 Gasdermin 蛋白的研究[150]。利用这个新颖的生物正交技术，该研究揭示少部分的肿瘤细胞发生焦亡就足以有效调节肿瘤免疫微环境，进而激活很强的 T 细胞介导的抗肿瘤免疫反应。该发现为肿瘤免疫治疗药物研发提供了新的思路，Gasdermin 家族蛋白也成为潜在的肿瘤免疫治疗的生物标志物，这类蛋白的激动剂则很有可能成为抗肿瘤药物研发的新方向。

（2）动植物先天免疫

先天性免疫系统是宿主防御感染机制中一种普遍而古老的形式，它对于病原体的感知主要是通过一系列胚系基因编码的模式识别受体来实现。模式识别理论奠定了先天免疫在机体免疫中的重要地位。最近 5 年，中国科学家除了发现新的类型的模式识别受体，还在研究 Nod 样受体介导的免疫过程中取得了一系列突破。

典型的 Toll 样受体、RIG-I 样受体样模式识别受体的相关研究已经很深入了。2017 年，北京生命科学研究所的邵峰实验室通过 CRISPR-Cas9 高通量筛选的方法，系统证明了存在于革兰氏阴性菌和部分革兰氏阳性菌中的代谢产物 ADP-Hep 可以作为一种新的微生物 PAMP 被存在于细胞浆中的 ALPK1 激酶所识别，进而诱导细胞因子的产生[151]。证明细菌中 ADP-Hep 能够透过哺乳动物的细胞膜，进入宿主细胞后结合在激酶 ALPK1 N- 端结构域，进而激化 ALPK1 的激酶活性磷酸化活化 TIFA，介导 III 型分泌系统（type III secretion system，T3SS）依赖的 NF-κB 的活化和细胞因子的产生。揭示了 ALPK1 激酶作为一种完全新型的模式识别受体。

2020 年，清华大学的柴继杰团队通过解析大鼠 NLRP1 FIIND 结构域的晶体结构，揭示了 FIIND 结构域发生自切割的关键氨基酸及催化机制，并发现 ZU5 亚结构域对于维持 NLRP1 的自抑制具有重要的作用[152]。随后该团队又获得了大鼠全长 NLRP1–DPP9 复合体的高分辨率电镜结构。通过大量的生化及细胞试验揭示了 DPP9 的结合及酶活功能对于维持体内 NLRP1 的抑制活性都是必需的。这些研究也提示了 NLRP1–DPP9 的 2∶1 复合体可能是体内 NLRP1 感应各种病原或内源信号发挥功能的真实状态，为未来深入研究其机理提供了基础，也为相关免疫疾病的治疗提供了理论基础。

在长期与各种病虫害互作的过程中，植物进化出一套多层次的完善的防御体系来对抗各种病虫害的威胁。第一道防线主要是由许多位于细胞表面的受体激酶或受体蛋白组成，它们通过识别入侵病原微生物携带的保守物质并启动相关防御反应，这种识别引起的抗性称为模式分子激活的免疫反应（PAMP-triggered immunity，PTI），这一反应的特点是反应强度低，但是具有广谱抗病的特点。第二层反应主要是由位于植物细胞内的一类包含核苷酸结合结构域和亮氨酸富集重复区的受体类蛋白（nucleotide-binding domain and leucine-rich repeat receptors，NLRs）所介导的免疫反应，这些 NLRs 抗病蛋白能够识别相关病原微生物释放的效应因子，进而激活并启动一系列抗病反应，称为效应因子激发的免疫反应（effector- triggered immunity，ETI）。这一类反应的特点是特异性强，反应强度强，经常导致植物感病局部的细胞超敏死亡。同时在病原微生物被植物免疫系统识别并产生抗性反应以后，相应的抗性信号能够从受侵染部位传递到其他未受侵染的部位，从而使整个植株都具有对相关病原微生物的免疫，这种现象被称为系统获得性抗性（systemic acquired resistance，SAR）。植物通过这些细胞内外、局部与整体的协调，可以抵抗绝大多数病原微生物的伤害。在对植物的以上研究，我国过去 5 年都取得了重要的进展。

受体激酶在植物与环境以及植物发育过程中不同细胞之间的交流协调中发挥着重要作用。清华大学的柴继杰实验室通过对一系列植物重要受体激酶（油菜素内酯受体 BRI1，植物模式识别受体激酶 FLS2 与 CERK1 以及受体激酶 PTO 等）的复合物结构与功能的研究，提出了植物受体激酶活化的最小二聚化模式，为众多的植物受体激酶研究提供范式。最近几年，研究人员主要集中在模式识别信号的调控方面进行研究，例如拟南芥受体激酶 Feronia（FER）就被认为参与植物模式识别受体参与的免疫过程的调控。清华大学生命学院柴继杰实验室通过解析 FER 与植物多肽 RALF23 及 GPI 蛋白 LLG2 异型受体复合物的晶体结构，揭示了植物多肽 RALF 被 CrRLK1L 型受体激酶与膜锚定 GPI 蛋白异型受体复合物识别的分子机制，为植物相关受体激酶以及 GPI 膜锚定蛋白的结构功能研究提供了全新的范式[153]。

在效应因子激发的免疫反应中，参与的 NLR 根据参与免疫的抗病蛋白 N 端结构域和作用模式的不同分为两类：CNL（CC–NB–LRR）类抗病蛋白和 TNL（TIR–NB–LRR）类抗病蛋白。ZAR1 是一类重要的 CC 类 NLR 抗病蛋白，柴继杰实验室与合作者通过解析抗病蛋白 ZAR1 抑制、中间及活化状态复合物三维结构，阐明了植物细胞中的抗病蛋白在发现病原细菌信号后，如何从单体的静息状态迅速转变为五聚化的激活状态的机制；在国际上率先发现了植物抗病小体这一蛋白质机器，与动物中的炎症小体高度类似；揭示了抗病蛋白作为一个分子开关，在细胞膜上控制植物防卫系统的机制[154, 155]。在 2021 年，中国科学院遗传发育所的周俭民组与合作者通过植物免疫学、膜生物学、单分子成像和结构生物学等多学科交叉合作，阐明了 ZAR1 抗病小体的生化功能，揭示了抗病蛋白激活下游免疫反应的分子机制。研究发现，ZAR1 抗病小体可直接插入脂膜，发挥 Ca^{2+} 离子通道作用。在植物细胞中，激活后的 ZAR1 蛋白在植物细胞膜上形成五聚体复合物，并促进 Ca^{2+} 离子内流。

拟南芥的 RPP1 是 TNL 类抗病蛋白的典型代表，主要由 N 端 TIR 结构域、中间 NOD 结构域以及 C 端亮氨酸重复结构域组成。植物叶片在被植物病原菌（*Hyaloperonospora arabidopsis*）侵染过程中会分泌一类效应蛋白 ATR1，RPP1 通过识别 ATR1 继而引起 ETI。2020 年，清华大学生命学院柴继杰课题组通过解析 RPP1–ATR1 复合物的冷冻电镜结构，首次揭示了植物 TNL 类抗病蛋白 RPP1 直接识别其效应蛋白 ATR1 后激活并形成 4 聚化的 NAD+ 全酶的分子机制[156]。

长期以来，大多数植物免疫领域的研究都是将 PTI 和 ETI 两条免疫通路作为两个独立平行的免疫分支，但随着研究的广泛和深入，以 PTI 和 ETI 为基础的两条主线从泾渭分明变得交叉模糊，但这两层免疫系统之间的具体关系一直以来尚不清楚，这也成了植物免疫领域尚待解决的重要科学问题之一。中国科学院分子植物科学卓越创新中心辛秀芳团队研究发现，在第一层免疫系统 PTI 缺失的植物中，也很大程度丧失了由第二层免疫系统 ETI 介导的植物抗病能力。这一现象表明，植物的 PTI 免疫系统对 ETI 免疫系统不可或缺。该研究揭示了植物两层免疫系统通过精密地分工合作来实现活性氧的大量产生，其中 ETI 免疫系统负责增强活性氧合成酶 RBOHD 蛋白的表达，而 PTI 免疫系统促进 RBOHD 蛋白完全激活，二者缺一不可。这一精巧的合作机制能够保障植物在面临病原菌的侵染时，快速准确地输出足够的免疫响应，同时在植物面临不同微生物（如非致病或致病力弱的微生物）时，避免过度地免疫输出，从而确保植物平衡生长和环境胁迫的抗性反应[157]。

4. 新型冠状病毒与中和抗体

冠状病毒是一组具有囊膜的单股正链、非节段 RNA 病毒，可感染哺乳动物和鸟类。迄今为止，已知能够感染人的冠状病毒有八种。进入 21 世纪以来，严重急性呼吸综合征冠状病毒（SARS-CoV）、中东呼吸综合征冠状病毒（MERS-CoV）、新型冠状病毒（SARS-CoV-2）分别在全球相继暴发并造成严重的疫情。自 2019 年底，SARS-CoV-2 感染引起的新冠疫情（COVID-19）暴发以来，中国科学家第一时间投入抗疫科研攻关，在病原鉴定与检测、疫苗与药物研发、病毒溯源与流行病学调查、临床诊断与救治等方面做出了出色的工作。自 2003 年"非典"疫情以后，国内一些研究团队一直致力于冠状病毒蛋白结构与功能关系研究，在新冠疫情暴发后，能在新冠病毒结构与非结构蛋白研究以及中和抗体研发等方面快速取得了一系列成果。

（1）新冠病毒刺突蛋白与转录复制复合体

冠状病毒的基因组可以编码 4 种结构蛋白、16 种非结构蛋白（non-structural protein，nsp1-nsp16）和一些附属蛋白。刺突蛋白负责受体结合与介导膜融合，是冠状病毒侵染过程中的最关键结构蛋白，也是中和抗体的最主要作用位点和疫苗设计的靶分子。在新冠疫情暴发的早期，中国科学院齐建勋与清华大学王新泉实验室分别报道了新冠病毒刺突蛋白受体结合结构域（RBD）与 ACE2 受体复合物的高分辨率晶体结构，西湖大学周强实验室报道了全长 hACE2- 中性氨基酸转运蛋白（B0AT1）复合物及其与新冠病毒 RBD 复合物的冷冻电镜结构[158-160]。清华大学李赛实验室报道了灭活新冠病毒颗粒的低温电子断层扫描（Cyro-ET）结构，展示了刺突蛋白在病毒颗粒表面的结构特征[161]。这些研究全方位地揭示了刺突蛋白的结构细节和病毒侵入宿主细胞的分子机制，对深入理解中和抗体作用机制以及助力重组蛋白疫苗研发也具有重要意义。

冠状病毒非结构蛋白可以组装成一系列转录复制复合体（replication-transcription complex，RTC），参与病毒复制转录、mRNA 加帽、复制和转录过程中的错配矫正等重要生理功能，在病毒生命周期中发挥重要的作用。冠状病毒合成 RNA 时，必须依赖于自身的 RNA 聚合酶 nsp12 及辅因子 nsp7 和 nsp8 组装成的"核心的转录复制复合体"（central RTC，C-RTC），这也是组成 RTC 的核心元件。2020 年饶子和教授带领的国内研究团队通过冷冻电镜成功解析了 SARS-CoV-2 C-RTC 的高分辨率结构[162]，并首次发现新型冠状病毒 nsp12 的 N 端具有一个特殊的"β- 发卡"结构域，这为抗病毒药物研发提供了一个全新的靶点。随后，在上述工作的基础上进一步解析了 C-RTC 与抗病毒候选药物瑞德西韦复合体 2.9 Å 的三维结构，首次验证了瑞德西韦"延迟终止"的作用机制。这项工作精细描绘出了 SARS-CoV-2 C-RTC 转录复制机器工作状态下的核心特征，解释了候选药物分子瑞德西韦是如何精确抑制病毒 RNA 的合成，为后续药物分子的进一步优化提供了结构基础。

在新冠病毒转录复制过程中，单独的 C-RTC 不能直接以具有高级结构的基因组 RNA 为模板，而是需要解旋酶 nsp13 先将模板链处理为单链，再递送给 C-RTC 来合成新的 RNA 链。这个由 nsp13 和 C-RTC 形成的复合物被称为"延伸状态的转录复制复合体"（elongation RTC，E-RTC）。2020 年，国内研究团队利用独特设计的 RNA 分子，成功捕捉到了工作状态的 E-RTC，并解析了其 2.9 Å 的冷冻电镜结构。这项工作提出了 E-RTC 的组装机制，解释了两个 nsp13 如何协同 nsp12 完成 RNA 的合成，并解析了 nsp13 结合模板 RNA 的关键位点，为后续抑制剂的开发提供了结构基础和全新的思路[163]。

2021 年，国内研究团队成功解析了 E-RTC 和单链结合蛋白 nsp9 的 2.8 Å 的复合物结构，并发现 nsp9 的 N 末端插入 nsp12 NiRAN 结构域的催化中心，抑制了其在加帽第二步过程中的活性，诱导了加帽第二步过程向第三步的转变。这项工作首次验证了 nsp9 在病毒生命周期中发挥的重要功能，并进一步证实了聚合酶 nsp12 的 NiRAN 结构域在加帽第二步过程中的作用，回答了冠状病毒研究中近二十年来悬而未决的问题。此外，这项研究工作还明确了 mRNA 合成过程中全部的关键酶，为抗病毒药物研发提供了新的靶点。

通过进一步分析 Cap（0）-RTC 的数据，发现其中还存在一种特殊的二体状态，dCap（0）-RTC，在这种状态下，nsp14 的核酸外切酶活性位点和 nsp12 的聚合酶活性位点距离很近，这也为冠状病毒错配校正机制提供了合理的解释。这项工作揭示了 mRNA 的加帽、错配校正以及逃逸核苷类抗病毒药物的分子机制，解决了冠状病毒转录复制领域十多年来最重要的科学问题之一，加深了我们对 SARS-CoV-2 生命周期的了解，为进一步优化和开发新型核苷类抗病毒药物提供了关键结构基础。

（2）新冠病毒中和抗体

新冠疫情暴发以来，国内外很多团队快速投入新冠病毒中和抗体的研发，取得了一系列重要成果。现就国内团队已推进到临床实验的中和抗体研发工作做一简单介绍。

清华大学张林琦团队与深圳市第三人民医院合作，于 2020 年初利用单细胞 PCR 技术，从 8 位新冠肺炎恢复期患者 B 淋巴细胞成功分离出 200 多株高效抗新冠病毒抗体[164]，其中 P2C-1F11、P2B-2F6、P2C-1A3 抗体均识别 SARS-CoV-2 RBD，对活毒中和的 IC50 分别达到 0.03 μg/ml、0.41 μg/ml、0.28 μg/ml。对三株抗体的结构解析发现，其与 ACE2 结合表位均存在重叠，但是存在一定角度和表位的差异。其中，P2C-1F11 抗体与 ACE2 结合 RBD 的角度和结合表位最为相似，该抗体针对新冠变异株（VOC）如 B.1.1.7、B.1.351 以及 P.1 具有广谱的强中和活性。在新冠病毒感染的 Ad5-hACE2 转基因小鼠体内也显示出很好地预防与保护活性。目前，P2C-1F11 抗体（商品名 BRII-196）与另一抗体 BRII-198 组成抗体鸡尾酒疗法，已经与腾盛博药医药技术有限公司合作，国内 I 期临床试验证明该抗体产品在我国健康人群中具有良好安全性。作为唯一进入 NIH 组织的平台型临床试验的中国主导研发的抗体产品，目前已经在美国进行 II/III 期临床试验。

中国科学院微生物研究所严景华团队于 2020 年初利用单细胞 PCR 技术，从新冠肺炎恢复者 B 淋巴细胞中分离出 30 多株单克隆抗体，其中，CB6 抗体（商业名 JS016）识别 SARS-CoV-2 RBD，通过结构解析发现其与 ACE2 结合的表位有重叠[165]。在活毒感染 vero E6 细胞中和系统中，CB6 展现出强中和作用，IC50 达到 0.036 μg/ml。通过恒河猴攻毒动物模型进行抗体预防和治疗，给猴子注射 50mg/ml 的 CB6 抗体，使病毒载量从每毫升几百万降到几千 RNA 拷贝数，减少了对肺部的损伤。为了减少抗体介导的急性肺损伤风险，确保临床应用中的安全性，科研团队对 CB6 进行 Fc 段改造，有效降低了可能存在的抗体依赖增强效应（ADE）、抗体介导的细胞毒作用以及细胞吞噬效应。上海君实生物医药科技股份有限公司与中国科学院微生物研究所合作推进 CB6 抗体，目前该抗体获得国家药监局批准，进入 I 期临床试验阶段。

北京大学谢晓亮团队与北京佑安医院等单位合作，于 2020 年初对新冠恢复期患者的 B 淋巴细胞进行单细胞分选和测序，检测出 4.5 万个抗体序列，利用假病毒和活毒中和实验进行筛选[166]。其中一株 BD-368-2 抗体在活毒中和的 IC50 可达到 0.015μg/ml。同时，该抗体在 hACE2 转基因小鼠模型中，可完全抑制新冠病毒感染。该抗体由丹序生物与百济神州共同开发，商业名为 DXP-593/DXP-604，现已进入 I 期临床试验。

5. 蛋白质组学

蛋白是生命活动的执行者，也是肿瘤药物的靶标和临床诊断标志物，因此继基因组学之后，蛋白质组学已成为驱动精准医学发展的重要工具。我国于 2014 年全面启动"人类蛋白质组计划"，目标是以我国重大疾病的防治需求为牵引，发展蛋白质组研究相关设备及关键技术，绘制人类蛋白质组生理和病理精细图谱、构建人类蛋白质组"百科全书"，全景式地揭示生命奥秘，为提高重大疾病防诊治水平提供有效手段，为我国生物医药产业发展提供原动力。

（1）临床蛋白质组学

自我国人类蛋白质组计划启动以来，中国科学家在临床蛋白质组学领域取得了巨大的成果和突破。国家蛋白质科学中心的秦钧团队和沈琳团队共同开展了弥漫性胃癌的蛋白质组学和基因组学研究，将弥漫性胃癌在蛋白质组层面上分成三个与生存预后和化疗敏感性密切相关的分子亚型，并筛选出 23 个与预后相关的胃癌候选蛋白药物靶标[167]。中国军事医学科学院贺福初和钱小红团队、中科院上海药物所周虎团队，分别与复旦大学的樊嘉院士合作，解析了早期肝细胞癌和 HBV 感染的肝细胞癌的蛋白质表达谱和具有不同临床预后的三种分子亚型[168, 169]。上海药物所谭敏佳课题组等对 103 例临床肺腺癌病人的癌和癌旁组织进行了定量蛋白质组学和磷酸化蛋白质组学的深度解析，同时整合临床信息和基因组特征数据分析，深度构建了基于蛋白质组的肺腺癌分子图谱全景[170]。中国科学院上海生化细胞所吴家睿团队等对中国患者转移性结直肠癌进行了大规模的蛋白基因组学研究，绘制了首个中国人的结直肠癌多组学整合分子特征谱，建立了完整的从多组学数据集生成到体内药物敏感测试模型的分析流程[171]。

蛋白质组学在新型冠状病毒肺炎的研究中也占据了重要地位。西湖大学郭天南团队、病毒学国家重点实验室周溪团队等对新冠肺炎患者的血清样本进行了蛋白质组学分析，揭示了不同临床结局的患者的血浆蛋白质在疾病发生、发展及转归过程中发生的变化，有望用于重症患者的预测并指导其用药[172, 173]。北大黄超兰团队等分析了新冠感染患者、健康供体和非新冠感染的肺炎病例的尿液样本，提出了新冠感染的"两阶段"机理[174]。郭天南团队等在全球范围内首次系统地报道了新冠肺炎重症患者终末期多器官蛋白质分子病理变化全景图，系统阐明了新冠病毒感染引起的缺氧和免疫改变情况下多器官之间的交互作用，揭示了新冠病毒引起多器官损伤的病理学机制，为开发新的药物及治疗方法提供了线索[175]。

（2）功能蛋白质组学

蛋白质组学已被广泛用于动物、植物、微生物等领域的蛋白功能研究，涉及技术包括定量蛋白质组学、翻译后修饰蛋白质组学、互作蛋白质组学、氢氘交换质谱和交联蛋白质组学等。烟酰胺腺嘌呤单核苷酸（NMN）是如今抗衰老领域的明星分子，清华大学邓海腾课题组利用定量蛋白质组学、磷酸化蛋白质组学等方法，发现 NMN 通过降低活性氧水平稳定 15-PGDH，并降低 STAT3 磷酸化及活性，抑制细胞发生上皮间充质转换和肝星状细胞激活，从而降低肿瘤转移并预防肝纤维化[176-178]。利用定量蛋白质组学方法，清华大学俞立研究组等分析迁移体的特异性蛋白标记物[179]；香港大学冯奕斌团队发现了 LOXL4 在肝癌发生过程中促进免疫抑制微环境的分子机制[180]；浙大周舟研究组首次发现 TMT 诱导神经毒性的分子机制[181]；南方医科大学漆松涛团队发现 MGMT 缺陷胶质瘤患者的替莫唑胺耐药性是由 DHC2 蛋白介导的 DNA 修复导致的，有望成为克服胶质母细胞瘤获得性耐药的治疗靶点[182]；中国军事科学研究院杜宗敏团队和邓海腾课题组合作，分析两个新的泛素化连接酶对鼠疫菌毒力的影响[183]；武大孙蒙祥团队首次揭示了自噬在雄配子体发育过程中发挥作用，揭示了自噬介导的细胞质选择性清楚是花粉启动萌发的关键环节[184]。

借助修饰蛋白质组学，浙江大学吕志民课题组发现胰腺导管腺癌通过琥珀酰化修饰调控线粒体代谢活动和细胞氧化压力，为肿瘤治疗提供新思路[185]；中国科学院赵国屏院士首次发现赖氨酸乙酰化修饰参与了对天蓝色链霉素染色体分离的分子调控作用和机制[186]；沈阳农业大学陈启军团队系统地分析了驱动锥虫发育差异的分子机制[187]；华中农业大学周道绣团队首次报道了在水稻中组蛋白去乙酰化酶对核糖体蛋白乙酰化修饰的调控及其功能的影响[188]；中国农业科学院刘文德团队等绘制了稻瘟病毒 N- 糖基化修饰组图谱，为稻瘟病的防治提供靶点[189]；中国科学院王鹏程研究组揭示了植物激素脱落酸信号通路中核心组分 SnRK2 激活过程中的起始 - 放大机制[190]。利用转录因子组学，国家蛋白质科学中心的秦钧团队等研究了小鼠肝脏中导致胰岛素抵抗的内源转录因子[191]；复旦大学丁琛课题组等构建了以转录因子为核心的多维度昼夜节律调控网络[192]。清华大学邓海腾课题组对小鼠肾脏中蛋白的谷胱甘肽化修饰进行了富集。通过对蛋白组学与谷胱甘肽化组学的综合分析发现，衰老会导致过氧化物酶体和脂肪酸氧化相关蛋白倾向于被谷胱甘肽化修饰并下调。

质谱技术在结构生物学领域的重要性愈发彰显，对结构细节、状态差异的探索需求带动了氢氘交换、交联质谱等技术的发展和应用。氢氘交换质谱是一项研究蛋白质空间构象的质谱技术，还可被用于研究蛋白结构动态变化、蛋白间相互作用位点以及鉴别蛋白表面活性位点等。在清华大学蛋白质化学与平台的技术支持下，利用氢氘交换质谱，清华大学梁鑫团队解析了微管末端结合蛋白（EB1）连接结构域的磷酸化会降低 EB1 与微管的结合作用，阻止微管延伸[193]；广西大学明振华团队等发现锌离子可诱导十字花科黑腐病菌锌调蛋白从闭合的非活性状态转化为开放的具有 DNA 结合能力的活性状态[194]；天津医科大学向嵩团队证明了酵母蛋白 Rad5 结合双链 DNA 后会由 ATP 酶非激活状态转换成 ATP 酶竞争状态[195]；中国科学院施一团队确定了沙粒病毒 Z 蛋白对聚合酶活性的调控作用，为靶向聚合酶的广谱抗病毒药物设计提供了全新方向[196]。北京生命科学研究所杜立林团队和董梦秋团队合作，借助交联质谱，研究裂殖酵母中蛋白被运送至溶酶体中的作用机制[197]；清华大学高宁团队结合交联质谱与冷冻电镜技术，解析核糖体前体的组装过程[42]；清华大学王宏伟课题组用交联质谱解析了 WHAMM 蛋白和微管结合的不稳定区域，和冷冻电镜结果互补[198]。

（3）蛋白质组学相关技术

近年来我国蛋白质组学研究工作者在蛋白质组学的技术发展上也取得了突飞猛进的进步。磷酸化蛋白质组学方面，大连化学物理研究所叶明亮和邹汉法团队建立并发展了新一代磷酸化蛋白组学富集材料 Ti^{4+}–IMAC，并建立了一种非抗体的酪氨酸磷酸化肽段富集的新方法[199, 200]；南方科技大学田瑞军团队等开发了一种含有光交联基团和富集基团的 SH2 结构域，用于酪氨酸磷酸化蛋白复合物的富集和鉴定[201]；国家蛋白质科学中心秦伟捷团队发展了一种全新的二维 MoS_2–Ti^{4+} 纳米材料用于组蛋白磷酸化组学。糖基化蛋白质组学方面，钱小红和秦伟捷团队等发展了一种大规模尿液样本的 O– 糖基化组学分析新策略[202]；复旦大学杨芃原、曹纬倩研究团队成功构建了一个 O– 糖蛋白质组资源库，并开发了 O– 糖基化位点预测工具[203]；中国科学院杨福全团队等开发了一种用 HILIC 富集和谱库搜索大规模鉴定血清中 N– 连接的完整糖肽的新策略[204]。互作蛋白质组学方面，上海科技大学王皞鹏和庄敏团队发展了 PUP–IT 方法用于标记邻近的蛋白间相互作用，并用于膜蛋白间相互作用的研究[205]；田瑞军团队开发了两个适用于临近标记的生物素 – 苯酚探针，用于活细胞中时空特异性的选择性标记相互作用蛋白[206]。靶向蛋白质组学方面，清华大学俞立团队等利用掺入 TMT 标记的目标蛋白的标准肽段，实现对迁移体标志物 TSPAN4A 蛋白的靶向质谱检测[207]；北京大学黄超兰团队等发展了 TIMLAQ–MS 质谱方法，检测 TCR 激活过程中所有 CD3 中 ITAM 的磷酸化修饰的绝对量[208]。此外，国家蛋白质科学中心徐平团队等开发了识别泛素化修饰蛋白的新方法 ThUBD[208-210]；叶明亮团队开发了一种基于过氧化物酶介导的酪氨酸氧化耦联的策略标记并富集细胞膜蛋白，增加了膜蛋白组学富集的有效性和选择性[211]；国家蛋白质科学中心的杨靖团队等发展了一种定量反应性半胱氨酸的化学蛋白质组学的新策略[212]；研究人员还开发了多种蛋白质组学方法用于药物靶点的鉴定[213-215]。在数据处理方面，中国科学院贺思敏团队一直致力于质谱数据的处理分析，开发了 pFind、pLink 等软件用于蛋白质组规模化鉴定和交联蛋白组等的数据分析[216, 217]；国家蛋白质中心朱云平团队建立了我国的蛋白质组学数据库 iProx[218]；北京蛋白质组研究中心秦钧团队等建立了国际上首个一站式蛋白质组数据分析云系统 Firmiana，方便无生信基础的科研人员进行蛋白质组学分析[219]。

6. 蛋白质研究方法和技术

（1）冷冻电子显微学

1）单颗粒冷冻电镜技术

过去半个多世纪，单颗粒冷冻电镜在理论和技术上不断发展，特别是 21 世纪以来在直接电子探测相机（direct electron detection，DED）、样品漂移修正以及高分辨率图像处理算法等的突破，使结构生物学进入了一个新的时代。近五年来，我国科研人员在单颗粒冷冻电镜技术及方法开发上取得了重要进展。

清华大学王宏伟实验室开展了石墨烯支持膜的研究，提供了一种制备高质量石墨烯冷冻电镜载网的方法[220]，有助于降低冷冻样品的制备难度，尤其是对那些只有几十 kDa 大小的较小蛋白复合物。在冷冻电镜数据采集和在线自动化处理方面，清华大学雷建林研究员开发的 AutoEMation 软件支撑了清华大学大部分的冷冻电镜数据采集工作，有力地促进了一系列关键生物大分子复合物的结构研究。清华大学李雪明实验室开发的自动数据采集和在线分析系统 eTas，支持全类型的冷冻电镜数据采集，支持了诸多重要结构的解析。中科院生物物理所章新政实验室与黄小俊高级工程师深入研究了 beam-image-shift 技术在高效样品成像位置切换中的应用，并开发了相应控制插件，可集成到 serialEM 数据采集软件中使用，大幅提升数据采集的效率。在改善图像分辨率和成像衬度方面，清华大学王宏伟实验室研究了球差矫正器和电压相位板联合使用的相关理论，探讨了零球差成像时离焦量变化对图像衬度的影响，并提出了实际使用上的搭配方案，具有重要的理论指导和实际操作的意义[221]。

冷冻电镜图像识别和单颗粒挑选方面，深度学习方法具有很大的潜力。清华大学的李雪明实验室与曾坚阳实验室合作，最早将基于卷积神经网络的图像识别方法引入冷冻电镜单颗粒挑选并取得了成功。李雪明实验室进一步开发了一个具有增量学习能力的深度学习算法，能够利用手动稀疏标注，或经过分类筛选后的标注数据来持续训练深度神经网络，类似人的学习过程，使神经网络可以在使用中不断增强自己，以实现冷冻电镜中广泛物体的识别与挑选。

冷冻电镜三维重构相关算法是冷冻电镜结构解析的关键部分。清华大学李雪明实验室与电子工程系的沈渊实验室和计算机系的杨广文实验室开展跨学科的交叉研究，提出了基于粒子滤波的三维重构统计推断算法，并开发了相应的计算软件 THUNDER，并将基于四元数的空间取向描述方法引入其中。中科院计算所的张法实验室开展了多项针对主流计算工具的并行优化工作，提高了三维重构计算效率。在病毒结构解析方面，迄今为止多数研究仅限于二十面体对称的衣壳，对于非对称结构的研究较少。湖南师范大学刘红荣实验室和清华大学程凌鹏副研究员合作，在国际上首次解析并报道了单层衣壳、双链 RNA 基因组的呼肠孤病毒科病毒的内部基因组及相关蛋白结构[222]，在该领域内产生了较大影响。随后又首次解析了双层二十面体衣壳双链 RNA 病毒内部聚合酶复合物和核酸三维结构，为进一步了解双链 RNA 病毒内部结构及病毒复制和转录机制提供了丰富的结构信息。

在大型病毒蛋白质结构解析方面，中科院生物物理所的章新政实验室提出了一种分块重构算法，主要是用于校正大病毒的埃瓦德球效应，并减少大蛋白质复合物的柔性对三维重构分辨率的影响。目前该算法已经应用于疱疹病毒、非洲猪瘟病毒、甲病毒等大型病毒的结构解析，对分辨率的提升非常有帮助[223]。另外，章新政组提出了一种基于单颗粒数据的原位结构分析技术，该技术已经被验证可以用于130纳米的Carboxysome内部500 kD的rubisco复合物的准原子分辨率结构解析，100nm无对称性病毒表面糖蛋白的结构解析，以及50nm大小liposome表面的350 kD的膜蛋白的准原子分辨率结构解析等。与传统的基于断层重构的技术相比，该方法可以获得更高的效率[224]。

从原子结构模型搭建方面，清华大学王佳伟实验室针对高分辨率冷冻电镜密度图，开发了冷冻电镜原子模型自动搭建程序EMBuilder。EMBuilder基于Guinier plot的冷冻电镜密度图模拟方法，以及模板匹配算法，实现了原子模型搭建，解决了冷冻电镜密度图体素误差修正的问题。对于同样的问题，清华大学的张强锋实验室则采用了另一种思路，他们基于三维计算机视觉和自然语言处理技术，开发出端到端全可微分的深度神经网络CryoNet，可以从电子密度图中学习氨基酸及其二级结构的密度分布特征，实现从电子云密度图中以秒级别的速度直接识别出三维原子模型。该方法准确率高、速度快，并且可以超越人眼识别的范围，从中低分辨率电子密度图中搭建原子结构模型。

2）冷冻电镜断层成像技术

冷冻电镜断层成像技术（Cryo-ET）的核心为通过收集同一样品不同角度的二维投影，再通过计算重构样品的三维结构。Cryo-ET与冷冻光电关联成像（CLEM）在超大分子机器原位结构、细胞分子组织架构解析、病毒侵染细胞等方面不断取得突破。例如，清华大学李赛实验室利用Cryo-ET和子断层平均重构技术成功解析了新冠病毒（SARS-CoV-2）全病毒三维结构，分辨率最高达7.8 Å。该成果不仅展示了新冠病毒刺突蛋白的原位天然结构、在病毒表面分布规律，还揭示出病毒体内核糖核蛋白复合物天然结构及其收纳病毒超长基因组的方法。这是世界范围内首次"看清"正义单链RNA病毒的内部结构[161]。相比于单颗粒冷冻电镜，Cryo-ET与CLEM技术仍处于发展阶段，我国在这一领域整体来说距国际先进水平还有差距。值得一提的是，清华大学李赛研究员团队在发展亚纳米高分辨率cryo-ET，中国科学院生物物理所徐涛教授团队在发展与应用超分辨荧光与电镜融合成像技术[225]等方面已经达到国际先进水平。

（2）蛋白质晶体学

蛋白质晶体学方法是目前发展最成熟，应用最广泛的生物大分子三维结构测定方法。生物大分子晶体结构解析过程包括衍射强度的获取、相位解析、模型构建和结构精修，方法发展已较为成熟，但几乎所有相关软件都来自国外科研机构或公司。为填补我国在该领域的空白，研发具有完全自主知识产权的蛋白质晶体学结构解析软件，解决关键共性核心技术"卡脖子"问题，国内研究组进行了相应的研究。

蛋白质晶体的衍射强度可以从实验数据利用相应的软件直接获得。目前主流的软件有XDS[1]、HKL2000/3000[2]、Mosflm[3]等，知识产权都属于国外课题组。中国科技大学牛立文研究组研发了"基于图像信号处理和全倒易空间搜索的晶体衍射数据处理软件"——autoPX。经过接近100套实验数据的验证，该软件的处理能力已经达到了与上述几种软件相同的水平，部分能力甚至已经超过同类软件的水准。autoPX目前还处于测试阶段，其测试版本已经安装在上海光源部分生物大分子线站供用户使用。中国科学院高能物理研究所的董宇辉研究组提出了一种多晶指标化算法，有望提高微小晶体实验的实验效率、数据质量和时间分辨实验的精度。目前该算法已提交至开源网站Github，科研人员可以下载使用，网址为：https://github.com/gengzhi-ihep/multi-lattice-indexing。

中科院物理所的范海福院士研究组一直从事晶体学中的相位问题研究，尤其是直接法方面的研究。在21世纪初更是将直接法与现有相位解析方法相结合，进一步提高了相位解析和模型构建的效率。2004年提出基于直接法的"双空间单波长异常衍射（SAD）相位迭代推演"方法，2006年又提出基于直接法的"双空间分子置换（MR）结构模型迭代扩展"方法。此后又经过郝权、王佳伟、姚德强、张涛、丁玮等研究人员的不断改进，目前基于这些研究成果编写的软件IPCAS（原来称为OASIS）已经发布了3.0版，并且收录在晶体学专用软件包CCP4中，科研人员可以下载使用。IPCAS可以完成初始相位解析、相位精度提升和初始模型构建等工作，主要分为两个模块：利用SAD数据直接进行上述工作；利用分子置换获得的部分结构（相位误差较大）进行相位精度提升，进而开展模型构建。测试结果表明利用IPCAS的结构解析效率可完全媲美phenix.autosol［4］、Crank2［5］等"流水线"（pipeline）。有关直接法的相关文献及范海福院士研究组的最新进展可以参考如下网站：http://cryst.iphy.ac.cn/C_index.html。

为提高用户的实验效率，上海光源（中科院上海应物所）的何建华研究组针对上海光源生物大分子线站的特点研发了一套数据处理pipeline——Aquarium［6］。该软件对现有的蛋白质晶体学数据处理软件进行了集成，在监测到有新的实验数据产生时会自动运行，调用XDS、Dials等程序根据用户实验时设置的参数进行数据处理。处理完成后，如果监测到有可能存在反常散射信号并且实验波长也在某种重原子的吸收边附近，则认为该数据为SAD数据，调用SHELX开始相位的解析和初始模型的搭建。目前该软件已经在上海光源生物大分子线站运行了两三年，通常可以在用户完成数据收集后几分钟的时间内即可完成数据的处理，有效提高了用户实验效率。

（3）蛋白质结构预测

根据Anfinsen法则，蛋白质的三维结构由其氨基酸序列决定，即序列和结构间存在一一映射关系。蛋白质结构预测通过计算机算法解析序列－结构映射关系，因此可以根据氨基酸序列预测蛋白质的三维结构。蛋白质结构预测算法可以分为三类：同源建模法（homology modeling）、穿线法（threading）和从头开始法（ab initio or de novo）。前两种方法都基于模板（template），即已解析结构的蛋白，通过与适当的模板蛋白进行序列联配建立蛋白质的结构模型，其成功率主要依赖于是否能找到合适的模板蛋白。从头开始法不依赖于模板，运用物理、化学或统计规律折叠蛋白质，在应用中不受限制，是当前研究的热点和主流方向。在两年举办一次的国际蛋白质结构预测竞赛 CASP（Critical Assessment of Techniques for Protein Structure Prediction）中，在评测目标蛋白（protein targets）的预测水平时，也按照基于模板（template-based modeling，TBM）和不依赖模板（template-free modeling，FM）进行分组，其中 FM 类蛋白和难以找到模板的 TBM-hard 蛋白是评测时关注的重点。

在历届 CASP 竞赛中综合表现最出色的包括美国华盛顿大学（David Baker）组和密歇根大学张阳组。Baker 组开发的 Rosetta 和张阳组开发的 I-TASSER 以及 QUARK 都已经形成较为完善的程序包，在国际上广为应用。近年来，随着大量蛋白质序列和结构数据的积累，人工智能方法引领了蛋白质结构预测领域的快速发展。基于监督学习（supervised learning）的深度学习方法通过大量数据的训练，可以根据氨基酸序列较为准确地预测蛋白质的多种属性，这些预测结果与传统建模方法（如 Rosetta、I-TASSER）等结合时可以有效提高结构建模的精度。2018 年的 CASP13 竞赛中，Google DeepMind 团队开发的 AlphaFold 异军突起取得冠军，其关键点就是通过超深神经网络提高残基间距离预测的准确率。2020 年的 CASP14 竞赛中，DeepMind 团队又采用颠覆性创新的思路开发了 AlphaFold2，其性能远远超过其他团队，对大部分目标蛋白的预测结构都与真实结构非常接近（GDT-TS 接近 90%），初步解决了蛋白质单体结构预测问题。

我国在蛋白质结构预测领域的研究团队较少，但是也做出了一些出色的工作。中科院计算所卜东波组开发的穿线法预测程序 FALCON 在 CASP11 的 TBM 类蛋白结构预测中排名第九。上海交通大学沈红斌组基于统计和模式识别方法开发了残基接触预测方法 R2C[226]，在 CASP11 竞赛的残基接触预测分项中排名第二。随着人工智能技术的发展，我国的团队也逐渐开始结合深度学习方法进行结构预测。吉林大学田圃组提出广义自由能理论，结合神经网络模型设计了可微分的蛋白质结构优化算法。清华大学龚海鹏组结合多种深度学习模型优化了片段库的选取，应用于 Rosetta 等从头开始方法可以有效改善结构预测的水平[227]；设计了新的神经网络架构用于残基接触预测，达到与 RaptorX-Contact 相当的预测能力；首次使用生成对抗网络预测残基间距离的实值，基于预测距离构建的结构模型能基本达到 AlphaFold 的预测水平。南开大学杨建益在美国华盛顿大学 Baker 组访问时开发了 Rosetta 的新版本 trRosetta[228]，根据神经网络预测结果使用梯度下降法快速建模，其预测结构的精度超过了 AlphaFold；杨建益组在 CASP14 竞赛中整体预测水平也进入前 10 名。中科院卜东波组和微软亚洲研究院合作开发了基于深度学习的 CopulaNet，在预测精度上进一步超过了 trRosetta。令人惊喜的是，腾讯 AI 实验室王晟组使用多种前沿的深度学习方法开发了 TFold，在 CASP14 竞赛的残基间接触预测分项中排名第一，在结构预测的整体水平上也仅次于 DeepMind 组、Baker 组和张阳组。

（4）蛋白质设计

蛋白质设计根据方法的不同，可以分为基于天然蛋白的理性设计和蛋白质从头设计。

基于天然蛋白的理性设计一般是对天然蛋白质进行工程化改造，而蛋白质从头设计不基于天然的蛋白质，可以探索整个蛋白质序列空间，创造全新的、具有高稳定性的蛋白质。《科学》（Science）杂志评选蛋白质从头设计技术为 2016 年度十大科学突破之一。

近年来，我国在蛋白质设计领域做出了一系列出色的工作。目前大部分工作还属于对天然蛋白进行工程化改造，已达到不同的目的。例如：中科院生物物理所徐平勇课题组开发了具有高信噪比、高光稳定性的光开关荧光蛋白 Skylan 系列；徐平勇课题组与徐涛课题组合作，开发了抗锇酸固定和包埋处理的荧光蛋白 mEosEM，应用于超分辨光镜 – 电镜关联成像。中科院生物物理所王江云课题组基于密码子扩展的方法，对荧光蛋白进行改造，设计并在荧光蛋白中插入特殊的发色团化学结构，使新生成的光敏蛋白具有了较低的自由基还原电势。华东理工大学杨弋课题组开发出了对 NAD+/NADH 氧化还原状态高度敏感的传感器 SoNar，可用于体内监测细胞的能量代谢。杨弋课题组与中国科学技术大学刘海燕课题组合作完成开发了特异性检测 NADPH 的高性能遗传编码荧光探针 iNaps，实现了在活体、活细胞及各种亚细胞结构中对 NADPH 代谢的高时空分辨检测与成像。基于 G 蛋白偶联受体与荧光蛋白的融合与改造，北京大学李毓龙实验室开发了一系列监测包括多巴胺、乙酰胆碱、去甲肾上腺素、5– 羟色胺等多种神经递质或激素分子的荧光探针，应用于研究复杂神经细胞之间的多种通信连接[229]。

中国科学院微生物研究所高福、严景华研究员，中国医学科学院秦川及中国科学院戴连攀副研究员团队联合攻关，基于结构进一步优化了冠状病毒刺突蛋白受体结合区（RBD）二聚体蛋白设计，获得了一种串联重复的 RBD 单链二聚体[230]。这种串联重复单链二聚体表达形式均一，不含有外源序列，疫苗效力高。军科院王恒樑、朱力团队和中国科学院过程工程研究所的马光辉、魏炜团队合作，设计开发了一种蛋白质纳米颗粒 Nano–B5 平台，用于体内生产含多种抗原（包括多肽和多糖）的完全蛋白基、自组装、稳定的纳米疫苗[231]。

中国科学院微生物研究所的吴边团队开发了计算设计方法，构建出一系列的新型酶蛋白，分别针对具有代表性的脂肪氨基酸、极性氨基酸和芳香氨基酸底物，对天冬氨酸酶进行了分子重设计，成功获得了一系列具有位置选择性与立体选择性的人工 β – 氨基酸合成酶[232]。中国科学技术大学刘海燕课题组针对蛋白质设计的基本能量函数进行了开发，建立了 ABACUS 统计能量函数[233]。使用该能量函数可以以很高的成功率进行氨基酸序列从头设计，并且得到实验验证，全自动设计得到的人工蛋白往往具有远超天然蛋白的高热稳定性。

西湖大学卢培龙课题组与华盛顿大学 David Baker 课题组合作，开发了计算方法，针对跨膜纳米孔蛋白质进行从头设计，并进行实验验证。实现了跨膜纳米孔蛋白质的精确从头设计，有望将来应用于纳米孔测序技术，提高 DNA 纳米孔测序技术的精度，并将有助于设计和开发基于纳米孔的分子测序与检测技术[234]。北京大学王初课题组和陈鹏课题组合作，利用计算机指导光调控的非天然氨基酸插入，来实现邻近脱笼的蛋白质活性调控。通过计算分析找到合理的氨基酸类型和插入位置，对多种酶的活性实现了高时空分辨率的调控，并展示了本方法具有高正交性及时空分辨率[227]。

（5）新型单分子技术

主流的蛋白质单分子技术可分为荧光技术和力谱技术。单分子荧光技术通过高灵敏度的光学成像或光谱学手段实时捕捉单个荧光团或荧光团聚集体的荧光强度变化或运动轨迹，从而表征蛋白分子内构象变化、聚集体组装、分子间相互作用和分子的运动等信息。而单分子力谱技术则利用光镊、磁镊和 AFM 等手段，表征蛋白质的折叠、运动和执行其功能时的施力和做功等重要参数，并可以对单个分子进行力学操控。相较于国外，我国在单分子领域起步较晚，但仍然取得了诸多丰硕的成果。

中科院物理所李明课题组设计了一种纳米张力技术，将荧光共振能量转移技术（FRET）在双链 DNA 上的分辨率提高到了 0.5 bp，得以揭示酵母 Pif1 和大肠杆菌 RecQ 解旋 DNA 的差异[235]。他们还开发了 LipoFRET 技术，利用标记在膜蛋白或短肽上的荧光团与脂质体内部包裹的淬灭剂之间的 FRET，得以定量表征膜蛋白或短肽的标记位点插入磷脂双分子层的垂直深度[236]。在此基础上，他们进一步发展了表面诱导荧光衰减（SIFA），得以实时捕捉磷脂双层中膜蛋白的垂直插入和横向扩散的运动行为[237]，并揭示了膜透化过程中 BCL-2 家族蛋白 tBid 的运动轨迹[218]。清华大学陈春来课题组利用光激活的荧光团代替传统荧光团，发展了突破全内反射荧光显微技术中荧光浓度屏障的通用方法，将标记物种的最高浓度限值提高了 3 ~ 4 个数量级，从而可以在接近生理条件的微摩尔浓度下进行单分子 FRET 测量，并揭示了细菌核糖体新的转位过程中间态[238]。北京师范大学的欧阳津课题组则实现了基于 DNA 银纳米簇材料的单分子荧光成像，并将其应用于微量核酸的定量检测[239]。

荧光相关谱是研究荧光信号涨落的技术之一，其特点在于无须外界条件的干扰，就可以直接对处于平衡态的体系中的信号涨落进行分析，从而获得其相应的动力学参数。荧光相关谱拥有纳秒级的时间分辨率，但其检测时长受限于待测分子在焦点内的停留时间，通常在亚毫秒尺度。北京大学赵新生课题组和清华大学陈春来课题组分别发展了扫描单分子荧光相关谱（scanning-FCS）和表面瞬态捕获荧光相关谱（STB-FCS），将荧光相关谱的时间窗口上限扩展到秒，实现了从纳秒到秒跨越 9 个量级的时间测量窗口[240, 241]。在此基础上，陈春来课题组进一步发展了扫描 FRET-FCS 技术，并通过与分子动力学模拟相结合，首次捕捉到糖基化酶 AlkD 在 DNA 上搜索靶标碱基过程中的双重扩散搜索模式，为研究 DNA 结合蛋白的靶标搜索和识别机制提供了新的技术平台。赵新生课题组进一步分别发展了基于三阶相关的 FRET-FCS 数据分析方法[242]和区域选择性荧光相关谱分析法（pscFCS）[243]，完善了对反应速率、平衡常数和化学计量比进行精确定量的荧光相关谱算法。而陈春来课题组巧妙地利用了双色荧光互相关谱（dcFCCS），捕获了超出常规荧光显微镜检测极限的纳米级相变体的形成，并对其尺寸、生长速率、化学计量比和相变体内分子结合常数进行了定量测量，为表征和揭示纳米尺度相分离过程提供了重要定量化的技术手段。

北京大学 BIOPIC 的孙育杰课题组先后发展了基于 CRISPR 的活细胞染色质荧光标记技术、多色和抗光漂白的双分子荧光互补技术，为活细胞内长时间多色单分子荧光定位和追踪提供了重要的技术手段[244-246]。

7. 国家蛋白质科学研究设施

国家蛋白质科学研究设施（以下简称"蛋白质设施"）是国家发展改革委员会"十一五"期间批复的国家重大科技基础设施之一，包括国家蛋白质科学研究（上海）设施（以下简称"上海设施"）和国家蛋白质科学研究（北京）设施（以下简称"北京设施"）两部分。蛋白质设施是我国迄今在生命科学领域投资最大的基础设施，也是全球生命科学领域首个综合性的大科学装置。

上海设施于 2010 年开始建设、2015 年 7 月通过国家验收，并成立国家蛋白质科学中心（上海）后正式开放运行，包含海科路园区技术系统和位于上海光源内的蛋白质结构与动态分析系统（俗称"五线六站"，即复合物、微晶体、高通量晶体结构分析线站和 X 射线小角散射、时间分辨红外谱学、红外显微谱学与成像蛋白质动态分析线站）2 个部分，依托第三代同步辐射装置"上海光源"开展蛋白质结构生物学相关研究，分析蛋白质修饰和相互作用，研究蛋白质的分子活体成像，阐释蛋白质与化学小分子之间的相互作用；开展蛋白质相关的计算生物学与系统生物学研究；大力发展蛋白质研究的新方法和新技术；以新药物靶点的发现为突破口，结合创新药物的发展，研究蛋白质药物新靶标功能活动的结构特征，形成国际一流的蛋白质科学研究体系和我国蛋白质科学及技术的重要创新基地。

北京设施于 2012 年开始建设、2018 年 11 月通过国家验收，并成立国家蛋白质科学中心（北京）后开始正式运行。北京设施汇聚了我国在蛋白质组学、结构生物学最精锐的四支力量：军事科学院军事医学研究院、清华大学、北京大学、中国科学院生物物理研究所，自主开发与集成了生物质谱、冷冻电镜、生物大数据与超级计算等尖端技术，创建了结构与功能研究相衔接的蛋白质组多维全谱解析、蛋白质原子分辨结构解析、多维功能组学重构三大主系统和以生物大数据深度解析为核心的支撑系统，促使我国在短时期内密集取得一系列世界领先的研究成果，在科研攻关项目上充分发挥了国家大设施的技术支撑作用。

三、国内外研究进展比较

我国在蛋白质科学上具有较好的基础，在 20 世纪 60—70 年代完成的人工合成牛胰岛素以及胰岛素的晶体结构测定，在当时的国际上都是非常前沿的成果。改革开放以来，我国一直在跟踪着蛋白质科学的前沿研究领域，并且在一些领域做出了世界一流的成果，例如 2004 年中国科学院生物物理所常文瑞院士课题组解析了菠菜主要捕光复合物 LHCII 晶体结构，其是国际上首个高等植物次要捕光复合物的晶体结构，并且揭示了一种新的膜蛋白晶体堆积方式——二十面体堆积方式。2005 年，饶子和教授研究组对猪心线粒体复合物 II 三维晶体结构的解析都代表了当时我国结构生物学达到的高度，为我国也赢得了很高的国际声誉。过去十多年来，以施一公教授为代表的一批国际顶尖人才陆续回归，国外引进以及国内培养青年人才不断涌现，国内大学及研究所积极开展相关研究，国家在蛋白质科学方面给予了大力的经费支持，国家蛋白质科学基础设施建设完成并投入使用，以上因素共同作用，使我国蛋白质科学领域的研究水平逐渐达到国际先进水平，可以与国际同行在各个领域展开高水平的竞争。

从上节所描述的最近五年的成果可以看出，我国在蛋白质科学研究领域取得了许多国际领先的成果，在某些方面引领了学科发展。例如：①在围绕剪接体的结构研究领域，施一公教授研究团队走在了世界前沿，甚至处在绝对的领先地位，在推动领域发展、引领研究方向上做出杰出贡献。②邵峰研究组近几年在细胞焦亡深耕，引领了这个领域的发展，他们将细胞焦亡的概念重新定义为由 gasdermin 介导的细胞程序性死亡，开辟了一个全新的细胞死亡和炎症免疫研究的新领域。③我国科学家对人源钠离子和钙离子通道，以及人源葡萄糖蛋白的结构解析工作处于世界领先地位。④我国科学家对转录起始复合物的最新研究成果在分子水平上展示了高度动态的转录起始过程，为后续研究基因表达调控奠定了理论基础，是近年来转录领域的重要突破。⑤我国在植物先天性免疫系统中取得了一系列重大进展，在植物受体激酶和 NLR 蛋白的机制研究中已经处于与国际并跑并稍有领先的地位。⑥我国科学家在光合蛋白机器结构生物学研究领域积极参与国际竞争，并通过长期系统深入的坚持和探索开辟了一些独具特色的方向，如植物捕光过程及其调节的超分子基础研究、藻胆体的组装与能量传递途径研究等。⑦我国对于呼吸链复合物和超级复合物的结构生物学研究目前已处于国际领先地位，对于呼吸链的研究已逐步由结构分析转向分子机制探讨和以呼吸链为靶点的药物研发方向，呈现系统化、深入化的特点。

另外两个鲜明体现我国蛋白质科学研究进步的例子是 GPCR 和新冠病毒相关研究。在《生物化学与分子生物学学科发展报告（2011—2012）》蛋白质研究专题报告中，我们总结到"另外作为具有重要药物靶标的 G 蛋白偶联受体方面，国际上近几年取得了巨大进展，并且获得了 2021 年的诺贝尔奖。我国在相关方面还没有相关结构的报道。"而过去 5 年来，我国科学家在 GPCR 结构与功能关系研究领域报道了一系列重要工作，在该领域发挥着越来越重要的作用。相对于 2002—2003 年"非典"疫情科研攻关落后于国际同行的历史，本次新冠疫情暴发后，我国科学家在病原鉴定与检测、疫苗与药物研发、病毒溯源与流行病学调查等方面均做出了出色的工作。其中，针对新冠病毒全颗粒、新冠病毒结构蛋白与非结构蛋白、中和抗体筛选和鉴定、重组蛋白疫苗研发、新冠病毒病人样品蛋白质组学、新冠肺炎病人蛋白质分子病理变化全景图等方面的工作都处于国际先进水平。

在蛋白质组学领域，我国也实现了高速发展，在技术发展、蛋白表达和修饰蛋白谱的建立、蛋白互作网络分析、临床疾病标志物的发现等方面取得了很多重要进展，并且蛋白质组学相关技术在其他研究领域中的应用也愈发普遍。随着"973"项目"人类蛋白质组计划"的完成，军事医学科学院贺福初、上海药物所谭敏佳等取得的重要研究成果，标志着我国临床蛋白质组学在国际上占有重要地位。

虽然我国在蛋白质研究方法和技术领域领域也取得了很大的进步，但和国际顶尖水平仍有一定差距。例如：①我国冷冻电镜主要依赖进口，相关部件研制缓慢，仪器设备硬件制造上处于劣势，相关方法开发也有差距，因此最近冷冻电镜在蛋白质结构研究上目前取得的最高分辨率突破由外国科学家获得。②我国国内在蛋白质结构预测领域仍旧落后于国际上的最顶尖水平。首先，国外最顶尖的学术课题组，如 Baker 组和张阳组，经过长期的积累，结合物理、化学、计算机和人工智能方法，已经发展出了成熟的完整的结构预测流程，从序列到结构的每个环节都已经近乎优化到极致，而且其代表作（如 Rosetta 和 I-TASSER）都有相应的社区（community）专门负责程序的维护和开发。而我国的研究组往往规模较小，仅能专注于结构预测流程中的 1~2 个环节进行开发和优化，因此在竞争上天然处于劣势。其次，除学术组外，国外顶尖的大公司，包括 Google、Facebook、Microsoft、Amazon 等都已经投入巨资，对蛋白质结构预测算法开发进行长期稳定的支持。据专家估算，Google DeepMind 团队开发的 AlphaFold2 仅在参加 CASP14 竞赛时的运行耗费就高达上千万美元。我国公司在人力和物力上的投入远远无法相比。腾讯公司在 TFold 之后也并没有明确进一步发展算法的计划。总体而言，蛋白质结构预测领域的后续发展在国际上已经形成了大集团、规模化的开发模式，能更有效地对方法进行优化。而我国的学术组和公司基本上处于各自为战的状态。我国需要从国家层面上进行统筹，充分利用现有资源，才有望追赶前沿潮流。③虽然近年来国内的单分子领域取得了一些国际一流的原创性成果，但整体来说相对国际水平还是较为薄弱，有一定的差距。技术层面上，设计新型荧光团以满足单分子荧光测量中长时间和高信噪比的测量需求和发展自动化单分子数据分析软件平台等领域在国内还处于空白。应用层面上，国际上已有大量成熟的单分子研究团队，因此往往可以从不同角度利用各自的技术特色，对重要的生物学问题进行全面细致表征和机制阐释，而国内在这方面的工作还属于起步阶段。

四、本学科发展趋势和展望

蛋白质科学研究在新时期的发展存在着以下几个主要趋势：①向单分子水平发展的趋势，即观测蛋白质在单个分子水平上的运动规律以及相互作用的动态信息，定量描述其动力学过程，并最终阐释蛋白质的功能和机制。②向组学发展的趋势，即通过高通量大规模分离技术、质谱分析技术及生物信息分析方法，在整体上研究细胞内蛋白质的表达水平、翻译后修饰、蛋白质相互作用等。③向体内研究发展的趋势。蛋白质科学研究的一个远期目标是理解蛋白质在体内分布、活性、互作以及结构与功能关系。发展体内和原位的研究方法和手段是蛋白质科学研究的一个重要发展方向。④更广泛和更深入的学科融合。蛋白质科学未来的发展将继续包含物理、化学、计算机及工程学科、医学与生命科学的大交叉以及生命科学内部各学科的小交叉。

在一些我国发展较好且处于前沿的研究领域，我们应该鼓励科学家继续探索和创新，并促进蛋白质科学在应用领域的发展。例如：①在光合作用相关蛋白质机器研究方面，围绕光合作用特定步骤及其调控相关的具体科学问题开展深入的研究，应用多种方法相结合的策略从不同角度揭示光合作用特定步骤和调控过程的分子机制，同时促进光合作用机理研究结果在农业和清洁能源开发领域的应用。②在探究细胞焦亡领域方面，细胞焦亡在癌症治疗方面可能发挥的巨大潜力，从机体水平来看，认识自身炎症性疾病的致病机理以及疾病的发生和炎性细胞焦亡的关系也是非常值得关注的研究领域，这方面的研究将为这些疾病的治疗提供可能的治疗靶点。

在一些我国处于起步阶段的重要研究方向，我们应该把握时机，充分利用现有资源，追赶前沿。例如：①蛋白质结构预测领域的后续发展在国际上已经形成了大集团、规模化的开发模式，能更有效地对方法进行优化。而我国的学术组和公司基本上处于各自为战的状态。我国需要从国家层面上进行统筹，充分利用现有资源，才有望追赶前沿潮流。②在蛋白质设计领域方面，我国从事蛋白质计算设计的课题组还比较少，需要鼓励这方面的研究。同时也要认识到，蛋白质设计领域出现的发展趋势：即数据驱动的基于深度学习的蛋白质设计。加强该前沿的研究势在必行，有助于帮助我们开拓并抢占该领域新的制高点。

在蛋白质组学领域方面，以下几点在未来研究中应重点关注和发展。①实现蛋白质组学相关的试剂和检测仪器的国产化，是我们蛋白质组学发展的首要目标和任务；②对于临床蛋白质组学，我们在未来的研究中应建立严格的取样、保存、样品运输、样品筛选、发现和验证疾病标志物的规范，用于发现更多有诊断和预后判断价值的疾病标志物；③蛋白质组学在未来将用于更多类型疾病生物标志物的筛选和鉴定，尤其是我国已进入老龄化社会，利用蛋白质组学筛选并鉴定衰老及相关疾病的生物标志物，对于衰老的防治至关重要；④我们需要在未来研究中发展更多的蛋白质组与生物大分子时空分析的新方法，包括表面蛋白质组及互作蛋白质组，细胞内不同蛋白亚型质谱的鉴定，活细胞内亚细胞器蛋白质质谱鉴定，蛋白质和 RNA 相互作用的原位动态变化特征等；⑤我们需要发展单细胞蛋白质组学的质谱新方法，力争能具有与 DNA 测序相匹配的灵敏度，用于胚胎发育、神经分化、免疫应答等生理过程的蛋白质重塑及肿瘤异质性研究中；⑥我们需要发展病原微生物及人体蛋白质组检测技术，探究病原微生物感染的人体效应机制，用于快速应对突发性公共卫生事件；⑦蛋白质组学产生的海量数据，如何将这些数据有效地转化到应用中，也是未来几年我国蛋白质组学科研人员应该集中攻克的难题之一。

在蛋白质研究方法和技术方面，我们应该鼓励科学家们在方法技术的开发与应用方面继续探索。例如：①冷冻电镜技术近年取得的重大突破主要是在冷冻电镜单颗粒分析技术（single particle analysis）。单颗粒分析技术的适用范围是离体纯化的蛋白质和蛋白质复合体。而单颗粒分析技术不能用于分析生物学家更感兴趣的蛋白质和蛋白质复合体在细胞原位的定位、结构和相互作用，因此亟待发展新的冷冻电镜技术来对蛋白质和蛋白质复合体在细胞原位进行结构分析。除此之外，目前冷冻电镜单颗粒分析技术的分辨率尚不能普遍达到原子分辨率水平（2Å 分辨率）。冷冻电镜技术未来的发展方向包括：发展使单颗粒分析技术分辨率提高的硬件和软件，使得单颗粒分析技术普遍达到原子分辨率；发展适用于分析蛋白质和蛋白质复合体在细胞原位的定位、结构和相互作用的冷冻电镜技术——冷冻电子断层成像（cryo-electron tomography）技术，提高分辨率，并发展光镜与电镜的关联成像系统为主的多模态成像方法。②单分子技术是生物物理、生物化学和分子生物学领域重要的技术手段，但缺乏商业化的仪器和统一规范化和自动化的数据处理软件成为制约其大规模推广的原因。标准规范化标准化商业化的仪器和数据分析软件，特别是有我国自主知识产权的仪器和软件，将是推动本领域发展和成熟的重要基石。新型的化学标记手段和荧光团、物理学测量手段、数据分析和信息处理原理、多维度测量技术的融合都将推动单分子技术的发展和应用的拓展，也必将推进我国单分子技术的发展和在生物学领域的推广应用。

我们应该继续大力发展蛋白质科学研究大设施，使已建成并运行良好的大设施在仪器更新、维护、实验队伍建设方面得到国家的稳定经费和政策支持，同时支持新的国家科学大设施在设计和建设过程中考虑到可能和蛋白质科学研究的交叉。最后，我们应充分重视与鼓励蛋白质科学研究领域仪器设备和相关软件的自研和市场化努力，大力支持相关实验试剂的国产化工作，避免今后可能发生的"卡脖子"问题。

参考文献

［1］ Chen X Z, Qi Y L, Wu Z H, et al.Structural insights into preinitiation complex assembly on core promoters ［J］. Science, 2021, 372（6541）: 480.

［2］ Chen X Z, Yin X T, Li J B, et al.Structures of the human Mediator and Mediator-bound preinitiation complex ［J］. Science, 2021, 372（6546）: 1055.

［3］ Yan C, Hang J, Wan R, et al.Structure of a yeast spliceosome at 3.6-angstrom resolution ［J］. 2015, 349（6253）:

1182–1191.

［4］ Hang J, Wan R, Yan C, et al.Structural basis of pre-mRNA splicing ［J］. Science, 2015, 349（6253）: 1191–1198.

［5］ Wan R, Yan C, Bai R, et al.The 3.8 Å structure of the U4/U6. U5 tri-snRNP: Insights into spliceosome assembly and catalysis ［J］. 2016, 351（6272）: 466–475.

［6］ Nguyen T H D, Galej W P, Bai X–C, et al.Cryo-EM structure of the yeast U4/U6. U5 tri-snRNP at 3.7 Å resolution ［J］. 2016, 530（7590）: 298–302.

［7］ Agafonov D E, Kastner B, Dybkov O, et al.Molecular architecture of the human U4/U6.U5 tri-snRNP ［J］. Science, 2016, 351（6280）: 1416–1420.

［8］ Yan C Y, Wan R X, Bai R, et al.Structure of a yeast activated spliceosome at 3.5 angstrom resolution ［J］. Science, 2016, 353（6302）: 904–911.

［9］ Wan R X, Yan C Y, Bai R, et al.Structure of a yeast catalytic step I spliceosome at 3.4 angstrom resolution ［J］. Science, 2016, 353（6302）: 895–904.

［10］ Galej W P, Wilkinson M E, Fica S M, et al.Cryo-EM structure of the spliceosome immediately after branching ［J］. Nature, 2016, 537（7619）: 197.

［11］ Rauhut R, Fabrizio P, Dybkov O, et al.Molecular architecture of the Saccharomyces cerevisiae activated spliceosome ［J］. Science, 2016, 353（6306）: 1399–1405.

［12］ Bertram K, Agafonov D E, Dybkov O, et al.Cryo-EM Structure of a Pre-catalytic Human Spliceosome Primed for Activation ［J］. Cell, 2017, 170（4）: 701.

［13］ Zhan X C, Yan C Y, Zhang X F, et al.Structure of a human catalytic step I spliceosome ［J］. Science, 2018, 359（6375）: 537–544.

［14］ Haselbach D, Komarov I, Agafonov D E, et al.Structure and Conformational Dynamics of the Human Spliceosomal B-act Complex ［J］. Cell, 2018, 172（3）: 454.

［15］ Bai R, Wan R X, Yan C Y, et al.Structures of the fully assembled Saccharomyces cerevisiae spliceosome before activation ［J］. Science, 2018, 360（6396）: 1423–1428.

［16］ Plaschka C, Lin P C, Charenton C, et al.Prespliceosome structure provides insights into spliceosome assembly and regulation ［J］. Nature, 2018, 559（7714）: 420.

［17］ Zhan X C, Yan C Y, Zhang X F, et al.Structures of the human pre-catalytic spliceosome and its precursor spliceosome ［J］. Cell Research, 2018, 28（12）: 1129–1140.

［18］ Fica S M, Oubridge C, Wilkinson M E, et al.A human postcatalytic spliceosome structure reveals essential roles of metazoan factors for exon ligation ［J］. Science, 2019, 363（6428）: 710.

［19］ Zhang X F, Zhan X C, Yan C Y, et al.Structures of the human spliceosomes before and after release of the ligated exon ［J］. Cell Research, 2019, 29（4）: 274–285.

［20］ Wan R X, Bai R, Yan C Y, et al.Structures of the Catalytically Activated Yeast Spliceosome Reveal the Mechanism of Branching ［J］. Cell, 2019, 177（2）: 339.

［21］ Charenton C, Wilkinson M E and Nagai K.Mechanism of 5' splice site transfer for human spliceosome activation ［J］. Science, 2019, 364（6438）: 362–367.

［22］ Li X, Liu S, Zhang L, et al.A unified mechanism for intron and exon definition and back-splicing ［J］. Nature, 2019, 573（7774）: 375–380.

［23］ Bai R, Wan R X, Yan C Y, et al.Mechanism of spliceosome remodeling by the ATPase/helicase Prp2 and its coactivator Spp2 ［J］. Science, 2021, 371（6525）: 141.

［24］ Zhou D J, Tanzawa T, Lin J Z, et al.Structural Basis for Ribosome Recycling by RRF and tRNA ［J］. Nature Structural & Molecular Biology, 2020, 27（1）: 25.

［25］ Ma C Y, Kurita D, Li N N, et al.Mechanistic insights into the alternative translation termination by ArfA and RF2［J］. Nature, 2017, 541（7638）: 550–553.

［26］ Zhao T, Chen Y M, Li Y, et al.Disome-seq reveals widespread ribosome collisions that promote cotranslational protein folding［J］. Genome Biology, 2021, 22（1）.

［27］ Rong B W, Zhang Q, Wan J K, et al.Ribosome 18S m（6）A Methyltransferase METTL5 Promotes Translation Initiation and Breast Cancer Cell Growth［J］. Cell Reports, 2020, 33（12）.

［28］ Wu B, Zhang H B, Sun R R, et al.Translocation kinetics and structural dynamics of ribosomes are modulated by the conformational plasticity of downstream pseudoknots［J］. Nucleic Acids Research, 2018, 46（18）: 9736–9748.

［29］ Zhang H, Wang Y R, Wu X K, et al.Determinants of genome-wide distribution and evolution of uORFs in eukaryotes［J］. Nature Communications, 2021, 12（1）.

［30］ Zhang H, Dou S Q, He F, et al.Genome-wide maps of ribosomal occupancy provide insights into adaptive evolution and regulatory roles of uORFs during Drosophila development［J］. Plos Biology, 2018, 16（7）.

［31］ Yang Y F, Zhang X Q, Ma X H, et al.Trans-splicing enhances translational efficiency in C. elegans［J］. Genome Research, 2017, 27（9）: 1525–1535.

［32］ Zhao T L, Huan Q, Sun J Y, et al.Impact of poly（A）-tail G-content on Arabidopsis PAB binding and their role in enhancing translational efficiency［J］. Genome Biology, 2019, 20（1）.

［33］ Chen J, Zhang L M and Ye K Q.Functional regions in the 5 ' external transcribed spacer of yeast pre-rRNA［J］. Rna, 2020, 26（7）: 866–877.

［34］ Hu J F, Zhu X and Ye K Q.Structure and RNA recognition of ribosome assembly factor Utp30［J］. Rna, 2017, 23（12）: 1936–1945.

［35］ Shu S and Ye K Q.Structural and functional analysis of ribosome assembly factor Efg1［J］. Nucleic Acids Research, 2018, 46（4）: 2096–2106.

［36］ Sun Q, Zhu X, Qu J, et al.Molecular architecture of the 90S small subunit pre-ribosome［J］. Elife, 2017, 6.

［37］ Wang B and Ye K Q.Nop9 binds the central pseudoknot region of 18S rRNA［J］. Nucleic Acids Research, 2017, 45（6）: 3559–3567.

［38］ Zhang C, Sun Q, Chen R C, et al.Integrative structural analysis of the UTPB complex, an early assembly factor for eukaryotic small ribosomal subunits［J］. Nucleic Acids Research, 2016, 44（15）: 7475–7486.

［39］ Zhang L M, Wu C, Cai G H, et al.Stepwise and dynamic assembly of the earliest precursors of small ribosomal subunits in yeast［J］. Genes & Development, 2016, 30（6）: 718–732.

［40］ Du Y F, An W D, Zhu X, et al.Cryo-EM structure of 90S small ribosomal subunit precursors in transition states［J］. Science, 2020, 369（6510）: 1477.

［41］ Chen W, Xie Z S, Yang F Q, et al.Stepwise assembly of the earliest precursors of large ribosomal subunits in yeast［J］. Nucleic Acids Research, 2017, 45（11）: 6837–6847.

［42］ Wu S, Tutuncuoglu B, Yan K G, et al.Diverse roles of assembly factors revealed by structures of late nuclear pre-60S ribosomes［J］. Nature, 2016, 534（7605）: 133.

［43］ Liang X M, Zuo M Q, Zhang Y Y, et al.Structural snapshots of human pre-60S ribosomal particles before and after nuclear export［J］. Nature Communications, 2020, 11（1）.

［44］ Ma C Y, Wu S, Li N N, et al.Structural snapshot of cytoplasmic pre-60S ribosomal particles bound by Nmd3, Lsg1, Tif6 and Reh1［J］. Nature Structural & Molecular Biology, 2017, 24（3）: 214.

［45］ Micic J, Li Y, Wu S, et al.Coupling of 5S RNP rotation with maturation of functional centers during large ribosomal subunit assembly［J］. Nature Communications, 2020, 11（1）.

［46］ Wilson D M, Li Y, Laperuta A, et al.Structural insights into assembly of the ribosomal nascent polypeptide exit tunnel［J］. Nature Communications, 2020, 11(1).

［47］ Wang W, Li W Q, Ge X L, et al.Loss of a single methylation in 23S rRNA delays 50S assembly at multiple late stages and impairs translation initiation and elongation［J］. Proceedings of the National Academy of Sciences of the United States of America, 2020, 117(27): 15609-15619.

［48］ Zhang L, Wang Y H, Zhang X, et al.The structural basis for inhibition of ribosomal translocation by viomycin［J］. Proceedings of the National Academy of Sciences of the United States of America, 2020, 117(19): 10271-10277.

［49］ Li Z F, Ge X L, Zhang Y X, et al.Cryo-EM structure of Mycobacterium smegmatis ribosome reveals two unidentified ribosomal proteins close to the functional centers［J］. Protein & Cell, 2018, 9(4): 384-388.

［50］ Li Z F, Guo Q, Zheng L Q, et al.Cryo-EM structures of the 80S ribosomes from human parasites Trichomonas vaginalis and Toxoplasma gondii［J］. Cell Research, 2017, 27(10): 1275-1288.

［51］ Sun F, Huo X, Zhai Y, et al.Crystal structure of mitochondrial respiratory membrane protein complex II［J］. Cell, 2005, 121(7): 1043-1057.

［52］ Gong H, Li J, Xu A, et al.An electron transfer path connects subunits of a mycobacterial respiratory supercomplex［J］. Science, 2018, 362(6418).

［53］ Zhou X, Gao Y, Wang W, et al.Architecture of the mycobacterial succinate dehydrogenase with a membrane-embedded Rieske FeS cluster［J］. Proc Natl Acad Sci U S A, 2021, 118(15).

［54］ Gu J, Wu M, Guo R, et al.The architecture of the mammalian respirasome［J］. Nature, 2016, 537(7622): 639-643.

［55］ Wu M, Gu J, Guo R, et al.Structure of mammalian respiratory supercomplex $I_1III_2IV_1$［J］. 2016, 167(6): 1598-1609. e10.

［56］ Guo R, Zong S, Wu M, et al.Architecture of human mitochondrial respiratory megacomplex $I_2III_2IV_2$［J］. 2017, 170(6): 1247-1257. e12.

［57］ Zong S, Wu M, Gu J, et al.Structure of the intact 14-subunit human cytochrome c oxidase［J］. Cell Res, 2018, 28(10): 1026-1034.

［58］ Gu J, Zhang L, Zong S, et al.Cryo-EM structure of the mammalian ATP synthase tetramer bound with inhibitory protein IF1［J］. Science, 2019, 364(6445): 1068-1075.

［59］ Zhu G, Zeng H, Zhang S, et al.A 3.3 A-Resolution Structure of Hyperthermophilic Respiratory Complex III Reveals the Mechanism of Its Thermal Stability［J］. Angew Chem Int Ed Engl, 2020, 59(1): 343-351.

［60］ Yu H, Haja D K, Schut G J, et al.Structure of the respiratory MBS complex reveals iron-sulfur cluster catalyzed sulfane sulfur reduction in ancient life［J］. Nat Commun, 2020, 11(1): 5953.

［61］ Yu H, Wu C H, Schut G J, et al.Structure of an Ancient Respiratory System［J］. Cell, 2018, 173(7): 1636-1649 e16.

［62］ Wei X, Su X, Cao P, et al.Structure of spinach photosystem II-LHCII supercomplex at 3.2 Å resolution［J］. 2016, 534(7605): 69-74.

［63］ Su X, Ma J, Wei X, et al.Structure and assembly mechanism of plant C2S2M2-type PSII-LHCII supercomplex［J］. Science, 2017, 357(6353): 815-820.

［64］ Pan X, Ma J, Su X, et al.Structure of the maize photosystem I supercomplex with light-harvesting complexes I and II［J］. Science, 2018, 360(6393): 1109-1113.

［65］ Wenfeng T, Lishuan W, Chunyan Z, et al.Neoxanthin affects the stability of the C_2 S_2 M_2-type photosystem II supercomplexes and the kinetics of state transition in Arabidopsis. %J The Plant journal : for cell and molecular biology［J］. 2020, 104(6).

［66］ Yan Q, Zhao L, Wang W, et al.Antenna arrangement and energy-transfer pathways of PSI-LHCI from the moss

Physcomitrella patens［J］. Cell Discov, 2021, 7（1）: 10.

［67］ Sheng X, Watanabe A, Li A J, et al.Structural insight into light harvesting for photosystem II in green algae［J］. Nature Plants, 2019, 5（12）: 1320.

［68］ Shen L, Huang Z, Chang S, et al.Structure of a C2S2M2N2–type PSII–LHCII supercomplex from the green alga Chlamydomonas reinhardtii［J］. 2019, 116（42）: 21246–21255.

［69］ Su X, Ma J, Pan X, et al.Antenna arrangement and energy transfer pathways of a green algal photosystem–I–LHCI supercomplex［J］. 2019, 5（3）: 273–281.

［70］ Qin X, Pi X, Wang W, et al.Structure of a green algal photosystem I in complex with a large number of light–harvesting complex I subunits［J］. Nat Plants, 2019, 5（3）: 263–272.

［71］ Pan X, Tokutsu R, Li A, et al.Structural basis of LhcbM5–mediated state transitions in green algae［J］. Nat Plants, 2021.

［72］ Huang Z, Shen L, Wang W, et al.Structure of photosystem I–LHCI–LHCII from the green alga Chlamydomonas reinhardtii in State 2［J］. Nat Commun, 2021, 12（1）: 1100.

［73］ Chen J H, Chen S T, He N Y, et al.Nuclear–encoded synthesis of the D1 subunit of photosystem II increases photosynthetic efficiency and crop yield［J］. Nat Plants, 2020, 6（5）: 570–580.

［74］ Ouyang M, Li X, Zhang J, et al.Liquid–Liquid Phase Transition Drives Intra–chloroplast Cargo Sorting［J］. Cell, 2020, 180（6）: 1144–1159 e20.

［75］ Shen B R, Wang L M, Lin X L, et al.Engineering a New Chloroplastic Photorespiratory Bypass to Increase Photosynthetic Efficiency and Productivity in Rice［J］. Mol Plant, 2019, 12（2）: 199–214.

［76］ Chen F, Zheng G, Qu M, et al.Knocking out NEGATIVE REGULATOR OF PHOTOSYNTHESIS 1 increases rice leaf photosynthesis and biomass production in the field［J］. J Exp Bot, 2021, 72（5）: 1836–1849.

［77］ Pi X, Tian L, Dai H E, et al.Unique organization of photosystem I–light–harvesting supercomplex revealed by cryo–EM from a red alga［J］. Proc Natl Acad Sci U S A, 2018, 115（17）: 4423–4428.

［78］ Wang W, Yu L J, Xu C, et al.Structural basis for blue–green light harvesting and energy dissipation in diatoms［J］. Science, 2019, 363（6427）.

［79］ Pi X, Zhao S, Wang W, et al.The pigment–protein network of a diatom photosystem II–light–harvesting antenna supercomplex［J］. 2019, 365（6452）.

［80］ Zheng L, Li Y, Li X, et al.Structural and functional insights into the tetrameric photosystem I from heterocyst–forming cyanobacteria［J］. 2019, 5（10）: 1087–1097.

［81］ Cao P, Cao D, Si L, et al.Structural basis for energy and electron transfer of the photosystem I–IsiA–flavodoxin supercomplex［J］. Nat Plants, 2020, 6（2）: 167–176.

［82］ Xu C, Zhu Q, Chen J H, et al.A unique photosystem I reaction center from a chlorophyll d–containing cyanobacterium Acaryochloris marina［J］. J Integr Plant Biol, 2021.

［83］ Pan X, Cao D, Xie F, et al.Structural basis for electron transport mechanism of complex I–like photosynthetic NAD（P）H dehydrogenase［J］. Nat Commun, 2020, 11（1）: 610.

［84］ Zhang C, Shuai J, Ran Z, et al.Structural insights into NDH–1 mediated cyclic electron transfer［J］. 2020, 11（1）: 1–13.

［85］ Xia L Y, Jiang Y L, Kong W W, et al.Molecular basis for the assembly of RuBisCO assisted by the chaperone Raf1［J］. Nat Plants, 2020, 6（6）: 708–717.

［86］ Fang S, Huang X, Zhang X, et al.Molecular mechanism underlying transport and allosteric inhibition of bicarbonate transporter SbtA［J］. Proc Natl Acad Sci U S A, 2021, 118（22）.

［87］ Zhang Y, Zhou J, Zhang Y, et al.Auxiliary Module Promotes the Synthesis of Carboxysomes in E. coli to Achieve High–Efficiency CO2 Assimilation［J］. ACS Synth Biol, 2021, 10（4）: 707–715.

［88］ Xin Y, Shi Y, Niu T, et al.Cryo–EM structure of the RC–LH core complex from an early branching photosynthetic prokaryote［J］. Nat Commun, 2018, 9(1): 1568.

［89］ Shi Y, Xin Y, Wang C, et al.Cryo–EM structures of the air–oxidized and dithionite–reduced photosynthetic alternative complex III from Roseiflexus castenholzii［J］. Sci Adv, 2020, 6(31): eaba2739.

［90］ Chen J H, Wu H, Xu C, et al.Architecture of the photosynthetic complex from a green sulfur bacterium［J］. Science, 2020, 370(6519).

［91］ Qian H, Zhao X, Cao P, et al.Structure of the Human Lipid Exporter ABCA1［J］. Cell, 2017, 169(7): 1228–1239 e10.

［92］ Luo Q, Yang X, Yu S, et al.Structural basis for lipopolysaccharide extraction by ABC transporter LptB2FG［J］. Nat Struct Mol Biol, 2017, 24(5): 469–474.

［93］ Han L, Zhu Y, Liu M, et al.Molecular mechanism of substrate recognition and transport by the AtSWEET13 sugar transporter［J］. Proc Natl Acad Sci U S A, 2017, 114(38): 10089–10094.

［94］ Yang H B, Hou W T, Cheng M T, et al.Structure of a MacAB–like efflux pump from Streptococcus pneumoniae［J］. Nat Commun, 2018, 9(1): 196.

［95］ Yan R, Zhao X, Lei J, et al.Structure of the human LAT1–4F2hc heteromeric amino acid transporter complex［J］. Nature, 2019, 568(7750): 127–130.

［96］ Zhang B, Li J, Yang X, et al.Crystal Structures of Membrane Transporter MmpL3, an Anti–TB Drug Target［J］. Cell, 2019, 176(3): 636–648 e13.

［97］ Zhang S S, Liu Y, Zhang B, et al.Molecular insights into the human CLC–7/Ostm1 transporter［J］. Science Advances, 2020, 6(33).

［98］ Jiang X, Yuan Y F, Huang J, et al.Structural Basis for Blocking Sugar Uptake into the Malaria Parasite Plasmodium falciparum［J］. Cell, 2020, 183(1): 258.

［99］ Liu F J, Liang J X, Zhang B, et al.Structural basis of trehalose recycling by the ABC transporter LpqY–SugABC［J］. Science Advances, 2020, 6(44).

［100］ Tang X D, Chang S H, Qiao W, et al.Structural insights into outer membrane asymmetry maintenance in Gram–negative bacteria by MlaFEDB［J］. Nature Structural & Molecular Biology, 2021, 28(1).

［101］ Wang N, Jiang X, Zhang S, et al.Structural basis of human monocarboxylate transporter 1 inhibition by anti–cancer drug candidates［J］. Cell, 2021, 184(2): 370.

［102］ Cao E H, Liao M F, Cheng Y F, et al.TRPV1 structures in distinct conformations reveal activation mechanisms［J］. Nature, 2013, 504(7478): 113.

［103］ Liao M F, Cao E H, Julius D, et al.Structure of the TRPV1 ion channel determined by electron cryo–microscopy［J］. Nature, 2013, 504(7478): 107.

［104］ Wu J P, Yan Z, Li Z Q, et al.Structure of the voltage–gated calcium channel Ca(v)1.1 at 3.6 angstrom resolution［J］. Nature, 2016, 537(7619): 191.

［105］ Zhao Y, Huang G, Wu J, et al.Molecular Basis for Ligand Modulation of a Mammalian Voltage–Gated Ca(2+) Channel［J］. Cell, 2019, 177(6): 1495–1506 e12.

［106］ Zhao Y, Huang G, Wu Q, et al.Cryo–EM structures of apo and antagonist–bound human Cav3.1［J］. Nature, 2019, 576(7787): 492–497.

［107］ Peng W, Shen H, Wu J, et al.Structural basis for the gating mechanism of the type 2 ryanodine receptor RyR2［J］. Science, 2016, 354(6310).

［108］ Gong D, Chi X, Wei J, et al.Modulation of cardiac ryanodine receptor 2 by calmodulin［J］. Nature, 2019, 572(7769): 347–351.

［109］ Chi X, Gong D, Ren K, et al.Molecular basis for allosteric regulation of the type 2 ryanodine receptor channel gating by key modulators［J］. Proc Natl Acad Sci U S A, 2019, 116(51): 25575-25582.

［110］ Ge J, Li W, Zhao Q, et al.Architecture of the mammalian mechanosensitive Piezo1 channel［J］. Nature, 2015, 527(7576): 64-69.

［111］ Zhao Q, Zhou H, Chi S, et al.Structure and mechanogating mechanism of the Piezo1 channel［J］. Nature, 2018, 554(7693): 487-492.

［112］ Hua T, Vemuri K, Pu M, et al.Crystal Structure of the Human Cannabinoid Receptor CB1［J］. Cell, 2016, 167(3): 750-762 e14.

［113］ Hua T, Vemuri K, Nikas S P, et al.Crystal structures of agonist-bound human cannabinoid receptor CB1［J］. Nature, 2017, 547(7664): 468-471.

［114］ Li X, Hua T, Vemuri K, et al.Crystal Structure of the Human Cannabinoid Receptor CB2［J］. Cell, 2019, 176(3): 459-467 e13.

［115］ Hua T, Li X, Wu L, et al.Activation and Signaling Mechanism Revealed by Cannabinoid Receptor-Gi Complex Structures［J］. Cell, 2020, 180(4): 655-665 e18.

［116］ Song G, Yang D, Wang Y, et al.Human GLP-1 receptor transmembrane domain structure in complex with allosteric modulators［J］. Nature, 2017, 546(7657): 312-315.

［117］ Zhang H, Qiao A, Yang D, et al.Structure of the full-length glucagon class B G-protein-coupled receptor［J］. Nature, 2017, 546(7657): 259-264.

［118］ Peng Y, Mccorvy J D, Harpsoe K, et al.5-HT2C Receptor Structures Reveal the Structural Basis of GPCR Polypharmacology［J］. Cell, 2018, 172(4): 719-730 e14.

［119］ Zhang H, Qiao A, Yang L, et al.Structure of the glucagon receptor in complex with a glucagon analogue［J］. Nature, 2018, 553(7686): 106-110.

［120］ Qiao A, Han S, Li X, et al.Structural basis of Gs and Gi recognition by the human glucagon receptor［J］. Science, 2020, 367(6484): 1346-1352.

［121］ Yang S, Wu Y, Xu T H, et al.Crystal structure of the Frizzled 4 receptor in a ligand-free state［J］. Nature, 2018, 560(7720): 666-670.

［122］ Zhao L H, Ma S, Sutkeviciute I, et al.Structure and dynamics of the active human parathyroid hormone receptor-1［J］. Science, 2019, 364(6436): 148-153.

［123］ Yin W, Li Z, Jin M, et al.A complex structure of arrestin-2 bound to a G protein-coupled receptor［J］. Cell Res, 2019, 29(12): 971-983.

［124］ Liu X, Ahn S, Kahsai A W, et al.Mechanism of intracellular allosteric beta2AR antagonist revealed by X-ray crystal structure［J］. Nature, 2017, 548(7668): 480-484.

［125］ Liu X, Masoudi A, Kahsai A W, et al.Mechanism of beta2AR regulation by an intracellular positive allosteric modulator［J］. Science, 2019, 364(6447): 1283-1287.

［126］ Liu X Y, Xu X Y, Hilger D, et al.Structural Insights into the Process of GPCR-G Protein Complex Formation［J］. Cell, 2019, 177(5): 1243.

［127］ Lin X, Li M, Wang N, et al.Structural basis of ligand recognition and self-activation of orphan GPR52［J］. Nature, 2020, 579(7797): 152-157.

［128］ Liu K W, Wu L J, Yuan S G, et al.Structural basis of CXC chemokine receptor 2 activation and signalling［J］. Nature, 2020, 585(7823): 135.

［129］ Yang F, Mao C Y, Guo L L, et al.Structural basis of GPBAR activation and bile acid recognition［J］. Nature, 2020, 587(7834): 499.

［130］ Ping Y Q, Mao C Y, Xiao P, et al.Structures of the glucocorticoid-bound adhesion receptor GPR97-G(o) complex［J］. Nature, 2021, 589(7843): 620.

［131］ Shen C, Mao C, Xu C, et al.Structural basis of GABAB receptor-Gi protein coupling ［J］. Nature, 2021, 594（7864）: 594-598.

［132］ Zhuang Y, Xu P, Mao C, et al.Structural insights into the human D1 and D2 dopamine receptor signaling complexes ［J］. Cell, 2021, 184（4）: 931-942 e18.

［133］ Xiao P, Yan W, Gou L, et al.Ligand recognition and allosteric regulation of DRD1-Gs signaling complexes ［J］. Cell, 2021, 184（4）: 943-956 e18.

［134］ Xu P, Huang S, Zhang H, et al.Structural insights into the lipid and ligand regulation of serotonin receptors ［J］. Nature, 2021, 592（7854）: 469-473.

［135］ Lin S, Han S, Cai X, et al.Structures of Gi-bound metabotropic glutamate receptors mGlu2 and mGlu4 ［J］. Nature, 2021, 594（7864）: 583-588.

［136］ Du J, Wang D, Fan H, et al.Structures of human mGlu2 and mGlu7 homo- and heterodimers ［J］. Nature, 2021, 594（7864）: 589-593.

［137］ Zhao Y, Yang J, Shi J, et al.The NLRC4 inflammasome receptors for bacterial flagellin and type III secretion apparatus ［J］. Nature, 2011, 477（7366）: 596-600.

［138］ Yang J, Zhao Y, Shi J, et al.Human NAIP and mouse NAIP1 recognize bacterial type III secretion needle protein for inflammasome activation ［J］. Proc Natl Acad Sci U S A, 2013, 110（35）: 14408-14413.

［139］ Hu Z, Zhou Q, Zhang C, et al.Structural and biochemical basis for induced self-propagation of NLRC4 ［J］. Science, 2015, 350（6259）: 399-404.

［140］ Xu H, Yang J, Gao W, et al.Innate immune sensing of bacterial modifications of Rho GTPases by the Pyrin inflammasome ［J］. Nature, 2014, 513（7517）: 237-241.

［141］ Shi J, Zhao Y, Wang K, et al.Cleavage of GSDMD by inflammatory caspases determines pyroptotic cell death ［J］. Nature, 2015, 526（7575）: 660-665.

［142］ He W T, Wan H Q, Hu L C, et al.Gasdermin D is an executor of pyroptosis and required for interleukin-1 beta secretion ［J］. Cell Research, 2015, 25（12）: 1285-1298.

［143］ Liu X, Zhang Z B, Ruan J B, et al.Inflammasome-activated gasdermin D causes pyroptosis by forming membrane pores ［J］. Nature, 2016, 535（7610）: 153.

［144］ Ding J J, Wang K, Liu W, et al.Pore-forming activity and structural autoinhibition of the gasdermin family（vol 535, pg 111, 2016）［J］. Nature, 2016, 540（7631）.

［145］ Ruan J B, Xia S Y, Liu X, et al.Cryo-EM structure of the gasdermin A3 membrane pore ［J］. Nature, 2018, 557（7703）: 62.

［146］ Wang K, Sun Q, Zhong X, et al.Structural Mechanism for GSDMD Targeting by Autoprocessed Caspases in Pyroptosis ［J］. Cell, 2020, 180（5）: 941.

［147］ Wang Y P, Gao W Q, Shi X Y, et al.Chemotherapy drugs induce pyroptosis through caspase-3 cleavage of a gasdermin ［J］. Nature, 2017, 547（7661）: 99.

［148］ Shi J J, Gao W Q and Shao F.Pyroptosis: Gasdermin-Mediated Programmed Necrotic Cell Death ［J］. Trends in Biochemical Sciences, 2017, 42（4）: 245-254.

［149］ Zhou Z W, He H B, Wang K, et al.Granzyme A from cytotoxic lymphocytes cleaves GSDMB to trigger pyroptosis in target cells ［J］. Science, 2020, 368（6494）: 965.

［150］ Wang Q, Wang Y, Ding J, et al.A bioorthogonal system reveals antitumour immune function of pyroptosis ［J］. Nature, 2020, 579（7799）: 421-426.

［151］ Zhou P, She Y, Dong N, et al.Alpha-kinase 1 is a cytosolic innate immune receptor for bacterial ADP-heptose ［J］. Nature, 2018, 561（7721）: 122.

［152］ Huang M, Zhang X, Toh G A, et al.Structural and biochemical mechanisms of NLRP1 inhibition by DPP9 ［J］.

Nature，2021，592（7856）：773-777.

［153］ Xiao Y，Stegmann M，Han Z，et al.Mechanisms of RALF peptide perception by a heterotypic receptor complex［J］. Nature，2019，572（7768）：270-274.

［154］ Wang J，Hu M，Wang J，et al.Reconstitution and structure of a plant NLR resistosome conferring immunity［J］. Science，2019，364（6435）.

［155］ Wang J，Wang J，Hu M，et al.Ligand-triggered allosteric ADP release primes a plant NLR complex［J］. Science，2019，364（6435）.

［156］ Ma S，Lapin D，Liu L，et al.Direct pathogen-induced assembly of an NLR immune receptor complex to form a holoenzyme［J］. Science，2020，370（6521）.

［157］ Yuan M，Jiang Z，Bi G，et al.Pattern-recognition receptors are required for NLR-mediated plant immunity［J］. Nature，2021，592（7852）：105-109.

［158］ Wang Q H，Zhang Y F，Wu L L，et al.Structural and Functional Basis of SARS-CoV-2 Entry by Using Human ACE2［J］. Cell，2020，181（4）：894.

［159］ Lan J，Ge J，Yu J，et al.Structure of the SARS-CoV-2 spike receptor-binding domain bound to the ACE2 receptor［J］. Nature，2020，581（7807）：215-220.

［160］ Yan R，Zhang Y，Li Y，et al.Structural basis for the recognition of SARS-CoV-2 by full-length human ACE2［J］. Science，2020，367（6485）：1444-1448.

［161］ Yao H，Song Y，Chen Y，et al.Molecular Architecture of the SARS-CoV-2 Virus［J］. Cell，2020，183（3）：730-738 e13.

［162］ Gao Y，Yan L，Huang Y，et al.Structure of the RNA-dependent RNA polymerase from COVID-19 virus［J］. Science，2020，368（6492）：779-782.

［163］ Yan L，Zhang Y，Ge J，et al.Architecture of a SARS-CoV-2 mini replication and transcription complex［J］. Nat Commun，2020，11（1）：5874.

［164］ Ju B，Zhang Q，Ge J，et al.Human neutralizing antibodies elicited by SARS-CoV-2 infection［J］. Nature，2020，584（7819）：115-119.

［165］ Shi R，Shan C，Duan X，et al.A human neutralizing antibody targets the receptor-binding site of SARS-CoV-2［J］. Nature，2020，584（7819）：120-124.

［166］ Cao Y，Su B，Guo X，et al.Potent Neutralizing Antibodies against SARS-CoV-2 Identified by High-Throughput Single-Cell Sequencing of Convalescent Patients' B Cells［J］. Cell，2020，182（1）：73-84 e16.

［167］ Ge S，Xia X，Ding C，et al.A proteomic landscape of diffuse-type gastric cancer［J］. Nat Commun，2018，9（1）：1012.

［168］ Jiang Y，Sun A，Zhao Y，et al.Proteomics identifies new therapeutic targets of early-stage hepatocellular carcinoma［J］. Nature，2019，567（7747）：257-261.

［169］ Gao Q，Zhu H，Dong L，et al.Integrated Proteogenomic Characterization of HBV-Related Hepatocellular Carcinoma［J］. Cell，2019，179（5）：1240.

［170］ Xu J Y，Zhang C，Wang X，et al.Integrative Proteomic Characterization of Human Lung Adenocarcinoma［J］. Cell，2020，182（1）：245-261 e17.

［171］ Li C，Sun Y D，Yu G Y，et al.Integrated Omics of Metastatic Colorectal Cancer［J］. Cancer Cell，2020，38（5）：734-747 e9.

［172］ Shen B，Yi X，Sun Y，et al.Proteomic and Metabolomic Characterization of COVID-19 Patient Sera［J］. Cell，2020，182（1）：59-72 e15.

［173］ Shu T，Ning W，Wu D，et al.Plasma Proteomics Identify Biomarkers and Pathogenesis of COVID-19［J］. Immunity，2020，53（5）：1108-1122 e5.

［174］ Tian W, Zhang N, Jin R, et al.Immune suppression in the early stage of COVID-19 disease ［J］. Nat Commun, 2020, 11(1): 5859.

［175］ Nie X, Qian L, Sun R, et al.Multi-organ proteomic landscape of COVID-19 autopsies ［J］. Cell, 2021, 184(3): 775-791 e14.

［176］ Wang W, Hu Y, Yang C, et al.Decreased NAD Activates STAT3 and Integrin Pathways to Drive Epithelial-Mesenchymal Transition ［J］. Mol Cell Proteomics, 2018, 17(10): 2005-2017.

［177］ Wang W, Hu Y, Wang X, et al.ROS-Mediated 15-Hydroxyprostaglandin Dehydrogenase Degradation via Cysteine Oxidation Promotes NAD (+) -Mediated Epithelial-Mesenchymal Transition ［J］. Cell Chem Biol, 2018, 25(3): 255-261 e4.

［178］ Zong Z Y, Liu J, Wang N, et al.Nicotinamide mononucleotide inhibits hepatic stellate cell activation to prevent liver fibrosis via promoting PGE (2) degradation ［J］. Free Radical Biology and Medicine, 2021, 162: 571-581.

［179］ Zhao X X, Lei Y X, Zheng J J, et al.Identification of markers for migrasome detection ［J］. Cell Discovery, 2019, 5.

［180］ Tan H Y, Wang N, Zhang C, et al.Lysyl Oxidase-Like 4 Fosters an Immunosuppressive Microenvironment During Hepatocarcinogenesis ［J］. Hepatology, 2021, 73(6): 2326-2341.

［181］ Liu M Y, Pi H F, Xi Y, et al.KIF5A-dependent axonal transport deficiency disrupts autophagic flux in trimethyltin chloride-induced neurotoxicity ［J］. Autophagy, 2021, 17(4): 903-924.

［182］ Yi G Z, Huang G L, Guo M L, et al.Acquired temozolomide resistance in MGMT-deficient glioblastoma cells is associated with regulation of DNA repair by DHC2 ［J］. Brain, 2019, 142: 2352-2366.

［183］ Cao S Y, Chen Y L, Yan Y F, et al.Secretome and Comparative Proteomics of Yersinia pestis Identify Two Novel E3 Ubiquitin Ligases That Contribute to Plague Virulence ［J］. Molecular & Cellular Proteomics, 2021, 20.

［184］ Zhao P, Zhou X M, Zhao L L, et al.Autophagy-mediated compartmental cytoplasmic deletion is essential for tobacco pollen germination and male fertility ［J］. Autophagy, 2020, 16(12): 2180-2192.

［185］ Tong Y Y, Guo D, Lin S H, et al.SUCLA2-coupled regulation of GLS succinylation and activity counteracts oxidative stress in tumor cells ［J］. Molecular Cell, 2021, 81(11): 2303-+.

［186］ Li P, Zhang H, Zhao G P, et al.Deacetylation enhances ParB-DNA interactions affecting chromosome segregation in Streptomyces coelicolor ［J］. Nucleic Acids Research, 2020, 48(9): 4902-4914.

［187］ Zhang N W, Jiang N, Zhang K, et al.Landscapes of Protein Posttranslational Modifications of African Trypanosoma Parasites ［J］. Iscience, 2020, 23(5).

［188］ Xu Q T, Liu Q, Chen Z T, et al.Histone deacetylases control lysine acetylation of ribosomal proteins in rice ［J］. Nucleic Acids Research, 2021, 49(8): 4613-4628.

［189］ Chen X L, Liu C Y, Tang B Z, et al.Quantitative proteomics analysis reveals important roles of N-glycosylation on ER quality control system for development and pathogenesis in Magnaporthe oryzae ［J］. Plos Pathogens, 2020, 16(2).

［190］ Lin Z, Li Y, Zhang Z J, et al.A RAF-SnRK2 kinase cascade mediates early osmotic stress signaling in higher plants ［J］. Nature Communications, 2020, 11(1).

［191］ Liu Q, Yu J, Wang L, et al.Inhibition of PU.1 ameliorates metabolic dysfunction and non-alcoholic steatohepatitis ［J］. J Hepatol, 2020, 73(2): 361-370.

［192］ Wang Y, Song L, Liu M, et al.A proteomics landscape of circadian clock in mouse liver ［J］. Nat Commun, 2018, 9(1): 1553.

［193］ Song Y L, Zhang Y K, Pan Y, et al.The microtubule end-binding affinity of EB1 is enhanced by a dimeric organization that is susceptible to phosphorylation ［J］. Journal of Cell Science, 2020, 133(9).

［194］ Liu F M, Su Z H, Chen P, et al.Structural basis for zinc-induced activation of a zinc uptake transcriptional regulator ［J］. Nucleic Acids Research, 2021, 49（11）: 6511-6528.

［195］ Shen M M, Dhingra N, Wang Q, et al.Structural basis for the multi-activity factor Rad5 in replication stress tolerance ［J］. Nature Communications, 2021, 12（1）.

［196］ Xu X, Peng R C, Peng Q, et al.Cryo-EM structures of Lassa and Machupo virus polymerases complexed with cognate regulatory Z proteins identify targets for antivirals ［J］. Nature Microbiology, 2021, 6（7）: 921.

［197］ Liu X M, Sun L L, Hu W, et al.ESCRTs Cooperate with a Selective Autophagy Receptor to Mediate Vacuolar Targeting of Soluble Cargos ［J］. Molecular Cell, 2015, 59（6）: 1035-1042.

［198］ Liu T Y, Dai A B, Cao Y, et al.Structural Insights of WHAMM's Interaction with Microtubules by Cryo-EM ［J］. Journal of Molecular Biology, 2017, 429（9）: 1352-1363.

［199］ Bian Y Y, Li L, Dong M M, et al.Ultra-deep tyrosine phosphoproteomics enabled by a phosphotyrosine superbinder ［J］. Nature Chemical Biology, 2016, 12（11）: 959.

［200］ Wang Y, Tian Y, Liu X Y, et al.A New Workflow for the Analysis of Phosphosite Occupancy in Paired Samples by Integration of Proteomics and Phosphoproteomics Data Sets ［J］. Journal of Proteome Research, 2020, 19（9）: 3807-3816.

［201］ Chu B Z, He A, Tian Y T, et al.Photoaffinity-engineered protein scaffold for systematically exploring native phosphotyrosine signaling complexes in tumor samples ［J］. Proceedings of the National Academy of Sciences of the United States of America, 2018, 115（38）: E8863-E8872.

［202］ Zhao X, Zheng S, Li Y, et al.An Integrated Mass Spectroscopy Data Processing Strategy for Fast Identification, In-Depth, and Reproducible Quantification of Protein O-Glycosylation in a Large Cohort of Human Urine Samples ［J］. Anal Chem, 2020, 92（1）: 690-698.

［203］ Huang J, Wu M, Zhang Y, et al.OGP: A Repository of Experimentally Characterized O-Glycoproteins to Facilitate Studies on O-Glycosylation ［J］. Genomics Proteomics Bioinformatics, 2021.

［204］ Shu Q B, Li M J, Shu L, et al.Large-scale Identification of N-linked Intact Glycopeptides in Human Serum using HILIC Enrichment and Spectral Library Search ［J］. Molecular & Cellular Proteomics, 2020, 19（4）: 672-689.

［205］ Liu Q, Zheng J, Sun W P, et al.A proximity-tagging system to identify membrane protein-protein interactions ［J］. Nature Methods, 2018, 15（9）: 715.

［206］ Ke M, Yuan X, He A, et al.Spatiotemporal profiling of cytosolic signaling complexes in living cells by selective proximity proteomics ［J］. Nature Communications, 2021, 12（1）.

［207］ Jiang D, Jiang Z, Lu D, et al.Migrasomes provide regional cues for organ morphogenesis during zebrafish gastrulation ［J］. Nature Cell Biology, 2019, 21（8）: 966.

［208］ Wu W, Zhou Q, Masubuchi T, et al.Multiple Signaling Roles of CD3epsilon and Its Application in CAR-T Cell Therapy ［J］. Cell, 2020, 182（4）: 855-871 e23.

［209］ Gao Y, Li Y, Zhang C, et al.Enhanced Purification of Ubiquitinated Proteins by Engineered Tandem Hybrid Ubiquitin-binding Domains（ThUBDs）［J］. Mol Cell Proteomics, 2016, 15（4）: 1381-1396.

［210］ Xiao W, Liu Z, Luo W, et al.Specific and Unbiased Detection of Polyubiquitination via a Sensitive Non-Antibody Approach ［J］. Anal Chem, 2020, 92（1）: 1074-1080.

［211］ Li Y, Wang Y, Yao Y, et al.Rapid Enzyme-Mediated Biotinylation for Cell Surface Proteome Profiling ［J］. Anal Chem, 2021, 93（10）: 4542-4551.

［212］ Fu L, Li Z, Liu K, et al.A quantitative thiol reactivity profiling platform to analyze redox and electrophile reactive cysteine proteomes ［J］. Nat Protoc, 2020, 15（9）: 2891-2919.

［213］ Zhang X, Ruan C, Zhu H, et al.A Simplified Thermal Proteome Profiling Approach to Screen Protein Targets of a Ligand ［J］. Proteomics, 2020: e1900372.

［214］ Lyu J W, Ruan C F, Zhang X L, et al.Microparticle-Assisted Precipitation Screening Method for Robust Drug Target Identification［J］. Analytical Chemistry, 2020, 92(20): 13912-13921.

［215］ Zhang X L, Wang Q, Li Y N, et al.Solvent-Induced Protein Precipitation for Drug Target Discovery on the Proteomic Scale［J］. Analytical Chemistry, 2020, 92(1): 1363-1371.

［216］ Lu S, Fan S B, Yang B, et al.Mapping native disulfide bonds at a proteome scale［J］. Nature Methods, 2015, 12(4): 329-U73.

［217］ Chi H, Liu C, Yang H, et al.Comprehensive identification of peptides in tandem mass spectra using an efficient open search engine［J］. Nat Biotechnol, 2018.

［218］ Ma J, Chen T, Wu S, et al.iProX: an integrated proteome resource［J］. Nucleic Acids Res, 2019, 47(D1): D1211-D1217.

［219］ Feng J, Ding C, Qiu N, et al.Firmiana: towards a one-stop proteomic cloud platform for data processing and analysis［J］. Nat Biotechnol, 2017, 35(5): 409-412.

［220］ Zheng L, Chen Y, Li N, et al.Robust ultraclean atomically thin membranes for atomic-resolution electron microscopy［J］. Nat Commun, 2020, 11(1): 541.

［221］ Fan X, Zhao L, Liu C, et al.Near-Atomic Resolution Structure Determination in Over-Focus with Volta Phase Plate by Cs-Corrected Cryo-EM［J］. Structure, 2017, 25(10): 1623-1630 e3.

［222］ Zhu B, Cheng L P and Liu H R.Computing methods for icosahedral and symmetry-mismatch reconstruction of viruses by cryo-electron microscopy［J］. Chinese Physics B, 2018, 27(5).

［223］ Zhu D J, Wang X X, Fang Q L, et al.Pushing the resolution limit by correcting the Ewald sphere effect in single-particle Cryo-EM reconstructions［J］. Nature Communications, 2018, 9.

［224］ Wu C, Huang X, Cheng J, et al.High-quality, high-throughput cryo-electron microscopy data collection via beam tilt and astigmatism-free beam-image shift［J］. J Struct Biol, 2019, 208(3): 107396.

［225］ Fu Z, Peng D, Zhang M, et al.mEosEM withstands osmium staining and Epon embedding for super-resolution CLEM［J］. Nat Methods, 2020, 17(1): 55-58.

［226］ Yang J, Jin Q Y, Zhang B, et al.R2C: improving ab initio residue contact map prediction using dynamic fusion strategy and Gaussian noise filter［J］. Bioinformatics, 2016, 32(16): 2435-2443.

［227］ Wang J, Liu Y, Liu Y J, et al.Time-resolved protein activation by proximal decaging in living systems［J］. Nature, 2019, 569(7757): 509.

［228］ Yang J Y, Anishchenko I, Park H, et al.Improved protein structure prediction using predicted interresidue orientations［J］. Proceedings of the National Academy of Sciences of the United States of America, 2020, 117(3): 1496-1503.

［229］ Feng J, Zhang C, Lischinsky J E, et al.A Genetically Encoded Fluorescent Sensor for Rapid and Specific In Vivo Detection of Norepinephrine［J］. Neuron, 2019, 102(4): 745-761 e8.

［230］ Dai L P, Zheng T Y, Xu K, et al.A Universal Design of Betacoronavirus Vaccines against COVID-19, MERS, and SARS［J］. Cell, 2020, 182(3): 722.

［231］ Pan C, Wu J, Qing S, et al.Biosynthesis of Self-Assembled Proteinaceous Nanoparticles for Vaccination［J］. Advanced Materials, 2020, 32(42).

［232］ Cui Y L, Wang Y H, Tian W Y, et al.Development of a versatile and efficient C-N lyase platform for asymmetric hydroamination via computational enzyme redesign［J］. Nature Catalysis, 2021, 4(5): 364-373.

［233］ Xiong P, Hu X H, Huang B, et al.Increasing the efficiency and accuracy of the ABACUS protein sequence design method［J］. Bioinformatics, 2020, 36(1): 136-144.

［234］ Xu C F, Lu P L, El-Din T M G, et al.Computational design of transmembrane pores［J］. Nature, 2020, 585(7823): 129.

［235］ Lin W, Ma J, Nong D, et al.Helicase Stepping Investigated with One-Nucleotide Resolution Fluorescence Resonance Energy Transfer［J］. Phys Rev Lett, 2017, 119(13): 138102.

［236］ Ma D F, Xu C H, Hou W Q, et al.Detecting Single-Molecule Dynamics on Lipid Membranes with Quenchers-in-a-Liposome FRET［J］. Angew Chem Int Ed Engl, 2019, 58(17): 5577-5581.

［237］ Li Y, Qian Z Y, Ma L, et al.Single-molecule visualization of dynamic transitions of pore-forming peptides among multiple transmembrane positions［J］. Nature Communications, 2016, 7.

［238］ Peng S, Sun R, Wang W, et al.Single-Molecule Photoactivation FRET: A General and Easy-To-Implement Approach To Break the Concentration Barrier［J］. Angew Chem Int Ed Engl, 2017, 56(24): 6882-6885.

［239］ Peng M, Fang Z, Na N, et al.A versatile single-molecule counting-based platform by generation of fluorescent silver nanoclusters for sensitive detection of multiple nucleic acids［J］. Nanoscale, 2019, 11(35): 16606-16613.

［240］ Bi H, Yin Y, Pan B, et al.Scanning Single-Molecule Fluorescence Correlation Spectroscopy Enables Kinetics Study of DNA Hairpin Folding with a Time Window from Microseconds to Seconds［J］. J Phys Chem Lett, 2016, 7(10): 1865-1871.

［241］ Peng S, Wang W and Chen C.Surface Transient Binding-Based Fluorescence Correlation Spectroscopy(STB-FCS), a Simple and Easy-to-Implement Method to Extend the Upper Limit of the Time Window to Seconds［J］. J Phys Chem B, 2018, 122(18): 4844-4850.

［242］ Meng L, He S and Zhao X S.Determination of Equilibrium Constant and Relative Brightness in FRET-FCS by Including the Third-Order Correlations［J］. J Phys Chem B, 2017, 121(50): 11262-11272.

［243］ Pan S, Yang C and Zhao X S.Affinity of Skp to OmpC revealed by single-molecule detection［J］. Sci Rep, 2020, 10(1): 14871.

［244］ Shao S, Zhang W, Hu H, et al.Long-term dual-color tracking of genomic loci by modified sgRNAs of the CRISPR/Cas9 system［J］. Nucleic Acids Res, 2016, 44(9): e86.

［245］ Wang S, Ding M, Xue B X, et al.Live Cell Visualization of Multiple Protein-Protein Interactions with BiFC Rainbow［J］. Acs Chemical Biology, 2018, 13(5): 1180-1188.

［246］ Shao S P, Zhang H C, Zeng Y, et al.TagBiFC technique allows long-term single-molecule tracking of protein-protein interactions in living cells［J］. Communications Biology, 2021, 4(1).

［247］ Shen H, er al. Structure of a eukaryotic voltage-gated Sodium Channel at near-atomic resolution［J］. Science, 2017, 355: 6328.

撰稿人：陈春来　陈宇凌　邓海腾　董　娜　董宇辉　高　宁　龚海鹏　韩志富
李　赛　李雪明　刘志杰　柳振峰　娄智勇　卢培龙　潘孝敬　齐建勋
邵　峰　孙　珊　万蕊雪　王新泉　杨茂君　张　凯　张森燕

糖缀合物学科研究进展

糖基化是蛋白质翻译后修饰的最丰富多样的形式。与核酸和蛋白质不同，聚糖可以在许多不同的位置和不同的空间方向连接在一起，从而创建具有多种形状的线性和支链聚合物。在结构多样性和不同可能的连接位点的组合之间，糖缀合物的复杂性迅速增加。这种多样性不仅带来了许多重要且令人关注的生物学功能和化学性质，而且还为其解析结构、合成和纯化等带来了挑战。近年来，糖缀合物的研究方法迅速发展，以质谱分析为基础进行不断改进，同时也开发和应用了各种聚糖标记方法，还研发了多种糖基化抑制剂应用到研究中。通过解析糖缀合物的结构和定位等特征，为糖缀合物在人、植物以及微生物的各种生物学功能的探索提供了基础。而近几年糖缀合物在人类疾病中的作用逐渐被发现，某些蛋白糖基化的改变是癌症等疾病的标志，且特定的聚糖已被鉴定为多种癌症的生物标志物。这些特定蛋白的聚糖过表达或者减少的改变与糖基转移酶和糖苷酶的表达改变相关。通过对相关疾病的糖科学研究可以从新的视野更好地了解疾病的发生机制预防诊断和治疗疾病，而且由于糖基化的复杂性和个体化，可以针对个体疾病中不同的糖基化特征开发个体化治疗药物，包括抗病毒药物、肿瘤疫苗、抗体等。

一、本学科近年的最新研究进展

1. 糖缀合物的研究技术进展

聚糖标记是糖科学领域的重要研究手段，近五年来开发了许多聚糖标记新探针，例如北京大学陈兴组开发了无 S– 糖化修饰副反应的新型非天然糖 1，6–Pr2GalNAz 代谢标记[1]，并与北大王初组一起将其应用到揭示衣康酸对糖酵解负反馈调控发挥抗炎作用的新机制中[2]。南开大学王鹏组开发了新型探针 1，3，6– 三 –O– 乙酰基 –2– 叠氮基乙酰氨基 –2，4– 二脱氧 –D– 吡喃葡萄糖（Ac34dGlcNAz），该探针能通过代谢标记进入细胞并掺入在 O-GlcNAc 糖基化修饰的蛋白上，具有较高的标记效率和底物选择性，结合点击化学反应和高分辨率质谱，他们总共鉴定出了 507 种 O-GlcNAc 糖基化蛋白[3]。此外，聚糖标记也有许多新方法涌现，南京大学丁霖 / 鞠熀先研究组开发了特定蛋白糖基化的局部化学标记（LCM）策略和外泌体特异糖蛋白定量局部分析（QLA）策略，实现了对细胞 / 外泌体上 MUC1 蛋白上 Gal/GalNAc 糖链的标记和分析[4]。浙江大学易文研究组结合聚糖代谢和原位邻近连接技术，实现了特定蛋白质的糖基化成像[5]。

目前已经有较为稳定的 N- 糖链质谱分析方法可以应用，糖组分析逐渐拓展到对 O-糖组的分析，朝着更深入、更精准的方向发展，包括不同样品间糖链的准确相对定量，对糖链的结构解析的关注，以及一些异构体的区分和精准定量。近几年来质谱检测的技术不断优化。例如，西北大学王仲孚课题组使用疏水性强的苯胺作为衍生试剂，一步反应使 2，6- 连接唾液酸的羧基形成苯胺酰胺，而 2，3- 连接唾液酸形成内酯，两者的疏水性差距使得含 2，6- 连接唾液酸较多的糖链在反相色谱分析中具有更大的保留时间，通过与进行非连接特异性衍生的谱图比对，可判断各色谱峰的糖链唾液酸连接分布[6]。复旦大学陆豪杰课题组为了避免不同唾液酸异构体衍生后的质谱行为不同，则另辟蹊径进一步利用基于稳定同位素标记的甲胺对 2，6- 连接唾液酸与 2，3- 连接唾液酸进行依序衍生，在将两者中羧基均转换为化学性质稳定的甲酰胺的同时，利用稳定同位素间的质量差异使其能够被质谱方法区分。此外，由于同位素标记试剂化学性质一致，故在质谱中不会产生离子化效率差异，可在两个数量级范围内实现糖链唾液酸连接异构体的准确定量。这一方法也被成功应用于人血清中潜在生物标志物的筛查[7]。南京大学刘震课题组开发了新型的金纳米颗粒代替 MALDI-MS 中的基质，待分析糖链经激光能量辐照，可在一级质谱中直接形成含结构信息的碎片离子，从而辅助对糖链组成、结构与连接方式的解析[8]。

此外，糖生物学研究中，糖基化抑制剂也可以作为分子工具研究糖基化修饰在疾病和重要生理过程中的作用机制且研究进展迅速。目前已研发的抑制剂有北京大学叶新山课题组 OGT 抑制剂 1-（4- 乙酰氨基苯基）-4-（萘 -2- 基）-1H-1,2,3- 三氮唑（APNT）和 1-（4- 乙酰氨基苯基）-4-（1，1’ - 联苯 -4- 基）-1H-1，2，3- 三氮唑（APBT），能够在细胞中降低 O-GlcNAc 糖基化水平，没有明显的细胞毒性。通过传统的原位点击化学拓展 APNT 衍生物的结合位点，对 60 种炔基构建模块进行再次筛选发现了一种更有潜力的 OGT 抑制剂。另一方面，通过药物化学对 APNT 进行结构修饰，使用不同的基团替代三氮唑来连接苯环和萘环以改善抑制剂的溶解度，对苯环 / 萘环上取代基的种类和位置进行探索[9]。为进一步高效地筛选 OGT 天然产物抑制剂，叶新山课题组联合中山大学高志增教授发展了一个基于荧光偏振的“FP Tag”高通量活性测试模型。将荧光基团利用有机合成手段连接到 OGT 的底物 UDP-GlcNAc 上，再利用生物素将糖受体、肽段连接到大分子链霉亲和素上。OGT 催化肽段的 O-GlcNAc 糖基化过程会大大增强荧光基因的偏振信号，而偏振信号的强弱将会和 OGT 酶活性成正比，进而用于高通量筛选 OGT 抑制剂，此“FP

Tag"活性测试模型优点是通量高、操作简单，可以用于测定 OGT 的酶动力学参数，也可以用于 OGT 的抑制剂的高通量筛选[10]。南开大学张连文课题组以转录调控为基本原理，设计了一种荧光报告分子，用一个功能上可响应 O-GlcNAc 修饰水平变化的转录因子调节一个启动子的活性，改变启动子下游 eGFP 的表达量，再加上一个内参基因，以保证正确反映 O-GlcNAc 修饰水平的变化，能够用其进行 OGT 抑制剂的鉴定与 EC50 的检测[11]。上海交通大学张延课题组筛选得到 ppGalNAc-T2 酶小分子抑制剂木犀草素[12]。大连理工大学张嘉宁课题组通过虚拟筛选获得了多个天然产物类四氢穗花杉双黄酮衍生物 OGT 低毒性小分子抑制剂[13]。大连理工大学杨青课题组设计合成了一系列具有新型骨架结构的几丁质水解酶和 O-GlcNAc 糖苷酶（OGA）小分子抑制剂，测定了这些化合物对糖苷水解酶的活性和选择性，通过结构生物学和分子对接阐述了部分化合物的抑制机理[14]。

蛋白聚糖结构解析在近几年也有所发展，上海药物研究所丁侃研究员首次解析了硫酸乙酰肝素合成途径关键酶葡萄糖醛酸差向异构酶的晶体结构[15]。山东大学李福川教授通过蛋白聚糖糖基化位点改造，实现了细胞表面特定结构糖链的装载，可以用于研究 Wnt 和 Hedgehog 等信号传导的硫酸乙酰肝素构效关系[16]。

2. 糖缀合物合成方法的进展

（1）酶法糖合成

复杂糖链特别是人体健康相关复杂糖链的可及性是研究糖链重要生物学功能的前提，合成人体健康相关复杂糖链一直是糖生物学的重要研究方向。以糖基转移酶为中心的酶法糖合成在近几年取得了革命性发展，重要突破主要有：山东大学、中国海洋大学曹鸿志教授课题组发展了"酶法模块化组装"策略，实现了包括人乳寡糖、血型糖抗原以及 O- 甘露聚糖等系列复杂人源寡糖库的构建[17]；为突破"酶催化模块"在底物适应性方面的限制，曹鸿志课题组将有机合成的理念、方法和策略引入寡糖酶促合成，创新发展出"底物工程化""酶法重编程"等酶法糖合成新策略，调控糖基转移酶催化过程，首次实现了唾液酸化糖链及岩藻糖基化糖链的精准可控合成[18]。江南大学高晓冬教授课题组首次完成了蛋白 N- 糖苷生物合成过程的体外重建，化学酶法高效合成了高甘露糖型 N- 糖苷 Man9GlcNAc2 及其合成中间体[19]等。

（2）糖化学合成

除了酶法合成，我国学者在多糖的化学合成方面也取得了显著进展。例如北京大学叶新山课题组利用一釜预活化策略完成了结核相关分支多糖——阿拉伯半乳聚 92 糖的全合成，入选《化学化工新闻》（*Chemical & Engineering News*）最炫年度分子[20]，在糖合成领域具有里程碑式的意义。上海有机化学研究所俞飚课题组利用"俞氏"糖苷化反应完成了线性拟杆菌 128 糖的全合成，并发现该多糖能够选择性识别树突状细胞表面 C- 型凝集素 DC-SIGN[21]。

此外，新的化学合成方法也在不断地被研发出来，包括新型糖基供体亚砜糖苷给体应用于化学合成中，华中科技大学万谦课题组完成了 Murucoidin III-V、Mammoside A 和 Kankanoside F 等三十多个糖类天然产物的全合成。俞飚课题组发现了 3,5- 二甲基 -4-（2'- 苯基乙炔基苯基）苯基糖苷供体[22]。还有在立体选择性糖基化进行化学合成多糖也有所进展，叶新山和熊德彩课题组首次将电化学的方法引入糖烯供体的活化和 2- 脱氧糖苷键的构建，发展了高立体选择性 2- 脱氧糖苷合成新方法，为天然产物和药物的糖基化修饰提供了新的选择[23]。江西师范大学孙建松课题组发现了糖基邻炔基酚醚供体[24]。昆明植物研究所肖国志课题组发现了糖基邻 1- 苯基烯基苯甲酸酯供体[25]。万谦课题组以三芳基氧膦为外源性亲核试剂，利用氢键效应稳定三芳基氧膦与活化的 3- 氨基糖形成的六元环中间体，成功实现了 3- 氨基糖的 β - 选择性糖基化。四川大学杨劲松课题组实现了 Kdo 糖苷键的立体选择性合成[26]。孙建松课题组通过改造唾液酸 C-5 氨基为叠氮同时在 C-1 引入 2- 吡啶甲基导向基实现了唾液酸糖苷键的高效立体选择性构建。也有国内学者从事硫酸乙酰肝素和肝素的体外生物合成，包括江南大学药学院陈敬华课题组、南京师范大学张幸课题组等。

3. 糖缀合物在疾病发生、发展中的功能及机制

（1）糖缀合物与肿瘤

复旦大学的江建海教授科研团队近年来研究了与肿瘤发生发展密切相关的糖基转移酶及 N- 糖蛋白 CD133，并深入地研究了它们的功能与介导恶性表型的分子机制。如：发现了 N- 乙酰氨基葡萄糖转移酶 I（MGAT1）在胶质母细胞瘤中高表达，可促进葡萄糖转运蛋白 1（Glut1）的复杂 N- 糖基化并增加 Glut1 蛋白水平进而促进胶质瘤细胞的生长[27]；发现分泌型 CD133 属于复杂型 N- 糖基化，并可被 β1,6GlcNAc N- 聚糖所修饰，其 N- 糖基化会影响 CD133 的分泌[28]；此外还发现 CD133 糖基化位点 Asn548 突变可显著降低 CD133 促进肝癌细胞生长的能力，Asn548 的突变降低了 CD133 与 β-catenin 之间的相互作用，并通过 CD133 过表达抑制了 β-catenin 信号的激活[29]。大连理工大学的张嘉宁教授课题组在近年研究工作中发现了一些 N- 糖基转移酶的调控机制。如研究表明 FUT-8 可被 Caveolin-1 经由 Wnt/β-catenin 通路所调控，进而影响肝癌的发生发展[30]。复旦大学的顾建新教授课题组研究了 O-GlcNAcylation 修饰对肿瘤的影响。如发现了 Rab3A 可能作为肝癌的转移抑制因子，其异常的 O-GlcNAc 对肝癌转移产生重要影响[31]。鲍锦库课题组近期报道了一种来源于中药羊耳兰的甘露糖特异性结合的植物凝集素（liparis nervosa lectin, LNL），具有对一些病原真菌的良好抑制作用以及对部分肿瘤细胞的增殖抑制作用[32]。一种来源于中药黄精的植物凝集素可以通过活性氧介导 MAPK and NF-kB 途径诱导肿瘤细胞发生凋亡和自噬。华中科技大学刘欣研究组发现多个唾液酸异构体 N- 糖链在胰腺癌中显著变化[33]。中国科学院生物物理研究所李岩课题组发现肺腺癌石蜡块组织样本中高甘露糖和唾液酸化 N- 糖链可有效区分肺腺癌和健康对照[34]。浙江大学易文课题组发现葡萄糖 -6- 磷酸脱氢酶（G6PD）的 O-GlcNAc 糖基化能促使其形成具有活性的二聚体，增强

G6PD 酶活，促进 PPP 途径的代谢，从而促进肺癌细胞增殖和肿瘤发生[35]。北京蛋白质组学研究中心裴华东组发现 Hippo 信号通路中的 YAP 的 O-GlcNAc 糖基化促进了其转录活性，从而促进肿瘤的发生和发展[36]。此外，在最近的研究中，他们还发现丝氨酸 / 精氨酸蛋白特异激酶 2（SRPK2）上的 O-GlcNAc 糖基化能促进其入核，提高了脂前体 mRNA 的剪接效率，进而促进了脂肪合成和乳腺癌细胞增殖[37]。东北师范大学魏民课题组发现 O-GlcNAc 糖基化抑制了丙酮酸激酶 M2 剪接体（PKM2）的酶活，并促进其入核，进而增强了肿瘤细胞的 Warburg 效应，促进了其增殖[38]。苏州大学程建军、殷黎晨与中国科学院长春应用化学研究所陈学思研究组合作，开发了基于肿瘤细胞选择性聚糖标记的癌症靶向疗法[39]。南京大学李劼组与 Scripps 吴鹏组合作，开发了基于化学酶法的免疫细胞标记新方法 FucoID，为进一步解析 TSA 反应性 T 细胞的生物学作用及肿瘤免疫治疗提供了新的思路[40]。

（2）糖缀合物与微生物感染

武汉大学章晓联教授针对结核分枝杆菌表面脂糖 ManLAM 得到特异性结合的新型核酸小分子增强剂，显著增强了卡介苗 –BCG 的免疫原性和特异性[41]；还揭示了 ManLAM 被 B 淋巴细胞识别后诱发的机体免疫调节机制[42]。北京生命科学研究所邵峰院士发现病原菌通过一种精氨酸糖基化修饰阻断宿主死亡受体信号通路[43]，也发现了一种抗菌天然免疫的新模式识别受体，可特异性识别细菌脂多糖 LPS 合成的前体糖分子，进而激活天然免疫反应[44]。浙江大学李兰娟院士及合作者在国际上首次解析了新冠病毒的全病毒三维结构，发现其表面的刺突 S 蛋白是一种高度糖基化的糖蛋白，这对深入了解新冠病毒的生物特性、疫苗设计、抗病毒药物研发等具有重要意义[45]。大连工业大学朱蓓薇团队筛选到海参硫酸软骨素（FCS）对 SARS-CoV-2 有抑制作用，其可与病毒表面的 Spike 糖蛋白结合，从而阻止 SARS-CoV-2 进入宿主细胞[46]。陆豪杰和刘银坤研究组合作，发现 IgA（2）上具有两条与乙肝病毒相关的肝癌相关的特征糖肽，有望作为乙肝病毒相关的肝癌诊断标志物[47]。江南大学尹健课题组聚焦基于糖的细菌疫苗研究，已完成幽门螺旋杆菌、自闭症相关鲍氏梭菌等多种重要人类致病菌糖类抗原的全合成和免疫活性研究[48]。

多糖是真菌细胞壁上的主要组分，不仅是抗真菌药研发的药物靶标，也是真菌病感染早期的诊断标记。中国科学院微生物研究所金城研究员长期从事病原真菌、病原细菌及古菌的糖生物学研究，从多糖的生物合成、蛋白质糖基化修饰、GPI 糖脂合成等角度揭示病原菌的致病机制[49]。广西科学院的房文霞研究员多年来关注丝状真菌细胞壁的组装机制及抗真菌抑制剂的筛选，近来研究了细胞壁组装时葡聚糖 – 几丁质交联酶的功能，解析了此家族的第一个三维结构及催化机理，为深入揭示真菌细胞壁的组装做出了贡献[50]。

（3）糖缀合物与其他人类疾病

于广利课题组基于 16S rRNA 高通量测序技术，系统研究了岩藻聚糖硫酸酯、浒苔多糖、硫酸角质素和硫酸软骨素的肠道菌群调节作用及益生元活性[51]。其中，江蓠来源的琼胶寡糖（OGAOs）有抗Ⅱ型糖尿病作用[52]。中药多糖有调节肠道菌群功能研究，同时，肠道菌群分泌多种酶使多糖降解产生短链脂肪酸，起到治疗疾病的作用[53-54]。裴钢团队近期报道了枸杞多糖对APP/PS1转基因小鼠β淀粉样蛋白病理和认知功能的改善作用[55]。

4. 糖缀合物在临床诊断和治疗以及其他方面的应用

（1）糖缀合物作为诊断标志物

我国学者们基于蛋白质糖基化的诊疗标志物方面开展了广泛的研究。复旦大学顾建新团队发现β1，4-半乳糖转移酶Ⅱ、β1，6-N-乙酰葡萄糖胺转移酶Ⅴ、N-乙酰半乳糖胺转移酶10等是预测肾透明细胞癌预后、早期复发的潜在标志物[56]。上海东方肝胆外科医院高春芳研究组基于DNA测序仪的荧光糖电泳的方法进行血清糖组研究，近期报道了通过对581例包含肝癌、肝硬化和肝癌患者血清转铁蛋白（TRF）糖基化分析，发现FRF多天线糖链作为诊断模型可有效鉴别肝癌和肝硬化/慢性肝炎，优于肝癌经典指标AFP，为肝癌诊断提供了新型潜在诊断标志物[57]。复旦大学陆豪杰团队利用糖蛋白组学技术，鉴定到6个膜型甘露糖受体（MR）糖基化位点，其中5个为新鉴定位点，并发现MR上糖基化位点特征可鉴别四种乳腺癌亚型，且很容易地从其他亚型中鉴别出目前难以诊断的三阴性乳腺癌亚型[58]。首都医科大学王巍研究组通过与欧洲等多个团队合作，着重考察IgG糖链在不同种族人群中（包括汉族、维吾尔族、哈萨克族等）与糖尿病、高血压等疾病的关系和作为诊断标志物的潜力。他们发现一些IgG亚型特异的糖链与Ⅱ型糖尿病（T2DM）有关，提出结合其他系统科学生物标志物可能为未来T2DM诊断和治疗提供新途径[59]。

（2）糖缀合物的药物研发

目前已有超过170个糖类药物成功获得美国食品药品监督管理局（FDA）、欧洲药品管理局（EMA）、日本药品和医疗器械管理局（PMDA）和中国国家药品监督管理局（NMPA）批准上市。2019年11月，由中国海洋大学原创、具有自主知识产权的抗阿尔茨海默病糖类新药"甘露特纳胶囊"（GV-971）正式获批上市。GV-971用于轻度至中度AD治疗，有效改善患者认知功能[60]。于广利课题组在褐藻中发现了一种β-1，3/1，6-葡聚糖（BG136），其可通过与巨噬细胞和树突细胞表面Dectin-1和TLR-4等受体结合，刺激免疫细胞分泌细胞因子，展现出免疫抗肿瘤活性[61]，2020年12月按照化药1类标准提交了临床试验申请（CXHL2000636）。来源于海参的岩藻糖基化硫酸软骨素（FCS）也是一类重要活性分子，由红豆杉生物制药等企业联合研发的FCS多糖，用于治疗急性缺血性脑卒中（瘀血阻络证）已进入探索性临床试验阶段（CTR20192370）。李中军课题组首次完成了FCS九糖片段的全合成[62]，目前与烟台东城药业公司联合推进基于新型抗凝机制的药物研发工作。TGC161是一类新型的抗HPV病毒感染的海洋硫酸多糖，可进入细胞并通过干扰HPV致癌因子的表达来发挥抗HPV作用[63]，作为抗HPV功能性敷料（Ⅱ类医疗器械）正在青岛大学附属医院开展临床试验。清华大学李艳梅课题组在糖肽肿瘤疫苗的研究方面取得了系列进展。北京大学李中军课题组完成了新型内源性凝血途径选择性抑制剂——岩藻糖基化硫酸软骨素九糖的全合成。抗凝血活性测试表明，该九糖能够选择性抑制 FXase，其 IC50 可以达到低分子量肝素（LMWH）的水平，实现了抗凝血活性与出血倾向的分离，有望发展成为具有全新机制的抗凝剂[64]。

（3）糖缀合物在其他方面的应用

在植物糖生物学研究中发现糖类分子不仅是植物体能量供给，还是重要的信号分子，因此糖类分子的合成、转运、积累和代谢过程与植物的正常生长发育密切相关。进一步研究对植物对不同寡糖类信号的识别、传递和响应过程解析可以应用到培育更优质的植物作物中，如中国农业科学研究院张海文和黄荣峰两个团队合作发现水稻中 UDP-Glc 大量积累会激活免疫反应[65]。中国水稻研究所钱前院士团队揭示了多聚半乳糖醛酸酶 PSL1 在调节细胞壁结构和水分关系方面的作用机理，为抗旱育种工作提供了重要理论依据等[66]。华中农业大学王石平团队在 Nature Plants 上揭示杂交水稻中普遍存在的 Xa4 抗性基因编码一种寡聚半乳糖醛酸的受体蛋白 WAK，其在平衡植物免疫和作物产量方面发挥重要作用，是培育水稻抗性新品种的重要靶标[67]；华中农业大学端木德强课题组和曹扬荣团队合作发现水稻几丁寡糖受体的自然变异基因 OsCERK1DY 能够介导更强的免疫反应，提高水稻对稻瘟病的抗性，并有效提高水稻吸收磷的效率及单株产量，在"绿色超级稻"培育中具有较好的应用前景等[68]。此外，国内蛋白聚糖的转化应用也取得了长足进展，如山东药学科学院凌沛学教授大力地推动了我国透明质酸产业的发展，使我国成为透明质酸的主要生产国。

二、本学科国内外研究进展比较

1. 国内外项目支持对比

相比国外，我国的糖生物学研究起步较晚，政策发展也与国外有一定差距。例如，欧洲 ESF、美国 NIH 公布的糖科学研究路线图可追溯至 2012 年。美国国立卫生研究院 2015 年起设立了 Glycoscience Common Fund，该项目资助开发用于合成生物医学相关糖缀合物的方法和技术、探查和分析聚糖及其相互作用的工具以及数据集成和分析工具。这几年，该项目资助强度是每年约 10000 万美元。我国 2003 年有两个糖科学相关的"973"项目，目前还缺乏专门的基金项目支持。由于政策支持少，所以获得临床批件少、落地少、临床应用的更少。令人欣喜的是国家关于糖学科的研究近五年基金投入增多，政策也在不断跟进。在科研经费上，2018 年由海军军医大学第三附属医院、上海交通大学、大连理工大学、西北工业大学及华东理工大学等几所重点大学联合申请的"乙肝相关肝癌糖基化标志物精准检测新策略"课题获国家"十三五"重大专项立项，科研总经费超过 2000 万元人民币，提出了特殊糖基化蛋白及 N 糖分子标志物作为肿瘤特别是肝癌新型标志物的理论并创建了检测平台。在国家政策规划上，国家自然科学基金委员会医学科学部将糖类药物纳入了"十四五"规划。2010—2020 年间，"863"计划、"重大新药创制"等专项逐渐积极支持糖生物学领域的研究。基金委于 2017 年开始糖化学生物学项目独立评审，为相关研究提供了极大的便利。2020 年，新冠疫情发生，科技部、基金委和各省市先后启动了应急攻关项目，其中 S 蛋白的糖基化修饰是研究作用机制、研发药物和疫苗的关键点和难点。

2. 国内外糖科学研究差距

在具体研究方向上，相比国外化学合成多糖具有明显优势，国际上能够完成含百糖单元多糖的课题组仅有三个，其中的两个就在我国，即叶新山课题组和俞飚课题组。蛋白质糖基化生物标志物研究领域从国内外近 5 年的相关研究论文数量来看，我国与欧盟、美国等地区相当，比日本等其他地区多。

关于糖链结构解析方法研究上，O- 糖链结构解析策略方面，我们与国外还存在着一定的差距，而 N- 糖链的研究方法国内与国际水平相当。在聚糖的应用领域，由于研究离不开大样本的验证和多因素全面的考察，与欧美日相比，虽然我们开发了许多新的聚糖标记物，但存在的主要问题是能持续对一些潜在标志物进行多中心大样本验证和多因素考察的研究团队仍为极少数。此外，关于糖蛋白与肿瘤方面的研究，国外在基于糖蛋白研究建立的癌症筛查工作中，已经在真实临床环境中进行了首项包含 1 万名患者的前瞻性干预性研究，而我国在该方面进展稍迟缓。

中药糖生物学国外研究除了日本其他国家涉及较少，国外仅在替代疗法中对动植物多糖或膳食纤维（如果胶）肠道菌群降解酶的研究一些取得了突破。我国中国中药糖类原料药资源丰富，在中药糖生物学上有领先的优势，随着中药多糖研究的深入，近期我国在中药糖生物学领域，特别是相关应有成果不断涌现，多项指标世界领先。在植物糖生物学领域，存在优秀的研究团队，在植物蛋白糖基化、糖类农用制剂创制等领域有出色的研发工作。但总体上还是处于跟跑地位，在植物糖蛋白组及糖组检测、糖类分子合成代谢、植物细胞壁多糖组装机制研究等方面尚与国外存在差距。在微生物糖生物学领域，多个国家尤其是美国、欧盟和日本高度重视。目前 FDA 批准上市的用于预防 B 型流感嗜血菌、脑膜炎奈瑟氏球菌、沙门伤寒氏菌和肺炎链球菌等细菌感染的糖疫苗有 10 个。我国的微生物糖生物学研究团队虽然在糖基化修饰功能、糖与微生物感染免疫、糖工程等方面已取得令国际同行瞩目的成绩，但研究力量仍比较薄弱。

我国糖学科研究部分领域与国际齐头并进，但部分还落后于国际，这与较少的项目基金支持和科研团队少，研究力量分散，合作不密切相关。近几年国家支持增大，国内科研团队交流合作得到增强，多所高校和科研院所相继成立并大力发展跨学科平台，吸引了一批年轻的糖化学生物学家加入。此外，全国糖生物学会议、糖生物工程会议、糖科学会议、糖化学会议、国际糖基转移酶会议等相关国内外糖科学学术会议在国内稳步开展，日益成为国内国际糖科学领域专家交流的重要平台。国际之间的合作也有所进展，例如中国－以色列国际合作重点项目"肿瘤相关糖链的合成与免疫疗法新策略研究"促进了糖合成和糖与肿瘤疾病关系和治疗的研究。

三、本学科发展趋势及展望

在糖的研究方法上目前在低丰度糖链的分析和糖链精细结构的分析技术还有待进一步提升，需要高通量、简便精准的糖组和糖蛋白组学技术，面向临床的糖标志物分析方法，糖链和糖肽内标的方法绝对定量糖标志物，从而得到更多有效的糖标志物应用到疾病诊断、肿瘤免疫治疗中。特异性聚糖标记联合生物质谱分析将加快聚糖生物标记物发现及新型临床诊疗技术的研发。聚糖标记研究热点主要有：微生物、植物的聚糖标记、聚糖高分辨成像及成像模式探究、聚糖的原位时空检测方法开发等。新的生物正交反应开发、聚糖标记工具酶、聚糖数据库、高特异性绝对定量探针、单细胞水平糖测序等系列新的糖研究方法将极具前景。

在合成糖缀合物方面的未来发展趋势是发展有效生物催化剂、高效化学酶法合成策略，同时促进相关糖链或糖缀合物的合成及糖库的建设，从而将结合精准合成与糖链功能研究，如何经济性、规模化制备有应用价值的重要寡糖也是重要研究方向。

在糖生物学与疾病的发生发展研究方面，发展趋势是研究解析疾病与糖缀合物的相关机制，并逐步转化应用于临床上。糖生物学需要系统揭示人体的糖缀合物在肿瘤、代谢和退行性疾病作用机制以及微生物的糖缀合物在病原体－宿主识别、病原体毒力、天然免疫与适应性免疫反应识别等过程中的作用还有中药中聚糖的结构与功能及其靶向性分子机制，为疫苗开发和抗感染抗肿瘤药物研发提供科学依据。在临床诊断应用上，蛋白质上的糖链结构差异在临床生物标志物检测中具有重要意义，不仅可以实时准确地反映疾病的进展状态，而且也可成为疾病治疗的靶点。针对临床上不同蛋白的特异性糖基化位点开发个体化治疗药物，包括抗病毒药物，肿瘤疫苗、抗体等。随着 O-GlcNAc 糖基化水平在多种肿瘤中呈现上调的趋势的发现，新型的 O-GlcNAc 糖基化探针可实现对组织样品的可视化标记，有望运用于 O-GlcNAc 糖基化作为生物标志物的肿瘤早期诊断。此外，异常糖基化蛋白如 AFP-L3（核心岩藻糖修饰的甲胎蛋白）对于原发性肝癌的诊断优于 AFP，在亚太、中国及日本均被列入临床肝癌诊疗指南。目前，糖类药物的药代动力学性质与安全性评价技术手段缺乏，需要构建一流标准且符合国际认可"一体化"研究技术平台与评价体系，还需要逐步建设。

今后，合成生物学、免疫学、糖蛋白质组学、生物信息学、生物医药等多学科将与糖化学生物学深度交叉融合，可以为糖生物学研究带来更广的视野和研究方法以及应用。

参考文献

［1］ Qin K, Zhang H, Zhao Z, et al. Protein S-Glyco-Modification through an Elimination-Addition Mechanism［J］. Journal of the American Chemical Society, 2020, 142（20）: 9382-9388.

［2］ Qin W, Qin K, Zhang Y, et al. S-glycosylation-based cysteine profiling reveals regulation of glycolysis by itaconate［J］. Nature Chemical Biology. 2019, 15（10）: 983-991.

［3］ Li J, Wang J, Wen L, et al. An OGA-Resistant Probe Allows Specific Visualization and Accurate Identification of O-GlcNAc-Modified Proteins in Cells［J］. ACS chemical biology, 2016, 11（11）: 3002-3006.

［4］ Hui J, Bao L, Li S, et al. Localized Chemical Remodeling for Live Cell Imaging of Protein-Specific Glycoform［J］. Angewandte Chemie, 2017, 129（28）: 8139-8143.

［5］ Li X, Jiang X, Xu X, et al. Imaging of protein-specific glycosylation by glycan metabolic tagging and in situ proximity ligation［J］. Carbohydrate Research, 2017, 448: 148-154.

［6］ Jin W, Wang C, Yang M, et al. Glycoqueuing: Isomer-Specific Quantification for Sialylation-Focused Glycomics［J］. Analytical chemistry, 2019, 91（16）: 10492-10500.

［7］ Peng Y, Wang L, Zhang Y, et al. Stable Isotope Sequential Derivatization for Linkage-Specific Analysis of Sialylated N-Glycan Isomers by MS［J］. Analytical chemistry, 2019, 91（24）: 15993-16001.

［8］ He H, Wen Y, Guo Z, et al. Efficient Mass Spectrometric Dissection of Glycans via Gold Nanoparticle-Assisted in-Source Cation Adduction Dissociation［J］. Analytical chemistry, 2019, 91（13）: 8390-8397.

［9］ Wang Y, Zhu J, Zhang L. Discovery of Cell-Permeable O-GlcNAc Transferase Inhibitors via Tethering in Situ Click Chemistry［J］. Journal of medicinal chemistry, 2017, 60（1）: 263-272.

［10］ Yin X, Li J, Chen S, et al. An Economical High-Throughput "FP-Tag" Assay for Screening Glycosyltransferase Inhibitors［J］. Chembiochem : a European journal of chemical biology, 2020, 22（8）: 1391-1395.

［11］ Liu L, Li L, Ma C, et al. O-GlcNAcylation of Thr12/Ser56 in short-form O-GlcNAc transferase（sOGT）regulates its substrate selectivity［J］. Journal of Biological Chemistry, 2019, 294（45）: 16620-16633.

［12］ Liu F, Cui Y, Yang F, et al. Inhibition of polypeptide N-acetyl-α-galactosaminyltransferases is an underlying mechanism of dietary polyphenols preventing colorectal tumorigenesis［J］. Bioorganic & Medicinal Chemistry, 2019, 27（15）: 3372-3382.

［13］ Liu Y, Ren Y, Cao Y, et al. Discovery of a Low Toxicity O-GlcNAc Transferase（OGT）Inhibitor by Structure-based Virtual Screening of Natural Products［J］. Scientific reports, 2017, 7（1）: 12334.

［14］ Chen W, Shen S, Dong L, et al. Selective inhibition of β-N-acetylhexosaminidases by thioglycosyl-naphthalimide hybrid molecules［J］. Bioorganic & Medicinal Chemistry, 2018, 26（2）: 394-400.

［15］ Qin Y, Ke J, Gu X, et al. Structural and functional study of D-glucuronyl C5-epimerase［J］. Journal of Biological Chemistry, 2015, 290（8）: 4620-4630.

［16］ Wang W, Han N, Xu Y, et al. Assembling custom side chains on proteoglycans to interrogate their function in living cells［J］. Nature Communications, 2020, 11（1）: 5915.

［17］ Gao T, Yan J. LIU CC, et al. Chemoenzymatic Synthesis of O-Mannose Glycans Containing Sulfated or Nonsulfated HNK-1 Epitope［J］. Journal of the American Chemical Society, 2019, 141（49）: 19351-19359.

［18］ Lu N, Ye J, Cheng J, et al. Redox-Controlled Site-Specific α2-6-Sialylation［J］. Journal of the American

Chemical Society, 2019, 141（11）: 4547–4552.

［19］ Li ST, Lu TT, Xu XX, et al. Reconstitution of the lipid–linked oligosaccharide pathway for assembly of high–mannose N–glycans［J］. Nature Communications, 2019, 10（1）: 1813.

［20］ Wu Y, Xiong DC, Chen SC, et al. Total synthesis of mycobacterial arabinogalactan containing 92 monosaccharide units［J］. Nature Communications, 2017, 8: 14851.

［21］ Zhu Q, Shen Z, Chiodo F, et al. Chemical synthesis of glycans up to a 128–mer relevant to the O–antigen of Bacteroides vulgatus［J］. Nature Communications, 2020, 11（1）: 4142.

［22］ Xiao X, Zeng J, Fang J, et al. One–Pot Relay Glycosylation［J］. Journal of the American Chemical Society, 2020, 142（12）: 5498–5503.

［23］ Liu M, Liu KM, Xiong DC, et al. Stereoselective Electro–2–deoxyglycosylation from Glycals［J］. Angewandte Chemie（International ed. in English）, 2020, 59（35）: 15204–15208.

［24］ Hu Y, Yu K, Shi LL, et al. o–（p–Methoxyphenylethynyl）phenyl Glycosides: Versatile New Glycosylation Donors for the Highly Efficient Construction of Glycosidic Linkages［J］. Journal of the American Chemical Society, 2017, 139（36）: 12736–12744.

［25］ Li P, He H, Zhang Y, et al. Glycosyl ortho–（1–phenylvinyl）benzoates versatile glycosyl donors for highly efficient synthesis of both O–glycosides and nucleosides［J］. Nature Communications, 2020, 11（1）: 405.

［26］ Huang W, Zhou YY, Pan XL, et al. Stereodirecting Effect of C5–Carboxylate Substituents on the Glycosylation Stereochemistry of 3–Deoxy–d–manno–oct–2–ulosonic Acid（Kdo）Thioglycoside Donors: Stereoselective Synthesis of α– and β–Kdo Glycosides［J］. Journal of the American Chemical Society, 2018, 140（10）: 3574–3582.

［27］ Li Y, Liu Y, Zhu H, et al. N–acetylglucosaminyltransferase I promotes glioma cell proliferation and migration through increasing the stability of the glucose transporter GLUT1［J］. FEBS Letters, 2020, 594（2）: 358–366.

［28］ Li Y, Jiang J, Wei Y, et al. Complex N–glycan promotes CD133 mono–ubiquitination and secretion［J］. FEBS Letters, 2019, 593（7）: 719–731.

［29］ Liu Y, Ren S, Xie L, et al. Mutation of N–linked glycosylation at Asn548 in CD133 decreases its ability to promote hepatoma cell growth［J］. Oncotarget, 2015, 6（24）: 20650–20660.

［30］ Zhang C, Wu Q, Huang H, et al. Caveolin–1 upregulates Fut8 expression by activating the Wnt/β–catenin pathway to enhance HCC cell proliferative and invasive ability［J］. Cell Biology International, 2020, 44（11）: 2202–2212.

［31］ Wu W, Zheng X, Wang J, et al. O–GlcNAcylation on Rab3A attenuates its effects on mitochondrial oxidative phosphorylation and metastasis in hepatocellular carcinoma［J］. Cell death & disease, 2018, 9（10）: 970.

［32］ Jiang N, Wang Y, Zhou J, et al. A novel mannose–binding lectin from Liparis nervosa with anti–fungal and anti–tumor activities［J］. Acta biochimica et biophysica Sinica, 2020, 52（10）: 1081–1092.

［33］ Liu Y, Wang C, Wang R, et al. Isomer–specific profiling of N–glycans derived from human serum for potential biomarker discovery in pancreatic cancer［J］. Journal of Proteomics, 2018, 181: 160–169.

［34］ Wang X, Deng Z, Huang C, et al. Differential N–glycan patterns identified in lung adenocarcinoma by N–glycan profiling of formalin–fixed paraffin–embedded（FFPE）tissue sections［J］. Journal of Proteomics, 2018, 172: 1–10.

［35］ Rao X, Duan X, Mao W, et al. O–GlcNAcylation of G6PD promotes the pentose phosphate pathway and tumor growth［J］. Nature Communications, 2015, 24; 6: 8468.

［36］ Peng C, Zhu Y, Pei H, et al. Regulation of the Hippo–YAP Pathway by Glucose Sensor O–GlcNAcylation［J］. Molecular Cell, 2017, 68（3）: 591–604.

［37］ Tan W, Jiang P, Pei H, et al. Posttranscriptional regulation of de novo lipogenesis by glucose–induced O–GlcNAcylation［J］. Molecular Cell, 2021, 81（9）: 1890–1904.e7.

［38］ Wang Y, Liu J, Jin X, et al. O–GlcNAcylation destabilizes the active tetrameric PKM2 to promote the Warburg effect ［J］. Proceedings of the National Academy of Sciences, 2017, 114（52）: 13732–13737.

［39］ Wang H, Wang R, Cai K, et al. Selective in vivo metabolic cell–labeling–mediated cancer targeting ［J］. Nat Chemical Biology, 2017, 13（4）: 415–424.

［40］ Liu Z, Li JP, Chen M, et al. Detecting Tumor Antigen–Specific T Cells via Interaction–Dependent Fucosyl–Biotinylation ［J］. Cell, 2020, 183（4）: 1117–1133.e19.

［41］ Sun X, Pan Q, Yuan C, et al. A Single ssDNA Aptamer Binding to Mannose–Capped Lipoarabinomannan of Bacillus Calmette–Guérin Enhances Immunoprotective Effect against Tuberculosis ［J］. Journal of the American Chemical Society, 2016, 138（36）: 11680–11689.

［42］ Yuan CH, Qu ZL, Zhang XL, et al. Mycobacterium Tuberculosis mannose–capped lipoarabinomannan induces IL–10–producing B cells and hinders CD4+ Th1 immunity ［J］. iScience, 2018, 11: 13–30.

［43］ Ding J, Pan X, Du L, et al. Structural and Functional Insights into Host Death Domains Inactivation by the Bacterial Arginine GlcNAcyltransferase Effector ［J］. Molecular Cell, 2019, 74（5）: 922–935.e6.

［44］ Zhou P, She Y, Dong N, et al. Alpha–kinase 1 is a cytosolic innate immune receptor for bacterial ADP–heptose ［J］. Nature. 2018, 561（7721）: 122–126.

［45］ Yao H, Song Y, Chen Y, et al. Molecular Architecture of the SARS–CoV–2 Virus ［J］. Cell, 2020, 183（3）: 730–738.e13.

［46］ Song S, Peng H, Wang Q, et al. Inhibitory activities of marine sulfated polysaccharides against SARS–CoV–2 ［J］. Food & function, 2020, 11（9）: 7415–7420.

［47］ Zhang S, Cao X, Liu C, et al. N–glycopeptide Signatures of IgA₂ in Serum from Patients with Hepatitis B Virus–related Liver Diseases ［J］. Molecular Cell Proteomics, 2019, 18（11）: 2262–2272.

［48］ Tian G, Hu J, Qin C, et al. Chemical Synthesis and Immunological Evaluation of Helicobacter pylori Serotype O6 Tridecasaccharide O–Antigen Containing a dd–Heptoglycan ［J］. Angewandte Chemie International Edition, 2020, 59（32）: 13362–13370.

［49］ Zhao G, Xu Y, Ouyang H, et al. Protein O–mannosylation affects protein secretion. cell wall integrity and morphogenesis in Trichoderma reesei ［J］. Fungal Genetics and Biology, 2020, 144: 103440.

［50］ Fang W, Sanz AB, Bartual SG, et al. Mechanisms of redundancy and specificity of the Aspergillus fumigatus Crh transglycosylases ［J］. Nature Communications, 2019, 10（1）: 1669.

［51］ Shang Q, Jiang H, Cai C, et al. Gut microbiota fermentation of marine polysaccharides and its effects on intestinal ecology: An overview ［J］. Carbohydrate Polymers, 2018, 179: 173–185.

［52］ Wang X, Yang Z, Xu X, et al. Odd–numbered agaro–oligosaccharides alleviate type 2 diabetes mellitus and related colonic microbiota dysbiosis in mice ［J］. Carbohydrate Polymers, 2020, 240: 116261.

［53］ Li M, Yue H, Wang Y, et al. Intestinal microbes derived butyrate is related to the immunomodulatory activities of Dendrobium officinale polysaccharide ［J］. International Journal of Biological Macromolecules, 2020, 149: 717–723.

［54］ Shang Q, Jiang H, Cai C, et al. Gut microbiota fermentation of marine polysaccharides and its effects on intestinal ecology: An overview ［J］. Carbohydrate Polymers, 2018, 179: 173–185.

［55］ Zhou Y, Duan Y, Huang S, et al. Polysaccharides from Lycium barbarum ameliorate amyloid pathology and cognitive functions in APP/PS1 transgenic mice ［J］. International Journal of Biological Macromolecules, 2020, 144: 1004–1012.

［56］ Wu Q, Yang L, Liu H, et al. Elevated Expression of N–Acetylgalactosaminyltransferase 10 Predicts Poor Survival and Early Recurrence of Patients with Clear–Cell Renal Cell Carcinoma ［J］. Annals of Surgical Oncology, 2015, 22（7）: 2446–2453.

［57］ Guan W, Gao Z, Huang C, et al. The diagnostic value of serum DSA–TRF in hepatocellular carcinoma ［J］. Glycoconjugate Journal：Official Journal of the International Glycoconjugate Org, 2020, 37（2）: 231–240.

［58］ Fang J, Tao T, Zhang Y, et al. A barcode mode based on glycosylation sites of membrane type mannose receptor as a new potential diagnostic marker for breast cancer ［J］. Talanta, 2019, 191: 21–26.

［59］ Liu J, Dolikun M, Štambuk J, et al. Glycomics for Type 2 Diabetes Biomarker Discovery：Promise of Immunoglobulin G Subclass–Specific Fragment Crystallizable N–glycosylation in the Uyghur Population ［J］. Omics, 2019, 23（12）: 640–648.

［60］ Wang X, Sun G, Feng T, et al. Sodium oligomannate therapeutically remodels gut microbiota and suppresses gut bacterial amino acids–shaped neuroinflammation to inhibit Alzheimer's disease progression ［J］. Cell Research, 2019, 29（10）: 787–803.

［61］ Yang Y, Zhao X, Li J, et al. A β–glucan from Durvillaea Antarctica has immunomodulatory effects on RAW264.7 macrophages via toll–like receptor 4 ［J］. Carbohydrate Polymers, 2018, 191: 255–265.

［62］ Zhang X, Liu H, Lin L, et al. Synthesis of Fucosylated Chondroitin Sulfate Nonasaccharide as a Novel Anticoagulant Targeting Intrinsic Factor Xase Complex ［J］. Angewandte Chemie International Edition, 2018, 57（39）: 12880–12885.

［63］ Shi C, Han W, Zhang M, et al. Sulfated polymannuroguluronate TGC161 ameliorates leukopenia by inhibiting CD4+ T cell apoptosis ［J］. Carbohydrate Polymers, 2020, 247: 116728.

［64］ Zhang X, Liu H, Lin L, et al. Synthesis of Fucosylated Chondroitin Sulfate Nonasaccharide as a Novel Anticoagulant Targeting Intrinsic Factor Xase Complex ［J］. Angewandte Chemie International Edition, 2018, 57（39）: 12880–12885.

［65］ Xiao G, Zhou J, Lu X, et al. Excessive UDPG resulting from the mutation of UAP1 causes programmed cell death by triggering reactive oxygen species accumulation and caspase–like activity in rice ［J］. The New phytologist, 2018, 217（1）: 332–343.

［66］ Zhang G, Hou X, Wang L, et al. PHOTO–SENSITIVE LEAF ROLLING 1 encodes a polygalacturonase that modifies cell wall structure and drought tolerance in rice ［J］. The New phytologist, 2021, 229（2）: 890–901.

［67］ Zhang H, Tao Z, Hong H, et al. Transposon–derived small RNA is responsible for modified function of WRKY45 locus ［J］. Nature Plants, 2016, 2: 16016.

［68］ Huang R, Li Z, Mao C, et al. Natural variation at OsCERK1 regulates arbuscular mycorrhizal symbiosis in rice ［J］. The New phytologist, 2020, 225（4）: 1762–1776.

撰稿人：蔡　超　曹鸿志　陈　兴　丁　侃　房文霞　黄思敬　江建海
　　　　刘宇博　陆豪杰　邱　宏　任士芳　汪淑晶　熊德彩　尹　恒
　　　　易　文　张　莹

脂质和脂蛋白研究进展

一、引言

脂质与核酸、蛋白质和糖一起，构成生命基本要素的四类生物大分子。脂质既是生命细胞膜性结构的必需组成成分，又是重要的信号分子。脂质和脂蛋白（脂质运载体）具备多种功能，在生命活动和疾病发生发展中具有独特的作用，其相关研究曾两次获得诺贝尔奖。脂质和脂蛋白是生物化学学科的核心内容之一，也是生命科学以及医学领域最前沿的研究热点之一。但是，脂质和脂蛋白结构复杂，解析方法单一并具有局限性，制约前沿研究的发展。近年来，一方面由于分子生物学、遗传学等取得重大进展，使一些传统观念认为与脂质和脂蛋白无关的生命现象或疾病，已被发现都与脂质和脂蛋白紧密关联；另一方面，生物研究技术如质谱鉴定技术以及冷冻电镜技术等的运用、推广，加快了脂质和脂蛋白的分析鉴定，加快了相应代谢调控的大分子复合物结构解析。脂质和脂蛋白学科领域研究正再次成为生命科学、医学领域最活跃的核心研究之一，对于揭示生命活动规律、阐明疾病发生发展机制日益重要。

国内外脂质和脂蛋白学科已经展现出新的研究发展趋势，在横向上正在从异常脂血症扩展到动脉粥样硬化、心脑血管病、肥胖、代谢性疾病、神经退行性疾病、免疫性疾病乃至肿瘤；在纵向上正在从整体深入细胞、细胞器和分子水平，探究脂质和脂蛋白在细胞内合成、分解、转化和调节以及在机体内运输、代谢和器官间的互作。长期以来，以脂质和脂蛋白作为药物靶点是生物医药领域的研究热点，受到世界各国科学家的高度重视。

脂质和脂蛋白关联的代谢性疾病是我国国民患病率最高、影响人群最大的一类疾病，迫切需要国家大量投入优秀科研工作者来进行相关基础研究、治疗靶点确定和先导药物的筛选。中国生物化学与分子生物学会脂质和脂蛋白专业委员会的宗旨在于聚集和吸引我国从事本学科研究的各类人才，旨在揭示脂质和脂蛋白的生物学功能，阐明脂质和脂蛋白在维护健康与疾病发生发展中的作用，推动药物研发和临床转化，以预防相关疾病，维护国人健康，提高预期寿命，完成习近平总书记"没有全民健康，就没有全面小康"的指示，为进一步实施健康中国战略做出应有贡献。

随着我国对基础研究的重视，在学会的大力推动下，脂质和脂蛋白学科研究队伍已从早期的单一医学领域向生命科学、化学、信息学及数理等领域扩张和延伸，逐步形成中国特色。脂质和脂蛋白学科领域研究呈现出崭新的局面，出现了多学科交叉发展、系统整合、转化为重的可喜局面。我国多个部门颁布多个与脂质和脂蛋白学科相关重大基础研究问题的指南，如自然科学基金委设立的糖脂代谢的时空网络调控重大研究计划、科技部设立的发育编程及其代谢调节重点专项等；同时，自然科学基金委对学科研究代码进一步细化，增设了更多的脂质和脂蛋白学科研究代码；这些都给予从事脂质和脂蛋白学科领域研究的我国科技工作者前所未有的新机遇。我国脂质和脂蛋白学科领域已具备多支高水平的研究队伍，在近五年内取得了一批批重要的成果，形成鲜明的特色。与国外研究相比，已实现从跟跑到并跑，并在部分领域领跑，总体差距日益缩小。

二、本学科领域研究国内外进展比较

随着脂质和脂蛋白学科领域研究快速发展，近年来国内外专家对本学科已展现出的新的发展趋势提出了十个研究热点的基本共识，包括从脂质和脂蛋白代谢功能角度解析六个代谢领域基础前沿的重大科学问题，如代谢组学、肠道微生物组学、细胞应激和蛋白稳态、营养感知和信号传导、脂肪组织生物学与肥胖、免疫代谢功能；包括脂质和脂蛋白代谢功能异常在四大重要疾病（非酒精性脂肪肝病、肿瘤、糖尿病以及衰老性病变）发生发展与防治及新药靶点确立、筛选等的影响作用。国内与国外由于研究起点不同，发展速度差异，存在不同的发展态势，我们将从以下三个方面进行比较说明。

1. 脂质和脂蛋白学科领域研究的不同国家发表论文情况比较

2016—2020 年，全球共发表相关文献 341222 篇，发文数量保持稳定增长的趋势（图 1 左）。从全球发文量的国家分布来看，2016—2020 年，美国相关论文共 79824 篇，占全球发文总量的 27.47%。中国以 74751 篇的发文量排名第二（图 2），占全球发文总量的 25.73%。发文量排名前 10 的国家还有德国、日本、意大利、英国、印度、巴西、西班牙、加拿大等。排名前 10 的国家发文量总和为 290576 篇，占全球发文总量的 85.16%。

发表论文的平均被引频次、CNS 论文和高水平论文数量能够反映一个国家发表论文的质量水平。2016—2020 年，全球脂质生物学及脂质组学领域发表的 ESI 高水平论文共 4570 篇，占全球发文总量的 1.34%。在发文量排名前十的国家中，加拿大共发表 14317 篇论文排名第十，而其篇均被引频次达 16.07 次 / 篇，ESI 高水平论文为 2.48%，CNS 论文占比为 2.144%；英国以 17343 的发文量排名第六，其篇均被引频次为 19.48 次 / 篇，高水平论文占其发文总量的 3.34%，CNS 及其子刊论文数占其发文总量的 3.834%。英法两国在论

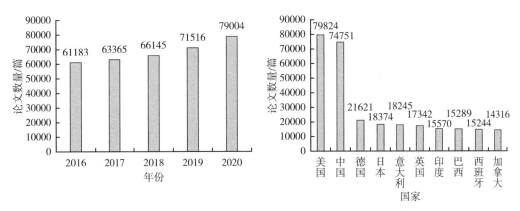

图1 2016—2020年脂质和脂蛋白学科领域发表论文比较

（左：全球年度发文量比较；右：国家间发文量比较）

文质量评价指标方面，皆位列前茅，显示了两国在脂质生物学及脂质组学研究成果雄厚的科研实力。发文量排名前十的国家中，欧美国家的论文质量普遍较高，中国、日本、印度等亚洲国家尽管发文量排在前十，但在篇均被引频次、高水平论文占比和CNS及其子刊论文占比等方面，与其他国家均存在较大差距。以中国来看，2016—2020年，中国在脂质生物学及脂质组学领域的发文量排名全球第二位，但篇均被引频次仅为10.57次/篇，高水平论文仅占全部发文量的1.19%，在CNS及其子刊上的发文量仅占0.903%，这三个指标在发文量排名前十国家中，均排在最后，可见中国在该领域的整体研究水平还有待提高。

在发文量最多的5个国家中，美国论文数量远高于其他国家，但近五年来发文量变化不大，2016—2017年发文量甚至有略微下降的趋势。德国、日本、意大利的发文量年度分布也是类似情况，基本保持在一个稳定的水平。2016年，中国在该领域的发文量为11046篇，尽管也是排名全球第二，但与排名第一的美国相比还存在显著差距，发文量占当年度全球发文总量的18.05%。2016—2020年，中国在该领域的发文量保持较快的增长

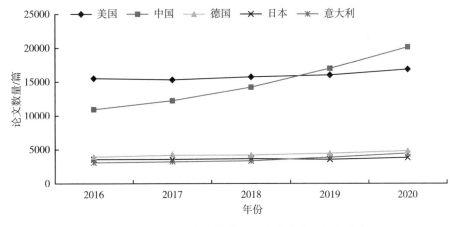

图2 2016—2020年发文前五国家的发文量年度分布

速率，发文量与美国的差距越来越小，在 2020 年甚至超过了美国。到 2020 年，中国在该领域的发文量为 20238 篇，占当年全球发文总量的 25.62%。因此，中国在论文发表的数量上保持良好的增长态势。

2. 脂质和脂蛋白学科领域研究的不同机构发表论文情况比较

2016—2020 年，中国科学院以 8836 篇的发文量位居第一。该领域发文量排名前十的机构中，共有四个中国机构，上海交通大学以 2804 篇的发文量排名第四位，浙江大学以 2705 篇的发文量排名第五，中山大学以 2010 篇的发文量排名第十（表 1）。

表 1　2016—2020 年国际主要研究机构发文情况比较

机构	发文量	总被引频次	篇均被引频次	高水平论文数	高水平论文占比	CNS 及其子刊发文量	CNS 及其子刊发文占比
中国科学院	7127	96583	13.55	136	1.91%	207	2.90%
哈佛医学院	3897	94131	24.10	204	5.23%	356	9.35%
巴西圣保罗大学	3739	41911	11.21	55	1.47%	16	0.43%
上海交通大学	2804	33274	11.87	42	1.49%	44	1.57%
浙江大学	2705	37107	13.72	59	2.18%	40	1.48%
哥本哈根大学	2688	69605	20.64	123	4.58%	96	3.57%
俄罗斯科学院	2521	17960	7.12	18	0.71%	12	0.48%
多伦多大学	2334	48144	20.63	76	3.26%	101	4.32%
密歇根大学	2137	43379	20.30	71	3.32%	115	5.38%
中山大学	2010	25842	12.86	29	1.44%	34	1.69%

而从论文被引用频次、CNS 论文数量、ESI 高水平论文数量等指标来看，哈佛医学院具有较高的研究水平。2016—2020 年，哈佛医学院发文的篇均被引频次为 24.10 次 / 篇，其 CNS 及其子刊发文量占总发文量的 5.23%，ESI 高水平论文的比例达到 9.35%，在发文量排名前十的机构中，五项指标均排名首位。另外，哥本哈根大学也具有较高的研究水平，篇均被引频次、ESI 高水平论文占比和 CNS 及其子刊发文量占比分别是 20.64 次 / 篇、4.58% 和 3.57%。发文量排名第一的中国科学院，在这三项指标在发文量前十家中均较低。上海交通大学、浙江大学和中山大学的这三项指标与其他顶尖机构还有较大的差距，研究水平有待提高。

3. 脂质和脂蛋白学科领域研究的国际国内热点分布

在 web of Science 数据库中检索获得 2016—2020 年相关论文 3412226 篇，选取其中的高质量论文（发表于《自然》（Nature）、《细胞》（Cell）、《科学》（Science）及其子刊的论文、或被认定为 ESI 高水平的论文），利用 Citespace 聚类分析软件进行分析。发现国际的研究热点相对集聚，较为集中的有：纳米结构材料的运输和治疗、心血管疾病的检测和预防、氧化机制的研究、碳链脂肪酸与肠道微生物代谢、肥胖症和信号通路调节、植物基因表达和反应机制、细胞微环境和膜泡运输、雌激素调节和细胞因子作用等。

与国际研究相比，中国的研究相对分散。在脂质和脂蛋白代谢基础研究方面，尤其是脂质储存、胆固醇合成调节和吸收的新机制、脂肪细胞新功能等研究方面有重大原创性突破。在细胞对脂质的感知和应答、脂质的运输和转化、多器官对话和脂代谢稳态网络调控等方面，有自己特色的研究成果。在环境因素对脂代谢的影响方面（尤其是在生物节律、衰老、肠道菌群结构表征）和功能紊乱与脂代谢的关系方面，做了大量原创性研究。

在脂代谢与代谢性疾病方面的研究，主要是集中在心血管疾病、肥胖／糖尿病、非酒精性脂肪肝、肿瘤／干细胞等方面，在中国人特有的代谢性疾病的表型与机制方面都有大量的原创性成果，一些临床研究中也在逐步和国际接轨，并在制定临床指南／共识中发出了中国声音。

三、本学科领域研究的近年最新进展

近年来，随着国家对整个基础研究投入的加强，以及科研人员在艰苦条件下的长期努力奋斗，我国科学研究从无到有、从小到大，无论从广度到深度都已发生了明显的变化。目前，我国已有了一支具备较强实力的研究队伍，活跃于脂质和脂蛋白代谢研究领域并取得前沿性成果，在若干方面形成了自己的特色并处于国际先进水平。多个研究成果入选年度中国科学十大进展、医学研究十大进展或中国生命科学十大进展。

1. 脂滴代谢

脂质是生物体内重要的能量储存形式，从原核生物细菌到高等动物人细胞内都有脂滴（lipid droplet）的存在，其对体内的脂质代谢平衡十分重要。在细胞中，脂质主要是以甘油三酯和胆固醇酯等中性脂的形式储存在于脂滴中，其代谢与人类代谢疾病防治和生物能源的开发直接相关。近年来，我国对这一领域的探索也得到了突飞猛进的发展。脂滴是细胞内储存脂质的重要细胞器，脂滴的动态变化（生成、融合、长大、降解）以及和其他细胞器如线粒体、内质网、自噬体的关系，均与脂代谢疾病的发生密切相关。然而，脂滴与细胞器之间的调控机制并不十分清楚。近年来，我国科学家在脂滴与细胞器互作方面，取得了一系列原创性成果。中国科学院生物物理研究所刘平生团队利用脂滴纯化和脂滴蛋白鉴定的方法，借助形态学及分子生物学手段，发现部分棕色脂肪细胞的脂滴和线粒体是以锚定方式存在的，这种锚定也存在于 30℃培养的小鼠棕色脂肪组织，并非由冷刺激产生[1]。它最初出现在棕色脂肪细胞分化过程中，是棕色脂肪细胞具有的特性，这种锚定也出现在米色脂肪细胞分化中，在氧化型组织心肌和骨骼肌细胞中也同样存在，并且这种锚定是物种间保守的。另外，在 *PLIN1* 和 *PLIN5* 敲除小鼠中，这种锚定同样存在，表明二者不是锚定的关键蛋白。这项研究揭示了脂滴和线粒体在氧化组织中形成锚定复合物，通过一种新的互作方式满足这些组织的巨大能量需求。此外，该团队还成功建立了构建人工脂滴的新方法，为脂滴生物学和纳米药物载体等研究提供了新的思路和技术[2]。

CIDE 家族（Cell death-inducing DFF45-like effector；诱导细胞凋亡的 DFFA 样效应因子），包括 CIDEA、CIDEB 和 CIDEC（也叫脂肪特异蛋白，fat specific protein；FSP27），对脂滴融合和脂质储存至关重要，但各自的作用又不尽相同。清华大学生命科学学院李蓬院士团队针对在脂滴融合中至关重要的 CIDE 家族蛋白进行了一系列原创性研究。该研究团队利用小鼠模型、细胞和分子生物学手段阐述了脂滴 - 线粒体 - 过氧化物酶体协同作用调控脂肪细胞，发现脂滴作为细胞内的重要细胞器，其代谢的变化可以在基因水平上改变细胞的代谢状态，并通过增加线粒体和过氧化物酶体的功能来实现脂肪酸的水解 - 释放 - 氧化过程，阐述了脂滴 - 线粒体 - 过氧化物酶体的协同作用在脂解 - 脂肪酸氧化中的重要作用[3]。分子机制研究表明，*Cidea* 和 *Cidec* 的缺失导致脂肪降解酶 ATGL 活性上升、游离脂肪酸增多，游离脂肪酸作为配体激活 PPARα 及其下游的过氧化物酶体和线粒体通路，导致脂肪消耗增加。这些研究系统阐述了脂滴 - 调控机体脂肪代谢的机制，以及 CIDE-ATGL-PPARα 信号通路在脂肪能量代谢中的重要作用，为代谢性疾病的防治提供新的思路。同时，团队探究了 Rab18 及其相互作用蛋白 NRZ/SNARE 介导脂滴 - 内质网接触位点形成，进而促进脂滴的成熟与生长的过程，发现了 Rab18 以及效应因子共同调节脂滴生长与成熟的机制[4]。发现 Rab 小 GTPase 家族成员 Rab18 及其相互作用蛋白 NRZ/SNARE 能够介导脂滴 - 内质网接触位点形成，促进中性脂由内质网进入脂滴，进而调节脂滴的成熟与生长。机制上，Rab18 缺失并不影响新生脂滴的形成，而是抑制了新生脂滴的成熟与进一步生长。Rab18 通过直接相互作用，招募其效应因子 NRZ 复合体（NAG/RINT1/ZW10）到脂滴表面。NRZ 复合体通过与内质网 SNARE 复合体成员 Stx18/Use1/BNIP1 相互作用介导内质网与脂滴的接触，从而促进甘油三酯从内质网向脂滴的运输。这些研究揭开了中性脂从内质网转移至脂滴内的过程机制，为脂质代谢疾病的防治提供新思路。

2. 胆固醇代谢

胆固醇是细胞内含量非常丰富的一类脂质分子，是细胞膜的主要组分之一，在体内发挥着重要的生理作用。胆固醇在细胞内的分布极不均匀，并且处于非常活跃的动态运输过程之中。胆固醇在胞内的运输代谢是一项待解决的重要科学问题。武汉大学生命科学学院的宋保亮教授团队利用全基因组筛选出 300 多个与胆固醇运输相关的基因，进而发现溶酶体通过和过氧化物酶体相互接触，将胆固醇转移给后者。并进一步在 SCIENCE CHINA Life Sciences 发文显示他们所鉴定出的介导溶酶体与过氧化物酶体接触的分子分别是 Syt7 蛋白和 PI（4，5）P2 磷脂，从而揭示了该过程的分子机制[5]。过氧化物酶体功能缺失或异常会导致一些相关疾病，统称为"过氧化物酶体紊乱疾病"，表现为发育迟滞和神经系统功能障碍，目前缺乏有效的治疗手段。该工作首次报道了在这些患者和小鼠模型的细胞中存在大量的胆固醇堆积，而且堆积事件的发生时间远早于神经病变的发生时间，提示胆固醇堆积是过氧化物酶体紊乱疾病的发病原因之一。此项研究发现了细胞内胆固醇运输的新途径、揭示了过氧化物酶体的新功能，还进一步揭示了胆固醇运输代谢异常是导致过氧化物酶体紊乱疾病的病因之一，为治疗该类疾病提供了新思路。

武汉大学生命科学学院宋保亮教授团队在《自然》（Nature）发表论文，揭示了进食通过 mTORC1-USP20-HMGCR 通路诱导胆固醇合成的调控机制[6]。发现在喂食状态下，去泛素化酶泛素特异性肽酶 20（USP20）稳定了 HMG-CoA 还原酶（HMGCR），这一胆固醇生物合成途径中的限速酶的蛋白水平。基于巧妙设计的体外生化反应，研究发现餐后胰岛素和葡萄糖浓度的增加会刺激 mTORC1 在 USP20 的 S132 和 S134 位点磷酸化。USP20 被招募到 HMGCR 复合物中并拮抗其降解。USP20 的基因缺失或药理抑制作用可显著抑制饮食引起的体重增加，降低血清和肝脏中的脂质水平，提高胰岛素敏感性并增加能量消耗，还会引起琥珀酸增多，增加产热。通过组成稳定的 HMGCR（K248R）的表达可以逆转这些代谢变化。这项研究有助于对人体胆固醇代谢的规律的认识，揭示了通过 USP20 磷酸化从 mTORC1 到 HMGCR 的调控轴，并提示 USP20 抑制剂可用于降低胆固醇水平，以治疗包括高脂血症、肝脂肪变性、肥胖和糖尿病在内的代谢疾病。该研究成果入选 2020 年度中国生命科学十大进展。

此外在调控胆固醇吸收代谢方面，宋保亮教授团队还与新疆医科大学马依彤教授团队合作调查新疆地区少数民族——哈萨克族人群的基因图谱心脑血管疾病风险，在《科学》（Science）发文发现 LIMA1 基因移码突变与低 LDL-C 显著相关，并发现该突变降低人小肠胆固醇吸收能力，从而降低血浆 LDL-C 水平[7]。该研究揭示了 LIMA1 蛋白参与胆固醇吸收的分子机制，加深了我们对人体胆固醇代谢稳态的认识，为治疗高脂血症提供了新的降胆固醇药物靶点，同时也阐释了为何哈萨克族人虽食用较多牛羊肉，但心脑血管疾病患病率较低的原因。该研究成果入选 2018 年度中国医学研究十大进展。

中国科学院生化细胞所李伯良研究员团队和宋保亮研究员团队合作发现脂质过度累积可引起活性氧（ROS）增多，增多的 ROS 可氧化胆固醇酯合成酶 ACAT2 的半胱氨酸残基，从而抑制 ACAT2 的泛素化降解，提高稳定性和酶活性，将过量有毒的极性脂（胆固醇、脂肪酸）转变为无毒的胆固醇酯，从而改善胰岛素敏感性，表明胆固醇和脂肪酸调控 ACAT2 泛素化降解具有重要的功能效应[8]。该研究揭示了细胞适应脂质过度累积引起活性氧增多的分子机制，为糖尿病的药物研发提供新思路。

3. 脂代谢与信号转导

脂肪酸可作为能量来源，参与生物膜合成和能量储存。然而，脂肪酸如何跨细胞膜进入细胞内，目前仍不清楚。CD36 是目前研究相对较多的一种脂肪酸转运蛋白。复旦大学赵同金教授团队在《细胞报告》（Cell Reports）和《自然交流》（Nature Communications）

发表的研究揭示了两个棕榈酰基转移酶 DHHC4 和 DHHC5 分别在高尔基体和细胞质膜上对 CD36 进行棕榈酰化修饰，从而维持 CD36 的质膜定位并促进其脂肪酸吸收的活性[9,10]。随后，他们提出了 CD36 介导脂肪酸吸收的工作模型：当脂肪酸与 CD36 结合时，其下游激酶 LYN 被激活，并对 DHHC5 进行磷酸化使其失活，从而导致 APT1 对 CD36 的去棕榈酰化。去棕榈酰化的 CD36 随后招募另一种酪氨酸激酶 SYK，使 VAV 和 JNK 磷酸化，从而启动 CD36 介导的内吞作用。内吞的囊泡将脂肪酸运输到脂滴进行储存。之后，CD36 被重新棕榈酰化并循环到质膜，开始下一轮的运输。赵同金教授团队的研究成果发现了棕榈酰化修饰对 CD36 脂肪酸吸收活性的调控作用，并且将蛋白质棕榈酰化的研究拓展到代谢生物学领域，阐明了细胞摄取脂肪酸的一条重要途径。

北京大学分子医学研究所陈晓伟教授团队在《细胞代谢》（Cell Metabolism）发表研究，报道了一条受体介导的脂蛋白分泌通路，在人群和动物模型中高效且特异地调控血脂稳态[11]。新合成的蛋白质和脂质"货物"通过 COPII 包被的囊泡进入分泌途径，囊泡由内质网（ER）上的 GTPase SAR1 组装而成，但脂质运载脂蛋白如何与 ER 中的普通蛋白质货物区分开并被选择性分泌尚不清楚。该研究显示，此过程受到 GTPase SAR1B 和 SURF4（高效货物受体）的定量控制。研究人员在成年小鼠肝脏中特异性失活 Sar1b 或 SURF4，发现数周内动物的血脂即降低至近零，且脂蛋白在血液中完全消失，并保护小鼠免受动脉粥样硬化的侵害。进一步研究发现，SURF4 可特异地结合且富集 ER 中合成的脂蛋白，其在 ER/ 高尔基体间的穿梭为脂蛋白维持了充足的运力，并与 SAR1B 协同发挥了剂量效应，从而作为"货物受体"与"分子开关"SAR1B 一起，提示血脂分泌存在一条兼具特异性和可塑性的运输通路。

在此基础上，该团队进一步对特异介导脂蛋白运输的"分泌受体"SURF4 组装功能复合体的另一重要蛋白 TMEM41B 进行研究[12]。通过纯化并鉴定了 TMEM41B 为至今未被发现的磷脂翻转酶，可调控磷脂分子在两个脂层之间的翻转。同时，肝脏中 TMEM41B 在脂蛋白发生中具有特异且不可或缺的功能，虽然在肝脏中失活 TMEM41B 可消除小鼠血脂，但该小鼠即使在普通饲料喂养下仅 2~4 周内即可产生严重的脂肪肝并发展为非酒精性脂肪性肝炎（NASH）。机制研究发现 TMEM41B 缺使肝脏内质网膜发生了严重卷曲、产生了高度不对称的脂层，导致了 SREBP/SCAP 从内质网逃逸和激活，从而在脂质分泌受阻的同时有效促进脂质合成。虽然 TMEM41B 的下调广泛存在于肥胖的小鼠、恒河猴和脂肪肝患者中，但其缺失导致的病变并不激活内质网应激反应。这篇发表在《细胞代谢》（Cell Metabolism）研究提示了生物膜的合成缺陷或损伤可作为独立的应激通路，形成"脂层不平衡反应"（leaflet imbalance response）。

4. 脂代谢与肠道菌群

肠道菌群作为寄居在人体肠道内的微生物群落，是近年来微生物学、医学、基因学等领域最引人关注的研究焦点之一。多个研究发现肠道菌群在非酒精性脂肪肝（NAFLD）和其他慢性肝病中具有一定的调控作用。北京大学心血管研究所郑乐民教授团队在《胃肠病学》(*Gastroenterology*)发表研究论文，首次报道肠道菌群产生的新代谢产物 N，N，N-三甲基 -5- 氨基戊酸（TMAVA）在肝脏脂肪变性中的作用[13]。研究发现 TMAVA 作为肠道菌群产生的代谢产物，在肝脏脂肪变性患者血浆中显著升高。在肝脏中，该物质与丁基甜菜碱竞争性地与 BBOX 结合，抑制肉碱内源性合成，从而抑制肝脏脂肪酸氧化；同时，TMAVA 导致脂肪组织过度分解，增加血浆中游离脂肪酸（FFA）水平，促进肝脏对 FFA 的摄取。BBOX 基因敲除小鼠可模拟 TMAVA 过多引起的肝脏病理表型，而外源性补充肉毒碱可以减少肝脏中脂质沉积，逆转 TMAVA 诱导的肝脏脂肪变性。肠道菌群在 NAFLD 的能量调控中起重要作用，特异性干预 TMAVA 水平为 NAFLD 治疗提供新靶点。

体内循环中的氧化三甲胺（TMAO）水平升高与主要不良血管事件呈显著正相关，是一种促动脉粥样硬化和促血栓形成的代谢物，而 TMAO 是由肠道菌群对富含胆碱、肉碱等的膳食进行代谢而生成，在心血管疾病，如冠心病、动脉粥状硬化、高血压等的发生发展中发挥重要作用。因此，调控肠道菌群 –TMAO 代谢途径已成为国内外防治心血管疾病的研究热点。近期在《自然生物化学》(*Nature Biotechnology*)上发表了关于肠道微生物影响人体健康的最新研究成果，发现口服可选择性修饰细菌生长的分子环状 D，L–α– 肽，以定向改造小鼠肠道微生物群，可降低血浆总胆固醇水平和动脉粥样硬化斑块，抑制动脉粥样硬化的发生[14]。研究人员还发现，该肽类物质处理可重新编程微生物组转录组，抑制促炎细胞因子的产生，短链脂肪酸（SCFAs）和胆汁酸水平的重新平衡，改善肠屏障的完整性并增加肠道 T 调节细胞。

短链脂肪酸（SCFAs）和次级胆汁酸是肠道微生物的两种主要产物，不仅机体本身的控脂质代谢和免疫水平，而且最近研究发现孕期母体微生物群可通过 SCFAs 对后代的脂质代谢也有重要影响[15]。为了研究怀孕期间母体肠道菌群对后代的影响，在无病原体（SPF）和有菌（GF）条件下繁殖了怀孕的母鼠，待小鼠出生后由养母在常规条件下饲养。研究人员发现 GF 母亲和胚胎的血浆 SCFA 水平显著低于 SPF 对应者，并且在胚胎交感神经节中检测到 Gpr41 mRNA 并且在胚胎和成年阶段具有双相表达。机制研究发现，胚源性代谢组织，如肠道和胰腺，可通过表达 GPR41 和 GPR43 来感知母体肠道微生物衍生的 SCFA。在妊娠期间，母体肠道菌群通过 SCFA–GPR41 和 SCFA–GPR43 轴影响了产前代谢和神经系统的发育，从而赋予了后代肥胖抵抗力。

在利用肠道菌群对脂代谢疾病进行治疗方面，国家内分泌代谢病临床医学中心、上海交通大学医学院附属瑞金医院内分泌科王卫庆教授团队设计并开展了小檗碱联合益生菌治疗初发 T2DM 患者的多中心前瞻性干预研究。团队在《自然》(*Nature*)子刊发文揭示益生菌联合小檗碱治疗可显著改变一系列与 HbA1c 相关的肠道菌群组分，包括布氏瘤胃球菌，首次发现并验证该菌的次级胆汁酸转化旺盛。因而，益生菌可能通过联合小檗碱降低包括布氏瘤胃球菌在内的肠道共生菌群脱氧胆酸的生成，从而阻断肠道胆汁酸信号，达到增强小檗碱改善糖代谢的效果[16]。在以往仅用小檗碱"调"，到今天先用庆大霉素"清"，再结合益生菌的"补"，最终提出了有中国特色与中医治疗的"清，调，补"理念相契合的 T2DM 治疗新方案。

5. 脂代谢与生物节律

几乎所有生命活动都具有生物节律震荡现象，其背后的机制目前存在两种理论。一种是已经被广泛认可的基于基因转录的转录翻译负反馈环路，另一种则是机制尚不清楚的基于代谢的氧化还原震荡子，两种机制之间是否存在直接联系始终悬而未决。中国医科院基础所刘德培院士 / 陈厚早研究员团队在《自然细胞生物学》(Nature Cell Biology) 发文，阐明衰老因子 p66Shc 敲除导致小鼠肝脏代谢，包括 SIRTs 分子的辅酶 NAD^+，甘油三酯和 – 羟基丁酸的节律异常，将衰老、氧化应激、节律和脂质代谢紧密联系起来[17]。对单个细胞以及小鼠肝脏内不同时间点进行测定，发现 H_2O_2 水平呈现近日节律震荡。进一步证明了定位于线粒体内的 p66Shc 蛋白是内源性 H_2O_2 节律震荡的关键因子，敲除该关键因子可以扰乱内源性 H_2O_2 节律，破坏 CLOCK 氧化还原修饰的正常震荡节律和生物钟功能，最终导致小鼠肝脏转录组震荡重塑，增加小鼠自由周期时长，影响光对于小鼠节律行为重调定。该研究第一次真正弥合了转录不依赖的氧化还原震荡节律和依赖于转录的转录翻译负反馈环路机制两大学术观点之间的鸿沟，大大增加了人们对于驱动生物节律震荡和衰老之间根本机制的认识。

除了对生物节律震荡的探索，刘德培院士 / 陈厚早研究员团队一直致力于代谢相关心血管疾病的机制研究，尤其对 SIRTs 在动脉粥样硬化等血管病的发生机制上进行了详细深入的研究。SIRTs 是 NAD^+ 依赖的 Ⅲ 类组蛋白去乙酰化酶，在各物种之间呈现高度的保守性。该团队在《循环》(Circulation) 发表文章指出去乙酰化酶 SIRT2 在衰老相关心肌肥厚中的核心作用[18]。在自然衰老和血管紧张素 II 诱导的衰老相关心肌肥厚模型中，他们发现衰老过程中增加的血管紧张素 II 可以激活 c–Src 激酶，而 c–Src 可以促进 SIRT2 的降解。在心脏中，SIRT2 蛋白可以与激酶 LKB1 相互作用，在 K48 位点对 LKB1 去乙酰化，从而激活 AMPK，从而调节代谢稳态来保护心脏功能，抑制衰老相关的心肌肥厚和心肌纤维化。该研究进一步增加了人们对于衰老如何调节代谢相关的表观修饰酶从而促进衰老相关的心肌肥厚的认识，也提示 SIRT2 可能会成为治疗衰老相关心肌肥厚的潜在靶点。该团队进一步在《循环》(Circulation) 上发文阐明线粒体基质内脂肪酸 β – 氧化途径的关键酶 ECHS1 的功能缺失上调了组蛋白巴豆酰化修饰水平，促进心肌肥厚相关基因表达，最终导致发生肥厚型心肌病[19]。

6. 脂代谢与营养感知应答

研究细胞对营养状态的感知与应答机制，对认识机体代谢平衡的调节具有重要意义，也是目前学科的研究热点。内质网可作为一个重要的细胞营养代谢感受传感器，用于协调外界的营养刺激与细胞内的葡萄糖、脂质和蛋白质代谢。而内质网应激是细胞感知和相应难以承担未折叠蛋白负荷或脂质代谢异常时，激活三条经典的未折叠蛋白响应（UPR，Unfolded Protein Response）通路，其中包括高度保守的内质网应激感应分子 IRE1 通路。武汉大学刘勇教授团队长期致力于研究该感应分子。在《自然》（*Nature*）子刊中发文揭示了 IRE1 通过调控巨噬细胞的极性活化影响机体的能量平衡，在肥胖与相关代谢疾病的发生发展中发挥重要的功能[20]。研究表明，在营养过剩状况下，IRE1 能够阻遏巨噬细胞的 M2 极性活化，进而诱发脂肪组织炎症、降低能量消耗，从而在破坏机体能量平衡的过程中发挥关键的作用；而特异性抑制巨噬细胞中的 IRE1 通路，对于肥胖、胰岛素抵抗与2 型糖尿病等代谢疾病的防治，该分子可作为相关疾病的重要治疗靶点。同时在营养过剩状况下，该团队还发现 IRE1 通过加剧肝脏炎症、提升细胞增殖促进肝细胞癌（HCC）的发生发展。发表于《肝脏病学》（*Hepatology*）的研究发现在肥胖导致的代谢应激状况下，肝脏中 IRE1 通过调控脂代谢通路与炎症信号通路推动 HCC 的发生发展进程。分子机制发现，肝细胞中特异性敲除 IRE1 能明显抑制 STAT3 磷酸化水平及其介导的肝细胞增殖；而在高脂饮食下，IRE1 缺失还降低了 IKK-NF-B 通路的激活进而减轻肝脏的炎症水平，由此阻碍 IL-6-STAT3 通路介导的肝细胞增殖[21]。

除了响应外界营养刺激外，肝脏的 IRE1 可通过调节脂质与蛋白质的分泌来适应生理营养状态变化的波动。内质网是 COPII 分泌的起点，COPII 在内质网表面参与组装膜泡、运输包括蛋白和脂质在内的多种货物。IRE1 在内质网应激时调控 XBP1 剪切形成的XBP1s。北京大学分子医学研究所陈晓伟团队在 PNAS 中发文发现肝脏中的 XBP1s 能在喂食情况下直接结合到 COPII 膜泡分泌相关基因的启动子上，而该种结合在禁食时却显著降低[22]。进一步研究表明 IRE1/XBP1 通路对肝脏中 COPII 分泌基因的转录及 COPII 介导的分泌至关重要。这项研究揭示了 COPII 介导的膜泡运输响应细胞外营养状态的变化，并呈现高度动态变化；代谢感应信号通路 IRE1-XBP1 轴感知细胞外营养状态，并与 COPII 介导的分泌相偶联。

7. 代谢与相关疾病

脂代谢紊乱导致的疾病已严重威胁我国人民的健康。根据世界卫生组织的报告，我国肥胖、糖尿病、动脉粥样硬化、非酒精性脂肪肝等相关代谢疾病已呈流行趋势。探索脂代谢紊乱疾病的病理生理学基础也成为研究的热点和关键点。

（1）脂代谢与非酒精性脂肪肝病

NAFLD 已成为我国第一大慢性肝病，过去 10 年普通成人的 NAFLD 患病率从 15% 增加到 31%，未来 10 年还将持续较快增长。Vilar-Gomez 等报道 APOB 和 PCSK9 基因变异与LDL-C 水平异常以及 NAFLD 发生发展显著相关[23]。Di Costanzo 等发现代谢型 NAFLD，而不是遗传型 NAFLD，与 HDL 介导的胆固醇流出降低密切相关[24]。van 等在 639 例 NAFLD 中也观察到血浆 HDL-C 水平显著降低，hsCRP 水平显著升高，提升胆固醇流出降低[25]。Laura Regué 等人利用肝细胞特异性 IMP2（胰岛素样生长因子 2）基因敲除（LIMP2 KO）

小鼠证明了肝细胞特异性 IMP2 缺失可以通过降解 PPAR 和 CPT1A 途径来抑制脂肪酸的氧化并增加甘油三酸酯在肝脏中的积累，诱发脂肪肝[26]。最近有研究表明，SIRT6 可以结合 PPARα 共激活因子 NCOA2 并降低肝脏 NCOA2 K780 乙酰化，从而以 SIRT6 依赖性方式刺激其激活 PPARα，进而调节肝脂肪含量[27]。Ning Liang 等人通过组学、表观基因组和转录组分析，发现 G 蛋白通路抑制因子 2（GPS2）可以直接靶向作用于 PPARα 诱导肝脏脂肪变性和纤维化[28]。在禁食期间，PPARα 的配体激活通过 PPARα 在其启动子内的结合位点直接上调长非编码 RNA 基因 Gm15441，Gm15441 的表达抑制了其反义转录物，编码硫氧嘧啶相互作用蛋白（TXNIP），从而降低了 NLR 家族吡啶域含 3（NLRP3）炎症体激活、caspase-1（CASP1）裂解和促炎性白细胞介素 1β（IL1B）成熟。这些发现阐明了 PPARα 通过诱导 lncRNA Gm15441 减轻肝脏炎症体激活对代谢应激反应的机制[29]。近期有研究发现肝细胞的病理改变来自抑制 AMPK 激酶以及 caspase-6 活性的增加，调控细胞死亡。正常肝脏中，AMPK 通过阻断 caspase-6 的活性从而抑制肝细胞凋亡的发生。因此当脂质堆积，AMPK 活性下降时，caspase-6 持续激活，从而触发了肝细胞的死亡信号。利用 AMPK 激活剂，caspase-6 抑制剂对已有 NASH 的小鼠进行了治疗，显著阻止了从脂肪肝向 NASH 的进展以及随后的肝细胞死亡[30]。

中国科学院上海营养与健康研究所李于团队研究发现，碱性亮氨酸拉链转录因子 CREBZF 在感应胰岛素信号、调节肝脏脂质合成代谢方面发挥重要作用，而 CREBZF 的高活化可能与非酒精性脂肪性肝病（NAFLD）的发生发展和人类血脂异常的发病机制有关[32]。CREBZF 可以通过结合细胞增殖和肝脏再生关键因子 STAT3 蛋白的连接区域，抑制 STAT3 蛋白的二聚化和激活，进而抑制其下游增殖相关基因的表达，加重炎症细胞侵袭和肝损伤，抑制肝脏再生。该研究揭示了脂质代谢关键因子 CREBZF 作为一个辅转录调节因子负调控 STAT3 的活性，进而抑制肝组织再生的分子机制。CREBZF-STAT3 途径可能是一个重要的细胞内信号，以防止肝脏过度再生，并维持标准的肝脏质量。如果靶向调节 CREBZF 的活性，可能为肝移植之后激活肝脏再生以及急性肝衰竭、非酒精性肝炎、肝癌等终末期肝病的治疗提供新的治疗思路。

重庆医科大学阮雄中教授团队聚焦脂代谢稳态调节与代谢性疾病，取得系列成果。阮雄中团队研究发现，脂肪酸转运酶 CD36（CD36）是一种调节机体脂质代谢和免疫反应的重要蛋白分子，NASH 患者肝细胞膜上 CD36 定位增加，伴有 CD36 棕榈酰化修饰程度的增加；CD36 的棕榈酰化可以促进肝细胞对游离脂肪酸的摄取、抑制脂肪酸 β-氧化，导致细胞内脂质积聚，同时还促进了肝细胞的炎症反应；阻断 CD36 的棕榈酰化可通过减少 CD36 在肝细胞膜上的分布，使得小鼠不发生 NASH[33]。该研究跳出了传统的从转录水平（基因过表达或基因敲除）观察其在疾病中作用的思维模式，发现是转录后修饰影响了 CD36 的蛋白功能并参与 NASH 病变的发生，并提示抑制 CD36 棕榈酰化可能是未来防治 NASH 发生发展的重要靶点。

（2）脂代谢与肥胖症

上海交通大学医学院附属瑞金医院团队利用全外显子组测序技术测试年轻肥胖受试者，发现与肥胖风险增加相关的 CTNNB1/β–catenin 发生了突变[31]。成熟脂肪细胞中 β–catenin 的特异性消融减弱了高脂饮食诱导的肥胖，并减少了增殖较少的 Pdgfrα+ 前脂肪细胞和较不成熟的脂肪细胞的皮下 WAT（sWAT）大量扩张。进一步研究发现，成熟脂肪中，β–catenin 可以通过 β–catenin-TCF 复合物调节血清淀粉样蛋白 A3（Saa3）的转录，从而激活巨噬细胞分泌细胞因子，包括 Pdgf-aa，再进一步促进前脂肪细胞的增殖。研究结果表明，β–catenin/Saa3/ 巨噬细胞可能介导 sWAT 中成熟的脂肪细胞串扰和脂肪扩张。这表明，β–catenin 在脂肪扩张和人类肥胖的发生发展中起着关键调节作用，为开发针对 Wnt/β–catenin 通路的抗肥胖药物研究提供了基础。

（3）脂代谢与癌症及干细胞异常

肿瘤脂质代谢是一个相当新的领域，近年来受到关注。肿瘤细胞中过量的脂质摄入与脂质合成能够满足肿瘤生物合成原料所需及其促生长过程中的能量供应，从而导致脂滴的积累增加，介导多种促生长信号（如 Wnt5a、lncRNA-SRA、ANGPTL3 等）激活，进而调控肿瘤细胞增殖及生长，诱导肿瘤 EMT 从而促进肿瘤原发部位侵袭转移，抑制肿瘤细胞凋亡，促进肿瘤微环境的构成，促进癌症的发生发展。小鼠模型和临床患者研究均发现高脂饮食可能驱动肿瘤，如结直肠癌的生长；还能促进肿瘤的扩散，因为脂肪能为其转移提供能量。同时，高脂肪饮食会降低肿瘤内 CD8+T 细胞的数量和抗肿瘤活性。这是由于癌细胞为适应不断增加的脂肪会重新"设计"它们的代谢机制，从而更好地从 T 细胞"手中"抢夺富含能量的脂肪分子，在抑制 T 细胞代谢的同时，加速肿瘤的生长。

肿瘤干细胞是肿瘤形成转移灶的重要条件，而脂质蓄积是肿瘤干细胞主要依赖于能源。研究表明，细胞中大量积累的脂滴是结直肠癌中肿瘤干细胞的独特标志，脂质增加的肿瘤干细胞保留了致瘤潜力，而阻断肿瘤细胞的脂解作用可有效杀灭肿瘤干细胞。并且，研究发现肺癌患者肿瘤细胞内脂质和载脂蛋白的含量都增加，这种脂滴的积累与肺癌转移潜能相关。此外，有研究报道脂滴的多少与肿瘤的化疗耐药性相关，发现脂滴的存在削弱了一些抗肿瘤药物的效果。但该研究方向还缺乏更多机制上的研究，深入研究脂滴和肿瘤的相关性将有助于提高肿瘤的预后效果，并建立新的治疗方案。

现代研究表明，肿瘤的发生发展与胆固醇代谢密切相关，而胆固醇代谢是机体脂质代谢极其重要的一部分。同时脂质合成异常导致的蓄积也是造成肿瘤侵袭转移的重要因素。脂肪酸合酶通过增强 Wnt 信号通路促进大肠癌淋巴和远处转移。同时 SREBP-1c、HMG-CoA 还原酶、酰基 CoA– 胆固醇酰基转移酶 –1（ACAT-1）等表达上调导致胆固醇合成增加及胆固醇酯（CE）蓄积，从而促进肾癌、肝癌、胰腺癌及乳腺癌等肿瘤细胞的侵袭、迁移，而降低胆固醇水平则可逆转该作用。已有研究在雄激素非依赖性前列腺癌的进展中，SREBP 的表达上调可增加促进脂质合成，诱导肿瘤发生。当 SREBP 通路中关键基因

SCAP 被敲低时，肝癌发生率显著降低、肿瘤大小及数量明显减少，表明 SREBP 通路在肿瘤中也发挥重要作用。在胶质母细胞瘤（GBM）的存活高度依赖于外源性胆固醇。因为 GBM 细胞无法自身合成胆固醇，同时又需要大量的胆固醇以满足细胞的生长需求。进一步研究发现脂质代谢疾病候选药肝 X 受体 –623（LXR–623）能有效阻断 GBM 细胞摄入胆固醇，导致肿瘤细胞死亡、肿瘤体积缩小，进而使 GBM 模型小鼠生存时间延长。此外，在乳腺癌中，肿瘤抑制因子突变通过激活乳腺上皮细胞中 SREBP 转录因子、上调甲羟戊酸途径靶基因，促进胆固醇等合成，最终诱发乳腺癌。

吕志民教授团队对肿瘤细胞能量代谢的研究取得了开创性、系统性的重要成果。该团队发表在 Nature 上的工作揭示了肿瘤细胞特异性脂质合成代谢机制，首次发现了糖异生代谢酶 PCK1 具有蛋白激酶活性，以 GTP 作为磷酸基供体对内质网跨膜蛋白 Insig 1/2 进行磷酸化，使其与细胞内脂质的结合出现障碍，进而促进 SREBP 信号通路的激活及肿瘤细胞的脂质合成[35]。这有别于以往的以 ATP 作为磷酸基供体的蛋白激酶。同时研究也论述了 PCK1 的内质网易位是肿瘤细胞协同调节糖异生降低和脂质合成激活的重要分子机制，揭示了肿瘤细胞脂质感应异常以及脂质合成持续激活的重要机制。此外，该团队总结并讨论了肿瘤细胞中脂质（脂肪酸和胆固醇）摄取、脂肪生成和脂肪酸氧化（FAO）依赖性脂解的相关研究进展，并详细介绍了肿瘤细胞中脂肪生成的转录调控。

肿瘤细胞特有的高度活跃的代谢途径可以导致肿瘤微环境内的营养成分和其他小分子的组成产生深刻的变化，而这些变化又可对免疫反应产生关键性的影响。肿瘤细胞的高代谢活性和肿瘤微环境内紊乱的血管系统可能会导致营养耗竭和缺氧，从而在肿瘤细胞和浸润的免疫细胞之间建立代谢竞争。在小鼠模型中，抗肿瘤 CD4+T 细胞的葡萄糖摄取和效应功能与肿瘤细胞的糖酵解活性成反比，提高肿瘤微环境中葡萄糖的可获得性可以改善抗肿瘤 CD8+T 细胞的细胞因子表达。中科院生化细胞所许琛琦研究员和李伯良研究员两团队合作在《自然》（Nature）上发表论文表明在肿瘤免疫中起核心作用的 CD8+T 细胞也可通过调节胆固醇代谢发挥其抗肿瘤效应，该作用主要与 T 细胞膜胆固醇水平升高有关[36]。细胞内唯一催化游离胆固醇与脂肪酸生成胆固醇酯的酶 ACAT（Acyl coezyme A：cholesterol acyltransferase，酰基辅酶 A：胆固醇酰基转移酶），是胆固醇及其脂代谢平衡的关键酶之一。中科院生化细胞所李伯良研究员团队从组织结构、表达调控（包括转录、剪接、翻译水平）和功能模式等方面对 ACAT 基因进行了系统研究，探索其与胆固醇代谢平衡以及多种疾病的关系。研究发现抑制胆固醇酯化酶 ACAT1 可以提高细胞膜胆固醇水平，由此促进 T 细胞（记忆细胞）的快速增殖和有效杀伤作用。他们利用一种 ACAT1 小分子抑制剂阿伐麦布（Avasimibe）来治疗小鼠肿瘤，显示出很好的抗肿瘤效应。结合阿伐麦布和检查点阻断药抗 PD–1 抗体抗肿瘤效应更佳。该研究成果开辟了癌症免疫治疗新领域，鉴别出 ACAT1 是一个很有前景的药物靶点。阿伐麦布已在一些临床试验中进行测试用于动脉粥样硬化治疗，人类安全记录良好，因此它将是一个癌症免疫治疗很好的候选药物。该研究成果入选 2016 年度中国科学十大进展。

（4）脂代谢与糖尿病肾病和肾损伤

山东大学易凡教授团队揭示了糖尿病肾病（DKD）中足细胞脂质代谢稳态异常调控的分子机制，研究成果于 2020 年 12 月 1 日作为封面文章发表于 Cell Metabolism 期刊上[37]。该团队首先证实了 JAML 在足细胞中的表达，并利用足细胞特异性 JAML 基因敲除小鼠制备了两种经典的 DKD 小鼠模型。研究发现，JAML 的足细胞特异性缺失可明显改善 DKD 的肾损伤，减轻足细胞内的脂质蓄积。在机制上进一步揭示了 JAML 通过调控 SIRT1 介导的表观遗传学信号通路，作用于脂肪酸及胆固醇合成的转录因子 SREBP1 及其下游靶基因，调控足细胞脂质代谢。该研究首次发现 JAML 通过调控足细胞内脂质代谢，在 DKD 足细胞损伤中发挥重要作用。这一发现为 DKD 等蛋白尿性肾病的防治提供了新的研究思路和作用靶点。

阮雄中教授团队还与卢玺峰教授团队合作发现一个影响脂质代谢的新成员－肾素（原）受体[38]。研究中利用糖基化修饰的反义寡聚合核苷酸特异性抑制肝脏内（P）RR 的表达，发现高脂饲料喂养的小鼠体重增长缓慢，体脂率、血液中甘油三酯水平及肝脏内脂质含量明显降低，同时耗氧量增加，提示抑制肝脏（P）RR 影响脂肪酸的合成和降解。随后通过相对定量蛋白质组学和基因功能富集分析，证实（P）RR 抑制引起了丙酮酸脱氢酶（PDH）和乙酰辅酶 A 羧化酶（ACC）蛋白水平降低，表明在抑制脂肪酸的合成的同时增强脂肪酸氧化分解。该研究提示：抑制肝脏肾素（原）受体可以重编程肝脏脂质代谢从而抑制高脂饮食诱导的肥胖和脂肪肝，创新性地揭示了肾素系统与脂代谢的内在联系，提出肾素（原）受体可以作为一个新的脂代谢靶点，为治疗肥胖、脂肪肝及糖尿病等代谢性疾病提供了新的理论和实验依据。

8. 降血脂新药

在过去三十年中，不断变化的生活方式和饮食习惯对亚洲人群的肥胖、高血脂和非酒精性脂肪肝（NAFLD）的流行产生了巨大的影响。国内调查显示体检人群的血脂异常患病率超过 46%，NAFLD 的流行率高达 25%。降血脂药物的研究已成为疾病治疗的重点之一。现阶段国外降血脂新药的研发主要集中在以下两方面：①对现有药物进行结构优化，或设计新作用靶点的药物，以期获得高效低毒的新药；②通过联合用药减少单药剂量，降低不良反应。

（1）高胆固醇血症（FII）的新药与治疗

家族性高胆固醇血症（FH）是常染色体单基因显性遗传病，主要致病基因为低密度脂蛋白受体（LDLR），占 75% 以上；其他致病基因还包括载脂蛋白 B100（ApoB100）和 PCSK9 等。FH 由于高冠心病风险而被广泛关注，其主要临床特征是 LDL-C 水平极度升高。对于遗传了两个缺陷基因的纯和子 FH，LDL-C 通常高于 13 mmol/L，往往在青少年时期就表现出心力衰竭或脑卒中。然而，现有的降脂治疗很难使 FH 患者的 LDL-C 降到指南推荐的目标值。为进一步改善 FH 患者的预后，迫切需要有效、安全的新型降胆固醇药物。

1）蛋白转化酶 - 枯草溶菌素 9（PCSK9）抑制剂

PCSK9 是肝脏合成的分泌型丝氨酸蛋白酶，分泌之后能够与肝细胞表面 LDL 受体（LDLR）的细胞外结构域上皮源性生长因子 A 结合，引起 LDLR 在溶酶体中的降解，进而增加循环中的 LDL-C 水平。通过抑制 PCSK9，可阻止 LDLR 降解，促进 LDL-C 的清除。遗传学研究表明，携带 PCSK9 功能增益性基因突变的人群，其 LDL-C 水平显著增加；相反，PCSK9 功能丧失性突变则可降低体内 LDL-C[39]。由于 PCSK9 表达可在细胞内和循环中发挥作用，因此存在多种潜在靶标用于抑制。主要包括：①使用单克隆抗体、表皮生长因子样重复 A 序列（EGF-A）、模拟肽或连接蛋白，预防 PCSK9 与 LDLR 的结合；②通过反义寡核苷酸或 siRNA 的基因沉默来抑制表达；③抑制 PCSK 自身催化部位。临床上抑制 PCSK9 的药物主要是 PCKS9 抗体以及小干扰 RNA，可降低 LDL-C 水平 50%~70%，且不受基础治疗（他汀类药物或其他调脂药物）的影响[40]。目前认为 PCSK9 抑制剂可成为最有前景的降脂新药[41]。

2）PCSK9 单克隆抗体

单克隆抗体是目前研究最多且最快推向临床的 PCSK9 抑制剂，具有靶向性强、特异度高和不良反应低等特点。单克隆抗体通过特异性地与 PCSK9 结合，从而阻断其与 LDL-R 的结合，使得 LDL-C 的清除率增加。目前，PCSK9 单克隆抗体药物已应用于临床，证实了其降低 LDL-C 的有效性及安全性，为临床治疗高胆固醇血症提供了新方案。

依洛尤单抗（Evolocumab）是由日本安进公司研制出的人源性 PCSK9 的单克隆抗体[42]，于 2015 年 7 月 17 日获得欧洲药物管理局（EMA）批准上市，2015 年 8 月 27 日获得美国食品药物管理局（FDA）批准上市，2016 年 1 月 22 日获得日本医药品医疗器械综合机构（PMDA）批准[42]。研究发现，依洛尤单抗对 LDL-C 水平的降幅为 53%~56%[43]。RUTHERFORD-2 研究显示，依洛尤单抗可使 LDL-C、ApoB、Lp（a）和 TG 水平显著降低，HDL-C 水平明显升高，且耐受性良好，同时心血管事件风险降低 53%[44]，为 FH 患者提供了新的选择[45]。依洛尤单抗总的不良反应发生率与安慰剂组相同，神经认知不良事件发生率略降低，对血糖无不利影响。研究期间未检出抗依洛尤单抗的中和抗体[46]。主要适应证为不能有效降低 LDL-C 水平的 FH 患者，或 ASCVD 成年患者在饮食控制和最大耐受剂量他汀的基础上可联合应用依洛尤单抗。目前，依洛尤单抗已陆续经美国 FDA、欧洲 EMA 和我国 NMPA 批准上市，各个国家批准的说明书的适应证范围不同，中国批准用药为：①成人或 12 岁以上青少年纯合性家族性高胆固醇血症，可与饮食疗法和其他降脂药物联用；②原发性高脂血症（包括杂合性家族性高胆固醇血症），单独使用或与其他降脂药物联合使用；③成人动脉粥样硬化性 CVD，以降低心肌梗死、卒中和冠状动脉血运重建的风险。

阿利珠单抗是由赛诺菲公司研制出的人源性 PCSK9 的单克隆抗体。在 FH 中，阿利珠单抗能够降低 LDL-C 41% ~ 58%，而非 FH 患者中，能够降低 LDL-C 38% ~ 65%[44]。ODYSSEY 系列研究显示，阿利珠单抗可显著降低 LDL-C 水平，且治疗相关不良事件较少。但该药对心血管疾病发病率和死亡率的远期效果尚未确定[47]。

伯考赛珠单抗（Bococizumab）是由辉瑞公司研发的人源性 PCSK9 的单克隆抗体。目前有关 Bococizumab 全球开发项目中 6 个降脂研究全部完成，结果表明 Bococizumab 降脂疗效随时间推移而衰减，不能维持长期降低 LDL-C 水平的疗效，不能为 ASCVD 患者提供明确的临床获益，因此，2016 年 11 初，辉瑞公司宣布全面停止 Bococizumab 研发[48]。这提醒我们应更理性、长远地看待 PCSK9 抑制剂的临床应用。

3）小干扰 RNA

抑制 PCSK9 的第 2 个途径是通过注射由脂质体包裹的小单片段 RNA 去结合 PCSK9 的 mRNA，使其沉默。Alnylam 制药公司研制出以小干扰 RNA 为基础的 PCSK9 抑制剂 Inclisiran（ALN-PCS），I 期临床试验结果提示其在志愿者中效果显著[49]，第 4 天时能够降低 LDL-C 60%，并且效果持续 1 个月[50]。2017 年欧洲心脏病协会年会公布的 ORION1 研究最新数据显示 inclisiran 随访 1 年未发现安全性问题，且可稳定持久地降低 LDL-C 水平[51]。

除此之外，尚在研发的 PCSK9 抑制剂还包括修饰结合蛋白、反义核苷酸、小分子抑制剂等（部分见表 2）。目前为止，对 PCSK9 抑制剂的研究还没有发现很严重的不良反应。但是 PCSK9 抑制剂也存在局限性：其主要通过静脉或皮下注射，一般不能采用口服；其价格较为昂贵；患者适应性和安全性也需要进一步临床观察。因此，我们对 PCSK9 抑制剂应抱以乐观、谨慎的态度。

表 2　部分 PCSK9 抑制剂（列举）

名称	研发公司	药物本质	研发阶段
Evolocumab	Sanofi	单克隆抗体	2015 年上市
Alirocumab	Amgen	单克隆抗体	2015 年上市
Bococizumab	Pfizer	单克隆抗体	停止研发
LY3015014	Eli Lilly	单克隆抗体	II 期
Adnectin	Adnexus	修饰结合蛋白	I 期
ALN-PCS	Alnylam	SiRNA	I 期
SX-PCK9	Serometrix	反义核苷酸	未进行

4）微粒体甘油三酯转运蛋白（MTP）抑制剂

MTP 是一种异源二聚体的脂转运蛋白，催化 TG、胆固醇和磷脂酰胆碱的跨膜转运，在肠和肝脏的 VLDL、乳糜微粒（CM）装配过程中起重要作用。抑制 MTP 可减少小肠 CM

和肝 VLDL 的分泌，从而降低血浆 LDL、VLDL 和 TG 水平[52]。Lomitapid 能够降低 FH 患者大约 50% 的 LDL-C 水平[53]，同时这种调脂效果不受血脂置换治疗的影响[54, 55]，目前已被美国 FDA 批准用于 FH 的治疗[56]。同时该药也显示出了降低脂蛋白 a 的效应。常见的不良反应包括腹泻、恶心，8% 患者发生肝脂肪堆积，还有 30% 患者中发现有肝酶的升高。因此，临床上使用时必须严密监测肝功能[57]。

5）载脂蛋白 B（ApoB）合成抑制剂

ApoB 是 VLDL 和 LDL 的关键蛋白。米泊美生纳注射剂（Mipomersen）是一种针对 ApoB mRNA 的反义寡核苷酸，与生理盐水配合皮下注射后在肝脏发挥作用。其可在编码 ApoB 的 mRNA 上结合特定的由 20 个碱基组成的序列从而阻断 mRNA 的翻译过程，减少 apoB 的生成[58]。因此 Mipomersen 可以降低不同类型的脂蛋白，包括 LDL、VLDL、IDL、LPa 等，也是目前为止首个被批准应用于纯合子 FH 的新药。针对 FH 患者中开展的关于 mipomersen 的 3 项 III 期试验已经完成，结果显示 LDL-C 浓度平均下降 25% ~35%，并伴随 TG 和 LPa 的下降。而对于危险性很高且对他汀不耐受的非 FH 患者则显示单一应用 mipomersen 可显著降低 LDL、LPa，但对 TG 和 HDL 水平影响不大。Mipomersen 的主要副作用为注射部位反应、流感样症状、高敏 C 反应蛋白（hs-CRP）以及转氨酶升高，因此在有些患者中需严密检测肝功[59]。

6）其他

胆固醇酯转运蛋白（CETP）是胆固醇逆转运过程中的关键酶之一。Brown 等[60]发现人遗传性缺失 CETP 会显著升高 HDL 水平并降低 LDL 水平。目前，进行临床研究的 CETP 抑制剂共有 4 种，分别是 Torcetrapib、Dalcetrapib、Anacetrapib 和 Evacetrapib[61]。然而，临床研究发现，在心血管事件减少方面未得到阳性结果，很多研发随之终止[62]，其前景令人担忧。

针对 FH 患者基因突变所导致的高胆固醇血症，基因治疗无疑是最受关注的疗法之一。利用病毒载体转运达到基因治疗目的的实验也已开展，目前尚在动物实验阶段。腺相关病毒（AAV）载体[63]治疗的小鼠在肝脏的脂质积累量略有减少并显著抑制了主动脉粥样硬化。虽然基因治疗技术还有很多没有解决的问题，但相信随着基因技术的不断发展，基因治疗将造福 FH 患者。

LDL 分离法由于能特异性移除血浆中 LDL 而受到重视。LDL 分离法通常可使血清 TC 降低 60% ~ 70%，使 LDL-C 降低 70% ~ 80%。国外早已将血液净化治疗广泛应用于 FH 患者。我国阜外医院李建军团队从 2015 年起对 12 例 FH 患者进行血液净化治疗，并取得较好疗效[64]。然而，因其治疗费用昂贵并且需要长期进行，临床应用时应综合考虑其效价比。对于 LDLR 基因无效突变的纯合子 FH 患者来说，肝脏移植已经成为最有效植入 LDLR 的方法。但手术治疗势必会造成很大的损伤，还会诱发许多并发症，临床不做首选。

（2）高甘油三酯血症（HTG）的新药与治疗

严重 HTG 由原发性（如家族性高甘油三酯血症）和继发性病因（如疾病、饮食、药物、代谢障碍等）混合引起，常伴腹痛和胰腺炎。我国 HTG 患病率高达 12.7%[65]。临床上常用于 HTG 的调脂药物主要有深海鱼油 ω3 脂肪酸、贝特类、烟酸类等，其中以贝特类（非诺贝特作为一线药物）的作用最强[66]。然而经传统药物治疗后仍有大量的患者 TG 未达标，而目前尚无标准化治疗方案。

原发性 HTG 较罕见，是由于参与 TG 代谢的基因突变，包括脂蛋白酯酶（LPL）、载脂蛋白 C Ⅱ（ApoC2）、载脂蛋白 A Ⅴ（ApoA5）、脂酶成熟因子 1（LMF1）、糖基磷脂酰肌醇锚定的高密度脂蛋白结合蛋白 1（GPIHBP1）等基因突变[67]。其中，LPL 基因突变为常染色体隐性遗传，占原发性 HTG 病因的 90% 以上[68]。这些新的可修正的危险因子，为 HTG 的治疗提供了新的视点。主要的针对性治疗有以下 4 个方面。

1）LPL 基因治疗

LPL 基因表达或功能的缺陷可导致 HTG[69]。对于缺乏生物活性 LPL 的患者，除了严格限制脂肪饮食治疗外，或可使用脂质体 tiparvovec（S447X 变体）进行 LPL 基因治疗，以减少急性胰腺炎的发生[70]。脂质体 tiparvovec 含有与普通变体（LPLS447X）相比更高脂解活性的 LPL 基因变体。肌内注射给药之后可在受体组织中检测 LPLS447X 基因表达。据报道，一些治疗个体的 TG 降低幅度高达基线值的 40%。然而，转基因的表达是暂时的，TG 水平通常会再次上升并在 26 周内达到治疗前的水平[71]。最重要的是，这种治疗方案是批准的第一种基因治疗方法，也是其他难以治疗的家族性 LPL 缺乏症患者的重要希望。逆转录病毒作为替代方案，可以通过 AAV 转导或改造干细胞来表达 hLPL[72]，其产生的永久性 hLPL 可能足以降低过高的 TG，为 HTG 提供基因治疗的基础。

2）靶向抑制载脂蛋白 C3（APOC-Ⅲ）mRNA 翻译的反义寡核苷酸

APOC-Ⅲ 是目前评估 HTG 的另一个目标。APOC-Ⅲ 通过脂蛋白脂酶（LPL）抑制减弱富含 TG 的脂蛋白的脂解而发挥其致动脉粥样硬化作用，导致 VLDL 和 CM 的循环水平增加[73]。在 HTG 患者中发现 APOC-Ⅲ 水平升高，并且与代谢综合征和胰岛素抵抗有因果关系[74]。反义核酸药物 Waylivra（Volanesorsen）的开发取得了相当的成功。Volanesorsen 是第二代反义寡核苷酸，设计用于靶向抑制 APOC-Ⅲ mRNA 翻译，目前正在进行 3 期临床试验评估。与安慰剂相比，Volanosersen 显著降低 apoC-Ⅲ（-87.5% 对比 -7.3%）和 TG 水平（-69% 对比 -9.9%）。

3）血管生成素样肽 3（ANGPTL3）抑制剂

ANGPTL3 是一种分泌蛋白，其 mRNA 主要在人、鼠的肝脏表达[75]。研究表明 ANGPTL3 对脂质代谢的调节作用较显著，因而在心血管病领域受到极大关注。ANGPTL3 基因缺陷的 apoE 敲除小鼠血脂水平明显降低、VLDL 甘油三酯的清除显著增加，而动脉粥样硬化斑块面积也显著减少[76]。ANGPTL3 缺乏的患者 TG、LDL-C 和 HDL-C 水平降低，

CVD 风险降低[77]。针对 ANGPTL3 的抗体（evinacumab）和 ASOs（ISIS-ANGPTL3）已经用于开发，并且可有效降低 TG 33%~63%[78]。针对 ANGPTL3 的 ASO 已经进行了 1 期临床试验。接受 ASO 治疗后 6 周，ANGPTL3 蛋白水平降低（降低 46.6%~84.5%），TG 水平降低（降低 33.2%~63.1%），LDL-C 降低（降低 1.3%~32.9%）。该药物耐受性良好，未报告严重不良事件。其安全性和有效性还在 2 期临床试验中进行（NCT03371355）。针对 ANGPTL3 的干预手段有望成为治疗多种代谢性疾病如 2 型糖尿病相关高脂血症和动脉粥样硬化的新型药物。

4）二酰基甘油酰基转移酶 -1（DGAT1）抑制剂

DGAT1 是催化 TG 合成的最后一步的关键酶，在小肠细胞中高度表达[79]。DGAT1 缺陷型小鼠在血浆 TG 水平上不受餐后峰值的影响，并且明显降低 CM 水平[80]，所以抑制 DGAT1 是减少 CM-TG 合成和分泌的一项极具吸引力的策略。Pradigastat（LCQ-908）是一种有效的选择性小分子 DGAT1 抑制剂。口服 pradigastat 显示其半衰期长达 150 小时[81]，可使 TG 降低 41%~70%。Pradigastat 在患者中通常耐受良好，没有报告死亡或严重不良事件。目前 pradigastat 正在一项随机，双盲，安慰剂对照的 III 期研究中评估疗效（NCT01514461）。

除此之外，用于治疗 FH 的药物 Lomitapide 和 Mipomersen（见上文）可显著降低血浆 TG[82]。Sacks 等报道了一例患有家族性乳糜微粒血症的患者长期服用 lomitapide，其 TG 水平降低超过 80%。在临床试验中观察到的 mipomersen 肠外给药可以将所有含 apoB100 的脂蛋白（VLDL，IDL 和 LDL）的浓度降低 25% 至 65%，TG 水平平均下降达到 36%。

（3）国内降脂新药的研发进展

目前，国内获得新药证书的降血脂药几乎都是国外已有药物的仿制药，仅是对药物剂型作出了一些改进，如苯扎贝特片剂、非诺贝特咀嚼片、洛伐他汀分散片等，尚无我国自主研发的一类新药，因此开发更多同样有效甚至是药效更好的新药，将是接下来需要努力的方向。

前文提到，中药类药物及其复方药剂作为我国极具特色的传统药物，在国内也常用于降血脂。中药类药物因为副作用小、不良反应少而受到研究者广泛的关注。

四、本学科发展趋势及展望

当前，国际形势正在经历百年未有之大变局，科技领域竞争空前激烈，单细胞技术、多组学技术、人工智能等多种前沿技术正深刻影响基础医学和生物学的发展，随着形势的新变化，要求提升我国的基础研究原始创新，增强对国民经济社会发展的支撑作用。习主席强调的"四个面向"为我国科技发展指明了方向，它融科技、经济、国家与人民于一体。其中，面向国家重大需求，就是需要在关键领域和卡脖子的地方下功夫，抢占科技制高点，寻求新的增长点，获得新的突破；而人民生命健康是实现美好生活需要的底线要求和根本保障。因此，结合脂质与脂蛋白的研究领域的发展逐步呈现从单一医学向生命科学和化学扩张和延伸，呈现出崭新的局面和机遇。本学科领域研究的发展需要侧重以下几个方面特征：①以系统生物医学为指导思想，重点建立本领域中新的关键技术；②建立脂质和脂蛋白分子之间以及与其他生物大分子相互作用的时空调控网络；③深入阐述脂质和脂蛋白的异常与疾病发生发展中作用特点，寻找它们参与疾病的个性和共性特征，探索防治疾病的新策略；④注重转化医学研究，达到促进健康的目的。

1. 脂质和脂蛋白的时空网络调控研究及其关键技术发展

脂质分为以下八类：分别是脂肪酸类、甘油酯类、磷脂类、鞘脂类、糖脂类、固醇类、孕烯醇酮脂类和多聚乙烯类。传统的代谢物质研究主要包括提取、分离、分析鉴定等方面技术。核磁共振、气质及液质、"鸟枪法"等技术的相继涌现为大规模脂质研究提供了可能，LC/MS 技术虽然已经揭示了存在于人血浆中超过五百多种不同类型脂质，例如脂肪酸、甘油酯、磷脂等，但是目前也存在不足。首先脂质的提取没有统一的标准，直接影响到分析的结果。某些细胞器相应脂质的提取需要进行匀浆，可造成脂质重排，从而对特定区域中脂质的研究造成困难。因此，根据不同长度与饱和度的脂质类型具有不同的光谱而发展起来的活细胞原位脂质检测技术是一个很好的发展方向。而新技术的发展以及信息学的广泛应用，也将促进新的脂类发现，这就需要进一步完善出一套系统的、规范的分类方法。另外一方面，每一种脂蛋白又可能存在更为细致的亚类和功能，这就有待于新技术、新方法的出现将其分类更为细化，并将这种分类及命名标准化，收录于相关网站并予以共享，从而为科研人员所广泛运用，进而指导人类开展脂质与脂蛋白相关性疾病研究。所以，未来需要进一步开展和研发新技术和方法来发现新脂质，以及进一步发展脂质分离和鉴定技术。

随着基因组、转录组、蛋白质组学的发展，依赖于全方位、立体化和多视角研究生命过程和疾病过程的系统生物学发展并促进脂质组学的迅速发展。但脂质组学也面临一系列的挑战，如：①脂质提取标准不统一，造成结果差异大；②脂质代谢途径及网络研究所涉及的生物信息学知识较少；③脂质定性定量分析软件相对薄弱，脂质组学数据库少。因此，将来需要集中完善和发展脂质组学，加强其与糖组学和蛋白质组学等学科交叉研究，完善脂质定性定量分析及生物信息学方法，建立脂质组数据库，加强研究单细胞脂质组学以及器官与组织中的脂质三维成像技术研究，加强脂质与蛋白质相互作用研究。而脂质可以作为信号分子传递信号，脂质的这些特征决定了其在体内的作用多样而复杂，将来需要重点发展个体化脂质组学研究，寻找感受细胞膜磷脂等组成变化在生物活动中的分子感受器，研究其介导的信号转导中的生物学意义，最终利用脂质组等多种组学数据，构建时空网络调控，确定时空网络中的关键节点，加强研究分析脂质代谢物与疾病之间的关系对于个体化治疗具有重要意义。

（1）单细胞脂质组与脂质三维成像

与蛋白质的属性不同，脂质是由高度异质特性的生物分子组成，这些生物分子的生物学特性和功能千差万别，同一种类内的脂质的生理化学特性也会有非常大的差异。脂质种类的繁多以及理化性质的巨大差异反应脂质在细胞、组织以及整体水平扮演着各种各样的角色，行使着各种各样的功能。细胞质膜、线粒体、溶酶体和核膜等这些基本的亚细胞结构无一例外都由共同的以及各自特有的脂质组成。能量贮存、自分泌、旁分泌和自噬等基本的生物学功能也都离不开脂质。理论推测生命体大概有 18 万中不同的脂质，然而目前最精密的仪器最多也只能鉴定出 9600 种脂质。因此，需要发展单细胞脂质组以及器官与组织中的脂质三维成像技术，重点研究单细胞脂质组以及器官与组织中的脂质三维成像，深入探索它们在生命中存在的生物学意义。

（2）脂质与蛋白质相互作用调控网络

尽管生命体把脂质作为能量的存储物质、信号转导分子，甚至是蛋白质修饰的底物，但脂质最重要的功能是其组成了细胞膜的基本结构。无论是生命起源，还是单细胞到多细胞生物的进化，脂质双分子层构成的膜结构都起到了决定性的作用。围绕脂质双分子层细胞膜结构，已经产生了很多物种起源的假说，其中大孔径的 ATP 合成酶与脂质双分子层膜的组合被认为是较为合理的最初细胞起源模型。对细胞膜的脂质组成成分以及和膜蛋白的关系的研究，不但有助于科技工作者更好的理解生命活动的本质，相关疾病的起因和演变过程，也会帮助揭开生命起源的神秘面纱。

构成细胞膜的主要脂质为不同比例的磷脂、鞘脂、糖脂和游离胆固醇。除游离胆固醇外，前三者的种类非常繁多，特别是脂肪酸结构部分在碳链的长度、双键的数量、双键的位置和羟基化上均存在差异，加其他化学基团的多种变化，导致了这些三类类膜脂质的数量庞大的分子多样性，并且这种多样性还会随着饮食、节律和细胞周期发生着适时的变化。遗传学的研究表明，细胞膜的脂质组成多样性与疾病有着密切的关系，但这些构成细胞膜脂质结构上细微的变化是如何导致疾病发生的，我们还并不清楚。目前主流的观点认为，这些细胞膜脂质组成上的变化，导致了相关蛋白的变化，从而导致了疾病的发生。与细胞膜脂质直接相关的蛋白可能主要有两类，一类是亲膜蛋白，一类是跨膜蛋白。亲膜蛋白可以通过脂质的头部亲水基团（丝氨酸、乙酰胺等）发生结合，而跨膜蛋白是其一部分结构域与脂质疏水基团结合形成跨膜结构。脂质结构的改变，一方面影响了对亲膜蛋白的招募，进行影响亲膜蛋白的细胞定位和活性；另一方面影响了跨膜蛋白的疏水结构域的空间结构，进而影响了蛋白的活性。甚至有可能存在一些专门负责感受细胞膜脂质变化的蛋白质感受器，感受和传递脂质发生变化产生的生物信号。因此，将来还需要更多构建脂质多样性与生理病理表型的关系，脂质多样性与蛋白质等结合图谱，以及找到那些可能作为脂质分子多样性感受器的亲膜蛋白和跨膜蛋白，加强脂质与蛋白质相互作用研究，探索这些分子感受器在生物活动和疾病发生过程中的科学意义。

2. 脂质和脂蛋白的转化医学研究

转化医学是以患者为导向，紧密联系基础医学和临床医学，从临床发现疾病现象，经过深入细致的基础研究，其成果应用于临床。临床上，脂质贮积疾病、脂肪肝、肥胖、动脉粥样硬化、阿尔茨海默病等多种重大疾病与脂质代谢异常密切相关。针对这些疾病，需要从临床出发，充分应用临床标本，结合基础研究，共同阐明对应的发病机制或发生发展机理，找到诊断和治疗方法并应用于临床。脂质的转化医学是将脂质组等技术应用到病患防治中，将病患进行分类、分期、检测，从而达到临床治疗效果，重点发展脂质分子标志物的鉴定和应用，基于脂质分子分型的个体化治疗以及脂质与脂蛋白相关疾病治疗反应和预后的评估与预测等。今后的研究需要集中从脂质和脂蛋白代谢的调控途径在疾病中的作用以及新药靶点与新药研发、健康促进等方面开展。

（1）代谢调控及其异常导致疾病的机理研究

脂质的种类繁多，其代谢途径复杂，包括消化、吸收和转运，细胞内脂滴的形成和分解。脂质作为疏水性物质，其运送需要蛋白质的辅助，包括脂蛋白、脂肪酸结合蛋白等。今后的研究需要确定脂质和脂蛋白代谢过程重要酶的细胞水平的定位以及乙酰化、磷酸化等翻译后修饰的重要功能，并探索它们如何进一步将代谢物向下游通路运输，并且可能发挥的生物学效应。脂质和脂蛋白代谢与细胞生物学过程密切相关，脂质积聚与脂蛋白的异常可以参与心肌细胞等多种细胞死亡。细胞死亡在磷脂酰胆碱合成与分解的关键步骤都是与细胞周期调节的破坏密切相关的，这强调了磷脂酰胆碱及其代谢物在细胞命运中具有重要的作用。自噬也是一种重要的生命过程，通过溶酶体介导缺陷细胞器以及蛋白的降解。尽管自噬体的形成与成熟通常被分子反应控制，但是脂质在其中的作用也不容忽视，脂质和脂蛋白在自噬开始、自噬体形成与成熟中都发挥了重要作用。坏死同样是细胞重要生命活动，值得进一步研究。在研究脂质和脂蛋白在基本的细胞生物学过程中发挥的重要作用的基础上，研究脂质和脂蛋白的代谢异常与疾病等之间的重要联系，阐明这些途径中的分子调控机理对于推动临床转化研究具有重要意义。

（2）新药靶点与新药研发

脂质代谢产物与途径可作为新药研发靶点。目前在心血管疾病领域，调脂的他汀类药物已经成为销量最大的处方药。然而，他类只能降低 30% 左右的心血管疾病死亡率。肥胖患者主要表现为脂质的堆积异常，目前尚缺少有效可靠且副作用少的药物，需要进一步的药物研发。未来的调脂药物研发很大程度上要利用目前实验所得的代谢物之间、代谢物与蛋白质之间作用信息，同样需要发展大规模组学研究提供更多的靶点与修饰信息，针对性设计脂质模拟分子。将新技术、新方法用于心血管疾病的药物研发中，天然小分子和多肽类药物以及中药小分子等可能作为未来脂质和脂蛋白相关疾病药物研究的重点。

（3）促进健康

科学研究的最终目的是延缓多种疾病的发生，延长人类寿命。目前，现代医学多集中关注疾病的本身，多是"头痛医头，脚痛医脚"，以"分病而治"为主。鉴于脂质和脂蛋白代谢异常是多种重大疾病的共同危险因素，侧重阐述脂质和脂蛋白的异常与疾病发生发展中的个性特征和共性规律特征将为同时防治多种疾病带来希望。因此，未来脂质和脂蛋白研究中，除了加强基础研究中不同途径的资金投入，注重发展本学科中能成为领跑者的颠覆式技术，在更为广阔的平台上大规模、高精度分析脂质和脂蛋白与重大疾病关系以外，还需要进一步加强对于疾病的预防，通过倡导健康的生活方式，如饮食/能量限制和适量运动，预防脂质和脂代谢的异常，进而有效地预防多种重大疾病的发生发展，最终实现从"分病而治"向"异病同防/治"的转变。因此，在我国科研人员共同努力下，将有机会发现更多与疾病相关的脂质标志物以及新的药物靶点和新的药物，使脂质和脂蛋白在疾病的研究可以更好地应用到临床防治阶段，从而达到预防疾病、提高国人健康水平和延长寿命的目的，推动医学走入大健康时代和促进健康中国建设。

参考文献

［1］ Cui L, Mirza AH, Zhang S, et al. Lipid droplets and mitochondria are anchored during brown adipocyte differentiation［J］. Protein Cell, 2019, 10（12）: 921-926.

［2］ Wang Y, Zhou XM, Ma X, et al. Construction of Nanodroplet/Adiposome and Artificial Lipid Droplets［J］. ACS Nano, 2016, 10（3）: 3312-3322.

［3］ Zhou L, Yu M, Arshad M, et al. Coordination Among Lipid Droplets, Peroxisomes, and Mitochondria Regulates Energy Expenditure Through the CIDE-ATGL-PPARalpha Pathway in Adipocytes［J］. Diabetes, 2018, 67（10）: 1935-1948.

［4］ Xu D, Li Y, Wu L, et al. Rab18 promotes lipid droplet（LD）growth by tethering the ER to LDs through SNARE and NRZ interactions［J］. J Cell Biol, 2018, 217（3）: 975-995.

［5］ Xiao J, Luo J, Hu A, et al. Cholesterol transport through the peroxisome-ER membrane contacts tethered by PI（4, 5）P2 and extended synaptotagmins［J］. Sci China Life Sci, 2019, 62（9）: 1117-1135.

［6］ Lu X Y, Shi X J, Hu A, et al. Feeding induces cholesterol biosynthesis via the mTORC1-USP20-HMGCR axis［J］. Nature, 2020, 588（7838）: 479-484.

［7］ Zhang YY, Fu ZY, Wei J, et al. A LIMA1 variant promotes low plasma LDL cholesterol and decreases intestinal cholesterol absorption［J］. Science, 2018, 360（6393）: 1087-1092.

［8］ Wang YJ, Bian Y, Luo J, et al. Cholesterol and fatty acids regulate cysteine ubiquitylation of ACAT2 through competitive oxidation［J］. Nat Cell Biol, 2017, 19（7）: 808-819.

［9］ Hao JW, Wang J, Guo H, et al. CD36 facilitates fatty acid uptake by dynamic palmitoylation-regulated endocytosis［J］. Nat Commun, 2020, 11（1）: 4765.

［10］ Wang J, Hao JW, Wang X, et al. DHHC4 and DHHC5 Facilitate Fatty Acid Uptake by Palmitoylating and Targeting CD36 to the Plasma Membrane［J］. Cell Rep, 2019, 26（1）: 209-21.e5.

［11］ Wang X, Wang H, Xu B, et al. Receptor-Mediated ER Export of Lipoproteins Controls Lipid Homeostasis in Mice and Humans〔J〕. Cell Metab, 2021, 33（2）: 350-66 e7.

〔12〕 Huang D, Xu B, Liu L, et al. TMEM41B acts as an ER scramblase required for lipoprotein biogenesis and lipid homeostasis〔J〕. Cell Metab, 2021.

〔13〕 Zhao M, Zhao L, Xiong X, et al. TMAVA, a Metabolite of Intestinal Microbes, Is Increased in Plasma From Patients With Liver Steatosis, Inhibits gamma-Butyrobetaine Hydroxylase, and Exacerbates Fatty Liver in Mice〔J〕. Gastroenterology, 2020, 158（8）: 2266-81 e27.

〔14〕 Chen PB, Black AS, Sobel AL, et al. Directed remodeling of the mouse gut microbiome inhibits the development of atherosclerosis〔J〕. Nat Biotechnol, 2020, 38（11）: 1288-1297.

〔15〕 Kimura I, Miyamoto J, Ohue-Kitano R, et al. Maternal gut microbiota in pregnancy influences offspring metabolic phenotype in mice〔J〕. Science, 2020, 367（6481）.

〔16〕 Zhang Y, Gu Y, Ren H, et al. Gut microbiome-related effects of berberine and probiotics on type 2 diabetes（the PREMOTE study）〔J〕. Nat Commun, 2020, 11（1）: 5015.

〔17〕 Pei JF, Li XK, Li WQ, et al. Diurnal oscillations of endogenous H_2O_2 sustained by p66（Shc）regulate circadian clocks〔J〕. Nat Cell Biol, 2019, 21（12）: 1553-1564.

〔18〕 Tang X, Chen XF, Wang NY, et al. SIRT2 Acts as a Cardioprotective Deacetylase in Pathological Cardiac Hypertrophy〔J〕. Circulation, 2017, 136（21）: 2051-2067.

〔19〕 Tang X, Chen XF, Sun X, et al. Short-Chain Enoyl-CoA Hydratase Mediates Histone Crotonylation and Contributes to Cardiac Homeostasis〔J〕. Circulation, 2021, 143（10）: 1066-1069.

〔20〕 Shan B, Wang X, Wu Y, et al. The metabolic ER stress sensor IRE1alpha suppresses alternative activation of macrophages and impairs energy expenditure in obesity〔J〕. Nat Immunol, 2017, 18（5）: 519-529.

〔21〕 Wu Y, Shan B, Dai J, et al. Dual role for inositol-requiring enzyme 1alpha in promoting the development of hepatocellular carcinoma during diet-induced obesity in mice〔J〕. Hepatology, 2018, 68（2）: 533-546.

〔22〕 Liu L, Cai J, Wang H, et al. Coupling of COPII vesicle trafficking to nutrient availability by the IRE1alpha-XBP1s axis〔J〕. Proc Natl Acad Sci U S A, 2019, 116（24）: 11776-11785.

〔23〕 Vilar-Gomez E, Gawrieh S, Liang T, et al. Interrogation of selected genes influencing serum LDL-Cholesterol levels in patients with well characterized NAFLD〔J〕. J Clin Lipidol, 2021, 15（2）: 275-291.

〔24〕 Dicostanzo A, Ronca A, D'erasmo L, et al. HDL-Mediated Cholesterol Efflux and Plasma Loading Capacities Are Altered in Subjects with Metabolically- but Not Genetically Driven Non-Alcoholic Fatty Liver Disease（NAFLD）〔J〕. Biomedicines, 2020, 8（12）.

〔25〕 Vos DY, Van DE, Sluis B. Function of the endolysosomal network in cholesterol homeostasis and metabolic-associated fatty liver disease（MAFLD）〔J〕. Mol Metab, 2021: 101146.

〔26〕 Regue L, Minichiello L, Avruch J, et al. Liver-specific deletion of IGF2 mRNA binding protein-2/IMP2 reduces hepatic fatty acid oxidation and increases hepatic triglyceride accumulation〔J〕. J Biol Chem, 2019, 294（31）: 11944-11951.

〔27〕 Naiman S, Huynh F K, Gil R, et al. SIRT6 Promotes Hepatic Beta-Oxidation via Activation of PPARalpha〔J〕. Cell Rep, 2019, 29（12）: 4127-43 e8.

〔28〕 Liang N, Damdimopoulos A, Goni S, et al. Hepatocyte-specific loss of GPS2 in mice reduces non-alcoholic steatohepatitis via activation of PPARalpha〔J〕. Nat Commun, 2019, 10（1）: 1684.

〔29〕 Brocker CN, Kim D, Melia T, et al. Long non-coding RNA Gm15441 attenuates hepatic inflammasome activation in response to PPARA agonism and fasting〔J〕. Nat Commun, 2020, 11（1）: 5847.

〔30〕 Zhao P, Sun X, Chaggan C, et al. An AMPK-caspase-6 axis controls liver damage in nonalcoholic steatohepatitis〔J〕. Science, 2020, 367（6478）: 652-660.

〔31〕 Chen M, Lu P, Ma Q, et al. CTNNB1/beta-catenin dysfunction contributes to adiposity by regulating the crosstalk of mature adipocytes and preadipocytes［J］. Sci Adv, 2020, 6（2）: eaax9605.

［32］ Hu Z, Han Y, Liu Y, et al. CREBZF as a Key Regulator of STAT3 Pathway in the Control of Liver Regeneration in Mice［J］. Hepatology, 2020, 71（4）: 1421-1436.

［33］ Zhao L, Zhang C, Luo X, et al. CD36 palmitoylation disrupts free fatty acid metabolism and promotes tissue inflammation in non-alcoholic steatohepatitis［J］. J Hepatol, 2018, 69（3）: 705-717.

［34］ Jiang Y, Sun A, Zhao Y, et al. Proteomics identifies new therapeutic targets of early-stage hepatocellular carcinoma ［J］. Nature, 2019, 567（7747）: 257-261.

［35］ Xu D, Wang Z, Xia Y, et al. The gluconeogenic enzyme PCK1 phosphorylates INSIG1/2 for lipogenesis［J］. Nature, 2020, 580（7804）: 530-535.

［36］ Yang W, Bai Y, Xiong Y, et al. Potentiating the antitumour response of CD8（+）T cells by modulating cholesterol metabolism［J］. Nature, 2016, 531（7596）: 651-655.

［37］ Fu Y, Sun Y, Wang M, et al. Elevation of JAML Promotes Diabetic Kidney Disease by Modulating Podocyte Lipid Metabolism［J］. Cell Metab, 2020, 32（6）: 1052-62 e8.

［38］ Ren L, Sun Y, Lu H, et al.（Pro）renin Receptor Inhibition Reprograms Hepatic Lipid Metabolism and Protects Mice From Diet-Induced Obesity and Hepatosteatosis［J］. Circ Res, 2018, 122（5）: 730-741.

［39］ Mabuchi H, Nohara A, Noguchi T, et al. Genotypic and phenotypic features in homozygous familial hypercholesterolemia caused by proprotein convertase subtilisin/kexin type 9（PCSK9）gain-of-function mutation［J］. Atherosclerosis, 2014, 236（1）: 54-61.

［40］ Koren M J, Giugliano RP, Raal FJ, et al. Efficacy and safety of longer-term administration of evolocumab（AMG 145）in patients with hypercholesterolemia: 52-week results from the Open-Label Study of Long-Term Evaluation Against LDL-C（OSLER）randomized trial［J］. Circulation, 2014, 129（2）: 234-243.

［41］ Hess CN, Low Wang CC, HIATT W R. PCSK9 Inhibitors: Mechanisms of Action, Metabolic Effects, and Clinical Outcomes［J］. Annu Rev Med, 2018, 69: 133-145.

［42］ Wojcik C. Incorporation of PCSK9 inhibitors into prevention of atherosclerotic cardiovascular disease［J］. Postgrad Med, 2017, 129（8）: 801-810.

［43］ Thedrez A, Sjouke B, Passard M, et al. Proprotein Convertase Subtilisin Kexin Type 9 Inhibition for Autosomal Recessive Hypercholesterolemia-Brief Report［J］. Arterioscler Thromb Vasc Biol, 2016, 36（8）: 1647-1650.

［44］ Robinson JG, Farnier M, Krempf M, et al. Efficacy and safety of alirocumab in reducing lipids and cardiovascular events［J］. N Engl J Med, 2015, 372（16）: 1489-1499.

［45］ Raal FJ, Stein EA, Dufour R, et al. PCSK9 inhibition with evolocumab（AMG 145）in heterozygous familial hypercholesterolaemia（RUTHERFORD-2）: a randomised, double-blind, placebo-controlled trial［J］. Lancet, 2015, 385（9965）: 331-340.

［46］ Blom DJ, Hala T, Bolognese M, et al. A 52-week placebo-controlled trial of evolocumab in hyperlipidemia［J］. N Engl J Med, 2014, 370（19）: 1809-1819.

［47］ Ginsberg HN, Rader DJ, Raal FJ, et al. Efficacy and Safety of Alirocumab in Patients with Heterozygous Familial Hypercholesterolemia and LDL-C of 160 mg/dl or Higher［J］. Cardiovasc Drugs Ther, 2016, 30（5）: 473-483.

［48］ Lambert G, Sjouke B, Choque B, et al. The PCSK9 decade［J］. J Lipid Res, 2012, 53（12）: 2515-2524.

［49］ Ray KK, Stoekenbroek RM, Kallend D, et al. Effect of an siRNA Therapeutic Targeting PCSK9 on Atherogenic Lipoproteins: Prespecified Secondary End Points in ORION 1［J］. Circulation, 2018, 138（13）: 1304-1316.

［50］ Frank-Kamenetsky M, Grefhorst A, et al. Therapeutic RNAi targeting PCSK9 acutely lowers plasma cholesterol in rodents and LDL cholesterol in nonhuman primates［J］. Proc Natl Acad Sci USA, 2008, 105（33）: 11915-11920.

［51］ Ray KK, Landmesser U, Leiter LA, et al. Inclisiran in Patients at High Cardiovascular Risk with Elevated LDL Cholesterol ［J］. N Engl J Med, 2017, 376（15）: 1430–1440.

［52］ Wetterau JR, Lin MC, Jamil H. Microsomal triglyceride transfer protein ［J］. Biochim Biophys Acta, 1997, 1345（2）: 136–150.

［53］ Mckenney JM. Understanding PCSK9 and anti–PCSK9 therapies ［J］. J Clin Lipidol, 2015, 9（2）: 170–186.

［54］ Perry CM. Lomitapide: a review of its use in adults with homozygous familial hypercholesterolemia ［J］. Am J Cardiovasc Drugs, 2013, 13（4）: 285–296.

［55］ Raal FJ. Lomitapide for homozygous familial hypercholesterolaemia ［J］. Lancet, 2013, 381（9860）: 7–8.

［56］ Neef D, Berthold HK, Gouni–Berthold I. Lomitapide for use in patients with homozygous familial hypercholesterolemia: a narrative review ［J］. Expert Rev Clin Pharmacol, 2016, 9（5）: 655–663.

［57］ Hooper AJ, Burnett JR, Watts GF. Contemporary aspects of the biology and therapeutic regulation of the microsomal triglyceride transfer protein ［J］. Circ Res, 2015, 116（1）: 193–205.

［58］ Wong E, Goldberg T. Mipomersen（kynamro）: a novel antisense oligonucleotide inhibitor for the management of homozygous familial hypercholesterolemia ［J］. P T, 2014, 39（2）: 119–122.

［59］ Akdim F, Visser ME, Tribble DL, et al. Effect of mipomersen, an apolipoprotein B synthesis inhibitor, on low–density lipoprotein cholesterol in patients with familial hypercholesterolemia ［J］. Am J Cardiol, 2010, 105（10）: 1413–1419.

［60］ Brown ML, Inazu A, Hesler CB, et al. Molecular basis of lipid transfer protein deficiency in a family with increased high–density lipoproteins ［J］. Nature, 1989, 342（6248）: 448–451.

［61］ Kosmas CE, Dejesus E, Rosario D, et al. CETP Inhibition: Past Failures and Future Hopes ［J］. Clin Med Insights Cardiol, 2016, 10: 37–42.

［62］ Shinkai H, Maeda K, Yamasaki T, et al. bis（2–（Acylamino）phenyl）disulfides, 2–（acylamino）benzenethiols, and S–（2–（acylamino）phenyl）alkanethioates as novel inhibitors of cholesteryl ester transfer protein ［J］. J Med Chem, 2000, 43（19）: 3566–3572.

［63］ Kassim SH, Li H, Bell P, et al. Adeno–associated virus serotype 8 gene therapy leads to significant lowering of plasma cholesterol levels in humanized mouse models of homozygous and heterozygous familial hypercholesterolemia ［J］. Hum Gene Ther, 2013, 24（1）: 19–26.

［64］ 朱成刚, 刘庚, 吴娜琼, 等. 血液净化治疗在家族性高胆固醇血症患者中的应用·中国循环杂志 ［J］. 2016, 31（12）: 1175–1178.

［65］ Triglyceride Coronary Disease Genetics C, Emerging Risk Factors C, Sarwar N, et al. Triglyceride–mediated pathways and coronary disease: collaborative analysis of 101 studies ［J］. Lancet, 2010, 375（9726）: 1634–1639.

［66］ Hokanson JE, Austin MA. Plasma triglyceride level is a risk factor for cardiovascular disease independent of high–density lipoprotein cholesterol level: a meta–analysis of population–based prospective studies ［J］. J Cardiovasc Risk, 1996, 3（2）: 213–219.

［67］ Lewis GF, Xiao C, Hegele RA. Hypertriglyceridemia in the genomic era: a new paradigm ［J］. Endocr Rev, 2015, 36（1）: 131–147.

［68］ Chokshi N, Blumenschein SD, Ahmad Z, et al. Genotype–phenotype relationships in patients with type I hyperlipoproteinemia ［J］. J Clin Lipidol, 2014, 8（3）: 287–295.

［69］ Wang H, Eckel RH. Lipoprotein lipase: from gene to obesity ［J］. Am J Physiol Endocrinol Metab, 2009, 297（2）: E271–88.

［70］ Scott LJ. Alipogene tiparvovec: a review of its use in adults with familial lipoprotein lipase deficiency ［J］. Drugs, 2015, 75（2）: 175–182.

［71］ Gaudet D, Stroes ES, Methot J, et al. Long-Term Retrospective Analysis of Gene Therapy with Alipogene Tiparvovec and Its Effect on Lipoprotein Lipase Deficiency-Induced Pancreatitis ［J］. Hum Gene Ther, 2016, 27（11）: 916-925.

［72］ Pawlikowski B, Pulliam C, Betta ND, et al. Pervasive satellite cell contribution to uninjured adult muscle fibers ［J］. Skelet Muscle, 2015, 5: 42.

［73］ Huff MW, Hegele RA. Apolipoprotein C-III: going back to the future for a lipid drug target ［J］. Circ Res, 2013, 112（11）: 1405-1408.

［74］ Baldi S, Bonnet F, Laville M, et al. Influence of apolipoproteins on the association between lipids and insulin sensitivity: a cross-sectional analysis of the RISC Study ［J］. Diabetes Care, 2013, 36（12）: 4125-4131.

［75］ Conklin D, Gilbertson D, Taft DW, et al. Identification of a mammalian angiopoietin-related protein expressed specifically in liver ［J］. Genomics, 1999, 62（3）: 477-482.

［76］ Robciuc MR, Maranghi M, Lahikainen A, et al. Angptl3 deficiency is associated with increased insulin sensitivity, lipoprotein lipase activity, and decreased serum free fatty acids ［J］. Arterioscler Thromb Vasc Biol, 2013, 33（7）: 1706-1713.

［77］ Kersten S. Angiopoietin-like 3 in lipoprotein metabolism ［J］. Nat Rev Endocrinol, 2017, 13（12）: 731-739.

［78］ Graham MJ, Lee RG, Brandt TA, et al. Cardiovascular and Metabolic Effects of ANGPTL3 Antisense Oligonucleotides ［J］. N Engl J Med, 2017, 377（3）: 222-232.

［79］ Cheng D, Iqbal J, Devenny J, et al. Acylation of acylglycerols by acyl coenzyme A: diacylglycerol acyltransferase 1（DGAT1）. Functional importance of DGAT1 in the intestinal fat absorption ［J］. J Biol Chem, 2008, 283（44）: 29802-29811.

［80］ Buhman KK, Smith SJ, Stone SJ, et al. DGAT1 is not essential for intestinal triacylglycerol absorption or chylomicron synthesis ［J］. J Biol Chem, 2002, 277（28）: 25474-25479.

［81］ Yan JH, Meyers D, Lee Z, et al. Pharmacokinetic and pharmacodynamic drug-drug interaction assessment between pradigastat and digoxin or warfarin ［J］. J Clin Pharmacol, 2014, 54（7）: 800-808.

［82］ Gouni-Berthold I, Berthold HK. Mipomersen and lomitapide: Two new drugs for the treatment of homozygous familial hypercholesterolemia ［J］. Atheroscler Suppl, 2015, 18: 28-34.

撰稿人: 刘德培　李伯良　阮雄中　郑　斌　郑　凌　郑　芳

李国平　覃　丽　宋国平　朱永庆　宋永砚　陈厚早

系统生物学研究进展

一、引言

1. "三足鼎立"的中国系统生物学研究队伍

系统生物学（Systems Biology）作为后基因组时代新兴的一门交叉学科，从 2000 年诞生至今，逐渐被生命科学界接受并进入其主流研究领域；2011 年 3 月 18 日，国际生命科学著名刊物《细胞》（*Cell*）发表了整整一期介绍系统生物学的评论文章，其中一篇文章的标题就是《系统生物学：进化成为主流》[1]。系统生物学的核心任务是，整合经典的分子生物学、细胞生物学和组学等不同研究策略和技术，围绕着生物复杂系统的生理和病理活动的分子机制进行研究。

由于基因、RNA、蛋白质和代谢物等各种生物分子是生物复杂系统的基础，所以目前国际上的系统生物学研究主要涉及基因组、转录组、蛋白质组、代谢组等多组学研究以及这些生物分子之间的相互作用网络，如基因转录调控网络、信号转导网络和代谢调控网络等。《自然》（*Nature*）出版集团在 2005 年 3 月创立的国际上第一份系统生物学的学术刊物的名字就叫《分子系统生物学》（*Molecular Systems Biology*）。为此，2012 年 7 月，中国生物化学与分子生物学会成立了"分子系统生物学专业委员会"。

系统生物学的一个重要特点是，采用计算机模拟和理论分析方法，对生物复杂系统的行为进行分析和预测，并建立相关的数学模型。可以说，系统生物学使生命科学由定性研究为主转变为定量研究和预测的科学。2010 年 3 月成立的"中国运筹学会计算系统生物学分会"就是要推进相关的研究工作，包括发展系统生物学理论研究技术，发展能够整合和分析不同组学数据的新型算法和软件；发展适用于分析复杂网络结构及其动力学特征的数学理论和方法；发展适用于生物复杂系统动态行为的非线性分析理论和方法。

　　系统生物学的一个主要目标是要研究生命复杂系统的病理活动及其规律，进而发展抗击肿瘤、糖尿病等复杂性疾病的诊疗新方法，由此形成了系统生物医学。2006年4月在上海交通大学正式成立中国第一个系统生物医学研究院。随后，2010年6月北京大学也成立了系统生物医学中心。随着我国系统生物医学研究队伍的发展，系统生物医学专业委员会于2019年5月在中国生物工程学会下筹备成立，并于2020年8月正式获批成立。该专业委员会的使命在于促进我国系统生物医学的发展，加强全国同行沟通合作，进一步打造生命科学与临床结合的平台，促进我国尽早建立一个理论体系和技术体系融合发展的、完善的系统生物医学学科体系。

2. 积极活跃的中国系统生物学学术交流活动

　　2019年9月21—22日，由中国生物化学与分子生物学会分子系统生物学专业委员会和中国运筹学会计算系统生物学分会主办，上海交通大学系统生物医学研究院、中国生物工程学会系统生物医学专业委员会（筹）、上海交通大学转化医学中心承办的第一届全国系统生物学大会在上海交通大学圆满召开。本次大会以"系统生物学：从基础研究到健康科学"为主题，大会特邀美国系统生物学研究所 Leroy Hood 院士、北京大学欧阳颀院士、复旦大学金力院士、中国科学院植物生理生态研究所赵国屏院士、北京大学汤超教授及中国科学院生物化学与细胞生物学研究所吴家睿研究员和陈洛南研究员做大会主旨报告，从4P医学、定量生物学、表型组学、基因组学、微生物组学、计算生物学等多维度对系统生物学进行阐释，实现跨学科跨领域的学术交流与思想碰撞。围绕大会主题，本次大会开设分子系统生物学、系统生物医学和计算系统生物学三个平行分会场，精心安排和挑选共计57个分会场报告和14个青年报告，就系统生物学研究理论策略、技术方法和转化应用以及如何运用系统生物学造福人类等问题展开深入讨论和充分探讨。本次大会共吸引500余名来自全国多所高校、科研机构的专家学者及学生参会。

　　计算系统生物学国际会议（ISB：International Conference on Computational Systems Biology）是由中国运筹学会计算系统生物学分会主办的系列国际会议，2008年举办第一届，目前已举办12届；其中2020年9月的ISB会议（ISB2020）由中国运筹学会计算系统生物学分会和中国生物化学与分子生物学会分子系统生物学专业委员会联合主办，海南师范大学承办，以"系统生物学：从基础研究到健康科学"为主题，在海口市举行了为期两天的"线下＋线上"会议。尽管因新冠疫情的影响，原计划小范围举行的年会还是吸引了学界同仁的关注，线下100余位学者参加了该次会议，线上超过千人参与。此外，系统生物医学专业委员会自筹建以来就积极开展各种学术活动，主办或承办了一系列有影响力的大型学术会议，包括高通量单细胞分析技术及转化应用研讨会、第一届全国系统生物学大会、第十三届中国生物工程学会年会"系统生物医学与健康研讨会"、系统生物医学组学技术研讨会等。

二、本学科领域研究的近年最新进展

1. 主要研究进展——理论分析

（1）基于动力学的数据科学

传统的生物学数据研究方法（如数据分类、数据降维、变量聚类、变量相关性分析等）大多基于数据的静态统计信息，这可称为"基于统计学的数据科学（statistics-based data science）"。这类方法的缺点是，在很多场景下不能准确地解释和预测系统的复杂动态行为。然而，即使是静态的数据，往往也蕴含着系统的动力学特征。如何充分建立和利用动力系统的普遍性质（如稳态平衡点的临界性质、中心流型的低维性、单变量的吸引子的重构性等），对蕴含在数据中的动力学信息进行挖掘和分析，是一个新兴的交叉方向，中科院分子细胞科学卓越创新中心陈洛南等人提出"基于动力学的数据科学（dynamics-based data science）"[2]。该方向将动力系统理论、统计学理论和数据的实际背景结合在一起，为处理和解释动态生物大数据提供了一套基础坚实、计算高效的理论和方法。中科院分子细胞科学卓越创新中心陈洛南团队在该方向做了系统的工作：①利用微分方程的分岔理论，由测量的高维数据，进行健康临界预警和疾病预测（称为DNB理论）。该理论利用系统在临界点附近，复杂网络将表现出有别于非临界点的网络特性，量化临界状态并发现疾病的关键因子，实现疾病预警"防病于未然"[3]。②利用偏微分方程和扩散图理论，量化细胞的干性或距离干细胞的远近。该方法是，通过建立随机生灭过程的偏微分方程模型，对细胞的分化过程进行了干性量化。利用单细胞测序数据和相关数学方法，可以对每类细胞干性进行估计和分化程度排序，实现量化细胞的干性，并构建干性势能景观[4]。③利用神经网络工具，对基因表达量等的时间序列进行预测（ARNN）。该方法利用所谓的蓄水池神经网络工具，通过"空间-时间信息变换方程"，即变换高维数据的信息为时间的动态信息，对短序列高维度数据（如基因表达数据）进行学习，可实现复杂系统的短时间序列或动态演化的预测[5]。④利用单变量的相或吸引子重构，建立变量间的直接关联和动力学因果关联[6]。该方法和理论通过单变量的吸引子重构，仅由观测时序列数据，可以推断变量间的因果关系。整体而言，"动力学的数据科学"是一个全新的交叉领域，相比传统静态的基于统计学的数据科学方法，具有可解释性、可量化性和可拓展性，在今后的生物医学等领域，将扮演不可或缺的角色。

（2）基因调控网络

细胞有一套机制来调控基因的表达，而转录因子是其中的重要一员，它们本身是基因表达的翻译产物。因此，基因和基因之间可以互相调控，这就形成了基因调控网络。基因调控网络研究的核心问题是如何基于生物数据对调控网络进行重构。在转录水平上，测量整个基因组的表达量，进而进行基因调控网络推断是比较常见的。目前，RNA-seq是比较成熟的表达数据获取技术，而单细胞测序技术 scRNA-seq 则可以获得单个细胞的表达水平，这为人们研究细胞之间的差异乃至网络水平的差异提供了可能。另一类可用作重构的输入数据（比如，ChIP-seq 数据）描述的是转录因子和目标基因之间的关系。目前主流的网络推断模型包括信息论、布尔网络、微分方程、贝叶斯推断和神经网络等。需要指出的是，基于 scRNA-seq 数据进行网络重构是一个新趋势。但是，由于 scRNA-seq 数据存在较多的信息缺失和噪声大特点，如何对 scRNA-seq 数据进行预处理和分析是当前基因网络重构研究中的热点问题之一。国内研究者对该问题进行了系统深入的研究，并取得了一系列成果。例如，最近中科院分子细胞科学卓越创新中心陈洛南团队基于 scRNA-seq 数据发展了一套构建细胞特异性网络的方法，即为单个细胞（不是单个细胞类型）构建一个网络，首次从单个细胞水平上来研究基因调控网络[7]。这种方法得到的网络同样可以用现有的方法进行分析，例如寻找差异基因及其关联。此外，中科院数学院王勇、张世华等团队分别集成 scRNA-seq 和 scATAC-seq 数据和不同组织的 scATAC-seq 数据[13]，通过统计方式建模基因调控网络[8, 9]。

（3）疾病网络

疾病网络涉及两种类型：一是疾病相关过程的调控网络，聚焦疾病产生和发展的网络调控机制解析；二是特指不同疾病之间的关联，注重疾病之间的内在网络关系。这里专指后者，构建疾病间网络的基本原理为：如果两类疾病具有相似的相关基因，这两类疾病可能存在内在关联，在疾病网络中相互连接。长期以来，人类疾病一直是根据经验表型特征来分类的，如症状表现、病理解剖及病理生理学特征等。随着研究的深入，全基因组关联分析促进了大量人类疾病相关基因的鉴定和发掘，疾病－基因的关联也得到了很大程度的阐明。目前，已有多个公共的疾病－基因关联数据和基因缺陷数据的资源库，如 DisGeNET、OMIM，为全面解析疾病之间的内在关联提供了丰富的数据资源。构建人类疾病网络是挖掘疾病与疾病、疾病与基因间联系的有力手段，为揭示疾病间的因果关系和疾病相关基因的特性提供了新视角。解析疾病网络，不仅有助于阐释不同的疾病表型特征是如何在分子水平上发生联系，也有助于理解为什么某种疾病群会同时出现，对疾病的分类以及亚型分析、共同发病率等研究提供新的见解。此外，将疾病－疾病网络与疾病－药物网络有机整合也有助于新药物的研发。近期清华大学交叉信息研究院曾坚阳团队开发了基于神经网络模型的化合物蛋白相互作用预测模型[10]。例如，通过分析相互关联的疾病，有可能发现已经批准的药物治疗其他疾病的可能性。此外，还可为临床实践提供指导，发现更好、更准确的生物标志物用于疾病诊断和分型，为个性化医疗提供指导。随着疾病相关信息日益丰富，开发新的文本信息挖掘算法，可以完善对疾病网络的构建和解析，将有利于更加精准、全面地理解疾病之间的关系，清华大学自动化系李梢教授推动了中医网络药理学的网络靶标发现[11]。

2. 主要研究进展——技术发展

（1）基因组学技术进展

自人类基因组计划的第一代测序技术之后，以 Illumina 基因组测序技术为代表的第二代测序技术成为了基因组测序技术的主流，而近年来单分子测序技术的发展则推动了第三代测序技术的出现。相比于第二代测序中每个序列的几百碱基对测序读长，第三代测序的平均读长达到了几万碱基对，最长可以达到数百万碱基对。由于第三代测序错误率较高，此前用于第二代基因组测序的组装方法纷纷失效，缺乏高效的组装工具，一个哺乳动物基因组的组装时间通常要数周。2020 年，中国农业科学院农业基因组研究所阮珏博士和其合作者开发了第三代测序数据组装新算法 "Wtdbg"，这是首个能够跟上基因组测序产生速度的组装算法，特别是对超大型基因组的组装，Wtdbg 属于目前为数不多的可以高效使用的组装软件[12]。虽然现在基因组测序的速度已经远远超过人类基因组计划实施阶段，但是对基因组的功能研究和传统的相比并没有很大的改变，还很难进行高通量的研究。最近北京大学魏文胜课题组发展了一种基于 CRISPR-Cas 的功能性筛选技术，称为 iBARed cytosine Base Editing-mediated gene KnockOut（BARBEKO），主要是利用胞嘧啶单碱基编辑器靶向破坏蛋白质编码基因的起始密码子位点或剪接位点，或通过引入提前终止密码子的方式来实现非依赖 DNA 双链断裂的高效基因敲除[13]；该方法相较于经典的 CRISPR 基因敲除筛选，能将筛选所需细胞量降低 10～100 倍，并能够通用于正向和负向选择筛选，可以大幅提升全基因组水平的基因功能筛选能力。DNA 的复制、转录和修复等基因组的功能过程不是简单的一维事件，而是受到基因组三维拓扑结构的控制。为此，研究者发展了各种检测染色体空间结构及其动态变化的新技术。最近北京大学谢晓亮团队在《细胞》（Cell）杂志上发表了一项多维度检测三维（3D）基因组的技术，主要是将高分辨率多重退火和基于环的数字转录组扩增循环（MALBAC-DT）以及二倍体染色质构象捕获（Dip-C）方法进行整合；研究者利用该技术揭示了发育中的小鼠脑皮层和海马体的转录组及 3D 基因组结构类型，以及每个大脑高度特化细胞类型的 3D 基因组的发育起源，并探索它们与基因表达和早期生活经验的关系[14]。

华大基因研究团队历时两年，用 "无创产前基因检测" 技术收集了超过 14 万名中国孕妇的部分基因组样本，开发了一系列适用于此类数据的分析方法，揭示了包括 31 个省，36 个少数民族在内的中国人群精细遗传结构，实现了多种表型的全基因组关联分析，揭示了中国人群中病毒序列分布特征，构建了包含约 900 万个多态性位点的中国人群基因频率数据库（CMDB），其中包括约 20 万个新发现的多态性位点[15]。国家蛋白质科学中心（北京）周钢桥团队利用第三代测序技术——纳米孔测序技术，通过多样本检测的方法构建了中国藏汉人群的基因组结构变异（Structural variation，SV）图谱，共包括 38，216 个 SV；与基于第二代测序技术的 SV 研究相比，该图谱中有 27% 的 SV 是首次解析；研究者系统地分析了 SV 在基因组重复序列和功能区域中的分布，发现近 80% 的 SV 处于重复序列区域，并且显著富集于非编码区域。该项研究系统地揭示了结构变异在藏族人群适应青藏高原环境的过程中发挥的重要作用[16]。

（2）蛋白质组学技术进展

近五年来，随着生物质谱硬件技术的突飞猛进，我国蛋白质组学技术发展及在生物医学各领域的应用取得了跨越式发展。总体而言，在蛋白质及磷酸化翻译后修饰鉴定和定量技术的逐步成熟的前期基础上，我国蛋白质组学技术主要在新型翻译后修饰和蛋白质复合物的选择性富集和规模化鉴定、化学蛋白质组学、Top-down 蛋白质组学分析和相关的生物信息学分析软件开发等方面取得了显著性发展。具体而言，在蛋白质翻译后修饰分析方面，我国科学家在磷酸化蛋白质组学和糖蛋白质组学，尤其是相关富集方法和鉴定软件开发方面取得了长足的进步。复旦大学杨芃原团队主导开发了 pGlyco 完整糖肽列检索软件及其系统应用研究为其中的代表性成果[17]。在蛋白质复合物的发现和结构解析方面，南方科大田瑞军团队在基于多功能化学探针的蛋白质复合物选择性标记方面开发了 Photo-pTyr-scaffold 等化学 – 生物多功能探针，并实现了针对乳腺癌新药靶点开发的生物医学应用[18]。活细胞近程标记代表了近年来活体蛋白质复合物分析方面的最新技术。上海科技大学庄敏 / 王皞鹏团队开发的新型蛋白质复合物标记酶 PUP-IT 19 和南方科技大学田瑞军团队开发的高选择性底物探针 BP5 和 BN2 等是其中的代表性成果[19, 20]。同时，中科院计算所贺思敏团队相关的交联多肽分析软件 pLink 开发也代表了国际先进水平[21]。除上述蛋白质复合物分析方面，近年来各种样品前处理技术和化学生物学技术与生物质谱分析技术的联合使用大大拓展了蛋白质组学技术的应用领域。例如，南方科技大学田瑞军团队结合多种富集策略的整合蛋白质组学技术和北京大学陈鹏 / 王初团队基于"临近脱笼"策略的化学蛋白质组学技术在胰腺癌生物标志物发现和蛋白质的原位激活方面的应用均代表了国际先进水平[22, 23]。以整体蛋白质为分析对象的 Native Mass Spectrometry 和 Top-down 蛋白质组学技术代表了蛋白质组学分析技术的未来发展方向。尽管在过去五年中发展缓慢，我国科学家在基于极紫外自由电子激光、毛细管电泳和高效电喷雾离子化方法等的完整蛋白高分辨质谱分析方面有了长足的进步。生物信息学分析是蛋白质组学技术应用的关键一环。在过去五年里，我国在相关方向的研究发展迅速，中科院计算所贺思敏团队在先进数据库索引技术[24]、在蛋白基因组数据解析和复旦大学乔亮团队在基于人工智能技术的蛋白质组学数据挖掘等方面均取得了突破性进展[25]，促使蛋白质组的分析深度和广度达到了新高度，形成了完整的分析流程。

（3）代谢组学技术进展

代谢组学作为系统生物学的重要分支，已广泛应用于生物、医药、植物、微生物及环境等领域，并极大地推动了相关领域研究进展。下面介绍国内代谢组学领域近五年来在技术与应用方面的重要进展。在代谢组高覆盖分析方面，改进预处理、色谱分离和质谱检测等可显著提升质谱检测灵敏度及分析覆盖度。上海交通大学附属上海第六人民医院贾伟教授团队开发了一种自动化的高通量代谢物阵列技术，可以在 20 分钟色谱梯度内定量包括脂肪酸、氨基酸、有机酸、碳水化合物和胆汁酸在内的 324 种代谢[26]；该方法在生物标志物的发现和高通量的临床检测方面具有较大的应用潜力。多维色谱可提高色谱峰容量改进分析覆盖度，中国科学院大连化学物理研究所许国旺课题组开发了一种在线中心切割二维液相色谱 – 质谱（2D–LC–MS）方法，可覆盖传统代谢组学和脂质组学方法以上两个方法的大约 99% 的特征，特别适用于小样本的大规模代谢组学研究[27]。该分析方法稍加改造，可在一次进样中分析短链、中链和长链酰基辅酶 A，可从肝脏提取物中共鉴定出 90 个酰基辅酶 A[28]。在批次样本分析及临床大队列分析方面，为应对大规模样本非靶向分析数据重复性差和缺乏标准化程序使得不同批次数据难以整合的问题，2012 年许国旺研究组在国际上首次提出"拟靶向代谢组学"概念，实现了非靶向和靶向分析的优势联合。在历经多年的方法学改进和应用研究后，2020 年进一步优化了拟靶向代谢组学建立流程，升级并提供了开放式软件和工具，形成了方法范本[29]。在结构鉴定及数据库构建方面，针对代谢组结构鉴定通量低的瓶颈及仅凭网络库质谱碎片信息准确度差的问题，许国旺课题组研发了一种综合的 LC-MSn 智能数据库构建策略，用于组学数据分析中的代谢物准确和批量鉴定[30]。针对组学数据采集、信号校正、多维信息比对算法以及仪器间差异等多方面问题，建立了一套系统性的解决方案，所研发出的代谢物定性数据库软件目前已实现转化。中科院上海有机所生物与化学交叉研究中心朱正江课题组在大规模结构鉴定中进一步引入离子迁移谱碰撞截面信息，联合 m/z、保留时间和 MS/MS 谱图，在提升脂质组和代谢组鉴定覆盖率和可信度方面开展了一系列工作[31, 32]。此外，该课题组开发了一个基于代谢反应网络的递归算法 MetDNA，用于代谢物的注释[33]。

（4）单细胞组学技术进展

国际科学界在 2016 年提出了一个宏大的"人类细胞图谱"（Human Cell Atlas，HCA）的大科学计划，其基本目标是，采用特定的分子表达谱来确定人体的所有细胞类型，并将此类信息与经典的细胞空间位置和形态的描述连接起来。2019 年，美国卫生研究院（NIH）也启动了一个名为"人类生物分子图谱计划（Human Biomolecular Atlas Program，HuBMAP）"，拟用 7 年的时间，发展一个能够在单细胞水平上全面分析人体细胞图谱的研究框架和研究技术。可以说，从分子水平上来区分和确定细胞类型已经成了当前生命科学的一个重要的前沿领域。转录组测序技术目前是单细胞分析的主要研究工具。我国科学家在这个方面的研究工作也取得了一系列国际领先的研究成果。浙江大学郭国骥教授团队利用自主研发低成本、高效率、完全国产化的高通量单细胞转录组测序平台，对小鼠不同生命阶段的近 50 种器官组织的 40 余万个细胞进行了系统性的单细胞转录组分析，构建了全球首个哺乳动物细胞图谱[34]。最近该研究团队又利用其技术平台对来自胎儿和成人的 8 个主要器官的 60 种组织样品进行了单细胞转录组分析，构建了跨越胚胎和成年两个时期的人体细胞图谱，包括 100 余种细胞大类和 800 余种细胞亚类[35]。此外，我国科学家在具体组织器官的细胞图谱研究方面也取得了很多进展，如陆军军医大学研究者最近发表的一项研究工作揭示，小鼠的体液免疫系统中存在一类新亚群细胞——SOSTDC1+Tfh，它们能够通过分泌 SOSTDC1 促进滤泡调节性 T 细胞的生成，进而维持体液免疫稳态[36]。

研究者显然不满足只用转录组测序技术从分子水平来进行单细胞的研究，针对单细胞的基因组表观遗传修饰、非编码 RNA 转录、蛋白质表达和翻译后修饰等研究技术正在快速发展之中。北京大学汤富酬研究组在 2014 年发展了微量细胞 DNA 甲基化组高通量测序技术，并首次实现了对人类早期胚胎发育过程中 DNA 甲基化组重编程的系统研究；不久前，他们进一步发展了一种单细胞多组学测序技术（single-cell chromatin overall omic-scale landscape sequencing），可以对一个单细胞同时进行染色质状态、DNA 甲基化、基因组拷贝数变异以及染色体倍性的全基因组测序技术，并利用该技术分析了小鼠早期胚胎和胚胎干细胞的染色质重编程和甲基化状态[37]。与此同时，我国其他科学家团队也分别利用 DNase-seq 技术和 miniATAC-seq 技术系统地描绘了人类早期胚胎发育染色质调控的动态图谱[38, 39]。

3. 主要研究进展——转化应用

（1）肿瘤的系统生物学研究

肿瘤作为一种复杂性疾病，发生发展机制纷繁复杂。采用系统生物学的手段从全局层面进行相关规律的揭示和关键因子暨生物标志物的发现是研究肿瘤的重要途径。2018 年，军事科学院军事医学研究院贺福初院士、秦钧教授和北京肿瘤医院沈琳教授等人通过对 84 对胃癌与癌旁组织全蛋白表达谱进行系统生物学分析，首次描绘了弥漫性胃癌的蛋白质组全谱，并依据分子特征将弥漫型胃癌分为三个亚型，而且这三个亚型与生存预后和化疗敏感性密切相关[40]。2019 年，军事科学院军事医学研究院贺福初院士和钱小红研究员、复旦大学附属中山医院樊嘉院士等人首次描绘了早期肝细胞癌的蛋白质组表达谱和磷酸化蛋白质组图谱，将目前临床上认为的早期肝癌患者，分成三种蛋白质组亚型，进而发现了肝癌精准治疗的新靶点[41]。这项工作也是"中国人类蛋白质组计划"的一项重要的标志性成果。最近，复旦大学附属中山医院樊嘉院士团队与深圳华大生命科学研究院合作，采用单细胞 RNA 测序技术，从单细胞水平上揭示了早期复发性肝癌的免疫特征和肿瘤免疫逃逸机制，首次揭示肝癌原发肿瘤和早期复发肿瘤的免疫微生态系统存在显著差异[42]。

2020 年，军事科学院军事医学研究院贺福初院士和中国医学科学院程书钧院士、中科院上海药物研究所谭敏佳研究员等团队对 103 例临床病人的肺腺癌和癌旁组织的蛋白质表达谱和磷酸化翻译后修饰谱进行了蛋白质组学研究；研究人员通过整合临床信息和基因组特征数据分析，从蛋白质水平系统描绘了肺腺癌的分子图谱，并发现了与病人预后密切相关的分子特征[43]。同年，中科院生物化学与细胞生物学研究所曾嵘研究员和吴家睿研究员与海军军医大学长海医院张卫主任合作，通过对 146 例中国结直肠患者（包括 70 个转移性结直肠癌）的 480 个临床组织样本进行了基因组、蛋白质组和磷酸化的定量分析，

构建了亚洲目前最大的转移性结直肠癌的多组学数据库；通过多组学数据的整合形成了 3
个具有显著不同分子特征和预后的分子亚型，进而基于激酶底物特征的机器学习模型能够
为三种靶向药物的药效判别提供准确的预测[44]。

（2）代谢性疾病的系统生物学研究

应用代谢组学技术，国内研究者在临床标志物发现、机制研究等方面取得了一系列研
究成果。糖尿病视网膜病变（DR）是全世界劳动年龄成年人视力丧失或失明的主要原因，
目前缺乏有效的诊断标志物。中国科学院大连化学物理研究所与上海市第六人民医院贾伟
平课题组、中国科学院上海生命科学院吴家睿课题组合作，对招募的 905 名糖尿病无 DR
患者和不同临床阶段的 DR 患者开展了基于多平台的代谢组学研究，发现 12- 羟基二十碳
四烯酸与 2- 哌啶酮联合标志物具有较好的 DR 诊断及早诊性能[45]。针对死亡率较高的急
慢性肝衰竭疾病，中国科学院大连化学物理研究所与郑州大学第一附属医院合作，开展了
代谢重编程机制及干预研究，发现高氨血和缺氧是肝衰竭的微环境，在此条件下，发现肝
衰竭的重要代谢特征包括糖酵解抑制和脂肪酸氧化（FAO）增强。进一步研究发现用曲美
他嗪抑制 FAO 可使糖酵解被动增强，显著提高 HBV 相关肝衰竭患者的生存率[46]。

肠道菌群代谢与人类肥胖、2 型糖尿病（T2D）等发生发展密切相关。上海瑞金医院
宁光院士团队利用靶向、非靶向代谢组学技术，开展了一系列与肥胖、2 型糖尿病（T2D）
相关的宿主 - 菌群相关代谢互作研究，在肥胖个体中发现了受高血清谷氨酸浓度影响的肠
道菌群变化，并通过干预实验证实这一发现[47]；通过对来自中国 20 个中心的新诊断 T2D
患者的随机、双盲、安慰剂对照试验的样本研究，发现瘤胃球菌通过抑制脱氧胆酸生物转
化介导了小檗碱的降血糖作用[48]。

（3）新型冠状病毒肺炎的系统生物学研究

新冠疫情在全球范围内即使直到现在也仍未得到有效的控制。要想最终打赢对新冠的
战争，我们需要全范围、多层次地深入了解新冠肺炎和新型冠状病毒，揭示其致病的关键
分子和关键机制，发现重要的标志物分子，针对关键靶标开发高效药物和治疗手段，研发
预防性和保护性疫苗。在这些研究中，有多项研究是从系统生物学层面开展的。

我国四十多家医院和研究机构在 2020 年 5 月自发组建了"新冠肺炎单细胞研究中国联
盟［Single Cell Consortium for COVID-19 in China（SC4）］"，旨在协同建立新冠肺炎单细胞转
录组大队列大数据，为揭示新冠肺炎发病机制和免疫学特征发出中国的声音。该联盟的第
一项研究成果整合了 150 万个细胞的单细胞转录组测序数据，揭示了新冠病毒感染的详细
机制及在不同发病阶段时机体免疫反应的特点[49]。该研究为深度解析新冠肺炎的严重程
度、病程阶段、年龄、性别及其他因素对免疫细胞组成的影响给出了相似的数据基础。

西湖大学郭天南团队在世界上首次对新冠肺炎患者灭活血液进行蛋白质和代谢分子
检测，使用机器学习，可以实现对新冠肺炎轻重症的诊断和预判[50]。随后，该课题组首
次报道了 2020 年初因新冠肺炎去世的患者体内多器官组织样本中蛋白质分子病理全景图，

这是在全球范围内第一次从蛋白质分子水平上，对新冠病毒感染人体后多个关键器官做出的响应进行了详细和系统的分析，为临床工作者和研究人员制定治疗方案、开发新的药物及治疗方法提供了线索和依据[51]。新型冠状病毒编码约 28 个蛋白质，这些蛋白质与人蛋白质之间有复杂的相互作用，了解这些蛋白的亚细胞定位不仅对理解新冠病毒与宿主细胞的相互作用具有重要意义，而且可为高效抗新冠药物的开发提供有价值的线索。山东大学王陪会团队对新冠病毒蛋白质的亚细胞定位进行了系统的研究。结果表明大部分新冠病毒蛋白定位在细胞质中，一些新冠病毒蛋白同时具有细胞质和细胞核定位，以及零星的其他定位[52]。

新型冠状病毒特异性抗体在病人的发病及康复过程中扮演了重要角色。为了对新冠病毒感染后的抗体反应进行全局性分析，上海交通大学陶生策团队构建了全球第一款新型冠状病毒蛋白质组芯片[53]，及一款全覆盖刺突蛋白的小肽芯片[54]。在这两款芯片的基础上，该团队通过合作分析了超过 3000 份新冠血清。这些血清包含几乎所有的新冠病人类型（无症状、轻症、重症、危重、死亡、康复以及复阳），及疫苗接种者的血清样本。该团队同时利用新近建立的高通量抗体表位解析技术 AbMap，对康复者血清中新冠特异性抗体的识别表位进行了系统解析[55]。在这些研究的基础上，该团队构建了一张横向包括绝大部分新冠病人类型，纵向包含所有抗体反应层次（蛋白质 – 小肽 – 氨基酸）的新冠病毒特异性抗体反应图谱。在这些研究的基础上，该团队已发现了一批标志物，鉴定到了一些关键的免疫表位。北京凤凰中心的于晓波团队构建了一款全覆盖所有新冠病毒蛋白质的小肽芯片，并利用该芯片进行了血清中新冠特异性抗体反应的全局性分析，得到了类似的结果[56]。

（4）农业领域的系统生物学研究

近年来，系统生物学在农业领域也得到了广泛的应用。2019 年，中国科学院与湖北省共同设立了作物表型组学联合研究中心，推进国家作物表型组学研究设施（简称"神农设施"）落户湖北；神农设施每年可对 50 万 ~100 万株植物的基因型、主要表型特征和相关大数据进行采集与解析。分子育种技术在开发高产、生物和非生物抗逆性作物、改善粮食品质和植物生理方面取得了很大进展。然而，粮食产量作为一个超级复杂的性状，是由冠层光合作用、根系水力和吸收特性、物质同化、代谢、运输和利用 / 储存，以及这些过程之间广泛的相互作用所决定，这些成分及其相互作用以高度非线性的方式影响作物产量。中国学者构建了在不同干扰下作物源、库及其相互作用（source–sink interaction）的分子系统模型，探讨了如何协调源 – 库及其关系来实现作物增产[57]。中科院上海植物生理与生态研究所提出了基于基因组学、表型组学、系统建模三个支柱，进行高产光合高效作物育种的思路[58]。华中农业大学严建兵教授课题组近年来使用系统生物学方法在玉米中开展了诸多研究，比如：利用基因组关联分析技术系统分析了玉米的基础代谢遗传调控网络[59]。海南大学罗杰教授课题组与合作单位建立并分析了一个包含数百个番茄基因型的基因组、转录组和代谢组的数据集，多组学整合结果揭示了育种改变水果代谢物含量的机制，为代谢组学辅助育种和植物生物学研究提供了范例[60]。这些研究表明，系统生物学方法将对作物改良、粮食产量提升等复杂问题的解决发挥关键作用。

由于分子机制的复杂性，在植物抗逆研究中阐明植物系统对各种生物胁迫和非生物胁迫的耐受性是一项富有挑战性的工作。植物在响应各种非生物和生物胁迫的反应中，涉及转录组、蛋白质组、细胞和生理水平的变化。近年来，越来越多的系统生物学手段被运用到了系统生物学中，为解决复杂生物学问题提供了新的挑战和机遇，如中国农业大学与美国科研团队一起合作，以景天酸代谢（CAM）系统生物学研究方法为例，将基因与抗旱或抗旱性状联系起来，通过该研究提高开发更适应气候、更耐热、更耐旱的作物的能力[61]。

动物科学领域的研究可以间接地促进人类健康的发展，动物复杂器官功能形成的遗传进化基础是认识复杂生命的重要途径。2018 年，西北工业大学教授、演化生物学家王文博士及合作者在《科学》（Science）同时发表 3 篇成果，系统阐明了反刍动物的系统发育关系，并解析了反刍动物与人类活动的适应性进化，在多个层次上对基因型和表型关系的产生机制和进化进行了研究[62-64]。随着分析技术和计算资源的发展，基因组的研究已经从单物种基因组的分析，转向多物种基因组整合分析方向发展。系统整合以一类物种为分类单元的遗传因素，发育进化调控网络和表型性状的数据，并辅以功能试验的结果，共同解析复杂性状的遗传基础。进化系统生物学的发展使得许多关键的复杂生物学问题得以解答。

三、本学科发展趋势及展望

1. 人工智能与系统生物学

人工智能特别是深度学习领域取得了飞跃性的进步，正在各领域如图像识别、文本挖掘、音频解析、机器翻译等产生广泛的应用，但与此同时深度学习的理论基础还有待深入研究。通常深度学习模型依赖于大量训练数据，这大大限制了其应用范围。美国科学院院士 Sethian 与 Pelt 联合开发了特别高效的多尺度密集卷积神经网络，可以从有限的训练数据中分析图像，精确地执行图像分割和图像去噪等任务。最近，研究人员尝试引进多层卷积稀疏编码来揭示残差卷积网络和密集卷积神经网络的理解和解释。

人工智能与计算系统生物学、生物组学大数据领域正在紧密结合。最近，人工智能方法在生物医学领域的作用，呈现爆发式的涌现。比如，著名生物信息学学者 Frey 团队开发了深度学习算法 DeepBind，用以预测 DNA 或 RNA 序列蛋白质结合位点，以及确定蛋白质是否绑定到序列。著名生物信息学学者 Ideker 团队通过将一个深度学习框架的结构映射到细胞分子系统结构，构建了一个可视的人工神经网络；该模型训练完成后，能够预测遗传变化的生理影响。这个系统可以更好地帮助人们理解基因与生理特征及表型之间关系的潜在机制。最近，与生成对抗理论密切关联的最优传输理论，被先后分别应用于推断单细胞层级去分化路径和从头推断单细胞空间位置。

随着人工智能的发展，机器学习成了预测蛋白质结构的新利器。越来越多的研究通过构建神经网络开展了转录调控建模，神经网络方法凭借其稳固性和可拓展性强等优点，在转录调控网络建模方面也有着优良的表现。近年来，随着人工智能技术在生物学领域的广泛应用，2018 年，艾伦细胞研究所科学家基于深度学习神经网络技术开发出了 Integrated cell 模型，帮助我们从未被标记的显微成像中识别出细胞解剖结构，并由此构建更为精细复杂的细胞模型。另一方面，传统的机器学习或 AI 方法主要是利用数据的统计学特征构建模型并且利用模型对未知数据进行预测和分析，一般需要大样本并有过拟合和高复杂性等问题。近年的高通量（包括影像）测量技术的兴起为我们提供了高维大数据的支持，而实际的高维数据包含丰富的时空动态特征，因此建立利用数据的动力学特征的机器学习理论，可为解决现行的生物医学问题提供重要方向和方法。

2. 生物大数据与知识图谱

知识图谱是一种将关系信息表示为图的数据表示模型，其中图节点表示实体，边表示实体之间的关系。使用（头实体、关系、尾实体）这种三元组的形式进行表示。知识图谱是生物大数据常见的表示形式，是很多生物知识的自然表示方式（比如 GO 和 KEGG），具有重要的应用价值。以药物 - 靶标知识库为例，通常可以构造与靶蛋白相关的药物信息网络，该数据即可理解为一种知识图谱。因此，发现药物 - 靶标之间新的关系的问题，便可以转化为知识图谱嵌入的链接预测问题。知识图谱嵌入目的是将知识图谱中的实体和关系映射到低维连续的向量空间，确保能够保留知识图谱的固有特性，减轻知识图谱应用过程中可能面临的稀疏、异质、缺失等一系列问题。目前已经发展了很多知识图谱嵌入的方法。特别是随着图神经网络的迅速发展，各种先进的图神经网络被应用到该领域，这将极大地促进生物知识图谱的解析、集成、组织与应用。

系统生物学的载体天然具有网络的属性，生物分子网络与知识图谱具有必要的转化关系。比如研究人员对泛素连接酶与底物的相互作用涉及的蛋白质网络、蛋白质结构和序列等多个层面的生物大数据开展了系统分析，给出了 3856 对潜在的介导泛素连接酶与底物相互作用的结构域组合，发展了首个人类泛素连接酶 - 底物相互作用的知识图谱系统。其实，以异质图神经网络为代表的机器学习技术将广泛地应用于异质网络数据的集成分析，并显示出强大的潜力。

3. 网络标志物和动态网络标志物的方法体系

网络标志物可稳定地刻画生物系统状态，实现网络诊断疾病。生物标志物是生物系统状态表征及医学定量检测的最基本工具，但传统的分子标志物（molecular biomarker，MB）一般来说随着时间和条件变化，其稳定性和准确性不能满足当前生物状态表征和医疗检测的需求。而从系统的观点，网络是表征生物系统状态的稳定标志；网络标志物是由一群分子的关联性来表征生物系统状态，所以网络标志物具有相对于单分子标记物的维度更高等特点，比传统的单分子标志物的稳定性和准确性更高、误差率更低等优点。

动态网络标志物可刻画生物系统临界状态，实现网络预警疾病。复杂的生物现象或过程是典型的非线性动态过程，由一个状态逐渐转化为另一状态，如细胞分化过程、慢性疾病过程、复杂性状演化等。这些过程具有一个共同节点，即从一个状态到另一状态间存在一个"临界状态"。该临界状态是生物动态过程的关键节点，因此理解临界状态不仅可揭示复杂动态生物过程的分子机制，而且可实现疾病预警，有重要生物医学意义。不同于现行医学方法所鉴定疾病后的"坏"分子（如致病基因）或网络，动态网络标志物方法能用于鉴定疾病前的"好"DNB分子或网络。在临界状态到达前干预或提升DNB分子功能，可以显著延迟健康状态恶化的临界状态的到来，从而可极大改善人类健康及提高生存质量。DNB临界方法也可应用于流行性疾病的预警和生物非线性进化的研究。

4. 单细胞的系统生物学研究新技术

建立和完善各种组织的单细胞制备技术和流程；建立和发展高精度、高灵敏度和高通量的单细胞蛋白质组技术、单细胞表观遗传信息分析技术；建立和发展适用于分子影像的新型化学小分子探针和高分辨率的实时动态分子影像技术，并集成创新多尺度多模态的影像技术平台。开发细胞图谱相关的多组学大数据分析和系统整合技术，并建立和发展适用于细胞分子影像分析的人工智能技术和可视化技术。

系统地开展多种模式生物和人体细胞类型鉴定与分子分型研究，开展在单细胞水平的动态细胞图谱的构建。利用各类单细胞分析技术和分子影像技术等，系统地开展各种肿瘤细胞的分子分型研究，以及在肿瘤发生、发展、转移和复发过程中的细胞类型鉴定和演化关系分析；研究免疫系统在生理和病理状态下的细胞图谱和变化规律；研究衰老过程以及衰老相关疾病中的细胞图谱及其演化机制。

参考文献

[1] Macilwain C. Systems Biology: Evolving into the mainstream [J]. Cell, 2011, 144 (6): 839-841.

[2] Shi JF, Aihara K, Chen L N. Dynamics-based data science in biology [J]. National Science Review, 2021, 8 (5): nwab029.

[3] Liu XP, Chang X, Leng SY, et al. Detection for disease tipping points by landscape dynamic network biomarkers [J]. National Science Review, 2019, 6 (4): 775-785.

[4] Yang BW, Li MY, Tang WQ, et al. Dynamic network biomarker indicates pulmonary metastasis at the tipping point of hepatocellular carcinoma [J]. Nature Communications, 2018, 9 (1): 678.

[5] Ma HF, Leng SY, Aihara K, et al. Randomly distributed embedding making short-term high-dimensional data predictable [J]. Proceedings of the National Academy of Sciences of the United States of America, 2018, 115 (43): E9994-E10002.

[6] Leng SY, Ma HF, Kurths J, et al. Partial cross mapping eliminates indirect causal influences [J]. Nature

Communications, 2020, 11（1）: 2632.

［7］ Dai H, Li L, Zeng T, et al. Cell–specific network constructed by single–cell RNA sequencing data［J］. Nucleic Acids Research, 2019, 47（11）: e62.

［8］ Duren Z, Chen X, Jiang R, et al. Modeling gene regulation from paired expression and chromatin accessibility data［J］. Proceedings of the National Academy of Sciences of the United States of America, 2017, 114（25）: E4914–E4923.

［9］ Dong K, Zhang S. Joint reconstruction of cis–regulatory interaction networks across multiple tissues using single–cell chromatin accessibility data［J］. Briefings in Bioinformatics, 2021, 22（3）: bbaa120.

［10］ Li SY, Wan FP, Shu HT, et al. MONN: A multi–objective neural network for predicting compound–protein interactions and affinities［J］. Cell Systems, 2020, 10（4）: 308–322.

［11］ Li S. Network pharmacology evaluation method guidance – draft［J］. World Journal of Traditional Chinese Medicine, 2021, 7（1）: 146–154.

［12］ Ruan J, Li H. Fast and accurate long–read assembly with wtdbg2［J］. Nature Methods, 2020, 17（2）: 155–158.

［13］ Xu P, Liu ZH, Liu Y, et al. Genome–wide interrogation of gene functions through base editor screens empowered by barcoded sgRNAs［J］. Nature Biotechnology, 2021, 1–11.

［14］ Tan LZ, Ma WP, Wu HG, et al. Changes in genome architecture and transcriptional dynamics progress independently of sensory experience during post–natal brain development［J］. Cell, 2021, 184（3）: 741–758.

［15］ Liu SY, Huang SJ, Chen F, et al. Genomic analyses from non–invasive prenatal testing reveal genetic associations, patterns of viral infections, and Chinese population history［J］. Cell, 2018, 175（2）: 347–359.

［16］ Quan C, Li YF, Liu XY, et al. Characterization of structural variation in Tibetans reveals new evidence of highaltitude adaptation and introgression［J］. Genome Biology, 2021, 22（1）: 159.

［17］ Liu MQ, Zeng WF, Fang P, et al. pGlyco 2.0 enables precision N–glycoproteomics with comprehensive quality control and one–step mass spectrometry for intact glycopeptide identification［J］. Nature Communications, 2017, 8（1）: 438.

［18］ Chu BZ, He A, Tian YT, et al. Photoaffinity–engineered protein scaffold for systematically exploring native phosphotyrosine signaling complexes in tumor samples［J］. Proceedings of the National Academy Sciences of the United States of America, 2018, 115（38）: E8863–E8872.

［19］ Liu Q, Zheng J, Sun WP, et al. A proximity–tagging system to identify membrane protein–protein interactions［J］. Nature Methods, 2018, 15（9）: 715–722.

［20］ Ke M, Yuan X, He A, et al. Spatiotemporal profiling of cytosolic signaling complexes in living cells by selective proximity proteomics［J］. Nature Communications, 2021, 12（1）: 71.

［21］ Chen ZL, Meng JM, Cao Y, et al. A high–speed search engine pLink 2 with systematic evaluation for proteome–scale identification of cross–linked peptides［J］. Nature Communications, 2019, 10（1）: 3404.

［22］ Shi Y, Gao WN, Lytle NK, et al. Targeting LIF–mediated paracrine interaction for pancreatic cancer therapy and monitoring［J］. Nature, 2019, 569（7754）: 131–135.

［23］ Wang J, Liu Y, Liu YJ, et al. Time–resolved protein activation by proximal decaging in living systems［J］. Nature, 2019, 569（7757）: 509–513.

［24］ Chi H, Liu C, Yang H, et al. Comprehensive identification of peptides in tandem mass spectra using an efficient open search engine［J］. Nature Biotechnology, 2018, 36: 1059–1061.

［25］ Yang Y, Liu XH, Shen CP, et al. In silico spectral libraries by deep learning facilitate data–independent acquisition proteomics［J］. Nature Communications, 2020, 11（1）: 146.

［26］ Xie GX, Wang L, Chen TL, et al. A metabolite array technology for precision medicine［J］. Analytical

Chemistry，2021，93（14）：5709–5717.

［27］Wang SY，Zhou LN，Wang ZC，et al. Simultaneous metabolomics and lipidomics analysis based on novel heart–cutting two–dimensional liquid chromatography–mass spectrometry［J］. Analytica Chimica Acta，2017，966：34–40.

［28］Wang SY，Wang ZC，Zhou LN，et al. Comprehensive analysis of short，medium，and long–chain acyl–coenzyme A by online two–dimensional liquid chromatography/mass spectrometry［J］. Analytical Chemistry，2017，89（23）：12902–12908.

［29］Zheng FJ，Zhao XJ，Zeng ZD，et al. Development of a plasma pseudotargeted metabolomics method based on ultra–high–performance liquid chromatography–mass spectrometry［J］. Nature Protocols，2020，15（8）：2519–2537.

［30］Zhao X，Zeng Z，Chen AM，et al. Comprehensive strategy to construct in–house database for accurate and batch identification of small molecular metabolites［J］. Analytical Chemistry，2018，90（12）：7635–7643.

［31］Zhou ZW，Tu J，Xiong X，et al. Lipid CCS：Prediction of collision cross–section values for lipids with high precision to support Ion mobility–mass spectrometry–based lipidomics［J］. Analytical Chemistry，2017，89（17）：9559–9566.

［32］Zhou ZW，Luo MD，Chen X，et al. Ion mobility collision cross–section atlas for known and unknown metabolite annotation in untargeted metabolomics［J］. Nature Communications，2020，11（1）：4334.

［33］Shen XT，Wang RH，Xiong X，et al. Metabolic reaction network–based recursive metabolite annotation for untargeted metabolomics［J］. Nature Communications，2019，10（1）：1516.

［34］Han XP，Wang RY，Zhou YC，et al. Mapping the mouse cell atlas by microwell–seq［J］. Cell，2018，172（5）：1091–1107.

［35］Han XP，Zhou ZM，Fei LJ，et al. Construction of a human cell landscape at single–cell level［J］. Nature，2020，581：303–309.

［36］Wu X，Wang Y，Huang R，et al. SOSTDC1–producing follicular helper T cells promote regulatory follicular T cell differentiation［J］. Science，2020，369（6506）：984–988.

［37］Guo F，Li L，Li JY，et al. Single–cell multi–omics sequencing of mouse early embryos and embryonic stem cells［J］. Cell Research，2017，27：967–988.

［38］Gao L，Wu KL，Liu ZB，et al. Chromatin accessibility landscape in human early embryos and its association with evolution［J］. Cell，2018，173（1）：248–259.

［39］Wu JY，Xu JW，Liu BF，et al. Chromatin analysis in human early development reveals epigenetic transition during ZGA［J］. Nature，2018，557（7704）：256–260.

［40］Ge S，Xia X，Ding C，et al. A proteomic landscape of diffuse–type gastric cancer［J］. Nature Communications，2018，9（1）：1012.

［41］Jiang Y，Sun A H，Zhao Y，et al. Chinese Human Proteome Project，Proteomics identifies new therapeutic targets of early–stage hepatocellular carcinoma［J］. Nature，2019，567（7747）：257–261.

［42］Sun YF，Wu L，Zhong Y，et al. Single–cell landscape of the ecosystem in early–relapse hepatocellular carcinoma［J］. Cell，2021，184（2）：404–421.

［43］Xu JY，Zhang CC，Wang X，et al. Integrative proteomic characterization of human lung adenocarcinoma［J］. Cell，2020，182（1）：245–261.

［44］Chen L，Sun YD，Yu GY，et al. Integrated omics of metastatic colorectal cancer［J］. Cancer Cell，2020，38（5）：734–747.

［45］Xuan QH，Ouyang Y，Wang YF，et al. Multiplatform metabolomics reveals novel serum metabolite biomarkers in diabetic retinopathy subjects［J］. Advanced Science，2020，7（22）：2001714.

［46］ Yu ZJ, Li JJ, Ren ZG, et al. Switching from Fatty Acid Oxidation to Glycolysis Improves the Outcome of Acute-On-Chronic Liver Failure ［J］. Advanced Science, 2020, 7 (7): 1902996.

［47］ Gu YY, Wang XK, Li JH, et al. Analyses of gut microbiota and plasma bile acids enable stratification of patients for antidiabetic treatment ［J］. Nature Communications, 2017, 8 (1): 1785.

［48］ Zhang YF, Gu YY, Ren HH, et al. Gut microbiome-related effects of berberine and probiotics on type 2 diabetes (the PREMOTE study) ［J］. Nature Communications, 2020, 11 (1): 5015.

［49］ Ren XW, Wen W, Fan XY, et al. COVID-19 immune features revealed by a large-scale single-cell transcriptome atlas ［J］. Cell, 2021, 184 (7): 1895-1913.

［50］ Shen B, Yi X, Sun YT, et al. Proteomic and metabolomic characterization of COVID-19 patient sera ［J］. Cell, 2020, 182 (1): 59-72.

［51］ Nie N, Qian LJ, Sun R, et al. Multi-organ proteomic landscape of COVID-19 autopsies ［J］. Cell, 2021, 184 (3): 775-791.

［52］ Zhang J, Cruz-Cosme R, Zhuang MW, et al. A systemic and molecular study of subcellular localization of SARS-CoV-2 proteins ［J］. Signal Transduction and Targeted Therapy, 2020, 5 (1): 269.

［53］ Jiang HW, Li Y, Zhang HN, et al. SARS-CoV-2 proteome microarray for global profiling of COVID-19 specific IgG and IgM responses ［J］. Nature communications, 2020, 11 (1): 3581.

［54］ Li Y, Ma ML, Lei Q, et al. Linear epitope landscape of the SARS-CoV-2 Spike protein constructed from 1, 051 COVID-19 patients ［J］. Cell Reports, 2021, 34 (13): 108915.

［55］ Qi H, Ma ML, Jiang HW, et al. Systematic profiling of SARS-CoV-2-specific IgG epitopes at amino acid resolution ［J］. Cellular & Molecular Immunology, 2021, 18 (4): 1067-1069.

［56］ Wang HY, Wu X, Zhang XM, et al. SARS-CoV-2 proteome microarray for mapping COVID-19 antibody interactions at amino acid resolution ［J］. ACS Central Science, 2020, 6 (12): 2238-2249.

［57］ Chang TG, Zhu XG, Raines C. Source-sink interaction: a century old concept under the light of modern molecular systems biology ［J］. Journal of Experimental Botany, 2017, 68 (16): 4417-4431.

［58］ Chang TG, Chang SQ, Song QF, et al. Systems models, phenomics and genomics: three pillars for developing high-yielding photosynthetically efficient crops ［J］. In Silico Plants, 2019, 1 (1): diy003.

［59］ Wen WW, Jin M, Li K, et al. An integrated multi-layered analysis of the metabolic networks of different tissues uncovers key genetic components of primary metabolism in maize ［J］. The Plant Journal, 2018, 93 (6): 1116-1128.

［60］ Zhu GT, Wang SC, Huang ZJ, et al. Rewiring of the fruit metabolome in tomato breeding ［J］. Cell, 2018, 172 (1-2): 249-261.

［61］ Yang XH, Cushman JC, Borland AM, et al. Editorial: Systems biology and synthetic biology in relation to drought tolerance or avoidance in plants ［J］. Frontiers in Plant Science, 2020, 11 (1): 394.

［62］ Chen L, Qiu Q, Jiang Y, et al. Large-scale ruminant genome sequencing provides insights into their evolution and distinct traits ［J］. Science, 2019, 364 (6446): eaav6202.

［63］ Lin ZS, Chen L, Chen XQ, et al. Biological adaptations in the Arctic cervid, the reindeer (*Rangifer tarandus*) ［J］. Science, 2019, 364 (6446): eaav6312.

［64］ Wang Y, Zhang CZ, Wang NN, et al. Genetic basis of ruminant headgear and rapid antler regeneration ［J］. Science, 2019, 364 (6446): eaav6335.

撰稿人：吴家睿　陈洛南　韩泽广　许国旺　田瑞军　王方军　李　婧
　　　　刘　超　张红雨　张世华　杜　苗　陶　鹏　陶生策

ABSTRACTS

Comprehensive Report

Advances in Biochemistry and Molecular Biology

Biochemistry and molecular biology is a branch of life sciences that explores the nature of life at the molecular level, focusing on the study of the properties, structural characteristics, regulation and interrelationships of important biological macromolecules such as nucleic acids and proteins. Biochemistry and molecular biology are two of the most dynamic and fast-growing fields in life sciences. They are highly interdisciplinary, penetrating into all other areas of biology and having cross-talks with disciplines such as physics, chemistry and mathematics. The development of biochemistry and molecular biology not only provides people with the chance to understand the phenomena and mysteries of life, but also creates broad prospects for humans to utilize biological resources and improve the quality of life, promoting the development of modern medicine, agriculture and industries.

In recent years, the disciplines of biochemistry and molecular biology and related fields have been developing rapidly, with new achievements and new technologies emerging. Meanwhile, the application of new methods and technologies has made a step closer to the realization of ultimate goals such as "revealing the mysteries of the biological world at the molecular level" and "actively transforming and reorganizing the natural world". However, biological macromolecules such as proteins and nucleic acids have complex three-dimensional structures to form precise interaction networks in governing organismal growth and development, metabolic regulation and species diversity. It is hence necessary to truly clarify the importance of these complex systems. While considerable progress has been achieved to reveal the relationship of structure and function, many challenges remain.

China places great importance on the infrastructures and platform facilities of biochemistry and molecular biology disciplines and related fields. The national Key Research and Development Plan and the Major Research Plan of the National Foundation of China are among the efforts. With the support of these research plans, China has accomplished a series of important achievements in the fields of biochemistry and molecular biology. For example, the analysis of 30-nm fiber chromatin structure has taken an important step in understanding how chromatin is assembled; the complete PIC including TFIID and the revelation of the structure of the PIC-Mediator complex have provided a more comprehensive answer to the transcription initiation process; the establishment of a new method to construct artificial lipid droplets provides new ideas and technologies for the research of nano-medicine carriers, etc.

This Comprehensive Report analyzes and summarizes research hotspots and frontiers of biochemistry and molecular biology, focusing on the new developments on epigenetics and gene expression regulation, ribonucleic acids, protein science, glycoconjugates, lipids and lipoproteins, systems biology in the past five years. The Report also contains domestic and foreign planning layout, platform facilities, research progress and development trend, as well as the development status and development trend of the biotechnology industry, thereby providing the readers with a glance at the status of our national research in biochemistry and molecular biology.

Written by Liu Xiao, Zhang Xuebo, Xiong Yan, Mao Kaiyun, Wang Yue,
Zhang Bowen, Ruan Meihua, Jiang Hongbo, Li Rong, Chen Daming,
Fan Yuelei, Yuan Tianwei, Zhu Chengshu, Li Dandan, Zhao Ruochun

Report on Special Topics

Advances in Genetics, Epigenetics, and Gene Expression Regulation

In multicellular eukaryotes, all the cells share the same set of genome, but differ in the gene expression patterns, leading to different cell types and specific functions. To decipher the secret of life, it is essential to understand when, where, and how genes are expressed and regulated during differentiation and developmental processes. Epigenetic markers, including DNA methylation, histone modification, histone variant, and non-coding RNA, dynamically regulate chromatin structure and help establish gene expression profiles at the level of transcription, which in turn determine the cell fates. Dysfunctions of genetic and epigenetic factors account for many human diseases. The subject of genetics and epigenetics is the most rapidly growing field of life science, and has fundamentally reshaped the way we think about biology and human diseases.

In the past five years, China has launched many research programs in genetics and epigenetics, supported many research groups to tackle the frontier problems, and made a series of breakthrough achievements. This report summarizes the important findings made by Chinese scientists in the following five research topics: (1) genome structure and chromatin regulation; (2) epigenetic modification; (3) transcription regulation; (4) genome stability and DNA repair; (5) epigenetic pathogenesis and drug design. The unsolved scientific questions and technical bottlenecks in the field of genetics and epigenetics are also discussed.

Written by Hu Jie, Li Guohong, Feng Fan, Li Haitao, Luo Zhuojuan, Liu Wen, Lin Chengqi, Wang Siqing, Lan Fei, Meng Feilong, Chen Lingling, Chen Yong

Advances in RNA Researches

In the past five years, non-coding RNA research is developing rapidly as a frontier field in international molecular biology, and a series of important breakthroughs and advances have been made in China, including, using RNA informatics to analyze the structure, function and expression regulation of non-coding RNAs, comprehensively and systematically deciphering the mechanism of RNA metabolism and processing, revealing a series of functions of RNA in physiological and pathological processes and its clinical application prospects, and exploring the molecular basis of RNA regulation of important agronomic traits. Chinese scientists have also made cutting-edge breakthroughs in the analysis of advanced structure and catalytic mechanism of RNA complexes, and achieved pioneering results in key technologies of RNA research. Meanwhile, the breakthroughs in high-throughput sequencing of nucleic acids and the continuous support of a series of major international programs such as ENCODE and the launch of new programs such as HCA have propelled RNA researches into the era of lifeomics. Non-coding RNAs were once known as the "dark matter" in the genome of life, and after deep excavation in recent years, the "dark matter" represented by the huge amount of non-coding RNA genes is turning into "big data" in cells. The RNA science, the first to enter the biologic big data, has important applications in cell function mapping, precision medicine, natural drug development, and plant and animal breeding. Non-coding RNA researches in the era of big data can not only continue to bring major breakthroughs in new concepts and theories of life sciences, but also provide disruptive technologies to address major national needs such as life and health, pharmaceutical development and food security and even national security (e.g. control of severe viral disease COVID-19). Nowadays China's non-coding RNA research is stepping into the international forefront of science, how to use RNA as the core of biological big data to lead the development of life sciences and brew new disruptive theories and technologies

in the intersection with medicine, agronomy and other multidisciplinary, has become a major opportunity and challenge for life sciences in China today.

Written by Zheng Lingling, Yang Jianhua, Li Bin, Chen Yueqin,
Zhang Yuchan, Wang Wentao, Ruan Meihua, Qu Lianghu

Advances in Protein Science

Proteins are biomacromolecules comprising one or more long chains of amino acid residues, which is encoded by their genes and usually folds into a specific three-dimensional structure that determines its activity. As the major functional executors in all life forms, proteins perform a vast array of functions including providing structure to cells and organisms, catalyzing metabolic reactions, DNA replication, responding to stimuli, and transporting molecules from one location to another. The human genome project has revealed the nucleotide sequences of ~20,000 genes encoding proteins in humans. The protein science studying the spatial-temporal distribution of these proteins and their structures, functions and interactions has always been the frontier in life science research. Protein science research results allow us to uncover the composition and laws of living organisms at molecular level, fundamentally clarify the pathogenic mechanism of major human diseases, and provide novel approaches for clinical diagnosis and treatment, which all together have strong impact on medicine and health care, agriculture, food industry, environment, national security and other major issues. In the 21st century, the interdisciplinary research between protein science and other disciplines has become increasingly prominent. Protein research technology has also continued to develop rapidly, playing an important role in basic research and practical applications in various related fields. Therefore, protein science has always been the commanding height of incentive competition for developed countries, and it is also the key field of life science research in China.

In the past five years, Chinese scientists have made important progresses and achieved major breakthroughs in various fields of protein science. Chinese scientists also participated in a series of international scientific research collaborations and educated many young scientists. Although great progress has been achieved, there are still some areas that lag behind the international top level. Therefore, it's an urgent need to summarize the progress, analyze the latest update, and determine the strategic development goals of protein science in China. Due to the broad spectrum of protein science and space limitations, it's difficult for this special report to cover each and every key progress made during the past five years. Therefore, this special report selected seven aspects including important biological macromolecular machines in the life process, key membrane proteins, innate immune responses, SARS-CoV-2 and its neutralizing antibodies, proteomics, protein research methodologies and technologies and national protein science facilities. It summarized world leading works of Chinese scientists for the past five years, conducted domestic and foreign comparisons, and further look forward to development trend of protein science in the future.

Written by Chen Chunlai, Chen Yuling, Deng Haiteng, Dong Na, Dong Yuhui, Gao Ning,
Gong Haipeng, Han Zhifu, Li Sai, Li Xueming, Liu Zhijie, Liu Zhenfeng,
Lou Zhiyong, Lu Peilong, Pan Xiaojing, Qi Jianxun, Shao Feng, Sun Shan,
Wan Ruixue, Wang Xinquan, Yang Maojun, Zhang Kai, Zhang Senyan

Advances in Glycoconjugates

At least more than 50% proteins in cells are modified by carbohydrate chains. Gycans are closely related to various biological activities, including cell recognition, cell differentiation, immune response, and so on. Glycans reflect overall cellular status in health and disease. The structure of glycans are changed in major diseases, such as tumors, neurodegenerative diseases, cardiovascular diseases, metabolic diseases, and immune diseases. Figuring out the characteristic changes in the glycans during disease development and progression can offer valuable information for the early diagnosis, prognostic evaluation and therapeutic targets. In recent years, accompanied by the updated technologies, profiling and structural elucidation of carbohydrate chains has made a great progress. This topic summary the technological advances and the increasing knowledge about the role of glycoconjugates in diseases in latest studies. And the following future orientations in this filed is also been discussed: 1) the in-depth bioinformatic analysis of glycome for further

understanding the structure and function of glycoconjugates, 2) requirement of advanced investigative techniques, 3) the application of glycoconjugates in clinical treatment, as biomarkers for tumors with specific glycan-code or optimizing the performance of therapeutic antibodies, 4) the improvement of obtaining high purity glycans quickly and in large scale on the assurance of their biological function premises.

Written by Cai Chao, Cao Hongzhi, Chen Xing, Ding Kan,
Fang Wenxia, Huang Sijing, Jiang Jianhai, Liu Yubo, Lu Haojie,
Qiu Hong, Ren Shifang, Wang Shujing, Xiong Decai, Yin Heng, Yi Wen, Zhang Ying

Advances in Lipids and Lipoproteins

Many high-level research teams in the field of lipids and lipoproteins have evolved in China since 2016. Compared with their foreign counterparts, China researchers have achieved numerous outcomes with distinct characteristics, leading global research in certain fields. Statistically, the gap between level-stages is gradually narrowing. According to documentation from 2016 to 2020, 341222 relevant literatures were published worldwide. China was ranked second with 74751 publications, closely following the United States. However, considering the average score of Citation Frequency in each article is only 10.57 and only ranked the 10th globally, high-level research with high citation needs to be improved.

Fundamentally, our scholars have made unprecedented breakthroughs in lipid storage; discovered novel mechanisms of cholesterol synthesis, absorption and regulation, as well as new functions of adipocytes; explored new pathways of cell sensing and response to lipids, lipid transport and transformation, multi-organ crosstalk and lipid homeostasis regulatory network, etc. Original articles were successively published in Cell, Nature and Science. There are also original works on the roles of environmental factors (especially in biological rhythm, aging, characterization of intestinal flora) in lipid metabolism and disorders. In translational studies, lipid metabolism and metabolic diseases are most focused on cardiovascular diseases, obesity/diabetes, non-alcoholic fatty liver disease, tumor stem cells, etc. There are a lot of original findings which identified specific clinical phenotypes of metabolic diseases in Chinese population the underlying mechanisms. With more clinical studies kept in line with international standards, 'China voice' will soon be dominant in developing global clinical guidelines/consensus.

Now, China has established a robust research network in lipid and lipoprotein metabolism. Several cutting-edge discoveries were selected into the list of top ten advances in Chinese science, the top ten advances in medical research or the top ten advances in Chinese life sciences.

Written by Liu Depei, Li Boliang, Ruan Xiong zhong, Zheng Bin, Zheng Ling, Zheng Fang, Li Guoping, Qin Li, Song Guoping, Zhu Yongqing, Song Yongyan, Chen Hou zao

Advances in Systems Biology

Systems biology is a newly born discipline in life science in the beginning of 21th century. It is also a new interdisciplinary frontier based mainly on the experimental biology, "omics", computer science and mathematics. Technology of systems biology includes the platforms of "omics" such as genomics-platform and proteomics-platform as well as tools on computing and modeling. So far, there are three major research organizations of systems biology in China, i.e. (1) Molecular Systems Biology Division, Chinese Society of Biochemistry and Molecular Biology; (2) Computational Systems Biology Division, Operations Research Society of China; (3) Systems Biomedicine Division, Chinese Society of Biomedical Engineering. This report summarized the major progresses and achievements on the research areas of systems biology in China from 2017 to 2021, and consisted of three parts: (1) the major achievement on theory; (2) the major achievement on technology; (3) the major achievement on applications. In the first part of the major achievements on theoretical systems biology, one of the important findings is proposing a new concept "dynamics-based data science", which means the computational approaches based on dynamics biological data and physical laws to reveal dynamic features or complex behavior of biological systems. In addition, several novel computational tools were developed for analyzing the gene-regulating networks and disease networks, particularly for analyzing ChIP-sequencing data and signal-cell RNA-sequencing (scRNA-seq) data. In the

second part of the major achievements on omics, several important findings were reported: the whole genomic analyses from non-invasive prenatal testing to more than 140,000 Chinese pregnant women revealed genetic associations, patterns of viral infections, and Chinese population history; a novel multi-omics approach uncovered the changes in genome architecture and transcriptional dynamics progress independently of sensory experience during postnatal brain development; based on the third-generation sequencing approach, the researchers characterized the genomic structural variation in Tibetans and revealed new evidence of high-altitude adaptation and introgression. In addition, new technologies for omics have been developed, such as a new proteomic approach in tandem mass spectra using an efficient open search engine for comprehensive identification of peptides, and a metabolic approach based on novel heart-cutting two-dimensional liquid chromatography-mass spectrometry for simultaneous metabolomics and lipidomics analysis. In the third part of the major achievements on applications of systems biology, four research areas involving systems biology were reported. (1) Systems biology on cancer research, involving in the research on liver cancer, gastric cancer, lung cancer and colorectal cancer. (2) Systems biology on metabolical diseases such as diabetes and obesity. (3) Systems biology of COVID-19 virus and its infection diseases, including revealing COVID-19 immune features by a large-scale single-cell transcriptome atlas, detecting proteomic and metabolomic profiling of COVID-19 patient sera, and uncovering multi-organ proteomic landscape of COVID-19 autopsies. (4) Systems biology of agriculture, including rewiring of the fruit metabolome in tomato breeding and uncovering the metabolic networks of different tissues uncovers key genetic components of primary metabolism in maize.

Written by Wu Jiarui, Chen Luonan, Han Zeguang, Xu Guowang,
Tian Ruijun, Wang Fangjun, Li Jing, Liu Chao, Zhang Hongyu,
Zhang Shihua, Du Zhuo, Tao Peng, Tao Shengce

索　引